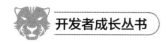开发者成长丛书

Spring Boot + Vue.js + uni-app
全栈开发

夏运虎　姚晓峰◎编著

清华大学出版社

北京

内 容 简 介

本书主要以项目实战为主线,教会读者如何开发全栈项目。本书基于 Spring Boot 3.1 以上版本和 Vue.js 3.0 版本的前后端分离项目开发,以及面向用户端的 uni-app 的小程序开发。本书的基础知识会在项目的开发过程中穿插讲解,不会单独讲解,采用实战驱动学习知识的教学方法,并通过详细的代码示例、清晰的图解和源码解析帮助读者快速理解和掌握全栈项目开发的技巧和最佳项目实践。

本书分为 3 篇共 22 章。Spring Boot 篇(第 1~14 章)从环境搭建到项目上线,逐步深入讲解项目开发流程,并使用众多企业级流行的开发技术,如 Redis、Docker、Jenkins、MyBatis-Plus 等。Vue.js 篇(第 15~19 章)使用 Vue 3.0 版本,采用开源的 Vue.js 框架 Vue-Vben-Admin 作为项目启动模板,以便快速搭建后台管理系统,节约时间成本。uni-app 篇(第 20~22 章)详细介绍 uni-app 框架的技术特点,从零开始搭建小程序项目,实现完整的项目实战开发。

本书适合需要学习 Spring Boot、Vue.js 及小程序的开发者,以及需要学习项目经验的初学者,特别是那些学完基础知识后需要实战项目进行练习的初学者,也可作为高等院校相关专业课程实训的教学参考书。

图书在版编目(CIP)数据

Spring Boot＋Vue.js＋uni-app 全栈开发/夏运虎,
姚晓峰编著. -- 北京:清华大学出版社,2024.9.
(开发者成长丛书). -- ISBN 978-7-302-67195-4

Ⅰ. TP312.8

中国国家版本馆 CIP 数据核字第 2024V1U124 号

责任编辑:赵佳霓
封面设计:刘 键
责任校对:刘惠林
责任印制:丛怀宇

出版发行:清华大学出版社
    网 址:https://www.tup.com.cn,https://www.wqxuetang.com
    地 址:北京清华大学学研大厦 A 座   邮 编:100084
    社 总 机:010-83470000   邮 购:010-62786544
    投稿与读者服务:010-62776969,c-service@tup.tsinghua.edu.cn
    质量反馈:010-62772015,zhiliang@tup.tsinghua.edu.cn
    课件下载:https://www.tup.com.cn,010-83470236
印 装 者:小森印刷霸州有限公司
经 销:全国新华书店
开 本:186mm×240mm 印 张:29.5   字 数:663 千字
版 次:2024 年 9 月第 1 版   印 次:2024 年 9 月第 1 次印刷
印 数:1~2000
定 价:109.00 元

产品编号:104344-01

前 言
PREFACE

在当今互联网行业的快速变革和激烈竞争中,企业对开发技术人员的需求越发具有挑战性和多样性。开发人员单一专精于后端或前端已不足以满足岗位需求,全栈开发成为适应这一变革不可或缺的关键能力。企业在寻找多才多艺、全面发展的开发者,以应对项目开发的复杂性和多样性需求。

全栈开发者能够在项目中扮演更加灵活多变的角色,既能独立开发强大的后端服务,又能构建精美且高效的前端界面。这种全方位的技术能力使开发人员能够更好地理解整个项目的架构和流程,提高协作效率,降低沟通成本。在追求开发效率和资源利用率的今天,全栈开发不仅是一项技术选择,更是提高团队灵活性和应对业务挑战的有效战略。

在这个全栈开发的时代,Spring Boot、Vue.js 和 uni-app 成为备受欢迎的技术栈,它们为开发者提供了强大的工具和框架,使构建现代化、高效且强大的应用程序变得更加简单。本书旨在为读者提供深入学习和实践 Spring Boot、Vue.js 和 uni-app 的机会,不仅是简单的代码参照和本地项目完成,更注重深度学习全栈开发技能,致力于帮助读者超越表面层次,理解背后的原理和实践,使其在全栈开发领域更加游刃有余。读者不应仅停留在本地项目的阶段,本书将引导读者将项目上线,使其能够随时与他人分享并展示成果。这不仅提升了个体的自豪感,更激发了学习兴趣,让学习不再是单调的任务,而是一场充满成就感的冒险。无论是初学者还是有经验的开发者,本书都将为你提供清晰的指导,帮助你从零开始构建全栈应用项目,从而更好地理解和应用这些开发技术。

本书主要内容

第 1 章主要介绍项目的规划、使用开发技术、如何学习本书建议及在项目开发中约定的开发规范等。

第 2 章主要介绍 Spring Boot 的技术选型、为什么会选择 Spring Boot 作为项目开发技术、选择 Spring Boot 开发版本及如何创建 Spring Boot 项目。

第 3 章主要介绍项目开发环境的准备,包括 JDK、IntelliJ IDEA、Maven、MySQL 及 MySQL 可视化工具的安装和介绍,这些都是在日常开发中经常使用的工具。

第 4 章主要介绍项目的构建、启动项目及对项目代码版本的管理。还介绍了 Git 相关的知识和实战的运用。

第 5 章主要介绍项目子模块的创建和配置,整合项目日志,并介绍了日志在项目开发中使用的技巧和重要性。最后整合了 MyBatis-Plus 框架,简化数据操作的工作量。

第 6 章主要介绍项目数据库的创建与连接,实现了 MySQL 的监控搭建。还设计了项目通用的公共类及整合了 EasyCode 工具来生成项目基础代码和代码目录结构。

第 7 章主要介绍项目接口文档的设计,采用了 Apifox 进行接口管理及参数的设计,功能十分强大。同时还实现了用户功能的基础实现和相关测试工作。

第 8 章主要实现项目图片管理功能,介绍了 Docker 在服务器中的安装和使用,并使用 Docker 搭建了 MinIo 文件服务器,为项目提供文件存储功能。还将详细介绍阿里云的对象存储 OSS,然后通过 X Spring File Storage 存储管理对存储平台进行整合,通过配置文件即可修改上传的服务平台。

第 9 章主要介绍 Spring Boot 整合 Redis 的实现,并配置 Redis 环境和安装 Redis 可视化工具及实现 Redis 工具类。

第 10 章主要介绍邮件、短信发送和验证码功能,详细介绍 Spring Boot 整合阿里云短信服务、申请短信签名和模板及短信发送工具。还整合邮件发送功能,实现了多渠道消息的发送。

第 11 章主要介绍 Spring Security 安全管理相关技术,也是本项目的重点功能实现,相对于初学者而言难度比较大,涉及项目的权限、权限控制和登录验证等相关工作。同时实现了用户登录、注册等功能。

第 12 章主要介绍 Jenkins 自动化部署项目的功能,这是在企业开发中经常遇到的运维操作。还将介绍对 Linux 服务器项目环境的搭建及实现项目通过 Jenkins 自动化部署到服务器上的操作。

第 13 章主要介绍项目日志、通知中心和系统审核功能代码的实现,还将通知功能与审核进行对接,实现了公告审核及定时发布公告的功能。

第 14 章主要介绍项目业务部分的功能实现,包括图书分类、图书管理及图书借阅管理等功能。还使用了 XXL-JOB 任务调度功能,几乎贴近企业真实的项目技术要求。

第 15 章主要介绍前端项目的技术选型,选择使用 Vue 3.0 版本,并搭建 Vue 项目开发环境及选择前端 Vue-Vben-Admin 开源框架进行快速开发。

第 16 章主要介绍项目前端页面的主要实现、改造原有的相关项目代码,对接后端相关接口,并实现了登录、退出、用户注册及忘记密码等相关功能,最后介绍前端项目的部署,依旧选用 Jenkins 自动化实现前端的部署,真正做到前后端项目自动化。

第 17 章主要介绍对系统管理模块的页面开发和相关接口的对接,主要包括菜单、用户及角色管理的实现。

第 18 章主要介绍系统工具和监控功能的前端实现,并完成相关功能的测试。

第 19 章主要介绍图书管理业务功能的前端实现,对接图书相关的接口,并对系统的前端功能进行了完善,添加了个人资料、修改密码等功能实现。

第 20 章开始进入小程序的开发阶段,主要介绍 uni-app 技术入门,为什么会选择 uni-app 开发小程序,并安装了 HBuilder X 和微信开发者工具作为小程序的开发工具及小程序项目的代码版本管理。

第 21 章主要介绍小程序的特点和功能,如何申请微信小程序账号和运行小程序服务。

第 22 章主要介绍通过 uni-app 使用 uView UI 框架对小程序实现开发操作,添加了小程序的登录功能、底部导航栏、图书列表、通知公告及个人中心功能,最后介绍小程序上线操作。

资源下载提示

素材(源码)等资源:扫描封底的文泉云盘防盗码,再扫描目录上方的二维码下载。

致谢

首先,我要感谢我的妻子和我的父母,他们在我写作的日日夜夜一直给予我无尽的关爱和支持。他们的理解和支持是我坚持下去的最大动力。

同时在书稿完成的过程中,我想向赵佳霓编辑表示最深切的感谢。感谢您在我创作中提供的很多宝贵意见,您的协助不仅是编辑工作,更是对整个项目的一种投入,使这本书得以更好地呈现在读者面前。

其次,感谢对本书的技术提供帮助的专业人士,其中有吴家兴、徐斌和赵金宝等,同时,我要感谢所有参与审稿的专业人士,他们的宝贵意见和建议使这本书的内容更加准确、深入、丰富。他们的专业贡献为这本书的质量提供了保障。

最后,我要感谢所有阅读者,感谢你们的关注和支持。

笔者的阅历有限,书中难免存在不妥之处,请读者见谅,并提出宝贵意见。

夏运虎

2024 年 6 月

目 录
CONTENTS

教学课件(PPT)

本书源码

Spring Boot 篇

Vue.js 篇

uni-app 篇

Spring Boot 篇

第 1 章

项 目 简 介

本书摒弃了传统的技术实战的写作方式,重点凸显了基于项目实战开发流程的编写,并在实际操作中引入了项目服务线上部署的流程。此外,本书还深入地介绍了目前备受欢迎且不断发展壮大的自动化部署技术。通过从零开始引导读者逐步构建项目,一直到项目成功上线,本书的目标是帮助读者真正掌握学习实践的技能。

一个项目的开发工作远超过一本书所能详尽描述的范畴,在这个过程中,需要进行大量的开发工作等,但本书的价值不仅局限于项目开发本身,更注重对项目开发流程的深入思考,并提供全面的项目开发流程体验。

1.1 项目规划

本书以图书管理系统作为示例项目贯穿全书,涵盖了从项目的基础搭建一直到项目服务上线的整个开发流程。在后端开发方面,主要采用 Spring Boot 作为主要开发框架,而在后台管理系统页面的开发上,采用 Vue 作为开发语言;另外,小程序的开发选用了 uni-app。全书详细呈现了相对完整的企业开发流程,包括版本管理、代码规范等开发实践,采用了前后端分离的架构,以满足当前企业开发的技术要求。

项目基础架构如图 1-1 所示。

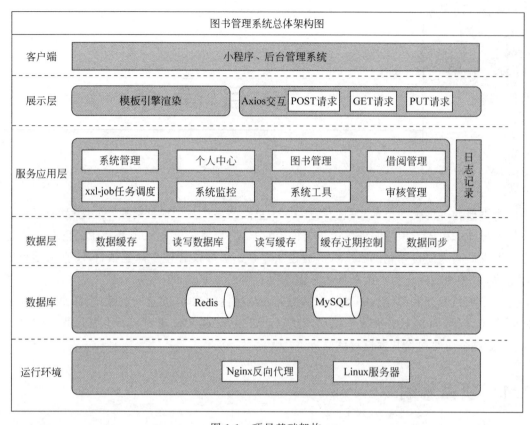

图 1-1　项目基础架构

1.2　如何有效学习本书

本书涵盖了广泛的技术知识要点，其中大多数采用了当前企业主流的开发技术。对于具备一定基础的初级开发者而言，使用本书作为学习项目开发的参考资料将是一个极佳的选择。书中详尽地展现了项目开发的全过程，并提供了丰富的示例代码，这些示例代码可作为有力的指导，帮助读者逐步领悟项目构建过程，并提供解决问题的方法，以及可以结合以下学习方法进行学习。

（1）在着手编码前，先预览本书的结构目录，以深入理解项目的总体架构及基础概念。掌握项目所需技术的基础知识，并对项目的目标与功能要点有明晰的认知。

（2）仔细阅读所提供的示例代码，并尝试逐行剖析，学习每个代码块的功能和彼此之间的关联。如果对部分代码段存在疑问，则可参考书中的解释或查阅相关资料，进行深入学习与研究，这也是一种持续学习的过程。

（3）遵循书中的步骤和指导，逐一实现项目的各个功能模块。每个阶段完成后，确保项目在该阶段的功能得以正常运行，并进行充分测试与调试。

（4）力求将书中的示例代码与个人实际项目需求有机融合。学习将书中所涵盖的概念和技术嫁接至实际情境，从而更富深度地理解和掌握所学的技术知识。

（5）对于没有项目开发经验的初学者，建议从本书的第1章开始按部就班地跟随开发流程进行项目开发。书中流程详尽，当出现问题时，可参照本书提供的解决方法。代码可充当辅助材料，在出现问题时，首先检查代码与书中提供代码是否一致，以本书作为参考，找出错误并解决。

学习项目开发是一个获取项目经验的过程，包括学习与积累。切勿畏惧问题或失误，关键在于能够从错误中吸取知识，并找到解决问题的途径。持续的学习与实践是关键，相信你能够成功地完成本项目的开发。

1.3　技术梳理

本节将项目使用的一些技术知识做了部分总结，供学习和参考，如图1-2所示。

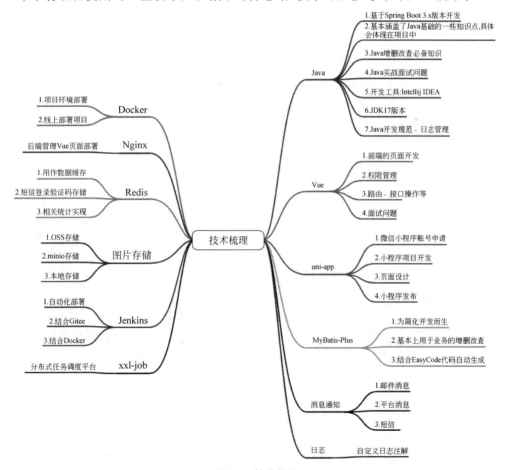

图 1-2　技术梳理

1.4　开发规范

在项目的开发过程中,遵循编码规范尤为重要,特别是在团队多人协作的情况下。事前明确一些开发规范是必要的,这对于项目代码的可维护性和后续迭代都有着积极影响。本节依据阿里巴巴 Java 开发文档规范,有选择性地定制了本项目的开发规范,这些规范仅适用于本项目,并不适用于所有项目开发场景。

1.4.1　命名规范

Java 的命名规范是编程中的重要部分,它有助于代码的可读性和可维护性。以下是 Java 类命名规范的一些基本准则。

(1) 包名统一使用小写字母,点分隔符之间有且仅有一个自然语义的英语单词。变量、成员、方法名统一使用驼峰命名,例如 userMap。

(2) 类名的每个单词首字母大写,并使用 UpperCamelCase 风格,但以下情形例外: DO、BO、DTO、VO、AO、PO、UID 等。

(3) 接口实现类要有 Impl 标识。

(4) 枚举类要加 Enum 后缀标识,枚举成员名称需要全部大写,单词用下画线隔开。

(5) 工具类一般以 Util 或者 Utils 作为后缀。

(6) 常量命名全部大写,单词间用下画线隔开,力求语义表达完整清楚。

1.4.2　注释

Java 注释规范是一种编程实践,用于在代码中添加注释以提高代码的可读性、可维护性和可理解性。以下是一些常见的 Java 注释规范。

(1) 类、类属性、类方法的注释使用 Javadoc 规范,使用 / ** 内容 * / 格式,不使用行注释,例如 //xxx,代码如下:

```
/**
 * Java 类注释
 *
 * @author test
 * @since 2023 - 09 - 19
 */
public class ExampleClass {
    //类的代码
}
```

(2) 注释要简单明了,并在一些关键的业务逻辑上加注释说明。

(3) 字段、属性加注释,代码如下:

```
/**
 * 用户账号
 */
private String username;
```

（4）所有的枚举类型字段需要有注释，说明每个数据项的用途。

（5）常用在 Javadoc 注解中的几个参数如下。

① @author 标明开发该类模块的作者。

② @version 标明该类模块的版本。

③ @param 为对方法中某参数的说明。

④ @return 为对方法返回值的说明。

⑤ @see 为对类、属性、方法的说明参考转向。

1.4.3　接口规范

遵循 Java 接口规范并提供一致性的 API 设计，可以显著减少前后端对接过程中的沟通问题，甚至在某些情况下，前端开发人员可以根据约定的规范快速上手后端接口，而无须详细的接口文档。

（1）接口请求地址要全部为小写字母，可以使用"_"分开。

（2）接口、方法的形参数量最多 5 个，如果超出，则可以使用 JavaBean 对象作为形参。

（3）本项目采用了"/业务模块/子模块/动作"形式的接口地址命名方式，而没有采用 RESTful 规范的 URL 命名方式。这是因为有时 RESTful 的 URL 结构可能不够直观，不容易一眼就理解接口的具体操作。

（4）在明确接口职责的条件下，尽量做到接口单一，即一个接口只做一件事，而非两件以上。

（5）接口基本访问协议：GET（获取）、POST（新增）、PUT（修改）和 DELETE（删除）。

1.4.4　数据库设计规范

数据库设计规范是构建一个可靠、高效和可扩展数据库系统的关键部分，有助于满足业务需求并减少维护成本，以下是一些通用的数据库设计规范。

（1）数据库命名采用全小写字母，通过下画线进行分隔，同时推荐在命名中加入版本号等信息，以便进行区分。

（2）表名、字段名使用小写字母或数字，避免数字开头及两个下画线中间只出现数字的情况。结合本项目，所有的表名都以 lib_开头。例如用户表：lib_user。

（3）表名不使用复数名词。

（4）表设计的字段加上注释，说明该字段的作用。此外，应注意避免使用数据库保留字作为字段名，以免引发潜在的冲突和错误。

（5）业务上具有唯一特性的字段，即使是多个字段的组合，也要建成唯一索引。

1.4.5　字典规范

为了确保属性定义的一致性，先统一定义部分通用属性名称的数据类型，见表 1-1。

表 1-1　统一属性名称

名　　称	类　　型	说　　明
id	Integer	主键
create_time	datetime	创建时间
update_time	datetime	更新时间
size	Long	分页(每页条数,默认为 10)
total	Long	分页(总数)
current	Long	分页(当前页,默认为 1)
userId	Integer	用户 id

本章小结

本章介绍了项目的规划和基础架构,描述了如何通过本书学习项目开发,以及介绍了本书开发项目所使用的技术和一些日常的项目开发规范。

## 第 2 章

探索 Spring Boot

在 Java 开发领域,当谈及开发框架时,必然会提及 Spring Boot。这个框架之所以备受技术从业者的赞誉和关注,其实源自其出色的实力。Spring Boot 是一款旨在简化 Spring 应用程序开发的框架,然而,使用 Spring Boot 仅仅因为它的简化性吗? 带着这个问题,接下来本章对 Spring Boot 内在的奥秘进行深入学习。

2.1 揭秘 Spring Boot

2.1.1 Spring Boot 简介

Spring Boot 是一个用于快速构建基于 Spring 框架的 Java 应用程序的开发框架。它的独特之处在于提供了一套开箱即用的功能和特性,使开发者能够更轻松地创建独立且可部署的 Java 应用程序。

Spring Boot 的设计理念是"约定优于配置"。这一原则在于通过自动化配置和默认值设定,从而大幅减少了烦琐的样板代码和冗长的配置步骤。开发者只需进行少量配置,就能迅速搭建基本的 Spring 应用,同时还可以根据实际需求进行个性化定制。这使开发过程更加高效,让开发者能够更专注于核心业务的实现。

文中提到了 Spring 框架,那么 Spring Boot 和 Spring 有什么关系? Spring 的诞生是为了简化 Java 程序的开发,而 Spring Boot 的诞生是为了简化 Spring 程序的开发。从现实生活中可以这样理解,汽车的出现是为了人们出行的方便,无人驾驶汽车的出现是为了简化驾驶汽车的操作。

2.1.2 为什么选择 Spring Boot

本项目的后端开发技术选择了 Spring Boot,主要原因有以下几点。

(1) Spring Boot 是目前企业中开发项目使用最多的。

(2) 使用 Spring Boot 能够快速搭建和开发应用程序。它简化了烦琐的配置过程,不再重复地进行 XML 配置,极大地减少了开发时间和工作量,使开发人员更加注重业务的实现而不是繁重的文件配置工作。

（3）Spring Boot 借助自动配置机制和预设属性值，极大地减少了应用程序的配置任务。开发者只需对特定需求进行有限配置，无须手动配置各个组件和依赖，从而实现更高效的应用程序管理和维护。

（4）Spring Boot 提供了内嵌式的 Servlet 容器支持，使应用程序能够独立运行，无须外部服务器的额外部署。这种设计简化了应用程序的部署，降低了运行环境搭建的难度，进而减少了部署所涉及的复杂性和成本。

（5）Spring Boot 是建立在 Spring 框架之上的，因此继承了 Spring 框架蓬勃发展的社区和多元的生态系统。这个大型社区提供了丰富的高质量文档和开发资源，可供学习之用，而且，Spring Boot 还提供了广泛的扩展和第三方库，有助于更好地满足项目中具体的需求。

综合以上所述，选择采用 Spring Boot 的理由在于其实际应用、快速开发能力、配置的简化、内嵌式容器支持，以及强大的生态系统和社区支持等独特特点，因此，借助 Spring Boot 进行程序开发，能够获得高效、可靠的开发体验。

2.1.3　Spring Boot 版本介绍

Spring Boot 发展非常迅速，每个版本都带来了新的特性、改进和修复，其中 Spring Boot 2.7.x 是最后一个支持 JDK 8 的版本，它已经在 2023 年 11 月 18 日停止维护，目前剩下的免费支持的版本全都是基于 JDK 17 的版本了，JDK 8 版本也会慢慢退出历史的舞台，将迎来 JDK 17 的春天。

本项目使用的 Spring Boot 版本是基于目前官方最新稳定的版本 3.1.3（本书写作时的最新版本），其 Spring Boot 3.x.x 的版本最低要求是使用 JDK 17，并向上兼容支持 JDK 19 及 Spring Framework 6.0.2 或更高的版本。

2.2　创建 Spring Boot 项目

本节介绍两种创建 Spring Boot 项目的方式。首先是官方提供的在线创建方式；其次是通过开发工具创建项目，这两种方式都将在项目实际开发阶段中使用。

2.2.1　在线创建

Spring 官方提供了一个创建项目的 Web 界面，在这里可快速创建 Spring Boot 项目。访问 https://start.spring.io/，选择项目的 Maven 或 Gradle 配置、开发语言、Spring Boot 版本及所需要的依赖项，然后单击 GENERATE 按钮，即可下载生成的项目代码。通过这种方式创建的项目已经包含了基本的项目结构和配置文件，可以直接进行开发。创建项目的 Spring Initializr 界面如图 2-1 所示。

2.2.2　IDEA 工具创建

IntelliJ IDEA（简称 IDEA）是一款集成开发环境，可用于创建 Spring Boot 项目。在项

图 2-1 创建项目的 Spring Initializr 界面

目开发中,IDEA 是常用的创建项目的工具之一。本书中,除了使用在线创建项目的方法,还采用了 IDEA 工具创建项目的方式,旨在充分结合理论与实践,以沉浸式体验的方式展现实际应用场景中的项目开发。IDEA 创建 Spring Boot 项目界面,如图 2-2 所示。

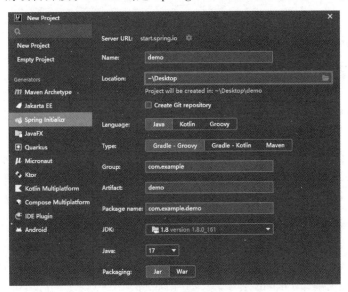

图 2-2 IDEA 创建 Spring Boot 项目界面

本章小结

本章学习了 Spring Boot 的基础知识,为什么要选择 Spring Boot 来开发项目,确定了 Spring Boot 开发项目所使用的版本,以及介绍了两种创建 Spring Boot 项目的基本步骤。

第3章

准备项目开发环境

本章将进入正式的项目开发。首先介绍如何搭建 Spring Boot 项目的基础环境,其中主要包括 JDK 的安装和配置、项目开发工具的安装与体验,以及 Maven 的安装和配置。建议读者的开发环境与本书安装的环境等版本保持一致,以避免因版本不兼容等问题而导致各种错误的发生。这样能够确保在开发过程中获得更加稳定和一致的工作环境。

3.1 JDK 的安装和配置

在 2.1.3 节中提到了本项目所使用的 Spring Boot 版本为 3.1.3,要求最低使用 JDK 17 的环境,因此,需要选择安装和配置 JDK 17 版本。

3.1.1 JDK 的概念

JDK(Java Development Kit)是 Java 语言的软件开发工具包,提供了 Java 程序的编译器、虚拟机、调试器及其他辅助工具。它被用于开发和运行 Java 应用程序和 Applet。作为 Java 平台的核心组件,JDK 在 Java 语言体系中扮演着重要角色。主要版本包括 Java SE(标准版)、Java EE(企业版)和 Java ME(微型版),分别针对桌面应用程序、Web 应用程序和移动应用程序的开发。

3.1.2 下载 JDK

首先访问 Oracle 官方网站 https://www.oracle.com/,然后进行登录。如果没有账号,则需要自行注册一个 Oracle 账号,登录界面如图 3-1 所示。

选择 Resources→Java Downloads 选项,如图 3-2 所示。

跳转页面之后,页面上会出现相关版本的 JDK 安装包供下载,选择 JDK 17→Windows→x64 Installer 选项,如图 3-3 所示。根据计算机系统的配置,选择后缀为 .exe 的安装包下载,如果是 64 位的系统,则需要下载对应的 x64 Installer 的 JDK 版本;如果是 32 位的系统,则需要下载对应的 x86 Installer 的 JDK 版本。

图 3-1　Oracle 登录界面

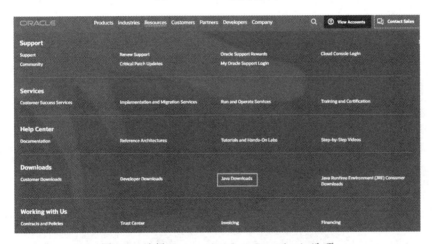

图 3-2　选择 Resources→Java Downloads 选项

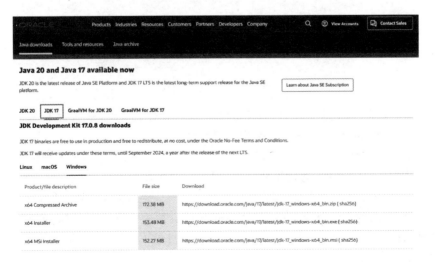

图 3-3　选择 JDK 17 安装包

单击对应版本的 JDK 文件,直接下载即可(本书写作时 JDK 17 版本还在维护,所以可以直接下载到 2024 年 9 月)。如果弹出以下界面,在登录的状态下,勾选"同意许可协议"之后就可以正常下载了(这里笔者使用 JDK 8 作为演示),如图 3-4 所示。

图 3-4　JDK 下载界面

3.1.3　安装 JDK

JDK 下载完成后,双击该安装文件,然后根据安装向导进行安装。根据页面向导的提示,单击"下一步"按钮,如图 3-5 所示。

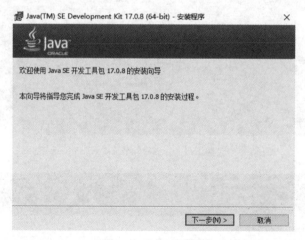

图 3-5　JDK 安装向导

选择 JDK 安装的目标文件夹,安装的目录可以进行修改,或者保持默认路径 C:\Program Files\Java\jdk-17,笔者直接将其安装到默认路径下。

注意:如果选择自定义安装路径,则安装路径的文件夹名不要包含文字和空格。

然后单击"下一步"按钮,等待安装完成,如图 3-6 所示。

提示安装成功后,单击"关闭"按钮,这时 JDK 已经安装完成,如图 3-7 所示。

打开安装 JDK 的地址目录,查看是否有安装信息相关文件夹。例如,笔者选择安装在默认的路径,所以在 C:\Program Files\Java\jdk-17 目录下就可以看到 JDK 安装的相关文件夹了,如图 3-8 所示。

Java(TM) SE Development Kit 17.0.8 (64-bit) - 目标文件夹
Java
这会安装 Java(TM) SE Development Kit 17.0.8 (64-bit)。它要求硬盘驱动器上有 420MB 空间。单击"更改"按钮可更改安装文件夹。
将 Java(TM) SE Development Kit 17.0.8 (64-bit) 安装到:
C:\Program Files\Java\jdk-17\
更改...
上一步(B)
下一步(N)
取消

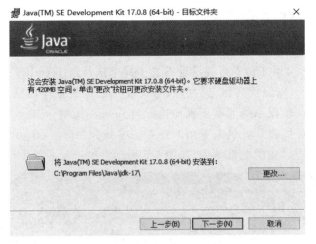

图 3-6　选择 JDK 安装的目标文件夹

Java(TM) SE Development Kit 17.0.8 (64-bit) - 完成
Java
Java(TM) SE Development Kit 17.0.8 (64-bit) 已成功安装
单击"后续步骤"访问教程, API 文档, 开发人员指南, 发布说明及更多内容, 帮助您开始使用 JDK。
后续步骤(N)
关闭(C)

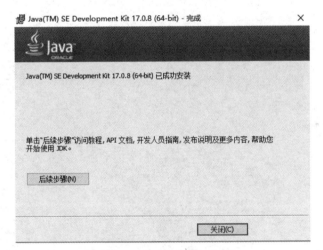

图 3-7　JDK 安装完成

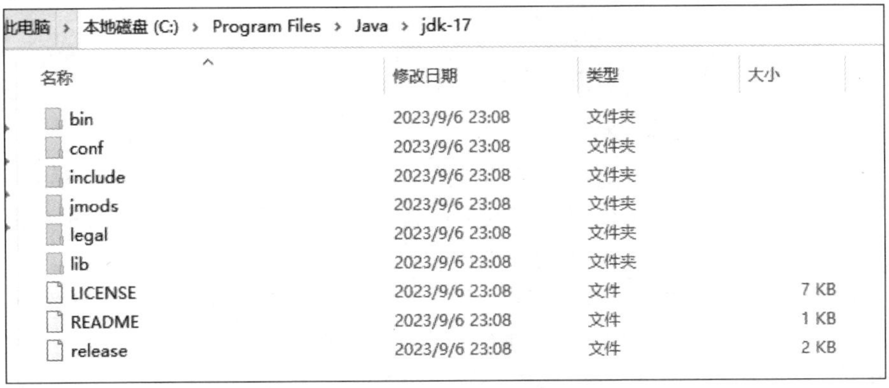

此电脑 › 本地磁盘 (C:) › Program Files › Java › jdk-17
名称
修改日期
类型
大小
bin 2023/9/6 23:08 文件夹
conf 2023/9/6 23:08 文件夹
include 2023/9/6 23:08 文件夹
jmods 2023/9/6 23:08 文件夹
legal 2023/9/6 23:08 文件夹
lib 2023/9/6 23:08 文件夹
LICENSE 2023/9/6 23:08 文件 7 KB
README 2023/9/6 23:08 文件 1 KB
release 2023/9/6 23:08 文件 2 KB

图 3-8　JDK 安装成功后生成的目录

3.1.4　配置环境变量

安装完 JDK 为什么还要配置环境变量呢？这样做主要是为了确保系统能够准确地定位和正确地使用 JDK。当在命令行或其他开发工具中执行与 Java 相关的命令时，系统需要知道 JDK 的安装路径，以便找到相应的可执行文件。通过配置环境变量，向系统提供 JDK 的安装路径信息，从而确保系统能够正确地执行与 Java 相关的命令。

如果找不到，则可以在计算机左下角的任务栏中找到"搜索"图标，并在搜索栏输入"系统环境变量"就会出现对应的搜索结果，如图 3-9 所示。

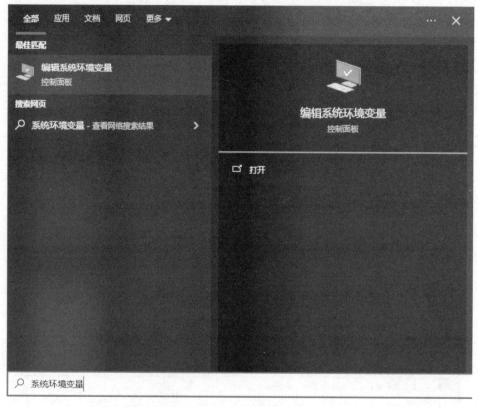

图 3-9　搜索"系统环境变量"

打开"编辑系统环境变量"窗口后，单击"环境变量"按钮，如图 3-10 所示。

打开后会看到共有上下两栏，第一栏是用户变量；第二栏是系统变量，这里要做的就是在系统变量的下方新建一个系统变量。变量名输入 JAVA_HOME（这里名字全部大写）。变量值输入 JDK 安装的路径。具体内容如图 3-11 所示。

添加完成后，再次新建一个系统变量，变量名为 CLASSPATH，变量值为 . ；%JAVA_HOME% \lib，然后单击"确定"按钮添加完成，具体内容如图 3-12 所示。

注意：是英文格式式下的点 . 分号；百分号％ JAVA_HOME 百分号％ 反斜杠\ lib。

图 3-10　打开"系统属性"对话框

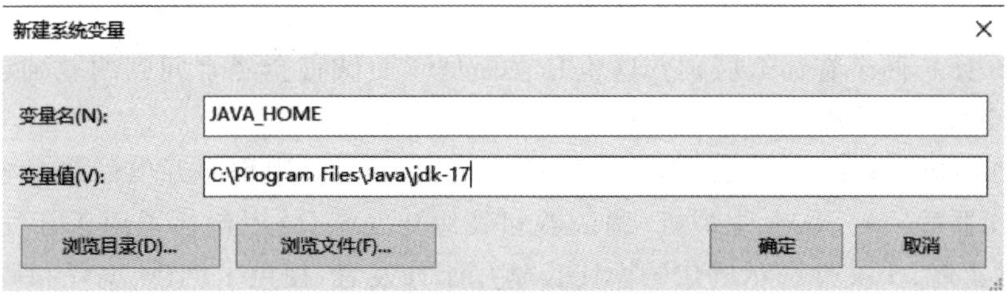

图 3-11　新建系统变量

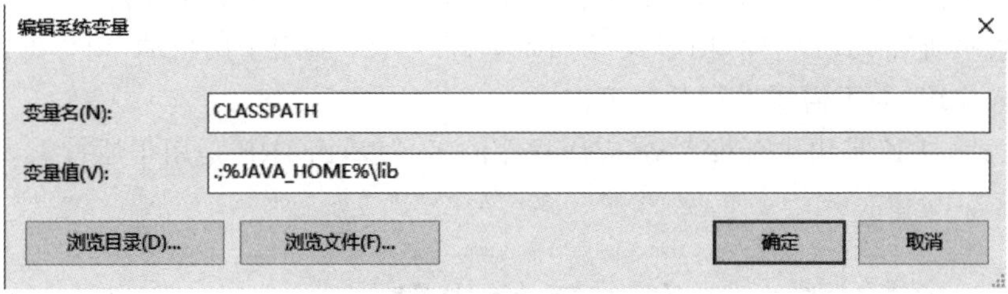

图 3-12　编辑系统变量

　　在系统变量中找到 Path 变量,选中 Path,单击"编辑"按钮,然后在窗口的右侧单击"新建"按钮,输入％JAVA_HOME％\bin,最后单击"确定"按钮即可添加成功,如图 3-13 所示。

编辑环境变量
C:\ProgramData\Oracle\Java\javapath
%JAVA_HOME%\bin
JAVA_HOME%\jre\bin
%MAVEN_HOME%\bin
C:\Windows\system32
C:\Windows
C:\Windows\System32\Wbem
新建(N)
编辑(E)
浏览(B)...
删除(D)

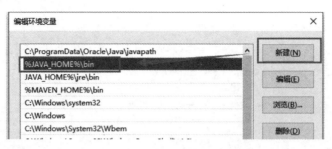

图 3-13 编辑环境变量

至此,JDK 环境变量已经配置完成。接下来测试 JDK 环境是否配置成功。按 Win+R 快捷键输入 cmd 命令,按 Enter 键,此时会弹出命令提示符窗口,然后输入如下命令:

```
java - version
```

如果环境配置正确,则在命令提示符窗口中会输出 JDK 的版本信息,如图 3-14 所示;如果执行命令后报错,则应先检查一下环境变量配置中的路径和 Path 中添加的变量是否有问题,然后去分析其他的错误原因。

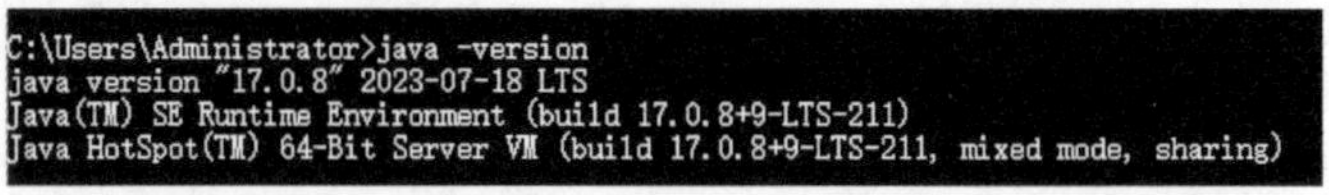

C:\Users\Administrator>java -version
java version "17.0.8" 2023-07-18 LTS
Java(TM) SE Runtime Environment (build 17.0.8+9-LTS-211)
Java HotSpot(TM) 64-Bit Server VM (build 17.0.8+9-LTS-211, mixed mode, sharing)

图 3-14 JDK 版本信息

3.1.5 JDK 和 JRE 有什么区别

JDK 和 JRE 两个有什么区别?这也是在面试时面试官会经常问到的基础题目。先来看一下 JDK 和 JRE 的定义。

(1) JDK(Java Development Kit):JDK 是用于 Java 应用程序开发的工具包。它包含了 Java 编译器(javac)、Java 虚拟机、调试器和其他开发工具,还包括了用于开发 Java 应用所需的各种类库、头文件和示例代码。JDK 适用于开发者,提供了创建、编译和调试 Java 程序的工具。

(2) JRE(Java Runtime Environment):JRE 是用于运行 Java 应用程序的环境。它包含了 Java 虚拟机和 Java 类库,用于执行 Java 程序。JRE 适用于用户端,用户可以使用 JRE 来运行 Java 应用,而不需要进行开发工作。

简而言之,JDK 是用于开发 Java 应用程序的工具包,而 JRE 是用于运行 Java 应用程序的运行环境。

3.2 IntelliJ IDEA 开发工具的安装

目前,Java 开发者主要使用的主流开发工具是 IntelliJ IDEA。此外,还有两款 Java 开发工具,分别是 Eclipse 和 MyEclipse,这两款在高校或一些初学者中使用比较多。本项目选择使用企业主流的开发工具 IDEA,所有涉及的 Java 开发编码均采用 IDEA 开发工具。

IDEA 可以被形容为一款现代智能化的开发工具,而 Eclipse 则有些过时。IDEA 拥有强大的静态代码分析功能,能够检测代码错误、潜在问题和代码规范性问题,并提供相应的修复建议。这一特性旨在提升 Java 开发人员的工作效率和代码质量,因此,它成为许多Java 开发者首选的 IDE 之一。

3.2.1 下载 IntelliJ IDEA

本书中的项目使用 JDK 17 的版本,则要求 IDEA 最低是 2022.1 及以上的版本,之前的IDEA 版本不支持使用 JDK 17,所以本书使用的 IDEA 是 Ultimate 2023.1.2 的版本。

官方下载网址 https://www.jetbrains.com/idea/,单击 Download 按钮,下载 IntelliJ IDEA,如图 3-15 所示。

图 3-15 IntelliJ IDEA 官方首页

IDEA 官方提供了两个下载版本,一个是 IDEA 收费的 Ultimate 版本,但可以免费试用30 天,如图 3-16(a)所示;另一个是免费的社区 Community 版本,如图 3-16(b)所示。

(a) Ultimate版本下载界面   (b) Community版本下载界面

图 3-16 不同版本下载界面

那么这两个版本有什么区别?该如何选择?

(1) IntelliJ IDEA Ultimate 版包含了全部功能,并提供了更多高级的功能和工具,如Spring、Hibernate、Web 和企业开发等方面的全面支持,而 IntelliJ IDEA Community 版则是免费的开源版本,功能相对较少,主要关注于核心的 Java 开发功能。

(2) IntelliJ IDEA Ultimate 版支持所有插件,Community 版则只支持一部分插件。

综上所述,本项目使用 IntelliJ IDEA Ultimate 版本来编写项目代码。由于官方提供了30 天的免费试用期,对于完成本书的项目开发基本上够用了。

3.2.2　IntelliJ IDEA 的安装

下载完成后,双击运行.exe 安装文件,然后单击 Next 按钮,根据提供的安装导航开始安装,如图 3-17 所示。

图 3-17　IntelliJ IDEA 开始安装页面

设置 IDEA 的安装路径,默认安装在 C:\Program Files\JetBrains\IntelliJ IDEA 2023.1.2 的目录下,笔者将默认安装地址改为自定义的 D:\Software\IntelliJ IDEA 2023.1.2\目录下,然后单击 Next 按钮,如图 3-18 所示。

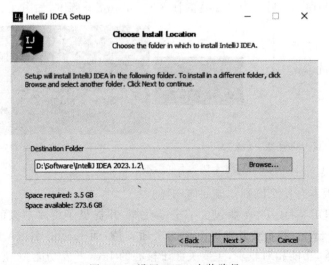

图 3-18　设置 IDEA 安装路径

勾选 IDEA 需要安装的配置项,IntelliJ IDEA 选项表示是否添加桌面图标;Add"bin" folder to the PATH 选项表示是否添加到系统环境变量;Add"Open Folder as Project"选项表示打开文件夹作为项目;Create Associations 选项表示默认打开类型。勾选完单击 Next 按钮,如图 3-19 所示。

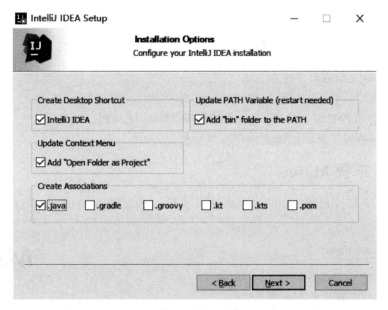

图 3-19　勾选 IDEA 安装配置项

最后,单击 Install 按钮进行安装,等待安装完成即可,如图 3-20 所示。

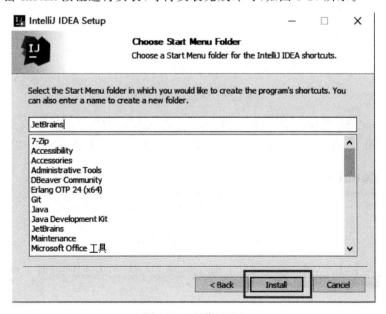

图 3-20　安装 IDEA

3.3　Maven 的安装与配置

　　Apache Maven(简称 Maven)是一个用于软件项目构建和管理的工具。Maven 通过采用标准的目录结构,使不同开发工具中的项目结构能够保持一致。它提供了一系列命令,如清理、编译、测试、安装、打包和发布等,使项目构建变得更加便捷。本书的后端项目也是选择了 Maven 作为项目依赖管理的工具。

　　选择 Maven 主要有以下优点。

　　(1) 自动构建项目,包括清理、编译、测试、安装、打包、发布等。

　　(2) JAR 包依赖管理会自动下载 JAR 及其依赖的 JAR 包。

　　(3) 在多种开发工具中也能实现项目结构的统一。

3.3.1　下载 Maven

　　打开 Maven 官方网站 https://maven.apache.org/,单击 Download 按钮,如图 3-21 所示。

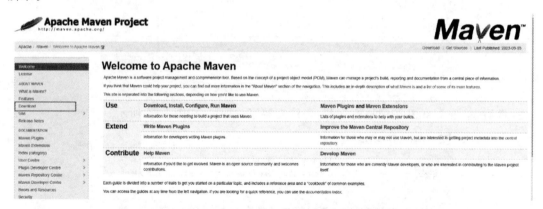

图 3-21　Maven 官方首页

　　目前 Maven 的最新版本是 3.9.4,因 Spring Boot 使用的版本是 3.0 以上的,所以笔者在本书中使用的 Maven 的版本为 3.6.3,可以选择历史的版本下载,如图 3-22 所示。

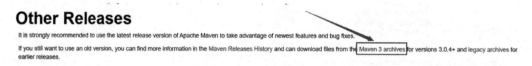

图 3-22　选择下载历史版本

　　查找到该版本,选择 binaries 目录下的 apache-maven-3.6.3-bin.zip 下载完成即可,如图 3-23 所示。

Index of /dist/maven/maven-3/3.6.3/binaries

Name	Last modified	Size	Description
Parent Directory		-	
apache-maven-3.6.3-bin.tar.gz	2019-11-19 21:50	9.1M	
apache-maven-3.6.3-bin.tar.gz.asc	2019-11-19 21:50	235	
apache-maven-3.6.3-bin.tar.gz.sha512	2019-11-19 21:50	128	
apache-maven-3.6.3-bin.zip	2019-11-19 21:50	9.2M	
apache-maven-3.6.3-bin.zip.asc	2019-11-19 21:50	235	
apache-maven-3.6.3-bin.zip.sha512	2019-11-19 21:50	128	

图 3-23　选择 Maven 安装包

3.3.2　安装配置 Maven

下载完成后无须安装,直接对下载的压缩包进行解压,然后将文件存放到硬盘中即可,例如笔者放在了 D:\apache-maven-3.6.3 目录下,如图 3-24 所示。

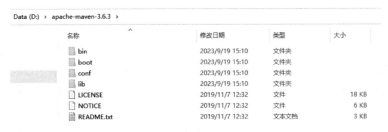

图 3-24　Maven 文件目录

接下来配置 Maven 的环境变量,这里需要注意的是,配置 Maven 环境变量之前要确保 JDK 环境的配置没有问题。和之前配置 JDK 环境变量基本一致。先创建一个系统变量,变量名为 MAVEN_HOME(这里的字母全部大写),变量值为 Maven 存放的路径 D:\apache-maven-3.6.3。填写完成后,单击"确定"按钮,保存系统变量,如图 3-25 所示。

图 3-25　Maven 编辑系统变量

在系统变量中选中 Path,然后单击"编辑"按钮,新建一个 Maven 的变量,配置 Maven 的 bin 目录,添加的配置如下:

```
% MAVEN_HOME % \bin
```

配置完成后,打开命令提示符窗口,输入 mvn -v 命令,查看 Maven 版本信息。如果配置正确,则会出现版本、安装地址等信息;如果没有显示图 3-26 所示的信息,则首先需要检查配置的环境变量是否有问题,其次查看下载的 Maven 包是否完整,如图 3-26 所示。

```
C:\Users\admin>mvn -v
Apache Maven 3.6.3 (cecedd343002696d0abb50b32b541b8a6ba2883f)
Maven home: D:\xyh\maven\apache-maven-3.6.3\bin\..
Java version: 17.0.8, vendor: Oracle Corporation, runtime: C:\Program Files\Java\jdk-17
Default locale: zh_CN, platform encoding: GBK
OS name: "windows 10", version: "10.0", arch: "amd64", family: "windows"
```

图 3-26 Maven 安装验证

3.3.3 Maven 的相关配置

在使用 Maven 下载项目依赖文件时,首先它会检查本地仓库是否已经存在所需的依赖包,如果没有,则会尝试从中央仓库获取。然而,中央仓库通常位于国外服务器,导致下载速度比较慢,甚至可能导致下载失败,接下来就解决这个问题。

1. 配置本地仓库

Maven 默认的仓库下载地址是在 C 盘中,但一般不推荐使用 C 盘存放本地仓库,所以在其他硬盘中创建一个文件夹用来当作 Maven 的本地仓库文件。例如,笔者将仓库的默认地址改为 D:\maven\maven_repository。

本地仓库其实起到了一个缓存的作用,它的默认地址是 C:\Users\用户名.m2。现在要修改成自定义的仓库文件,进入 Maven 的安装目录,在 conf 文件夹中打开 settings.xml 配置文件,在文件中找到 localRepository 标签,localRepository 节点是用于配置本地仓库,将创建的仓库地址添加到配置文件中,代码如下:

```
<localRepository>D:\maven\maven_repository</localRepository>
```

2. 配置中央仓库

为了解决下载依赖慢的问题,要对 Maven 配置进行修改,将默认的中央仓库换成阿里云的中央仓库或者华为云的中央仓库,需要修改 Maven 在配置文件中的 mirrors 标签来配置镜像仓库。

本书以阿里云镜像仓库为例,打开 Maven 的 settings.xml 配置文件,添加阿里云仓库镜像的配置,需要添加在<mirrors></mirrors>标签中,mirrors 可以配置多个子节点,但是它只会使用其中的一个节点生效,即在默认情况下,如果配置多个 mirror,则只有第 1 个生效,代码如下:

```
<!-- 阿里云仓库 -->
<mirror>
    <id>nexus-aliyun</id>
    <mirrorOf>central</mirrorOf>
    <name>Nexus aliyun</name>
    <url>http://maven.aliyun.com/nexus/content/groups/public</url>
</mirror>
```

3. 配置 JDK 版本

如果要在 Maven 中设置 JDK 环境,则需要在 settings.xml 配置文件中的 profiles 标签中添加代码配置,代码如下:

```xml
<!-- java 版本 -->
<profile>
    <id>jdk-17</id>
    <activation>
        <activeByDefault>true</activeByDefault>
        <jdk>17</jdk>
    </activation>
    <properties>
        <maven.compiler.source>17</maven.compiler.source>
        <maven.compiler.target>17</maven.compiler.target>
        <maven.compiler.compilerVersion>17</maven.compiler.compilerVersion>
    </properties>
</profile>
```

配置完成后,打开命令提示符窗口,输入 mvn help:system 命令,如果第 1 次执行该命令,则在执行命令后会从 Maven 仓库下载一些必要的插件,下载完成后就会显示有关 Maven 系统的信息,如图 3-27 所示。

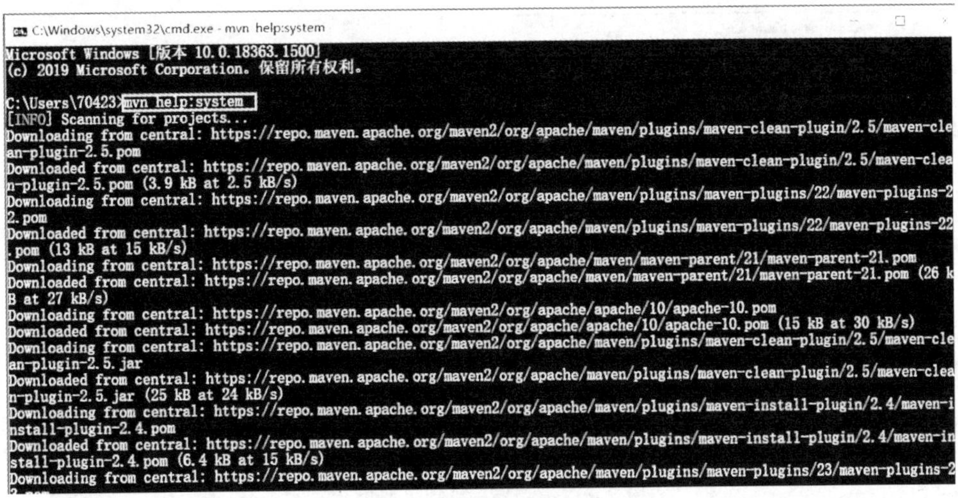

图 3-27　Maven 相关信息

到此,Maven 安装和配置就结束了,接下来还需要完成 MySQL 数据库的安装与配置及 Navicat 工具的安装。

3.4　MySQL 的安装与配置

本书中的项目使用的数据库是 MySQL,MySQL 是目前最流行的关系数据库管理系统,在 Web 应用方面 MySQL 是最好的关系数据库管理系统应用软件之一。项目使用的是

MySQL 8 以上的版本,本项目使用的是 MySQL 8.0.34 版本。

3.4.1 下载 MySQL

打开 MySQL 官方网站 https://dev. mysql. com/downloads/mysql/,单击 General Availability(GA)Releases 按钮,在 Select Version 中选择下载 MySQL 的版本;并在 Select Operating System 中选择下载的操作系统,然后单击 Go to Download Page 按钮,跳转到下载页面,如图 3-28 所示。

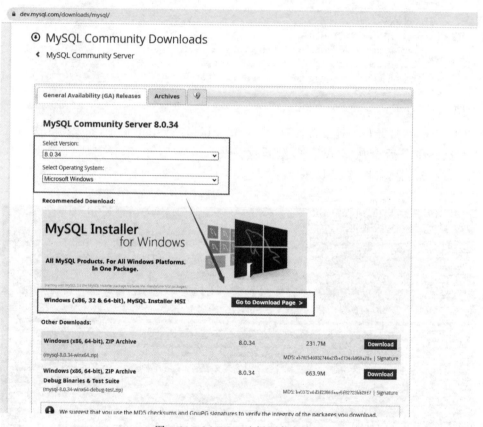

图 3-28　MySQL 选择下载版本

然后选择 mysql-installer-community-8.0.34.0. msi 安装包,单击 Download 按钮进行下载,如图 3-29 所示。

单击 No thanks, just start my download. 协议后,开始下载并安装包,如图 3-30 所示。

下载完成后,双击下载的安装包,在安装首页勾选 Custom 选项,即修改成自定义安装,然后单击 Next 按钮,进行下一步操作,如图 3-31 所示。

选择要安装的产品,将左侧选择框中的树结构展开,单击 MySQL Server 8.0.34 -X64,然后单击中间向右的箭头,将其添加到右边待安装区,选择完成后,单击 Next 按钮,如图 3-32 所示。

⊙ MySQL Community Downloads

‹ MySQL Installer

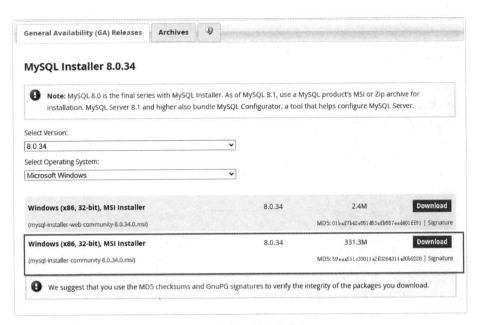

图 3-29　选择下载并安装包

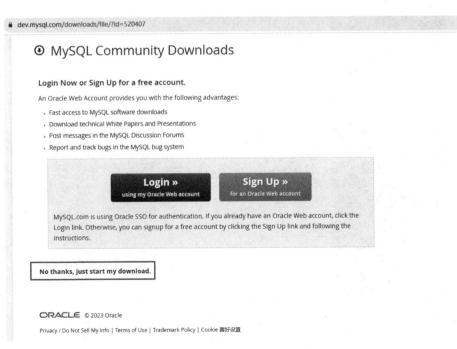

图 3-30　下载 MySQL 安装包

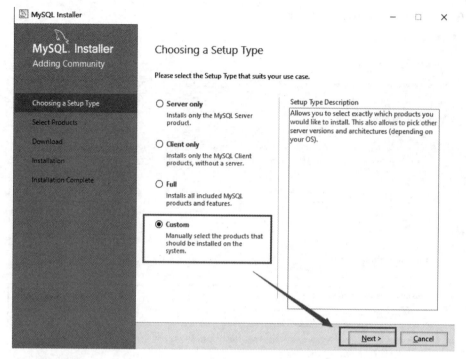

图 3-31 选择 MySQL 安装方式

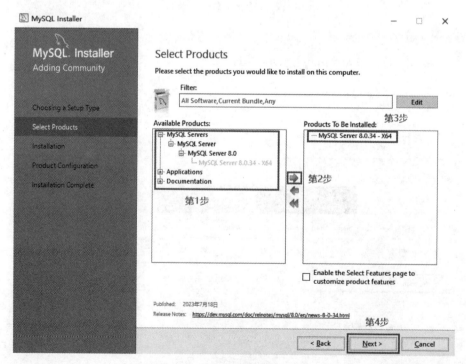

图 3-32 选择要安装的 MySQL

接下来,选择 MySQL 安装目录,安装的路径不要有中文名称出现。例如,笔者将 MySQL 的安装路径修改为 D:\Software\MySQL8.0.34,选择完成后,单击 Next 按钮,如图 3-33 所示。

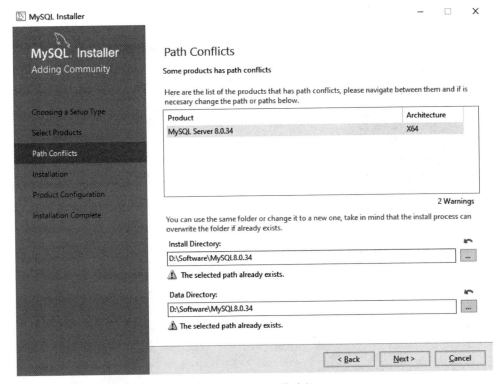

图 3-33 选择安装路径

接下来根据 MySQL 安装向导,依次单击 Next 按钮或 Execute 按钮安装相关环境。执行到配置 MySQL 端口的界面时,Port 默认为 3306 端口,其余的配置默认不变,单击 Next 按钮,如图 3-34 所示。

接下来的步骤依次单击 Next 按钮往下执行,直到提示安装完成即可。

3.4.2 配置 MySQL

安装完成后,打开系统环境变量,在系统变量的 Path 中添加安装 MySQL 的路径,这个路径要配置到 MySQL 路径下的 bin 目录。如果安装时选择的是默认安装路径,则目录为 C:\Program Files\MySQL\MySQL Server 8.0,添加完成后,单击"确定"按钮,保存成功,如图 3-35 所示。

3.4.3 验证配置

打开命令提示符窗口,执行的命令如下:

```
mysql -u root -p
```

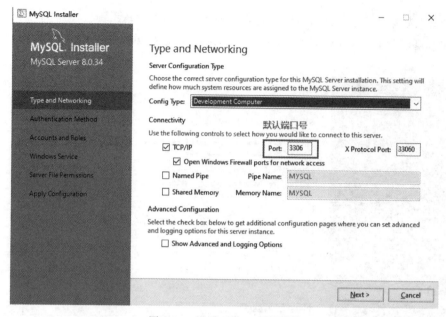

图 3-34　设置 MySQL 端口号

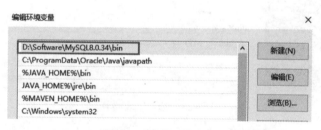

图 3-35　编辑环境变量

执行该命令后，显示要输入 MySQL 密码，该密码是安装数据库时设置的密码，输入密码后按 Enter 键执行。如果出现图中的 Welcome to the MySQL monitor. 及数据库版本等信息就说明已经配置成功，如图 3-36 所示。

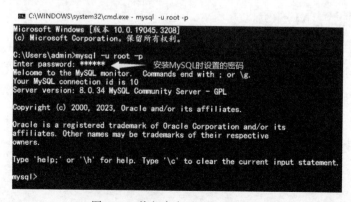

图 3-36　执行命令后进入 MySQL

3.5　MySQL 可视化工具安装

MySQL 已成功安装并运行,但每次操作数据库都需通过命令行方式进入 MySQL,然后使用命令进行数据操作。对技术人员而言,这种方式过于烦琐,因此,需要安装一款连接数据库的可视化工具,以便轻松进行数据库操作。

在丰富的可视化工具中,可供选择的主要有 DataGrip、DBeaver、Navicat for MySQL(简称:Navicat)及 MySQL 官方的 MySQL Workbench,本项目选择了流行且广泛应用的 Navicat。Navicat 界面友好、功能强大,可用于多种数据库管理任务。它能通过直观的图形界面连接数据库、执行查询、管理数据,并支持数据库设计等任务,大幅减少了单调的命令行输入。

3.5.1　下载 Navicat for MySQL

打开 Navicat for MySQL 官网 https://www.navicat.com.cn/products,可以直接下载目前最新版本 Navicat Premium 16,它可以从单一应用程序中同时连接 MySQL、Redis、MariaDB、MongoDB、SQL Server、Oracle、PostgreSQL 和 SQLite 等,功能比较全面。本书选择 Navicat Premium 16 版本来连接数据库。

因为 Navicat 是收费的工具,所以优先选择免费试用,然后根据计算机的配置进行选择性下载并安装包。下载完成后直接安装,如图 3-37 所示。

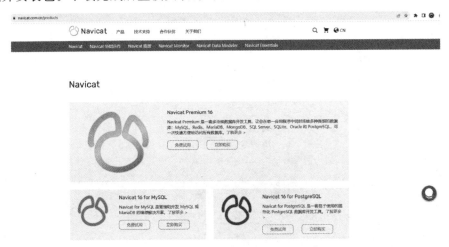

图 3-37　Navicat 官网下载界面

3.5.2　连接 MySQL

Navicat 安装完成后,打开 Navicat 工具,单击左上角的"连接"图标,选择 MySQL 选项,如图 3-38 所示。

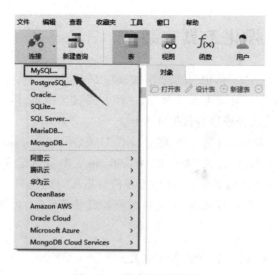

图 3-38　新建数据库连接

　　选择完成后,需要填写 MySQL 连接信息,这里的密码和端口号都是安装 MySQL 时配置的。填写完信息后,单击左下角的"测试连接"按钮,如果弹出连接成功窗口,则说明填写的信息是正确的,然后单击"确定"按钮,新建连接成功,如图 3-39 所示。

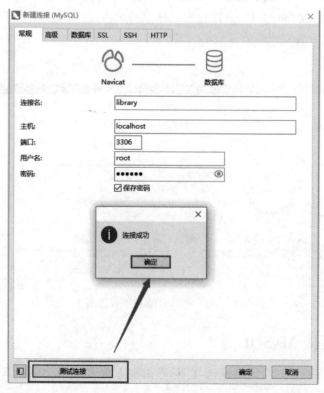

图 3-39　新建连接

本章小结

本章着重介绍了项目开发前所需的环境配置工作。通过本章的介绍,目前已经掌握了以下内容。

(1) JDK 的重要性不言而喻,JDK 作为 Java 开发所必不可少的工具包,为项目提供了必要的核心库和工具,它确保能够编写、编译和运行 Java 代码。

(2) 本书选择 IDEA 作为项目的开发工具,IDEA 提供了丰富的功能和集成开发环境,有助于提高开发效率。

(3) 了解到如何使用 Maven 来管理项目的依赖关系。Maven 能够自动下载并管理所需的库和框架,使项目的依赖管理更加便捷。

(4) 目前已经安装了 MySQL 数据库并配置成功,同时选择了 Navicat 等可视化工具来方便地操作数据库。

接下来,将迈入项目的正式开发阶段。在这一阶段,将能够运用所搭建的环境,开始编写代码、构建应用程序,并逐步实现项目的各项功能和特性。

第4章 构建 Spring Boot 项目及项目管理

从本章开始就正式进入开发项目阶段,首先需要搭建一个基础项目的 Spring Boot 服务,然后考虑项目基础技术的选型及项目的管理等工作。

4.1 使用 Spring Initalizr 构建项目

打开 spring initializr 创建项目的界面,然后选择项目结构为 Maven 项目;开发语言为 Java;Spring Boot 的版本为 3.1.3(如果页面没有该版本,则可以选择 3.0 以上的其他版本,创建完成后再修改 pom 文件中的版本号);项目组织为 com.library;项目名为 library;打包方式为 JAR 包形式;Java 版本选择 17。填写完成后,如果单击的 GENERATE 按钮,则会自动生成并下载 Spring Boot 项目。本书的项目以 library 命名,如图 4-1 所示。

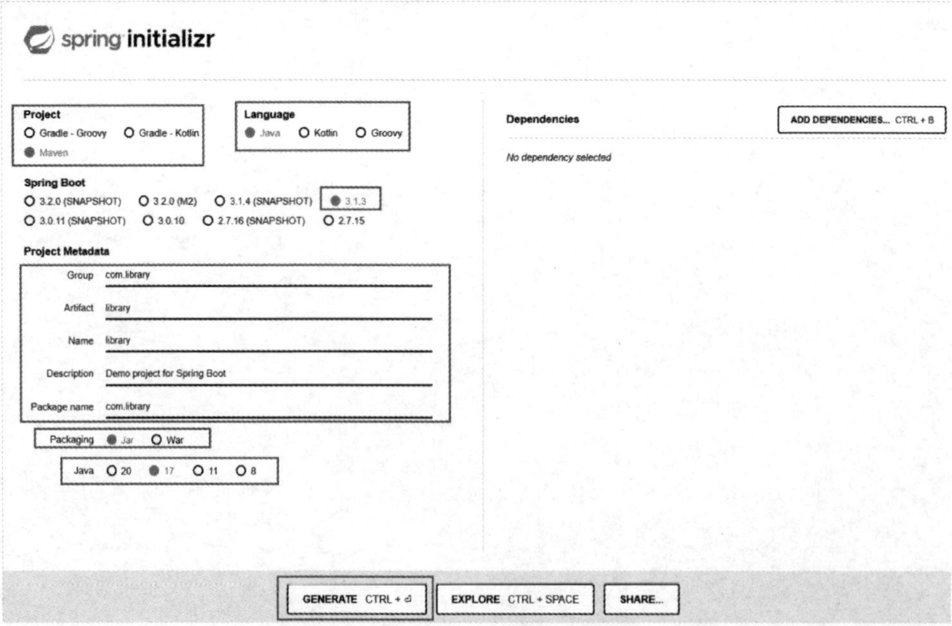

图 4-1 在线创建 Spring Boot 项目

将项目以压缩包的形式下载到本地，解压下载的项目文件，并使用 IDEA 开发工具打开项目。在 IDEA 中选择 File→Open 选项，然后选择解压后的项目文件，单击 OK 按钮，这样就可以成功地将项目导入 IDEA 中，如图 4-2 所示。

项目导入成功后，在 IDEA 的左侧导航栏中就可以看到生成的 Spring Boot 项目的目录。展开项目目录，将一些不用的文件删除，保持项目目录的整洁，下图中框起来的目录文件都可以删除，如图 4-3 所示。

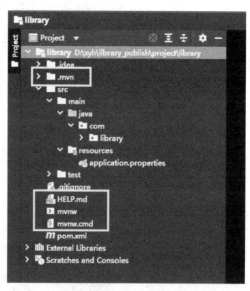

图 4-2　IDEA 导入 Spring Boot 项目

图 4-3　Spring Boot 项目目录

项目目录结构解释如下：

（1）.idea 文件用于存放项目的一些配置信息，包括数据源、类库、项目字符编码、版本控制、历史记录信息等。

（2）src 文件主要用于存放 Java 项目的代码，所有的代码都在这里编写，包含启动类、测试类及项目的配置文件等。

（3）.gitignore 分布式版本控制系统 Git 的配置文件，其作用是忽略提交在.gitignore 中的文件，在添加忽略的文件时要遵循相应的语法规范，即在每行指定一个忽略的规则。例如.idea、target/等。

（4）pom.xml 是 Maven 进行工作的主要配置文件，在该文件中可以配置 Maven 项目的 groupId、artifactId 和 version 等 Maven 项目的元素。同时可以定义 Maven 项目打包的形式；可以定义 Maven 项目的资源依赖关系等。

4.1.1　配置 Maven 仓库

由于 Maven 源文件的默认配置路径为当前用户目录下的.m2/settings.xml，所以现在需要将项目的默认 Maven 仓库切换至搭建好的本地仓库。在 3.3 节中，已经在本地搭建好了 Maven 仓库,那如何来修改 Maven 配置呢? 在 IDEA 中选择 File→Settings 选项,如图 4-4 所示。

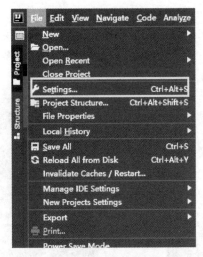

图 4-4　打开项目配置

选择 Build,Execution,Deployment 选项进行展开,然后展开 Build Tools→Maven 选项进入 IDEA Maven 配置界面,如图 4-5 所示。

图 4-5　项目 Maven 默认配置

将 Maven 默认的路径修改为自定义的本地仓库,User settings file 为配置 Maven 源文件的配置路径,Local repository 为配置本地仓库路径,修改完成后,先单击 Apply 按钮,应用后再单击 OK 按钮,配置成功,如图 4-6 所示。

等待项目依赖加载完成。在后边的项目开发中,如果需要修改 pom.xml,则要在修改完成后刷新一下 Maven,IDEA 将会下载或更新相应的依赖包,如图 4-7 所示。

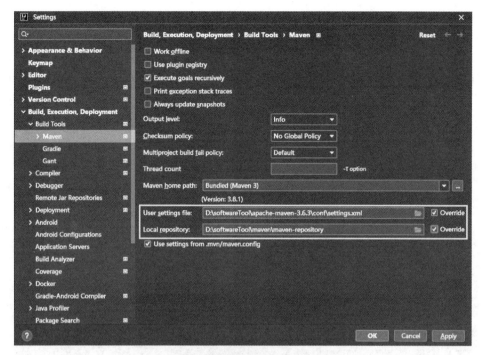

图 4-6 项目 Maven 配置

图 4-7 刷新项目 Maven 配置

4.1.2 修改配置文件

在 src/main/resources 目录下存放项目的配置文件,默认为 application. properties 文件格式,项目采用的是 YAML 语法来编写配置文件,这里需要将 properties 后缀换成 yml 的格式。

项目为什么要改成 yml 格式的配置文件呢?

(1) 首先在 Spring Boot 项目中,使用. properties 和. yml 配置是等效的,它们都可以被识别和使用。

(2) yml 可以更好地配置多种数据类型,支持多种语言,通用性更好,并且 yml 的基本语法格式是 key：value,properties 的基本语法格式是 key＝value。

（3）使用人数多,大多数企业项目使用的是 yml 格式的配置文件。

YAML 的解析相对于 properties 更加严格,在配置文件中不要出现错误的语法,以及一些不应该出现的字符或者空格等,这都会导致解析失败。如果直接复制、粘贴整个配置文件的代码,则会出现乱码的问题。先来体验一下该配置文件,在 application.yml 文件中添加项目的名称 library 和端口号 8081,如图 4-8 所示,添加配置的代码如下：

```
spring:
  application:
    name: library
server:
  port: 8081
```

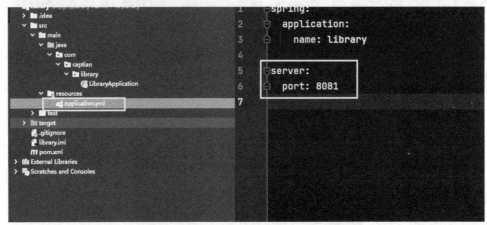

图 4-8　添加项目端口号

4.1.3　启动项目

经过前面章节的项目配置,目前已经做好了项目启动的准备工作,现在只需引入 spring-boot-starter-web 依赖,便可以启动项目。Spring Boot 通过该依赖提供了对 Spring MVC 的自动配置,并在原有的 Spring MVC 的基础上增加了许多特性,支持静态资源和 WebJars 等。

在 Spring Boot 项目的 pom.xml 配置文件中引入 spring-boot-starter-web 依赖,即使不进行任何配置,也可以直接使用 Spring MVC 进行 Web 开发,代码如下：

```
<dependency>
    <groupId>org.springframework.boot</groupId>
    <artifactId>spring-boot-starter-web</artifactId>
</dependency>
```

添加完成后,刷新项目的 Maven,然后单击 IDEA 右上角的绿色三角号按钮或单击类似于小虫子的绿色图标以 Debug 的形式启动,这个在开发项目进行调试代码时经常使用,接着等待项目启动,如图4-9所示。

等待项目启动完成。检查控制台的日志打印信息,如果出现 Tomcat started on port(s):8081 (http) with context path 及 Started Library Application in…输出信息,则说明项目已经启动 成功,搭建开发环境成功,如图4-10所示。

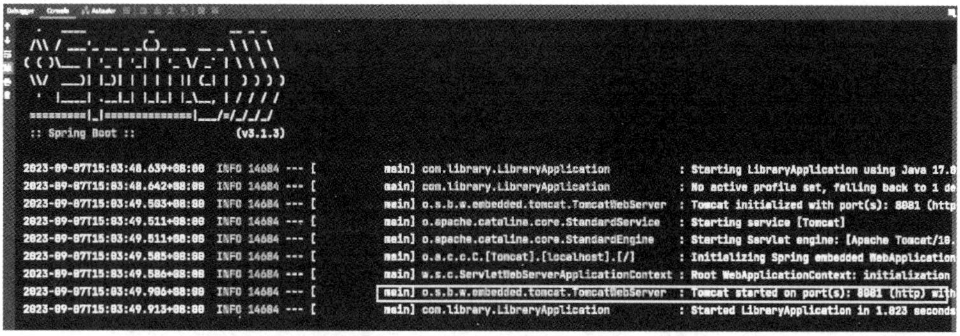

图4-9 启动项目

图4-10 项目启动成功日志

4.2 项目代码管理

代码仓库在整个项目的开发过程中具有不可或缺的重要性,它承担着存储和管理项目 源代码及版本控制的关键任务。特别是在团队协作开发中,代码仓库能够详细地记录每个 代码版本的变更历史和开发者的提交记录。

目前,企业常用的代码仓库主要包括 GitLab、Gitee 企业版和 GitHub。虽然 GitLab 作 为一个自托管的 Git 项目仓库在企业中广泛使用,但其需要搭建自己的仓库环境,可能涉及 资源和配置等问题,因此本书暂不以 GitLab 为例。考虑到 GitHub 服务器位于国外,国内 网络访问速度可能较慢,因此在本项目中也不考虑使用 GitHub。

综合考虑各方面因素,本项目选择了国内的 Gitee 作为代码托管仓库。Gitee 不仅提供 免费的代码托管服务,而且访问速度较快,基本可以满足本项目的开发需求。这个选择能够 更好地支持项目开发和团队协作。

4.2.1 为什么要使用代码管理

之所以选择代码仓库管理主要从以下几方面考虑。

(1) 版本管理:代码仓库允许保存项目的各个版本。如果代码有问题,则可以轻松地 回退到之前的版本,进行错误处理。

(2) 协作开发:多人团队可以同时在同一个代码仓库中工作,每个开发者都可以创建 分支进行独立开发,然后合并到主分支。

(3) 备份和恢复:代码仓库作为一个中央存储库,能够帮助开发者备份项目代码,以防止数据丢失。

（4）变更历史：每次代码提交都会被记录下来，包括谁做了什么修改。这种变更历史对于问题追踪、代码审查及理解项目演变过程非常重要。

（5）分支管理：代码仓库支持创建分支，可以在分支上开发新功能，而不会影响主分支的稳定性。

4.2.2　创建代码仓库

打开 Gitee 官网 https://gitee.com，进入 Gitee 首页，如图 4-11 所示。

图 4-11　Gitee 官网首页

在登录的状态下，单击右上角的加号按钮，单击"新建仓库"选项，如图 4-12 所示。

图 4-12　新建仓库

在创建新建仓库的页面中填写生成仓库的信息，例如仓库名称、仓库路径、是否开源等信息。信息添加完成后，单击"创建"按钮，新建仓库成功，如图 4-13 所示。

图 4-13　填写仓库信息

然后可以在仓库管理界面中查看创建的项目仓库，如图 4-14 所示。

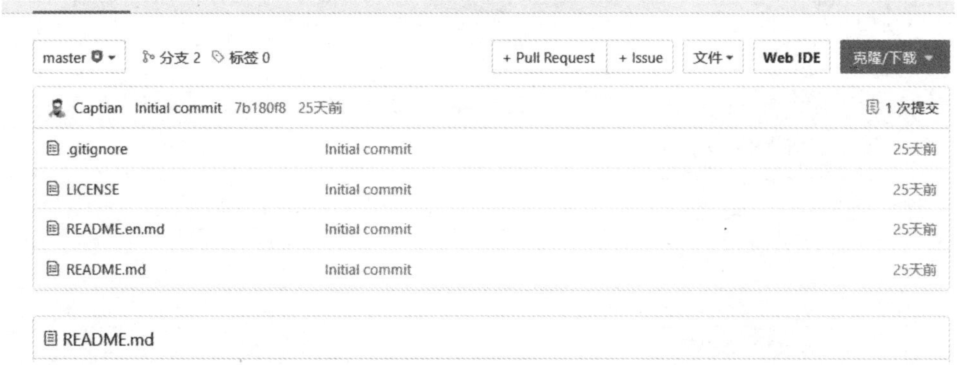

图 4-14　项目仓库

4.2.3　仓库分支管理

在项目代码版本管理中，分支(Branch)是从主线代码独立出来的开发路径。分支的创建允许开发者在独立环境中进行开发、测试和修改，而不对主线代码造成影响。每个分支都代表着代码仓库的一个独立副本，开发者可以在其上进行修改，而这些修改不会直接影响主线代码。

目前有一个 master 分支作为主分支,还需要再创建一个 dev 开发分支,进入创建的仓库中,在分支管理中单击"管理"按钮,如图 4-15 所示。

图 4-15　分支管理

进入分支管理界面,在右上角单击"新建分支"按钮,然后填写需要添加的分支名称、选择分支起点和设置分支权限等,如图 4-16 所示。

图 4-16　创建 dev 开发分支

分支创建完成之后,要重新分配仓库分支权限。分配规则为 master 的分支只能由仓库管理员修改,其余的仓库人员没有权限修改。对于 dev 分支所有的开发人员都可以进行代码提交、合并请求等操作。

打开仓库管理,找到保护分支设置,先将 dev 分支设置为仓库的默认分支,然后单击"新建规则"按钮,如图 4-17 所示。

图 4-17 设置 dev 默认分支

规则限制 master 分支的推送、合并等操作。填写完信息后,单击"保存"按钮,保存成功,如图 4-18 所示。

图 4-18 创建保护分支

在此阶段,项目代码仓库已基本搭建完成。在以后的开发过程中代码提交将集中在 dev 分支上,等功能模块完成之后逐步合并到 master 分支上。这种方式有助于保障代码的安全性,确保已经开发完成的代码不会被随意更改,同时也为团队协作提供了适当的隔离。

4.3　Git 安装与配置

　　代码版本管理在软件开发中是至关重要的实践之一,它促进了团队协作、变更追踪及不同代码版本的管理。通过代码版本管理工具,开发团队能够高效合作,确保代码的稳定性和可追溯性。

　　常见的版本控制系统包括分布式版本控制系统(如 Git)和集中式版本控制系统(如 SVN)。在本项目中,选择 Git 作为版本控制工具,这主要因为它具备卓越的性能和丰富的功能,因而受到广泛欢迎。Git 可以在本地完整地存储代码仓库,并支持分支、合并、提交等功能,从而有效地支持团队协作开发。

4.3.1　下载 Git

　　打开官方网址 https://git-scm.com/download/,下载的 Git 版本为 Git 2.42.0(创作本书时的最新版本)。根据自己计算机的配置下载并安装包,如果官方网站的下载速度比较慢,则推荐使用国内的镜像网址 https://npm.taobao.org/mirrors/git-for-windows/进行下载,如图 4-19 所示。

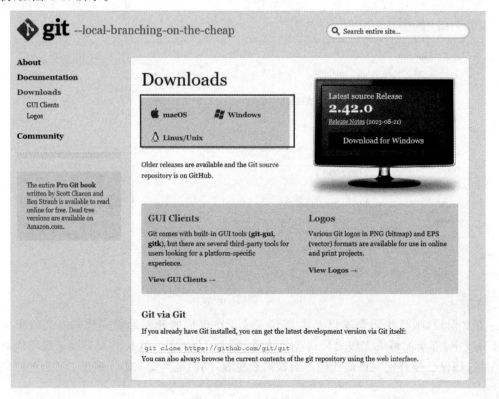

图 4-19　Git 下载界面

4.3.2　安装 Git

双击下载的安装包，根据安装导向进行安装，单击 Next 按钮，如图 4-20 所示。

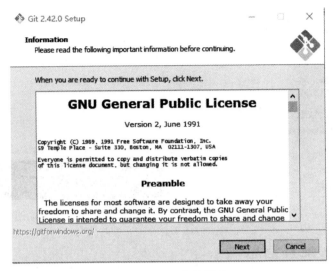

图 4-20　Git 安装页面

选择安装的目录，可以使用默认目录或者自定义，这里推荐安装到系统盘以外的硬盘上，例如，笔者选择安装在 D:\softwareTool\Git\Git 目录下，然后单击 Next 按钮，如图 4-21 所示。

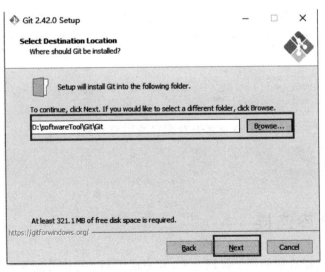

图 4-21　Git 自定义安装目录

依次单击 Next 按钮，直到安装完成。回到桌面后右击鼠标。在快捷菜单中会出现 Open Git GUI here 和 Open Git Bash here 两个菜单选项，如图 4-22 所示。

单击 Open Git Bash here 选项,在 Git 命令行窗口输入 git version 命令,如果出现 Git 的版本信息,则说明已经安装成功,如图 4-23 所示。

图 4-22　Git 快捷菜单

图 4-23　Git 版本信息

4.3.3　Git 配置信息

Git 提供了一个叫作 git config 的工具,专门用来配置或读取相应的工作环境变量。这些环境变量决定了 Git 在各个环节的具体工作方式和行为。接下来需要配置个人的用户名和电子邮件地址。如果在执行配置命令时使用了--global 选项,则所做的配置更改将被应用于用户主目录下的配置文件,这将导致以后的所有项目都默认使用这里配置的用户信息。然而,如果只想针对某个特定项目使用不同的用户名或电子邮件地址,则只需省略 --global 选项,然后重新执行修改后的命令。这样,配置更改将只适用于当前项目,而不会影响全局设置,命令如下。

```
git config -- global user.name "名字或昵称"
git config -- global user.email "邮箱"
```

配置执行完成后,执行以下命令来查看配置的用户名和邮件:

```
git config user.name
git config user.email
```

4.4　远程仓库连接

到目前为止,已经成功创建了代码仓库,并完成了 Git 的相关配置。接下来,重点是如何通过 Git 将本地的代码提交到 Gitee 远程仓库中。同时还要了解如何从远程仓库将代码拉取到本地,大致流程如图 4-24 所示。

打开 library 项目根目录,右击空白处打开 Git 命令行窗口,然后初始化本地环境,把该

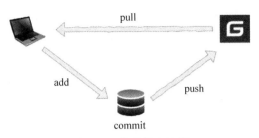

图 4-24　代码提交流程

项目变成可被 Git 管理的仓库,命令如下:

```
git init
```

执行完该命令后,查看项目的根目录文件中是否多了一个.git 目录,该目录包含资源的所有元数据,其他的项目目录保持不变,如图 4-25 所示。

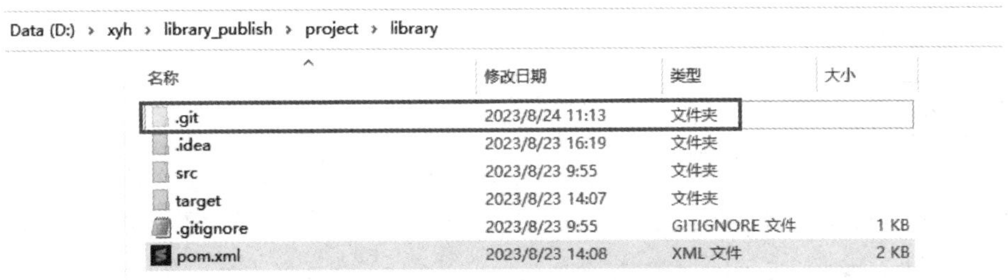

图 4-25　初始化本地仓库

初始化完成后,接下来要将本地代码库与远程代码块相关联。打开 Gitee 上创建的仓库,单击"克隆/下载"按钮,在 HTTPS 中,单击"复制"按钮,此时仓库地址就复制下来了,如图 4-26 所示。

图 4-26　复制 Gitee 仓库地址

在项目根目录下打开 Git 命令行窗口,将下方命令中的远程仓库地址换成前面获得的仓库地址,命令如下:

```
git remote add origin 远程仓库地址
```

执行完命令后,就可以与远程的 Gitee 仓库建立连接了,同时可以对代码进行版本追踪和协作开发。先来将远程仓库的 master 分支拉取过来并和本地的当前分支进行合并,命令如下:

```
git pull origin master
```

4.4.1　代码提交远程仓库

本地和远程仓库都已配置好,准备将代码提交到远程仓库,先来查看当前项目的远程仓库,可以使用以下命令。

```
git remote - v
```

执行完此命令后,输出的内容就是代码要提交的仓库地址,将当前项目的文件添加到 git 暂存区,执行 git add . 命令,注意后边是空格加点符号,命令如下:

```
git add .
```

然后将暂存区内容添加到仓库中,执行 git commit -m'提交信息说明'命令,这里的说明最好是对提交代码的解释或说明等信息,命令如下:

```
git commit - m '提交信息说明'
```

等待提交完成,然后执行 git push origin master 命令上传远程代码并合并到 master 分支上,命令如下:

```
git push origin master
//如果上面命令执行有问题,则可使用以下命令尝试,使远程仓库和本地同步,消除差异
git pull origin master -- allow - unrelated - histories
```

执行完命令,查看 Gitee 代码仓库页面,可以看到有代码被提交到仓库中了,说明本地和远程仓库已经连接成功,并可以将代码提交到远程仓库,如图 4-27 所示。

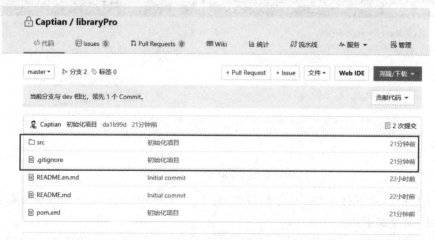

图 4-27　提交远程仓库

4.4.2 IDEA 使用 Git

使用 IDEA 打开项目,右上角有 3 个 Git 操作的图标,分别是更新代码、提交代码、推送代码操作,如图 4-28 所示。

图 4-28 IDEA 整合 Git

当代码被提交到仓库后,在 IDEA 的左下角有一个 Git 选项,单击 Git,选择 Log 日志,可以查看当前和过往的提交记录,方便代码的维护和代码回滚,如图 4-29 所示。

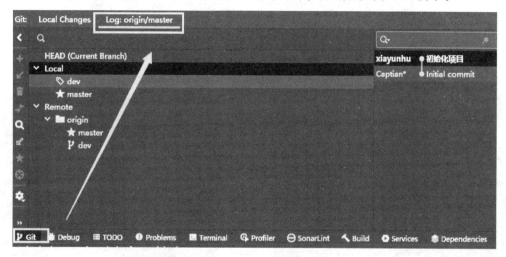

图 4-29 代码提交记录

4.4.3 IDEA 代码暂存区

在实际开发中,使用 IDEA 的代码暂存区功能非常常见。在大多数项目中,迭代开发是常态,因此在开发过程中往往往会有切换分支的需求。这时如果正在 dev 分支上开发代码,但尚未完成,则需要紧急切换到 test 分支处理 Bug,为了防止在切换分支时意外丢失已编写的代码,可以使用暂存区功能。

在 IDEA 导航栏中,找到 Git 菜单,然后选择 Uncommitted Changes→Stash Changes 选项,如图 4-30 所示。

填写完 Message 信息后,单击 Create Stash 按钮,如图 4-31 所示。

读取暂存区的代码选择 Uncommitted Changes→Unstash Changes 选项,选择暂存区所存的代码信息,单击 Apply Stash 按钮,如图 4-32 所示。

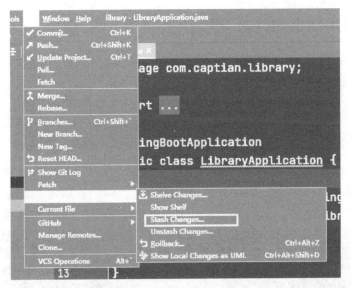

图 4-30　代码暂存区

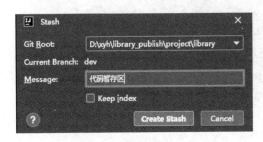

图 4-31　添加代码暂存区

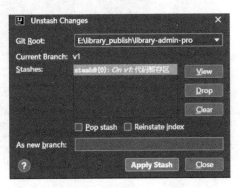

图 4-32　读取暂存区代码

本章小结

　　本章主要介绍了如何在线创建基于 Spring Boot 项目的步骤。同时，通过 Gitee 作为远程仓库管理工具，演示了项目的代码托管过程。还引入了代码仓库的分支管理策略，强调了分支在团队协作中的重要性。此外，还详细介绍了如何使用 Git 工具将代码变更提交至远程仓库，并结合 IDEA 集成开发环境进行了实际操作演示。

　　在本项目中，还将深入了解更多关于 Git 工具的使用方法，从而更好地支持项目的开发和管理。这些实际操作的指导会使读者更熟悉项目开发的整个流程，真实地感受团队开发协作的过程。

构建父子模块及配置文件

本项目的架构采用父子模块模型,其中父模块与多个子模块共同构建整体系统。子模块被用于实现不同代码功能,实现任务分工明确。例如,公共枚举类、配置、方法等可以在子模块中集成,从而为系统提供共享资源。这种模块化的划分使各子模块能够承担特定的职责,有利于代码库的组织、管理和维护。

5.1 构建子模块

在 4.1 节中,已经构建了一个名为 library 的项目。当前要将其演化为一个父模块,随后在其父模块的基础上创建多个子模块。接下来将创建一个名为 library-admin 的子模块。主要职责在于充当整个系统的启动项目,并承担项目所有配置文件的配置。

5.1.1 创建 library-admin 子模块

1. 使用 IDEA 工具创建 library-admin

打开 IDEA 工具,新建一个项目的主项目:library-admin,因为是系统的主入口,所以要保留启动类。右击 library 项目后选择 New→Module 选项,并新建一个 Module 模块,如图 5-1 所示。

选择左侧的 Spring Initializr 选项,与之前 Web 页面创建 library 项目基本一致,然后填写项目名称、选择语言、JDK 版本和打包方式等信息,填写完成后,单击 Next 按钮,如图 5-2 所示。

选择 Spring Boot 3.1.3 版本,其余的保持默认,单击 Create 按钮,如图 5-3 所示。

等待 library-admin 项目创建完成,当前项目的结构目录如图 5-4 所示。

2. 父模块依赖修改

在 Maven 项目中,父级依赖项可以被子模块继承,从而实现共享的依赖关系、插件配置等信息。这种机制让子模块能够利用父模块中定义的设置,从而达到统一管理、简化构建过程的效果。通过这样的方式,多个相关模块之间的依赖管理和构建过程将变得更加简单和高效。

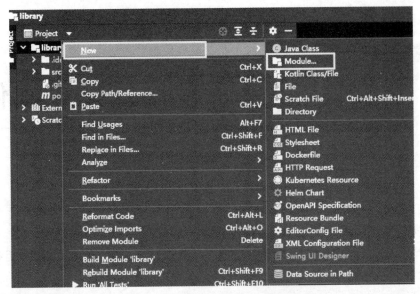

图 5-1　打开创建项目模块页面

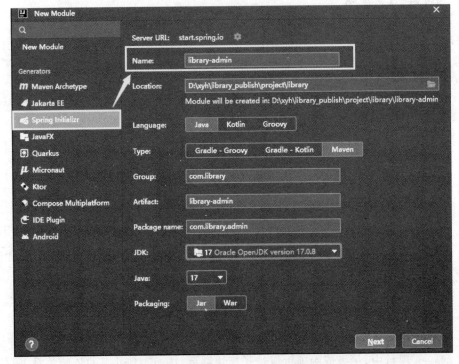

图 5-2　填写 library-admin 模块信息

　　父模块不包含任何业务代码,可以删除 src 文件夹和 target 文件夹,并修改父模块下的 pom. xml 文件,由于父模块不包含业务代码,仅用于管理子模块,所以选择将 packaging 标

图 5-3 选择 Spring Boot 版本

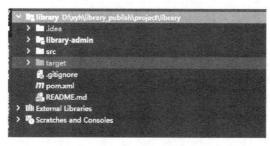

图 5-4 目录结构

签的值设置为 pom 是非常合适的。这会告诉 Maven 该项目仅用于管理其他子模块,不会
生成实际的构建产物,代码如下:

```
//第 5 章/library/pom.xml
< groupId > com.library </groupId >
< artifactId > library </artifactId >
< version > 0.0.1 - SNAPSHOT </version >

<!-- 父模块的打包类型为 pom -->
< packaging > pom </packaging >
< name > library </name >
```

```
< description >父模块</description >
< properties >
    < java.version > 17 </java.version >
</properties >
```

packaging 标签在 Maven 项目的 pom.xml 文件中,用于指定项目的打包方式。它可以包含多个值,常见的有 jar、war 和 pom,开发项目一般选择的是 JAR 包的方式。

(1) jar 表示项目将以 JAR(Java Archive)包的形式打包。适用于纯 Java 项目,将编译后的类文件打包成一个 JAR 文件,供其他项目或模块使用。

(2) war 表示项目将以 WAR(Web Application Archive)包的形式打包。适用于 Web 应用项目,将 Web 应用的代码、资源和配置打包成一个 WAR 文件,可以部署到 Servlet 容器中。

(3) pom 表示项目本身不会生成任何产物,仅作为父模块或聚合项目,用于管理子模块的构建和依赖。

使用 module 标签将 library-admin 模块加入父模块中,并声明依赖的版本号,代码如下:

```
//第 5 章/library/pom.xml
<!-- 子模块依赖 -->
< modules >
        < module > library - admin </module >
</modules >

< dependencyManagement >
        < dependencies >
        < dependency >
    < groupId > com.library </groupId >
    < artifactId > library - admin </artifactId >
    < version > $ {version}</version >
        </dependency >
</dependencies >
</dependencyManagement >
```

3. 子模块依赖修改

修改 library-admin 项目依赖,打开 pom.xml 文件修改 parent 标签,引入父级依赖,命名为 library 项目。使当前项目可以继承父模块的相关配置,将 pom 的 groupId 设置为 com.library、将 artifactId 设置为 library、将版本号设置为 0.0.1-SNAPSHOT,代码如下:

```
< parent >
    < groupId > com.library </groupId >
    < artifactId > library </artifactId >
    < version > 0.0.1 - SNAPSHOT </version >
</parent >
```

然后删除 Spring Boot Starter 依赖和测试依赖,使项目可以直接继承父模块的依赖和配置,代码如下:

```
//第5章/library/library-admin/pom.xml
<artifactId>library-admin</artifactId>
<version>0.0.1-SNAPSHOT</version>
<packaging>jar</packaging>
<name>library-admin</name>
<description>主系统</description>

<dependencies>
</dependencies>
```

pom.xml 文件修改完成后,将 library-admin 的配置文件修改为 yml 格式,然后添加项目名和端口,可参考 4.1.2 节,添加完成并启动项目,如果没有启动成功,则可查看控制台提示的错误信息进行相关修改。

4. 依赖版本管理

在父模块的 pom.xml 文件中,使用 dependencyManagement 标签声明依赖项的版本信息,父模块充当了一个中央配置的角色,为所有子模块提供了集中管理依赖版本的机制。这种方式使子模块无须指定版本号,而是从父模块中自动继承版本信息,确保了所有子模块都使用统一的依赖版本。

通过这种统一的依赖版本管理方式,项目的构建和开发过程变得更加规范和可控。同时,它也确保了依赖版本的一致性,避免了不同子模块因版本不匹配而可能引发的问题和错误,用于版本声明的代码如下:

```
//第5章/library/pom.xml
<properties>
    <project.build.sourceEncoding>UTF-8</project.build.sourceEncoding>
        <project.reporting.outputEncoding>UTF-8</project.reporting.
        utputEncoding>
    <java.version>17</java.version>
    <!-- 全局配置项目版本号 -->
    <version>0.0.1-SNAPSHOT</version>
    <!-- 表示打包时跳过 mvn test -->
    <maven.test.skip>true</maven.test.skip>
        <fastjson.version>1.2.83</fastjson.version>
</properties>

<!-- 依赖声明 -->
<dependencyManagement>
    <dependencies>
        <!-- 子模块依赖 -->
        <dependency>
            <groupId>com.library</groupId>
            <artifactId>library-admin</artifactId>
            <version>${version}</version>
        </dependency>
        <!-- fastjson -->
        <dependency>
            <groupId>com.alibaba</groupId>
            <artifactId>fastjson</artifactId>
```

```
            <version>${fastjson.version}</version>
        </dependency>
    </dependencies>
</dependencyManagement>
```

5. 项目 Maven 配置

在搭建 Maven 环境时,在 Maven 的 settings.xml 文件中添加了一个新的 mirror 节点,配置了阿里云镜像网址,那个是全局的配置方式。接下来要在项目中配置阿里云镜像网址,只能在当前项目中生效。

修改父模块的 pom.xml 文件,在 repositories 节点下加入 repository 节点,并配置阿里云镜像网址,代码如下:

```
//第 5 章/library/pom.xml
<repositories>
        <repository>
                <id>public</id>
                <name>aliyun nexus</name>
        <url>http://maven.aliyun.com/nexus/content/groups/public/</url>
                <releases>
                <enabled>true</enabled>
                </releases>
        </repository>
</repositories>
<pluginRepositories>
        <pluginRepository>
                <id>public</id>
                <name>aliyun nexus</name>
        <url>http://maven.aliyun.com/nexus/content/groups/public/</url>
                <releases>
                <enabled>true</enabled>
                </releases>
                <snapshots>
                <enabled>false</enabled>
                </snapshots>
        </pluginRepository>
</pluginRepositories>
```

5.1.2　创建 library-common 子模块

library-common 子模块旨在集中管理项目中的公共资源和实用工具。该模块将涵盖一些公共类的功能,包括 Redis 实用工具类、各种枚举类型及常用的错误码类等。

通过将这些公共资源和功能模块整合到一个统一的子模块中,总结以下几个优点。

(1) 通过将常见的功能集中在一个位置,项目中的不同部分可以轻松地共享和重用这些代码片段,从而减少重复编写代码的工作量。

(2) 所有公共资源都集中在一个模块中,更容易对其进行维护和更新。当需要修复漏洞或添加新特性时,只需在一个地方进行修改,从而降低维护成本。

（3）通过在一个模块中定义共享的枚举类型和工具函数，可以确保在整个项目中使用一致的标准，有助于提高代码的可读性和一致性。

在 library 项目下，新建一个 library-common 子模块，创建方式和创建 library-admin 子模块的方式基本一致，只要修改项目名称即可，如图 5-5 所示。

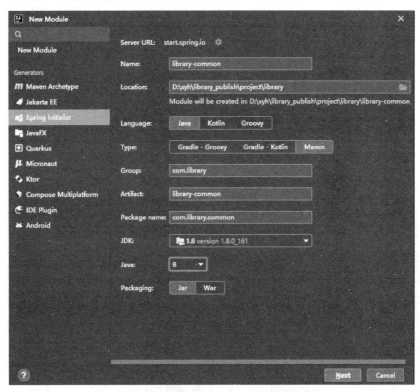

图 5-5 创建 library-common 子模块

创建项目完成后，删除不必要的代码文件，具体的目录文件如图 5-6 所示。

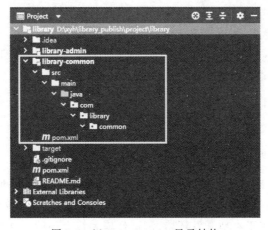

图 5-6 library-common 目录结构

修改 pom.xml 文件,添加父模块依赖,代码如下:

```
//第 5 章/library/library-common/pom.xml
<?xml version = "1.0" encoding = "UTF-8"?>
<project xmlns = "http://maven.apache.org/POM/4.0.0" xmlns:xsi = "http://www.w3.org/2001/
XMLSchema-instance"
        xsi:schemaLocation = "http://maven.apache.org/POM/4.0.0 https://maven.apache.org/
xsd/maven-4.0.0.xsd">
    <modelVersion>4.0.0</modelVersion>
    <parent>
        <groupId>com.library</groupId>
        <artifactId>library</artifactId>
        <version>0.0.1-SNAPSHOT</version>
    </parent>

    <artifactId>library-common</artifactId>
    <version>0.0.1-SNAPSHOT</version>
    <packaging>jar</packaging>
    <name>library-common</name>
    <description>工具模块</description>

    <dependencies>
    </dependencies>
</project>
```

将 library-common 子模块的依赖添加到父模块的 pom.xml 文件中,并声明依赖的版本信息,代码如下:

```
//第 5 章/library/pom.xml
<modules>
        <module>library-admin</module>
        <module>library-common</module>
</modules>

<!-- 依赖声明 -->
<dependencyManagement>
    <dependencies>
        <!-- 子模块依赖 -->
        <dependency>
          <groupId>com.library</groupId>
          <artifactId>library-common</artifactId>
          <version>${version}</version>
        </dependency>
    </dependencies>
</dependencyManagement>
```

5.1.3　添加项目配置文件

在开发和管理项目时,配置文件管理是非常重要的,尤其是在不同环境中部署和运行项目时。为了解决本地开发和测试环境与线上环境之间的配置不一致问题,这里要引入 3 个独立的配置文件,分别用于本地开发环境、测试环境和线上环境。这种方法不仅使项目配置更加规范和清晰，还解决了在不同环境中可能出现的问题。

1. application.yml 配置文件

在 library-admin 项目中，将重新配置 application.yml 文件，以满足项目的需求。对项目命名及项目使用不同环境的配置进行切换，代码如下：

```
spring:
  application:
    name: library
  profiles:
    active: dev
```

配置上传文件大小的限制，如果这里不限制，则在用到文件上传时会出现报错，代码如下：

```
#上传文件大小配置
  servlet:
    multipart:
      enabled: true
      max-file-size: 50MB
      max-request-size: 50MB
```

在 Spring Boot 中默认只有 GET 和 POST 两种请求，但是可以使用隐藏请求去替换默认请求，例如，删除使用 DELETE 请求、修改使用 PUT 请求等，代码如下：

```
mvc:
    hiddenmethod:
      filter:
        enabled: true
```

配置项目的上下文路径，也可以称为项目路径，这是构成请求接口地址的一部分，例如，在项目中有个接口为/library/list，项目端口为 8080，然后访问这个接口的 URL：localhost：8080/library/list，然后在配置文件中加上了 context-path 为/api/library 之后，再去访问这个接口的 URL，就要改成 localhost：8080/api/library/library/list 才可以正常访问，代码如下：

```
server:
  servlet:
    context-path: '/api/library'
```

2. application-dev.yml 配置文件

开发项目时，在本地机器上运行项目是一个常见的场景。为了确保项目在机器上能够正常运行，先创建 application-dev.yml 配置文件。该文件包含适用于开发环境的配置选项。

(1) 连接本地开发数据库，以便可以使用本地数据库进行开发和测试。

(2) 配置连接本地的 Redis 缓存。

(3) 配置本地项目启动的端口号，这个可以和测试环境及线上的端口号不一致。

如何配置这些信息呢？在接下来的项目中会涉及，这里先配置本地项目启动的端口号，代码如下：

```
server:
  port: 8081
```

其余的两个配置文件 application-test.yml 和 application-prod.yml 先创建好，里面的具体内容在后面部署的章节中再添加。

3. 修改项目启动配置

环境的配置文件创建完成后，还需要配置不同环境的 profiles 才能在不同的环境下切换不同的配置文件。profiles 标签用于定义不同环境下的配置，每个 profile 元素表示一个不同的环境（本地开发环境、测试环境、生产环境），并包含了一些特定环境的配置。

在 library-admin 子模块的 pom.xml 文件中添加相关配置，代码如下：

```xml
//第5章/library/library-admin/pom.xml
<!-- 环境 -->
<profiles>
    <!-- profile 元素包含了特定环境的配置.每个 profile 都有一个唯一的标识符 id 标签,用于
标识不同环境 -->
    <profile>
        <id>dev</id>
        <properties>
                <!-- 标识当前环境 -->
            <package.environment>dev</package.environment>
        </properties>
        <activation>
                <!-- 默认激活配置 -->
            <activeByDefault>true</activeByDefault>
        </activation>
    </profile>
    <!-- 测试环境 -->
    <profile>
        <id>test</id>
        <properties>
            <package.environment>test</package.environment>
        </properties>
    </profile>
    <!-- 生产环境 -->
    <profile>
        <id>prod</id>
        <properties>
            <package.environment>prod</package.environment>
        </properties>
    </profile>
</profiles>
```

配置 Spring Boot Maven 插件，使其能够按照指定的方式重新打包项目，将生成的 JAR 文件存放在 ci 目录下并设置适当的文件名，代码如下：

```
//第5章/library/library-admin/pom.xml
<build>
    <finalName>library-admin-pro</finalName>
    <plugins>
        <!-- Spring Boot Maven 插件配置 -->
        <plugin>
            <groupId>org.springframework.boot</groupId>
            <artifactId>spring-boot-maven-plugin</artifactId>
            <configuration>
                <!-- 构建生成的最终文件名,例如,本项目的文件名是 library-admin-pro -->
<finalName>${project.build.finalName}-${project.version}</finalName>
            </configuration>
            <executions>
                <execution>
                    <id>repackage</id>
                    <goals>
                        <goal>repackage</goal>
                    </goals>
                    <!-- 配置输出目录 -->
                    <configuration>
                        <!-- 打包可运行的 JAR 并存放至 ci 文件下 -->
                        <outputDirectory>ci</outputDirectory>
                        <executable>true</executable>
                    </configuration>
                </execution>
            </executions>
        </plugin>
        <plugin>
            <groupId>org.apache.maven.plugins</groupId>
            <artifactId>maven-surefire-plugin</artifactId>
            <configuration>
                <skipTests>true</skipTests>
            </configuration>
        </plugin>
    </plugins>
</build>
```

到这里项目的基础配置文件已经完成,现在启动项目,如果项目启动成功,则表明配置没有问题,可以继续进行后续的开发。

5.2 整合项目日志

为了实现在项目异常报错、出现问题时可以迅速定位及更精准地监控项目的运行状态,可以采用日志文件记录监控异常的错误信息。使用 Log4j2 作为日志框架,旨在项目启动时即刻开始记录关键信息,有助于团队形成记录日志的习惯,提升问题追踪和排查的效率。

5.2.1 日志级别

在项目中常用的日志级别有 debug、info、warn、error、trace、fatal、off 等级别,每个级别

的使用方式和概念如下。

（1）debug 主要用于开发过程中记录关键逻辑的运行时数据，以支持调试和开发活动。

（2）info 用于记录关键信息，可用于问题排查，包括出入参、缓存加载成功等，有助于有效地监控应用状态。

（3）warn 用于警告信息，指示一般性错误，对业务影响较小，但仍需减少此类警告以保持稳定性。

（4）error 用于记录错误信息，对业务会产生影响。需配置日志监控以追踪异常情况。

（5）trace 提供最详细的日志信息，可用于深入分析和跟踪应用的内部流程。

（6）fatal 表示严重错误，通常与应用无法继续执行相关，用于标识致命问题。

（7）off 关闭日志输出，用于特定情况下暂停日志记录。

合理地选择不同级别的日志记录，可实现对应用状态的全面监控、异常排查和问题追踪，为开发团队提供高效的日常运维支持。

5.2.2　日志使用技巧和建议

在编写代码的过程中，日志记录是不可或缺的，而在项目中日志记录的技巧则显得尤为重要，以下是一些日志使用的技巧和建议。

（1）在多个 if-else 条件判断时，每个分支首行尽量打印日志信息。

（2）为了提高日志的可读性，建议使用参数占位符{}，避免使用字符串拼接"＋"。

（3）在使用异常处理块 try-catch 时，避免直接调用 e. printStackTrace() 和 System. out. println()输出日志，正确写法的代码如下：

```
try {
    //TODO 处理业务代码
} catch (Exception e) {
    log.error("处理业务 id:{}", id, e);
}
```

（4）异常的日志应完整地输出错误信息，代码如下：

```
log.error("业务处理出错 id: {}", id, e);
```

（5）建议进行日志文件分离。针对不同的日志级别，将日志输到不同的文件中，例如，使用 debug. log、info. log、warn. log、error. log 等文件进行分类记录。

（6）处理错误时，避免在捕获异常后再次抛出新异常，以防重复记录和混淆错误追踪。

5.2.3　添加日志依赖

Log4j2 是一个基于 Java 的日志框架，提供了一种灵活高效的方式来记录应用程序中的日志消息。它是原始 Log4j 库的进化版本，旨在更加稳健、高性能和功能丰富。Log4j2 提供了各种日志功能，包括将日志记录到多个输出、配置日志级别、定义自定义日志格式等，可以更好地控制和管理应用程序的日志记录。

1. 添加 Log4j2 依赖

在父模块的 pom. xml 文件中添加 Log4j2 依赖,先在 properties 中声明依赖的版本号,
代码如下:

```
<!-- 定义依赖版本号 -->
<log4j2.version>2.20.0</log4j2.version>
<disruptor.version>3.4.2</disruptor.version>
```

然后添加日志和 Log4j2 相关依赖,代码如下:

```
//第 5 章/library/pom.xml
<!-- 引入 Log4j2 依赖 -->
<dependency>
    <groupId>org.springframework.boot</groupId>
    <artifactId>spring-boot-starter-log4j2</artifactId>
</dependency>
<!-- 日志 -->
<dependency>
    <groupId>org.apache.logging.log4j</groupId>
    <artifactId>log4j-api</artifactId>
    <version>${log4j2.version}</version>
</dependency>
<dependency>
    <groupId>org.apache.logging.log4j</groupId>
    <artifactId>log4j-core</artifactId>
    <version>${log4j2.version}</version>
</dependency>
<dependency>
    <groupId>com.lmax</groupId>
    <artifactId>disruptor</artifactId>
<version>${disruptor.version}</version>
</dependency>
```

添加完成后,需要将 Spring Boot 自带的 LogBack 去掉,在父模块的 pom. xml 文件中
修改 spring-boot-starter 依赖,使用 Excelusions 排除 log,代码如下:

```
//第 5 章/library/pom.xml
<dependency>
    <groupId>org.springframework.boot</groupId>
    <artifactId>spring-boot-starter</artifactId>
    <Excelusions>
        <Excelusion>
            <groupId>org.springframework.boot</groupId>
            <artifactId>spring-boot-starter-logging</artifactId>
        </Excelusion>
        <Excelusion>
            <groupId>org.springframework.boot</groupId>
            <artifactId>spring-boot-starter-autoconfigure</artifactId>
        </Excelusion>
    </Excelusions>
</dependency>
```

2. 添加 Log4j2 配置文件

在子模块 library-admin 的 resource 资源目录中,新建一个名为 log4j2.xml 的配置文件,用于定义日志框架的配置参数、相关信息及存储路径等,代码如下:

```
//第 5 章/library/library-admin/src/main/resources/log4j2.xml
<Properties>
        <!-- 日志字符集为 UTF-8 -->
    <property name="log_charset">UTF-8</property>
<!-- 日志文件的基本名称 -->
    <Property name="filename">library</Property>
<!-- 日志文件存储路径 -->
    <Property name="log_path">/library/logs</Property>
<!-- 日志文件的编码格式为 UTF-8 -->
    <Property name="library_log_encoding">UTF-8</Property>
<!-- 单个日志文件的最大大小为 200MB -->
    <Property name="library_log_size">200MB</Property>
<!-- 日志记录的最低级别为 INFO -->
    <property name="data_level">INFO</property>
<!-- 日志文件的最长保留时间为 5 天,超过这段时间的日志文件将被自动删除 -->
    <Property name="library_log_time">5d</Property>
<!-- 日志输出的格式模式 -->
    <property name="log_pattern" value="%-d{yyyy-MM-dd HH:mm:ss} %-5r [%t] [%-
5p] %c %x - %m%n" />
</Properties>
```

3. 配置日志输出器

在日志配置文件中有一个 Appenders 输出器,共要配置两个输出,一个 Console 在控制台输出;另一个 RollingRandomAccessFile 设置为文件格式的输出,代码如下:

```
//第 5 章/library/library-admin/src/main/resources/log4j2.xml
<Appenders>
    <Console name="Console" target="SYSTEM_OUT">
        <!-- 输出日志的格式 -->
            <PatternLayout pattern="${log_pattern}"/>
            <!-- 控制台只输出 level 及其以上级别的信息(onMatch),其他的信息直接拒
            绝(onMismatch) -->
        <ThresholdFilter level="info" onMatch="ACCEPT" onMismatch="DENY" />
    </Console>

    <RollingRandomAccessFile name="LIBRARY_FILE"
                                fileName="${log_path}/${filename}.log" filePattern=
"${log_path}/${filename}_%d{yyyy-MM-dd}_%i.log.gz">
        <PatternLayout pattern="[%style{%d{yyyy-MM-dd HH:mm:ss.SSS}}{bright,green}]
[%-5p][%t][%c{1}] %m%n"/>
        <Policies>
            <SizeBasedTriggeringPolicy size="${library_log_size}"/>
        </Policies>
    </RollingRandomAccessFile>
```

```
        < RollingFile name = "RollingFileError" fileName = " $ {log_path}/error.log" filePattern =
" $ {log_path}/ $ {filename} - ERROR - % d{yyyy - MM - dd}_ % i.log.gz">
            < ThresholdFilter level = "error" onMatch = "ACCEPT" onMismatch = "DENY"/>
            < PatternLayout pattern = " $ {log_pattern}"/>
            < Policies >
            <!-- interval 属性用来指定多久滚动一次,默认为 1 hour -->
                < TimeBasedTriggeringPolicy interval = "1"/>
                < SizeBasedTriggeringPolicy size = "10MB"/>
            </Policies >
            <!-- 如不设置,则默认为最多同一文件夹下 7 个文件开始覆盖 -->
            < DefaultRolloverStrategy max = "15"/>
        </RollingFile >
</Appenders >
```

4. 配置日志记录

根据不同的业务功能和应用程序,其日志记录也要使用不同的输出源,可使用 Loggers 来配置日志的输出,代码如下:

```
//第 5 章/library/library - admin/src/main/resources/log4j2.xml
< Loggers >
            <!--监控系统信息,如果 additivity 为 false,则子 Logger 只会在自己的 appender 里输出,
而不会在父 Logger 的 appender 里输出 -->
    < AsyncLogger name = "org.springframework" level = "info" additivity = "false">
        < AppenderRef ref = "Console"/>
    </AsyncLogger >
<!-- 过滤 Spring 和 MyBatis 的一些无用的 Debug 信息 -->
        < AsyncLogger name = "org.mybatis" level = "info" additivity = "false">
        < AppenderRef ref = "Console"/>
    </AsyncLogger >
    < AsyncLogger additivity = "false" name = "com.library.admin" level = "INFO">
        < AppenderRef ref = "Console" level = "INFO"/>
        < AppenderRef ref = "LIBRARY_FILE"/>
        < AppenderRef ref = "RollingFileError"/>
    </AsyncLogger >
            <!-- 系统相关日志 -->
    < AsyncRoot level = "info">
        < AppenderRef ref = "Console"/>
        < AppenderRef ref = "LIBRARY_FILE"/>
        < AppenderRef ref = "RollingFileError"/>
    </AsyncRoot >
</Loggers >
```

5. 查看日志文件

在本节中,已经成功地将 Log4j2 日志框架整合到了项目中。现在启动项目并检查是否可以启动成功,如果项目能够正常启动,则查看项目根目录下的硬盘是否已生成了/library/logs 目录。在该目录下会有两个日志文件:error.log 和 library.log。打开 library.log 日志文件,就能够看到项目启动的相关日志已经被记录在其中,如图 5-7 所示。

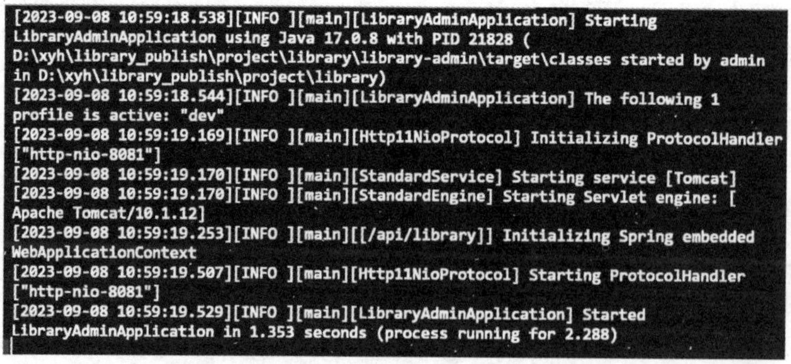

```
[2023-09-08 10:59:18.538][INFO ][main][LibraryAdminApplication] Starting
LibraryAdminApplication using Java 17.0.8 with PID 21828 (
D:\xyh\library_publish\project\library\library-admin\target\classes started by admin
in D:\xyh\library_publish\project\library)
[2023-09-08 10:59:18.544][INFO ][main][LibraryAdminApplication] The following 1
profile is active: "dev"
[2023-09-08 10:59:19.169][INFO ][main][Http11NioProtocol] Initializing ProtocolHandler
["http-nio-8081"]
[2023-09-08 10:59:19.170][INFO ][main][StandardService] Starting service [Tomcat]
[2023-09-08 10:59:19.170][INFO ][main][StandardEngine] Starting Servlet engine: [
Apache Tomcat/10.1.12]
[2023-09-08 10:59:19.253][INFO ][main][[/api/library]] Initializing Spring embedded
WebApplicationContext
[2023-09-08 10:59:19.507][INFO ][main][Http11NioProtocol] Starting ProtocolHandler
["http-nio-8081"]
[2023-09-08 10:59:19.529][INFO ][main][LibraryAdminApplication] Started
LibraryAdminApplication in 1.353 seconds (process running for 2.288)
```

图 5-7　项目启动日志

5.3　Spring Boot 整合 MyBatis-Plus

MyBatis-Plus(简称 MP)是一个基于 MyBatis 的增强工具,能够帮助开发者简化开发过程、提升开发效率。对于单表的 CRUD 操作,MyBatis-Plus 提供了丰富便捷的 API,让开发者可以轻松地实现各种数据操作。此外,MyBatis-Plus 还支持多种查询方式和分页功能,并且不用编写烦琐的 XML 配置,从而大大降低了开发难度,让开发者能够更加专注于业务代码的编写。总而言之,MyBatis-Plus 的出现使 MyBatis 的使用变得更加简单和高效。

5.3.1　为什么选择 MyBatis-Plus

本项目使用 MyBatis-Plus 来简化持久层的操作,使开发更加高效、便捷、易于维护。项目使用 MyBatis-Plus 主要有以下优势。

(1) 强大的 CRUD 操作,内置通用 Mapper、通用 Service,仅仅通过少量配置即可实现单表大部分 CRUD 操作,更有强大的条件构造器,满足各类使用需求。

(2) MyBatis-Plus 是基于 MyBatis 的增强工具,与 MyBatis 完美兼容。如果已经使用过 MyBatis 开发项目,则可以直接将项目升级为 MyBatis-Plus,无须做太多改动,这样可以节省迁移成本。

(3) MyBatis-Plus 官方提供了详细清晰的文档,对于使用和配置都有详细的说明,方便开发者快速上手。此外,MyBatis-Plus 拥有庞大的社区支持,开发者可以通过社区获得帮助、分享经验和获取更多的资料。

(4) 支持 Lambda 形式调用,可以方便地编写各类查询条件,无须再担心字段写错等问题。

5.3.2　整合 MyBatis-Plus

MyBatis-Plus 3.0 以上版本要求 JDK 8 及以上版本,现在项目使用的是 JDK 17,基本满足官方提出的要求,所以本项目使用 MP3.0＋的版本。

1. 导入依赖

在父模块的 pom.xml 文件中添加两个依赖,一个是 mybatis-plus-boot-starter 依赖,此依赖提供了 MyBatis-Plus 在 Spring Boot 中的自动配置功能,它会自动集成 MyBatis-Plus 和 Spring Boot,简化了配置过程;另一个是 mybatis-plus-extension 依赖,此依赖是 MyBatis-Plus 的扩展模块,提供了额外的功能和工具来增强 MyBatis-Plus 的能力。例如,分页插件、逻辑删除插件、自动填充插件、动态表名插件等提升开发效率和灵活性,代码如下:

```xml
//第5章/library/pom.xml
<!-- 版本号 -->
<mybatis-plus.version>3.5.3.2</mybatis-plus.version>

<!-- mybatis-plus -->
<dependency>
    <groupId>com.baomidou</groupId>
    <artifactId>mybatis-plus-boot-starter</artifactId>
    <version>${mybatis-plus.version}</version>
</dependency>
<dependency>
    <groupId>com.baomidou</groupId>
    <artifactId>mybatis-plus-extension</artifactId>
    <version>${mybatis-plus.version}</version>
</dependency>
```

2. 编写配置文件

在 library-admin 模块的 application.yml 配置文件中添加 mybatis-plus 的相关配置,代码如下:

```yaml
//第5章/library/library-admin/src/main/resources/application.yml
# MyBatis-Plus 相关配置
mybatis-plus:
  global-config:
        # 关闭自带的横幅广告的设置
    banner: false
    db-config:
        # 主键生成策略为自动增长
      id-type: auto
        # 开启数据库表名的下画线命名规则
      table-underline: true
# 指定 Mapper XML 文件的路径,项目生成的 XML 文件全部放在 resource 目录下的 mapper 文件中
  mapper-locations: classpath:mapper/*.xml
  configuration:
    use-generated-keys: true
        # 日志输出到控制台,数据库查询、删除等执行日志都会输出到控制台
    log-impl: org.apache.ibatis.logging.stdout.StdOutImpl
    call-setters-on-nulls: true
```

本章小结

在本章中构建了两个子模块,并成功地将它们与父依赖的配置关联了起来。同时还集成了 Log4j2 作为项目的日志框架,用于记录项目运行中的执行日志信息,并深入学习了如何在项目中高效地应用日志记录等功能。此外,项目还顺利地整合了持久层的框架 MyBatis-Plus,以简化对数据层的操作。

总之,本章的内容涵盖了多个关键领域,包括项目构建、依赖管理、日志框架的集成及持久层的配置,这些步骤的顺利完成,为接下来的项目开发奠定了良好的基础。

第6章 数据库操作及代码生成器使用

在前几章中,已成功地完成了项目基础环境的配置。本章要建立项目所需的数据库,并与 MySQL 数据库建立连接。此外,还将整合 EasyCode 工具,以便能够快速地生成符合本项目规范的目录结构和代码。通过工具的辅助开发,可以提升开发效率,确保项目代码的书写符合规范。

6.1 数据库的创建与连接

数据库的创建可以直接在 MySQL 的可视化工具中创建,数据库连接的部分,Spring Boot 引入了 Spring Data 框架实现数据库访问的抽象层。这使在项目中,只需在配置文件中配置 MySQL 的连接信息,如数据库 URL、用户名、密码等。Spring Boot 会自动根据这些配置来初始化数据库连接池和其他必要的资源,这种方式使数据库连接的管理更加便捷,无须手动处理烦琐的连接细节。

6.1.1 创建 MySQL 数据库

打开 Navicat 软件,可新建一个连接,例如,笔者创建了一个 library 的连接,然后使用鼠标右击 library 连接,从弹窗中选择"新建数据库"选项,如图 6-1 所示。

然后填写新建数据库的信息,数据库名为 library_v1;将字符集设置为 utf8mb4;将排序规则设置为 utf8mb4_bin,单击"确定"按钮即可创建完成,如图 6-2 所示。

还有另一种使用 SQL 语句创建数据库的方式,单击菜单中的"查询"选项,然后单击"新建查询"按钮,如图 6-3 所示,输入创建数据库的 SQL 语句即可,代码如下:

```
create
database library_v1
    DEFAULT CHARACTER SET utf8mb4
    DEFAULT COLLATE utf8mb4_bin;
use
library_v1;
SET
FOREIGN_KEY_CHECKS = 0;
```

图 6-1 新建数据库

图 6-2 填写数据库信息

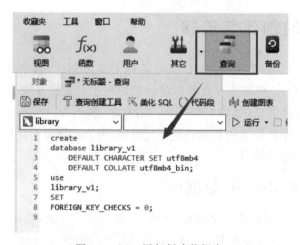

图 6-3 SQL 语句创建数据库

6.1.2 Spring Boot 连接 MySQL

1. 配置数据库连接

数据库创建完成后打开 library-admin 模块的 application-dev.yml 配置文件,本地的配置都被放在该文件中,添加 MySQL 数据库的连接信息,包括数据库 URL、用户名、密码等,代码如下:

```
//第 6 章/library/library-admin/src/main/resources/application-dev.yml
spring:
  datasource:
        # 当前数据源操作类型
```

```
        type: com.alibaba.druid.pool.DruidDataSource
            # 数据库驱动类的名称,这里是 MySQL 的驱动类
      driver-class-name: com.mysql.cj.jdbc.Driver
            # 数据库连接池
        druid:
            # 数据库的连接 URL,包括本地的 IP 地址和数据库名称
        url:
jdbc:mysql://127.0.0.1:3306/library_v1? useUnicode = true&characterEncoding = UTF-
8&allowMultiQueries = true&serverTimezone = Asia/Shanghai&rewriteBatchedStatements = true
            # 数据库登录用户名
        username: root
            # 数据库登录密码,如果后期没有修改,则是安装 MySQL 时设置的密码
        password: 123456
            # 初始连接数
        initial-size: 5
        # 最小连接数
        min-idle: 15
        # 最大连接数
        max-active: 30
        # 超时时间(以秒为单位)
        remove-abandoned-timeout: 180
        # 获取连接超时时间
        max-wait: 300000
        # 连接有效性检测时间
        time-between-eviction-runs-millis: 60000
        # 连接在池中最小生存的时间
        min-evictable-idle-time-millis: 300000
        # 连接在池中最大生存的时间
        max-evictable-idle-time-millis: 900000
```

2. 引入依赖

在父模块的 pom.xml 文件中添加与 MySQL 数据库相关的依赖声明,Spring Boot 会根据这些依赖自动配置数据库连接池等资源,代码如下:

```
//第6章/library/pom.xml
<!-- 版本号 -->
<druid.version>1.2.18</druid.version>
<mysql-connector.version>8.0.33</mysql-connector.version>

<!-- 在 dependencyManagement 中声明连接池和 MySQL 驱动 -->
<!-- 阿里云数据库连接池,使用 Spring Boot 3.x 版本 -->
<dependency>
<groupId>com.alibaba</groupId>
<artifactId>druid-spring-boot-3-starter</artifactId>
        <version>${druid.version}</version>
</dependency>

<!-- MySQL 数据库驱动,从 8.0.31 版本开始已经被迁移到新的包 -->
<dependency>
        <groupId>mysql</groupId>
        <artifactId>mysql-connector-j</artifactId>
        <version>${mysql-connector.version}</version>
</dependency>
```

依赖版本声明完成,需要在 library-common 子模块的 pom 文件中添加 MySQL 驱动和连接池依赖,代码如下:

```
//第6章/library/library-common/pom.xml
<dependencies>
        <dependency>
            <groupId>com.mysql</groupId>
            <artifactId>mysql-connector-j</artifactId>
        </dependency>
        <dependency>
            <groupId>com.alibaba</groupId>
            <artifactId>druid-spring-boot-3-starter</artifactId>
        </dependency>
 </dependencies>
```

在启动项目前,library-admin 需要引入 common 依赖,获取 MySQL 驱动,代码如下:

```
//第6章/library/library-admin/pom.xml
<dependencies>
    <dependency>
            <groupId>com.library</groupId>
            <artifactId>library-common</artifactId>
    </dependency>
</dependencies>
```

启动项目,并检查控制台打印的信息是否报错,如果没有报错,则说明已成功地配置了 MySQL 驱动和连接池。

6.1.3　整合 MySQL 监控

MySQL 监控的最佳实践是采用 Druid 作为解决方案。Druid 作为阿里云的开源项目,在功能、性能和可扩展性方面远胜于其他数据库连接池,包括 DBCP 和 C3P0 等,其强大的功能使它成为 MySQL 监控的首选工具。

1. 配置监控属性

打开 application-dev.yml 配置文件,在 datasource 二级属性的 druid 下添加 druid 监控配置,代码如下:

```
//第6章/library/library-admin/src/main/resources/application-dev.yml
stat-view-servlet:
        #地址,例如 http://localhost:8081/api/library/druid/index.html
    #开启 Druid 的监控页面
    enabled: true
    #监控页面的用户名
    loginUsername: admin
#监控页面的密码
    loginPassword: 123456
    allow:
web-stat-filter:
#是否启用 StatFilter 的默认值 true
```

```
    enabled: true
# 开启 session 统计功能
  session - stat - enable: true
# session 的最大个数,默认为 100
  session - stat - max - count: 1000
# 过滤路径
url - pattern: / *
# 配置监控统计拦截的 filters,去掉后监控界面 sql 无法统计,wall 用于防火墙
filters: stat,wall,log4j2
filter:
# 开启 druid datasource 的状态监控
  stat:
    enabled: true
    db - type: mysql
# 开启慢 sql 监控,如果超过 2s,则是慢 sql,记录到日志中
    log - slow - sql: true
    slow - sql - millis: 2000
```

2. 监控平台分析

配置完成后,启动项目,在浏览器地址栏输入 http://localhost：8081/api/library/druid/login.html,此时页面会显示 404 错误,如图 6-4 所示。此原因是 druid-spring-boot-3-starter 目前的最新版本是 1.2.18,虽然适配了 Spring Boot 3,但还缺少自动装配的配置文件(笔者创作本书时,该问题还未被修复)。

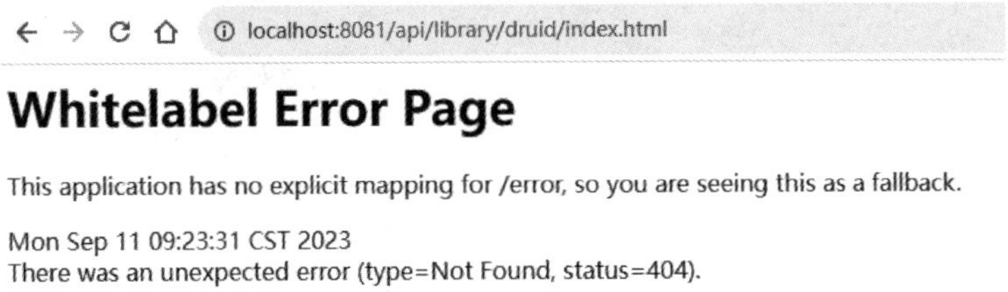

图 6-4　访问 druid 监控界面

现在需要手动在 resources 目录下创建一个名为 META-INF 的目录,在该目录中再创建一个 spring 目录,然后创建一个名为 org.springframework.boot.autoconfigure.AutoConfiguration.imports 配置文件,如图 6-5 所示。

在配置文件中添加自动配置类,代码如下：

```
com.alibaba.druid.spring.boot3.autoconfigure.DruidDataSourceAutoConfigure
```

添加完成后,重新启动项目,再次访问 http://localhost:8081/api/library/druid/login.html,就可以正常显示登录页面了,然后输入在配置文件中自定义的用户名和密码进行登录,如图 6-6 所示。

登录成功后,如果单击顶部菜单的"数据源"选项,则页面会显示 DataSource 配置的基本信息,包括用户名、链接地址、驱动等信息,如图 6-7 所示。

其他菜单监控界面的功能介绍如下。

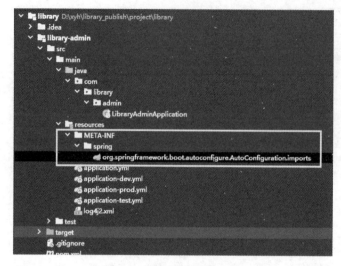

图 6-5　添加自动装配文件

图 6-6　druid 监控登录界面

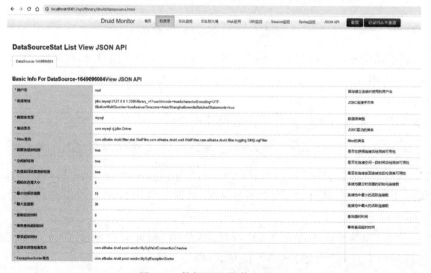

图 6-7　数据源监控信息界面

（1）SQL 监控的主要功能是统计所有 SQL 语句的执行情况，例如，执行的 SQL 语句、执行数、执行时间等。

（2）SQL 防火墙主要是 SQL 防御统计、表访问统计、函数调用情况及提供黑白名单的访问统计。

（3）Web 应用主要监控 SQL 的最大并发、请求次数及事务提交数等信息。

（4）URL 监控统计项目中 Controller 接口的访问统计及相关执行的情况。

（5）Session 监控可以监控当前 session 的状况、创建时间、最后访问时间及访问 IP 地址等信息。

（6）Spring 监控利用 AOP 对指定接口的访问时间、JDBC 执行数和时间、事务提交数和回滚数等信息的监控。

（7）JSON API 使用 API 的方式访问 Druid 的监控接口，返回 JSON 形式的数据。

6.2　通用类设计与实现

在项目开发中，通常会遇到需要在多个子模块中使用相同的功能模块的情况，例如，接口返回类、分页请求参数、常量和枚举等。为了避免重复编写代码，并提高代码的可维护性和可重用性，可以采用以下两种主要方法。

（1）遵循"不要重复自己"的原则，即尽量避免在不同地方重复编写相同的代码。通过将公共的逻辑、数据结构和行为抽取到统一的地方，确保系统中只存在一个实现，以减少错误和维护代码的成本。

（2）创建抽象层，将通用功能与具体实现分离开来。这有助于将公共的代码逻辑抽象化，从而使不同部分的代码能够共享同一套功能。例如，可以定义接口返回格式的标准模板，统一管理分页请求参数的结构，以及集中管理常量和枚举类型。

6.2.1　统一响应数据格式

统一的返回格式是指在一个应用程序或 API 中，所有的请求响应都遵循相同的格式，以便于客户端和服务器端之间的通信和数据交换。这种做法可以提高代码的可维护性、可读性，同时也方便了错误的处理和数据解析。

在 library-common 子模块中新建一个 constant 包，主要用来存放一些公共常量的类，在该包中创建一个 Constants 公共常量类，代码如下：

```
//第 6 章/library/library-common/constant/Constants.java
public class Constants {
    /**
     * 成功标记
     */
    public static final Integer SUCCESS = 200;
    /**
```

```
    * 失败标记
    */
   public static final Integer FAIL = 500;
}
```

再新建一个 response 包，并创建一个 Result 返回类，设定如果接口请求成功，则返回 200 状态码，如果失败，则返回 500 状态码，代码如下：

```java
//第 6 章/library/library-common/response/Result.java
public class Result<T> implements Serializable {
private static final long serialVersionUID = 1L;
    /**
    * 成功
    */
public static final int success = Constants.SUCCESS;
    /**
    * 失败
    */
   public static final int error = Constants.FAIL;
   /**
    * 状态码
    */
   private int code;
   /**
    * 状态信息，错误描述
    */
   private String msg;
   /**
    * 返回数据
    */
   private T data;

   public static <T> Result<T> success() {
       return result(null, success, "操作成功");
   }
   public static <T> Result<T> success(T data) {
       return result(data, success, "操作成功");
   }
   public static <T> Result<T> success(String msg, T data) {
       return result(data, success, msg);
   }
   public static <T> Result<T> success(String msg) {
       return result(null, success, msg);
   }
   public static <T> Result<T> error() {
       return result(null, error, "操作失败");
   }
   public static <T> Result<T> error(String msg) {
       return result(null, error, msg);
   }
   public static <T> Result<T> error(int code, String msg) {
       Result<T> result = new Result<>();
```

```
        result.setCode(code);
        result.setMsg(msg);
        return result;
    }
    public static <T> Result<T> error(T data) {
        return result(data, error, "操作失败");
    }
    private static <T> Result<T> result(T data, int code, String msg) {
        Result<T> result = new Result<>();
        result.setCode(code);
        result.setData(data);
        result.setMsg(msg);
        return result;
    }
    public int getCode() {
        return code;
    }
    public void setCode(int code) {
        this.code = code;
    }
    public String getMsg() {
        return msg;
    }
    public void setMsg(String msg) {
        this.msg = msg;
    }
    public T getData() {
        return data;
    }
    public void setData(T data) {
        this.data = data;
    }
}
```

6.2.2 错误码枚举类

错误码枚举类用于定义应用程序中可能出现的错误,并对这些错误码进行集中管理。使用枚举类能够更加清晰地表示不同类型的错误,使代码更易读和维护。在 library-common 子模块中创建一个 enums 包,在包中新建一个 ErrorCodeEnum 类,代码如下:

```
//第6章/library/library-common/enums/ErrorCodeEnum.java
@Getter
@AllArgsConstructor
public enum ErrorCodeEnum {
    SUCCESS(200, "成功"),
    FAIL(500, "失败");

    private int code;
    private String desc;
}
```

代码中使用了@Getter 和@AllArgsConstructor 两个注解,这两个注解都在 Lombok

库中,接下来需要添加 Lombok 插件和依赖。

6.2.3 Lombok 安装

Lombok 是一个 Java 库,它通过自动生成样板代码来简化 Java 类的编写,以提高开发效率和可读性。Lombok 主要通过注解来消除冗长的 getter、setter、构造函数、equals、hashCode 等方法的手动编写。安装也比较简单,只需两步。

目前 Lombok 支持多种 IDE,其中包括主流的 Eclipse、IDEA、MyEclipse 等。在 IDEA 中添加 Lombok 插件,如图 6-8 所示。

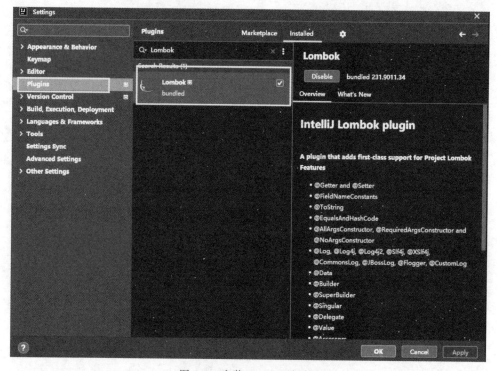

图 6-8　安装 Lombok 插件

从插件介绍中可以看到支持哪些注解,在项目编码中会经常使用这些注解。引入 Lombok 依赖,在父模块的 pom.xml 文件中添加依赖配置,代码如下:

```xml
<dependency>
    <groupId>org.projectlombok</groupId>
    <artifactId>lombok</artifactId>
    <scope>provided</scope>
</dependency>
```

在 ErrorCodeEnum 枚举类中导入 AllArgsConstructor 和 Getter 这两个包,然后就可以正常使用了,这两个注解有什么作用?

(1)@Getter 注解会自动生成 getter 方法。

（2）@AllArgsConstructor 注解会自动生成包含所有字段的构造函数。

6.2.4　异常处理

在开发应用程序的过程中，经常会遇到各种异常情况，如数据库连接异常、网络请求异常、业务逻辑异常等。为了提高应用程序的稳定性和用户体验，需要对这些异常进行统一处理。

1. 自定义异常

异常处理类主要简化在应用程序中抛出异常并记录错误码的过程，在 library-common 子模块中创建一个处理异常的 exception 包，然后在包中添加自定义类 BaseException，部分代码如下：

```java
//第 6 章/library/library-common/exception/BaseException.java
public class BaseException extends RuntimeException {
    private static final long serialVersionUID = 1L;
    private Integer code;
    public BaseException() {
    }
    public BaseException(Integer code, String message) {
        super(message);
        this.code = code;
    }
    public BaseException(ErrorCodeEnum errorCodeEnum) {
        super(errorCodeEnum.getDesc());
        this.code = errorCodeEnum.getCode();
    }
    public BaseException(Integer code, String message, Throwable cause) {
        super(message, cause);
        this.code = code;
    }
    public BaseException(String defaultMessage) {
        super(defaultMessage);
    }
    public Integer getCode() {
        return this.code;
    }
    public void setCode(final Integer code) {
        this.code = code;
    }
    @Override
    public String toString() {
        return "BaseException(code=" + this.getCode() + ")";
    }
}
```

2. 全局异常处理

全局异常处理是一种应用程序中的机制，它旨在捕获应用程序中发生的所有异常，并进行一致处理，以提高应用程序的可靠性和用户体验。在定义异常处理类时涉及两个注解：@ControllerAdvice 和 @ExceptionHandler，其中 @ControllerAdvice 会拦截标注有

@Controller 的所有控制类；@ExceptionHandler 可以作为异常处理的方法，设置 value 值，例如@ExceptionHandler(value＝BaseException. class)，表示只要异常是 BaseException 级别的都可以被此方法拦截。

在 exception 包中，添加一个全局异常处理类 GlobalExceptionHandler，代码如下：

```java
//第 6 章/library/library - common/exception/GlobalExceptionHandler. java
@ControllerAdvice
@Log4j2
public class GlobalExceptionHandler {
    @ResponseBody
    @ExceptionHandler(value = BaseException. class)
    public Result handle(BaseException e) {
        if (e. getCode() != null) {
            return Result. error(e. getMessage());
        }
        return Result. error(e. getMessage());
    }
    /**
     * 处理所有接口数据验证异常
     */
    @ExceptionHandler(value = MethodArgumentNotValidException. class)
    public Result handleValidException(MethodArgumentNotValidException e) {
        BindingResult bindingResult = e. getBindingResult();
        String message = null;
        if (bindingResult. hasErrors()) {
            FieldError fieldError = bindingResult. getFieldError();
            if (fieldError != null) {
                message = fieldError. getField() + fieldError. getDefaultMessage();
            }
        }
        return Result. error(message);
    }
    /**
     * 处理参数校验和自定义参数校验
     * @param e
     * @return
     */
    @ExceptionHandler(value = BindException. class)
    public Result handleValidException(BindException e) {
        BindingResult bindingResult = e. getBindingResult();
        String message = null;
        if (bindingResult. hasErrors()) {
            FieldError fieldError = bindingResult. getFieldError();
            if (fieldError != null) {
                message = fieldError. getField() + fieldError. getDefaultMessage();
            }
        }
        return Result. error(message);
    }
}
```

6.2.5　分页功能设计与实现

当数据量太大且同时显示在一个页面时,不仅可能会造成内存溢出,还会影响用户体验,这时就要使用分页功能将数据分割成多个页面进行显示。

1. 定义分页类

在接口请求中,前端通常会将两个参数传递给接口,用于控制分页、页数和每页展示的数据条数。为了提高代码的可维护性和重用性,在需要分页的接口中,可以将这两个参数封装成一个公共的分页参数类。通过继承该分页参数类,接口可以轻松地使用这些分页参数,实现统一的分页逻辑。

在 library-common 子模块的 constant 包中新建一个 BasePage 类,默认每页显示 10 条数据,当前页为第 1 页,代码如下:

```java
//第6章/library/library - common/constant/BasePage.java
@Data
public class BasePage implements Serializable {
    private static final long serialVersionUID = - 2560796196204101092L;
    /**
     * 每页显示的条数,默认为 10
     */
    protected long size = 10;
    /**
     * 当前页
     */
    protected long current = 1;
}
```

2. 分页插件配置

MyBatis-Plus 自带了分页插件,这里只需简单配置便可以实现分页功能,在 library-common 子模块中创建一个 config 配置包,然后新建一个分页配置类 MybatisPlusConfig,在配置类中配置分页插件,代码如下:

```java
//第6章/library/library - common/config/MybatisPlusConfig.java
@Configuration
public class MybatisPlusConfig {
    /**
     * 添加分页插件
     */
    @Bean
public MybatisPlusInterceptor mybatisPlusInterceptor(){
        //MybatisPlusInterceptor 对象,配置了两个内部拦截器: 分页拦截器和乐观锁拦截器
        MybatisPlusInterceptor interceptor = new MybatisPlusInterceptor();
        //MyBatis - Plus 提供的分页插件,用于处理分页查询的逻辑
        PaginationInnerInterceptor innerInterceptor = new PaginationInnerInterceptor();
        //数据库类型为 MySQL
        innerInterceptor.setDbType(DbType.MYSQL);
        //启用溢出处理
        innerInterceptor.setOverflow(true);
```

```
//OptimisticLockerInnerInterceptor 乐观锁插件,用于实现乐观锁功能
interceptor.addInnerInterceptor(new OptimisticLockerInnerInterceptor());
interceptor.addInnerInterceptor(innerInterceptor);
return interceptor;
    }
}
```

3. 分页数据转换工具

项目接口返给前端的数据对象类名统一为 VO 格式,这就涉及了对象转换,在分页接口中将查询出的实体类数据转换为 VO 格式的对象并输出给前端时,可以使用一个转换工具执行这个转换过程。这有助于将内部的实体类结构与对外输出的 VO 结构分离,保持了代码的清晰性和可维护性。

在 library-common 子模块中创建一个 util 工具包,创建一个 PageCovertUtil 转换类,代码如下:

```java
//第 6 章/library/library - common/util/PageCovertUtil.java
public class PageCovertUtil {
    /**
     * 将 PageInfo 对象泛型中的 Po 对象转换为 Vo 对象
     *
     * @param pageInfo PageInfo < Po >对象</>
     * @param < V >       V 类型
     * @return
     */
    public static < P, V> IPage < V> pageVoCovert(IPage < P> pageInfo, Class<V> v) {
        try {
            if (pageInfo != null) {
                IPage < V> page = new Page <>(pageInfo.getCurrent(), pageInfo.getSize());
                page.setTotal(pageInfo.getTotal());
                List < P> records = pageInfo.getRecords();
                List < V> list = new ArrayList <>();
                for (P record : records) {
                    if (record != null) {
                        V newV = v.newInstance();
                        BeanUtil.copyProperties(record, newV);
                        list.add(newV);
                    }
                }
                page.setRecords(list);
                page.setTotal(pageInfo.getTotal());
                return page;
            }
        } catch (Exception e) {
            e.printStackTrace();
        }
        return null;
    }
}
```

在上述代码中使用了 Hutool 工具包中的 BeanUtil.copyProperties 方法实现对象属性的复制,从而将原对象的数据复制到新的对象中。

引入 Hutool 依赖之前,先在父模块的 pom.xml 文件中声明 Hutool 依赖版本信息,然后添加该依赖,代码如下:

```xml
//第6章/library/pom.xml
<properties>
<hutool.version>5.8.11</hutool.version>
</properties>

<!-- 添加 Hutool 依赖 -->
<dependency>
    <groupId>cn.hutool</groupId>
    <artifactId>hutool-all</artifactId>
</dependency>

<!-- 声明 Hutool 版本 -->
<dependency>
    <groupId>cn.hutool</groupId>
    <artifactId>hutool-all</artifactId>
    <version>${hutool.version}</version>
</dependency>
```

6.3 整合 EasyCode 代码生成工具

在项目的日常开发中,大部分时间花费在编写基础的增、删、改、查(CRUD)代码。这些重复性任务消耗了大量开发时间。为了提高开发效率,本项目使用代码生成器工具,能够快速地生成标准的代码模板,从而减少手动编写重复代码的工作量。这不仅提高了开发速度,还确保了项目的代码风格和结构的一致性。

6.3.1 EasyCode 简介

EasyCode 是基于 IntelliJ IDEA Ultimate 版本开发的代码生成插件,支持自定义任意模板(Java、html、js、xml),它的初衷就是为了提高开发人员的开发效率,可直接对数据的表生成 Entity、Controller、Service、Dao、Mapper。不再去手动创建每个实体类和 service 层及控制层等,理论上来讲只要是与数据有关的代码都可以生成。

EasyCode 的特点和功能有以下几点。

(1) EasyCode 提供了多种代码模板,可以根据项目需求快速生成常见的代码。例如,创建实体类、生成 CRUD(增、删、改、查)操作及生成 Spring Boot 项目结构等。

(2) 可以根据数据库表的结构,生成对应的 Java 类和 SQL 语句。

(3) 支持自动生成方法、注释、属性等,减少手动编写工作。

(4) 可以创建自定义代码模板,以满足项目特定的需求。

(5) 支持多种编程语言。

6.3.2　安装 EasyCode 插件

打开 IDEA 开发工具,在 Plugins 中搜索 EasyCode 插件,单击 Install 按钮,等待安装完成,单击 OK 按钮,然后重启 IDEA 该插件才能生效,如图 6-9 所示。

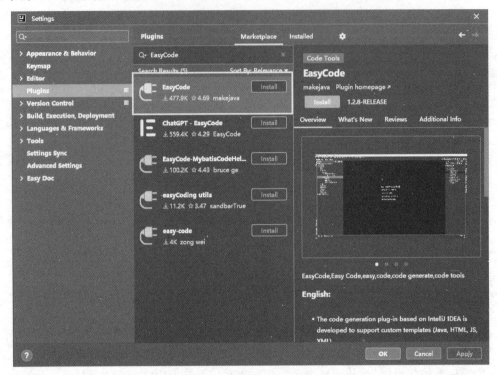

图 6-9　安装 EasyCode 插件

6.3.3　配置数据源

如果使用 EasyCode 就需要 IDEA 自带的数据库工具来配置数据源,IDEA 连接 MySQL 数据库则可以分为以下几个步骤来操作。

(1) 在 IDEA 工具的最右侧,如果单击 Database 选项卡,则可展开创建数据库连接窗口。在数据库连接窗口的左上角,单击"+"按钮,添加一个新的 MySQL 数据库连接,如图 6-10 所示。

(2) 单击 MySQL 按钮,填写数据库连接配置信息。

- Host(主机名):MySQL 服务器的主机名或 IP 地址。
- Port(端口号):MySQL 服务器的端口号,默认为 3306。
- Database(数据库名称):要连接的数据库名称。
- User(用户名):连接到数据库的用户名。
- Password(密码):连接到数据库的密码。

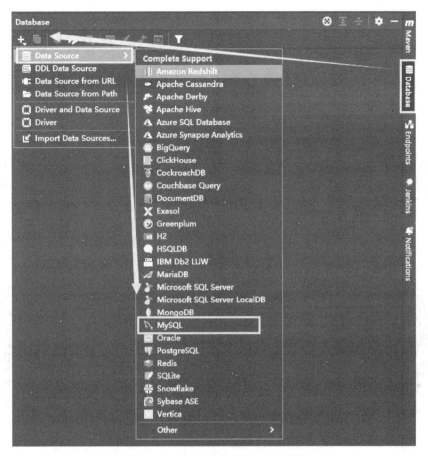

图 6-10　IDEA 连接 MySQL 数据

填写完成后,单击左下角的 Test Connection 按钮,对连接进行测试,如果连接成功,则会显示 Succeeded 提示,然后单击 Apply 按钮,再单击 OK 按钮,保存连接配置,如图 6-11 所示。

6.3.4　项目包结构

包结构是指一个项目的源代码和资源文件在磁盘上的组织方式和目录结构。在本项目中约定一个项目包结构,以便于代码管理、编译、打包和发布等操作。

1. 创建用户表

先创建一个操作日志表,方便接下来自定义 EasyCode 模板的演示。使用以下语句来创建表,代码如下:

```
//第 6 章/library/db/init.sql
CREATE TABLE `lib_operation_log`
(
    `id`            INT             NOT NULL PRIMARY KEY AUTO_INCREMENT COMMENT '主键',
```

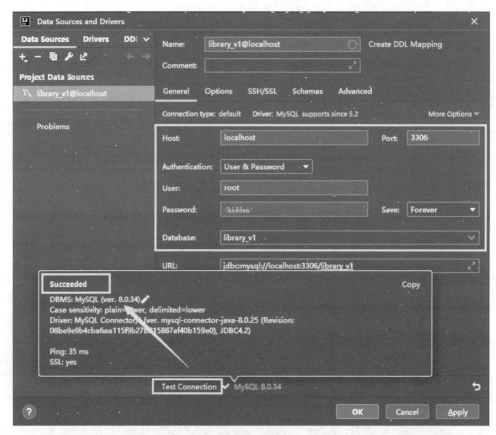

图 6-11　填写 MySQL 连接信息

```
    `request_ip`    VARCHAR(128)          DEFAULT NULL COMMENT 'IP 地址',
    `address`       VARCHAR(255) NULL DEFAULT '' COMMENT 'IP 来源',
    `methods`       TEXT NULL COMMENT '请求方法',
    `params`        TEXT NULL COMMENT '请求参数',
    `username`      VARCHAR(50) NOT NULL DEFAULT '' COMMENT '操作人',
    `return_value`  TEXT NULL COMMENT '返回参数',
    `log_type`      INT          NOT NULL DEFAULT 0 COMMENT '日志类型：默认为0,0:操作日志; 1:
登录日志; 2:退出',
    `description`   VARCHAR(255)          DEFAULT NULL COMMENT '描述',
    `browser`       VARCHAR(255)          DEFAULT NULL COMMENT '浏览器',
    `create_time`   DATETIME NULL DEFAULT CURRENT_TIMESTAMP COMMENT '创建时间',
    KEY            `log_create_time_index`(`create_time`)
) ENGINE = InnoDB CHARACTER SET = utf8mb4 COLLATE = utf8mb4_general_ci  ROW_FORMAT = Dynamic
    COMMENT = '操作日志表';
```

　　为了使项目可以更好地管理表的初始化 SQL 语句,在父模块的根目录下创建 db 文件,
然后添加一个 init.sql 文件,将项目所有的初始化的 SQL 放在该文件中进行统一管理,如
图 6-12 所示。

图 6-12 创建初始化 SQL 文件

2. 目录结构

项目包目录结构的规范应该使用有意义的名称,以便快速理解其内容和功能,遵循一致的目录结构和命名约定有助于项目的可维护性。以 library-admin 子模块为例,在项目中创建不同功能的包结构,如图 6-13 所示。

在 admin 包下创建 controller 和 modules 两个包,以便更好地组织项目的代码。在这个结构中,controller 包用于存放与前端接口相关的业务功能,而 modules 包则用于存放各个业务功能的具体业务逻辑。在 modules 包内要创建单独功能的子包,例如,用户功能的所有代码应该位于名为 user 的子包内,而角色功能的代码应该位于名为 role 的子包内。

在每个功能子包中,例如,user 包中,可以进一步划分不同类别的包,以便更好地组织相关的代码。以下是 user 示例的目录结构。

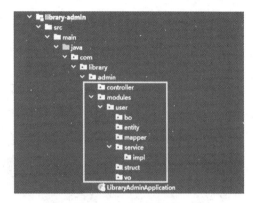

图 6-13 项目包结构

(1) bo 包存放一些入参的对象,这里主要针对前端以 JSON 格式传来的数据参数。

(2) entity 包存放实体类。

(3) mapper 目录用于存放数据访问层代码,它充当了业务逻辑和数据库之间的接口,负责数据的访问和操作。在使用 MyBatis-Plus 框架时,其优势在于无须为每个数据库操作写独立的方法,只需继承相应的 Mapper 接口。但要注意,在项目的启动类中需要使用 @MapperScan 注解来扫描并开启对 mapper 包的扫描。

(4) service 为服务层,简单的理解就是对一个或者多个 mapper 进行再次封装,封装成一个功能服务接口。

(5) impl 包存放的是服务层的业务实现类,业务的所有代码都应该在该类中实现。通过继承业务接口实现业务层的功能,其好处在于封装 service 层的业务逻辑有利于业务逻辑的独立性和重复利用性。

(6) struct 包存放对象相互转换实现类,使用了 MapStruct 的代码生成器,它基于约定优于配置的方法,极大地简化了 Java Bean 类型之间的映射实现。

(7) vo 包为视图层,其作用是将前端所要展示的数据封装起来,通常用于业务层之间的数据传递等。

(8) mapper 目录存放在 resource 下,可编写独立的 XML 文件来配置 SQL 映射,虽然在使用 MyBatis-Plus 时通常不需要编写,因为它支持使用注解或者接口方法的命名规则来自动生成 SQL 查询,所以可以省掉编写独立 XML 文件的步骤。

6.3.5 自定义 EasyCode 模板

根据项目的包结构,由于 EasyCode 自带的代码模板无法满足项目的需求,所以要自定义 EasyCode 代码生成的模板。

那么在哪里编写模板代码呢？打开 IDEA 开发工具,选择 File→Settings→Other Settings 菜单选项,单击 EasyCode 选项,这样就可以看到模板导出、导入操作,以及设置作者名称等操作,如图 6-14 所示。

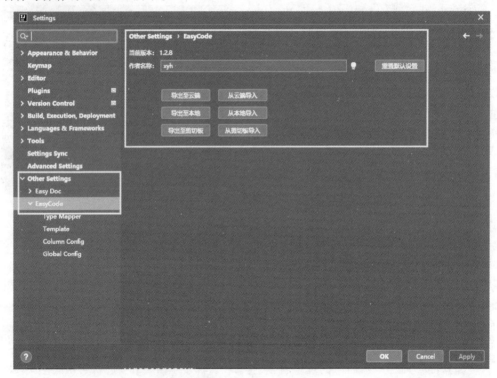

图 6-14　EasyCode 插件

1. EasyCode 菜单功能介绍

在左侧菜单 EasyCode 目录下有 4 个子菜单,具体功能如下:

（1）Type Mapper 是生成 mapper. xml 文件中数据库中的字段和 Java 中代码的字段及生成 MyBatis 数据之间的类型转换。最常见的就是 Java 中的属性 property、数据库中的列名 column 数据类型之间的转换 jdbcType。

（2）Template 是最核心的内容,可在这里修改或自定义模板。Default 的默认形式是 MyBatis,如果使用 MyBatis-Plus,则可以选择 MyBatis-Plus 自动生成相应代码。

（3）Column Config 用来对队列进行相关配置,这里默认就好,无须改动。

（4）Global Config 是全局配置，主要配置相关包的导入、公共功能、代码注释等。

2．自定义模板分组

由于没有符合项目结构的模板，所以先创建一个独有的 Group Name 模板分组，将项目所有的自定义模板都放在一起，方便该模板执行管理和导出等操作，组名填写完成后，单击 OK 按钮，即可添加成功，如图 6-15 所示。

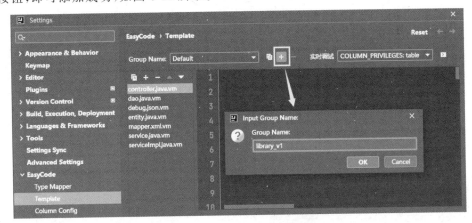

图 6-15　创建 library-v1 分组

选择 library-v1 分组，单击"＋"按钮，创建模板，如果想要删除模板，则可选中该模板，如果单击"－"按钮，则可以删除模板。接下来新建一个生成实体类代码的模板，如图 6-16 所示。

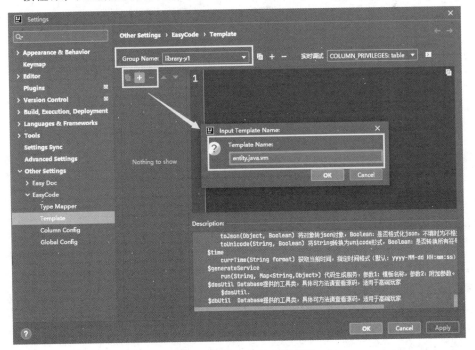

图 6-16　创建实体类代码模板

以生成实体类代码的语句为例,体验创建代码生成模板的用法等。可以直接将以下代码复制到图 6-16 的编写框中:

```
# 引入宏定义
$ !{define. vm}
# 引入宏定义
$ !{init. vm}
# set( $ pckPath = $ tableInfo. savePath + "/modules/"
    + $ tableInfo. name. toLowerCase() + "/entity")
# set( $ pckName = $ !{tableInfo. savePackageName} + ". modules. " +
    $ tool. firstLowerCase( $ tableInfo. name) + ". entity" )

# 设置回调
$ !callback. setFileName( $ tool. append( $ tableInfo. name, ". java"))
$ !callback. setSavePath( $ pckPath)

package $ {pckName. toLowerCase()};
# 使用全局变量实现默认包导入
$ !{autoImport. vm}
import lombok. Data;
import com. baomidou. mybatisplus. annotation. TableName;
import com. baomidou. mybatisplus. annotation. TableField;
import com. fasterxml. jackson. annotation. jsonFormat;
import java. io. Serializable;

# 使用宏定义实现类注释信息
# tableComment("实体类")
@Data
@TableName(value = " $ !tableInfo. obj. name")
public class $ !{tableInfo. name} implements Serializable {
    @TableField(exist = false)
    private static final long serialVersionUID = $ !tool. serial();

# foreach( $ column in $ tableInfo. fullColumn)
    # if( $ {column. comment})/ **
     * $ {column. comment}
     * / # end

    # if( $ !{tool. getClsNameByFullName( $ column. type)} == "LocalDateTime")
    @JsonFormat(pattern = "yyyy - MM - dd HH:mm:ss")
    # end
    # if( $ !{tool. getClsNameByFullName( $ column. type)} == "LocalDate")
    @JsonFormat(pattern = "yyyy - MM - dd")
    # end
    private $ !{tool. getClsNameByFullName( $ column. type)} $ !{column. name};
# end


}
```

其中,@TableName 配置表名获取的是公共配置的数据,在 Global Config 全局配置中要去掉表名前缀,代码如下:

```
$ !tableInfo.setName( $ tool.getClassName( $ tableInfo.obj.name.replaceFirst("lib_","")))
```

其他的模板代码可以参考笔者提供的模板文件,文件会放在源代码的 db 下的 EasyCode 目录中,可直接将模板导入 IDEA 中,完整的模板目录如图 6-17 所示。

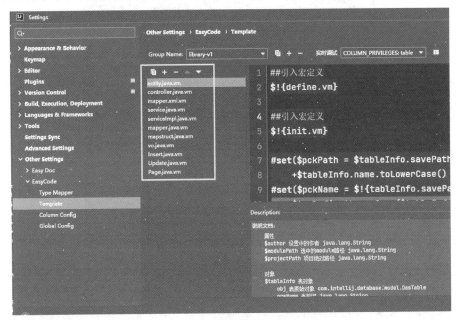

图 6-17　EasyCode 自定义模板目录

3. 代码生成测试

模板创建完成后,使用创建的模板来生成代码,看是否可以按照自定义的项目目录结构的要求生成相关代码。打开 IDEA 右侧导航栏中的 Database 菜单,选择 library_v1 数据库,然后右击 lib_operation_log 表,单击 EasyCode 下的 Generate Code 选项,如图 6-18 所示。

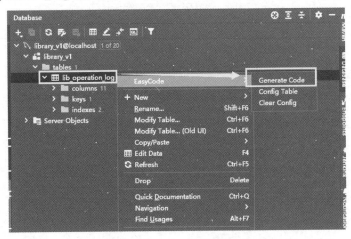

图 6-18　选择初始化代码的表

选择完后,会跳出一个弹窗,然后选择代码生成的 Module(模块),也就是选择要生成在哪个项目模块中,接着选择生成包地址、使用生成代码的模板组及执行哪些模板等操作。现在先将代码生成在 library-admin 子模块中,如图 6-19 所示。

图 6-19　选择模板生成代码

4. 依赖包添加

等待代码生成完后,先查看生成的目录结构是否正确,如果生成正确,则接下来打开 controller 包中的 OperationLogController 类,查看代码中是否有错误,这时会发现 @Valid 注解报错,@Valid 注解报错是由于没有添加相关的依赖,它主要用来校验前端传来的参数。打开父模块的 pom.xml 文件添加依赖,代码如下:

```
< dependency >
< groupId > org.springframework.boot </groupId >
< artifactId > spring - boot - starter - validation </artifactId >
</dependency >
```

打开 struct 包中的 OperationLogStructMapper 类,@Mapper 注解会报错,错误原因是没有添加 mapstruct 相关依赖,在父模块的 pom.xml 文件中添加依赖,代码如下:

```
//第 6 章/library/pom.xml
<!-- 声明版本 -->
< mapstruct.version > 1.5.5.Final </mapstruct.version >
<!-- mapStruct 依赖 -->
< dependency >
    < groupId > org.mapstruct </groupId >
    < artifactId > mapstruct </artifactId >
    < version > $ {mapstruct.version}</version >
</dependency >
< dependency >
    < groupId > org.mapstruct </groupId >
```

```
        <artifactId>mapstruct-processor</artifactId>
        <version>${mapstruct.version}</version>
        <scope>provided</scope>
</dependency>
```

添加完成,刷新一下 Maven 即可引入依赖。到此还有 Mapper 接口的扫描没有添加,否则不能将其交给 Spring 容器管理。在前面的章节中提过一个注解@MapperScan,将该注解放在 Spring Boot 应用的配置类上,在启动类上用于指定 Mapper 接口所在的包,代码如下:

```
@MapperScan("com.library.**.mapper")
```

同时也修改一下@Spring BootApplication 注解扫描的路径,默认为扫描主程序所在的包及所有子包内的组件,现在改为扫描 com.library 包及其子包中的所有组件,代码如下:

```
@Spring BootApplication(scanBasePackages = {"com.library.*"})
```

添加完成后,启动项目,如果项目启动成功,则说明目前配置的相关信息和代码添加操作成功。

本章小结

本章内容包括项目数据库的创建、Spring Boot 与 MySQL 的连接操作及 MySQL 监控管理的集成。同时还增加了项目通用的接口返回类、错误码枚举及分页管理的配置以提升项目的可维护性。最重要的是整合了 EasyCode 代码自动生成工具,只需几步操作就可以生成基础的 CRUD 代码,在项目开发中,可以节省大量的开发时间。

第 7 章 接口文档设计及用户功能开发

接口文档主要详细描述了一个软件系统、应用程序或服务中的各种接口(API、用户界面等)。接口文档的主要目的是提供给其他开发人员、用户有关如何与该项目进行交互的信息,重点是为了和前端开发人员对接数据接口、前后端快速联调以提高开发效率。

7.1 Apifox 的介绍与应用

本项目使用 Apifox 作为接口管理的工具,根据官方介绍,Apifox 是集 API 文档、API 调试、API Mock、API 自动化测试多项实用功能为一体的 API 管理平台,定位为 Postman+Swagger+Mock+JMeter。旨在通过一套系统和一份数据,解决多个工具之间的数据同步问题。

7.1.1 Apifox 简介

通过一套系统和一份数据,可以轻松地解决多个系统之间的数据同步问题。只需一次定义接口文档,接口调试、数据模拟、接口测试均可直接使用,无须再次完成冗长的定义工作。接口文档和接口开发调试使用同一个工具,确保接口调试完成后与接口文档完全一致。这样,可以实现高效、及时、准确的协作,提高开发和测试的效率。

如果是企业开发项目,则使用 Apifox 作为接口文档管理,并且对接口的保密和安全性很高,建议使用私有化部署,防止接口的泄露,保护数据的安全。

7.1.2 Apifox 核心功能

Apifox 解决了很多接口管理的痛点问题,以下总结了 7 个核心功能,使更加深入地学习 Apifox 的强大和为什么选择它作为本项目的理由。

(1) 接口文档管理。

(2) 接口调试,在开发或测试阶段针对接口发起测试请求,快速定位和修改代码中的问题。

(3) 接口数据 Mock,这个功能在开发中占据很重要的位置,一般前后端分离的项目,前端在大部分情况下会依赖于后端数据接口,在后端还没完成接口之前,前端只能等待接口完成才能开发,现在可以使用 Mock 工具模拟数据后,前后端可以同步进入开发,提升团队研发效率。

(4) 自动化测试,Apifox 提供了多个接口,可以将它们组合在一起,测试一个完整的业务流程,完成自动化测试工作。

(5) 云端团队协作。

(6) 数据导入和导出。

(7) 自动代码生成。

7.1.3　Apifox 的选用

官方提供了两种使用 Apifox 的方式,一种是下载客户端的方式;另一种是 Web 版的方式,本项目选用的是 Web 版方式,无须安装软件,就可以使用。在浏览器中输入 https://apifox.com/,在首页单击"使用 Web 版"按钮,跳转到 Web 版本中,如图 7-1 所示。

图 7-1　Apifox 官网界面

7.2　项目接口文档管理

进入 Apifox 的 Web 版中,在"我的团队"菜单下新建一个团队,单击"新建团队"按钮,例如,笔者新建了一个名为 libraryTeam 的团队,在该团队下,新建一个项目,单击右上角的"新建项目"按钮,创建一个名为 library-api 的项目,如图 7-2 所示。

图 7-2　新建接口文档项目

然后单击该项目,进入项目管理界面,在这里可以新建接口、数据模型、自动化测试等操作,如图7-3所示。

图7-3 接口管理

7.3 用户功能开发

在项目开发中,用户功能占据了至关重要的地位,涉及个人信息的安全、用户身份验证、网站登录等各多个关键方面,因此,首要任务是开发基础的用户功能,同时结合 Apifox 设计用户的接口文档,并进行接口的测试等操作。

7.3.1 创建用户表

设计用户创建表的语句,并在 Navicat 工具中执行 MySQL 建表语句,代码如下:

```sql
//第 7 章/library/db/init.sql
DROP TABLE IF EXISTS `lib_user`;
CREATE TABLE `lib_user`
(
    `id`            INT(11) NOT NULL AUTO_INCREMENT COMMENT '用户 ID',
    `real_name`     VARCHAR(100)    NOT NULL COMMENT '用户姓名',
    `username`      VARCHAR(100)    NOT NULL COMMENT '用户账号',
    `password`      VARCHAR(100)    NOT NULL COMMENT '密码',
    `email`         VARCHAR(100)    DEFAULT '' COMMENT '用户邮箱',
    `phone`         BIGINT(11) NOT NULL COMMENT '手机号码',
    `sex`           INT   NOT NULL DEFAULT 0 COMMENT '用户性别(0：男；1：女；2：未知)',
    `avatar`        VARCHAR(500)        DEFAULT '' COMMENT '头像地址',
    `status`        INT    DEFAULT 0 COMMENT '账号状态(0：正常；1：停用)',
    `role_ids`      VARCHAR(255)    NOT NULL COMMENT '用户角色，例如 1、2、3',
    `login_date`    DATETIME   DEFAULT NULL COMMENT '最后登录时间',
    `create_time`   DATETIME    NOT NULL DEFAULT CURRENT_TIMESTAMP COMMENT '创建时间',
    `update_time`   DATETIME    NOT NULL DEFAULT CURRENT_TIMESTAMP ON UPDATE CURRENT_TIMESTAMP
COMMENT '修改时间',
```

```
`last_password_reset_time` DATETIME DEFAULT NULL COMMENT '最后修改密码的日期',
`remark`              VARCHAR(500)  DEFAULT NULL COMMENT '备注',
`job_number`          VARCHAR(50)     NOT NULL COMMENT '用户编号',
`balance`             DECIMAL(10, 2) NOT NULL DEFAULT 0.00 COMMENT '余额',
`introduction`        TEXT NULL COMMENT '个人简介',
`address`             VARCHAR(500)     DEFAULT NULL COMMENT '所在地区',
PRIMARY KEY (`id`) USING BTREE
) ENGINE = InnoDB CHARACTER SET = utf8mb4 COLLATE = utf8mb4_general_ci ROW_FORMAT = Dynamic
COMMENT = '用户表';
```

7.3.2　初始化用户代码

用户表已经创建完成,然后使用 EasyCode 生成用户基础代码,与之前生成日志表的操作一样(这里要将 6.3 节演示的日志表生成的代码删除),模块选择的是 library-admin,如图 7-4 所示。

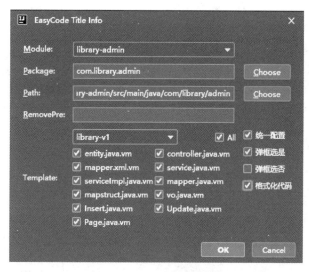

图 7-4　生成用户表基础代码

在生成的过程中,如果有 Add File to Git 窗口弹出,则可以直接单击 Add 按钮,添加到 Git 中,如图 7-5 所示。

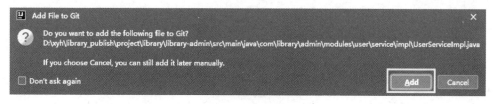

图 7-5　添加到 Git

如果不添加到 Git 中,则在提交代码时会发现没有可提交的代码文件,首先右击需要提交的代码文件,然后选择 Git→Add 选项,单击 Add 即可添加到 Git 中,如图 7-6 所示。

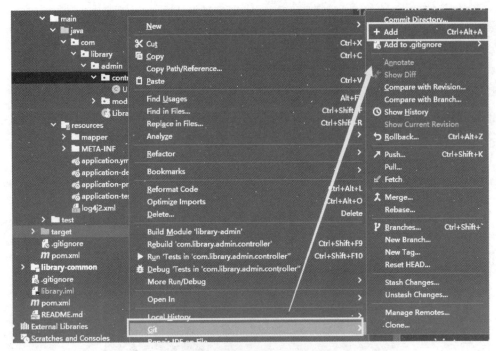

图 7-6 手动将文件添加到 Git

7.3.3 用户接口文档设计及测试

用户代码初始化完成后,启动项目,以确保项目可以正常运行。

1. 创建项目接口文档

打开 Apifox 网页版,在接口的根目录中添加子目录,选择"添加子目录",如图 7-7(a)所示,然后将名称填写为系统管理,将父级目录填写为根目录,单击"确定"按钮,如图 7-7(b)所示。

(a) 添加子目录　　　　　　　　　　　　　　　　(b) 新建目录

图 7-7 创建系统管理目录

然后在系统管理中新建一个用户管理的子目录，用来存放用户功能的接口，层次分明，方便接口的管理，如图 7-8 所示。

2. 用户分页查询接口

在用户管理目录上，单击"＋"添加接口，然后右侧就会出现新建接口的界面，可以选择接口请求的方式，例如，GET、POST、PUT 等，如果使用过 Postman，则

图 7-8 创建用户管理目录

可知创建接口的方式和 Postman 创建的方式基本上一致，请求参数在 Params 中添加，例如，分页参数、查询条件参数等，如图 7-9 所示。

图 7-9 创建用户分页查询接口(1)

在创建接口的界面中，单击右上角的环境管理，默认的是开发环境，这里要修改接口的地址。先来修改开发环境的默认服务地址，例如，本项目的后端网址为 http://localhost:8081/api/library，添加完成后，单击"保存"按钮，如图 7-10 所示。

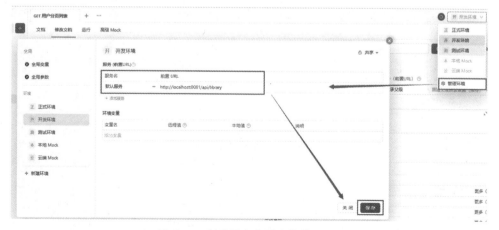

图 7-10 创建用户分页查询接口(2)

3．测试用户分页查询

选择开发环境,然后在接口的右上角单击"运行"按钮,检查请求的参数和后端接口的参数是否保持一致,其中 size 和 current 两个参数是必填项,单击"发送"按钮发送请求,如图 7-11 所示。

图 7-11　请求用户分页接口

请求接口后,可能会报 Agent 错误,无法请求内网地址,如果是客户端,则没有这个问题,Web 版的官方给出了解决办法,即需要安装浏览器插件,帮助文档的网址为 https://apifox.com/help/app/web/browser-extension,添加完成后,然后请求接口即可,如图 7-12 所示。

图 7-12　用户分页请求

本章小结

本章主要介绍了 Apifox 的各项功能的使用,然后使用 Apifox 创建本项目的接口文档管理,并对用户功能进行了表和代码的初始化,结合 Apifox 对其生成的接口进行测试。

第 8 章

实现图片上传功能

图片上传功能对于许多应用程序和网站来讲都是至关重要的,可以增强用户体验、扩展功能、促进用户互动和分享,以及支持各种应用场景,例如从社交媒体到电子商务和教育等不同领域。上传的图片通常需要在服务器上进行存储和管理,对于大型应用程序,图片上传的功能需要定期维护,以确保性能良好,并处理存储和备份等方面的问题。

8.1 图片管理实现

项目中的图片地址将被存储在数据库中,页面中使用的图片地址全部来自数据库中的图片数据,以便后期进行集中管理和优化,提高图片资源的可维护性和效率。此外,还要支持对图片的控制和备份,以确保数据的完整性和安全性。

8.1.1 创建图片管理表

设计图片管理创建表的语句,并在 Navicat 工具中执行 MySQL 建表的语句,代码如下:

```sql
//第 8 章/library/db/init.sql
DROP TABLE IF EXISTS `lib_file`;
CREATE TABLE `lib_file`
(
    `id`                INT(11) NOT NULL AUTO_INCREMENT COMMENT '主键 ID',
    `username`          VARCHAR(50)         DEFAULT NULL COMMENT '用户账号',
    `original_filename` VARCHAR(100) NOT NULL COMMENT '原始文件名',
    `file_size`         BIGINT(20)   DEFAULT NULL COMMENT '文件大小',
    `url`               VARCHAR(255) DEFAULT NULL COMMENT '文件访问地址',
    `storage_platform`  VARCHAR(50)    NOT NULL COMMENT '存储平台',
    `base_path`         VARCHAR(256) DEFAULT NULL COMMENT '基础存储路径',
    `storage_path`      VARCHAR(512)   DEFAULT NULL COMMENT '存储路径',
    `storage_filename`  VARCHAR(255)   DEFAULT NULL COMMENT '存储文件名',
    `ext`               VARCHAR(32)    DEFAULT NULL COMMENT '文件扩展名',
    `object_type`       INT   NOT NULL DEFAULT 0 COMMENT '文件所属对象类型,如用户头像',
    `file_sign`         VARCHAR(32)    DEFAULT NULL COMMENT '文件标识,唯一',
    `del_flag`          TINYINT   UNSIGNED NOT NULL DEFAULT 0 COMMENT '逻辑删除标识, 1:删除',
    `create_time`       DATETIME    NOT NULL DEFAULT CURRENT_TIMESTAMP COMMENT '创建时间',
```

```
        PRIMARY KEY (`id`) USING BTREE
) ENGINE = InnoDB CHARACTER SET = utf8mb4 COLLATE = utf8mb4_general_ci ROW_FORMAT = Dynamic
    COMMENT = '文件表';
```

8.1.2 创建 library-system 子模块

由于项目的图片管理功能归属于系统工具模块,所以需要创建一个子模块来管理系统功能的代码,该子模块主要管理邮件配置、通知公告、审核功能等业务代码。

1. 创建子模块

选中父模块文件后右击,选择 New Module→Spring Initializr 选项,填写创建 library-system 子模块信息,如图 8-1 所示。然后单击 Next 按钮,选择 Spring Boot 版本 3.1.3,单击 Create 按钮便可创建成功,如图 8-2 所示。

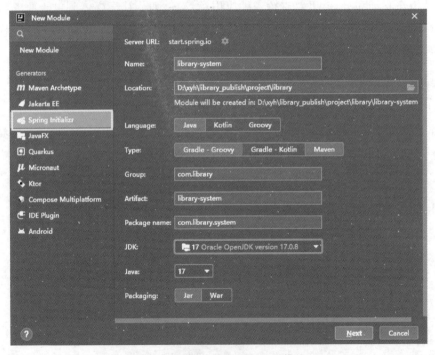

图 8-1 新建 library-system 子模块

子模块 library-system 创建完成后,删除多余的项目文件,并去掉启动类和配置文件,如图 8-3 所示。

2. 配置父子依赖

打开 library-system 子模块的 pom.xml 文件,添加父模块并修改子模块信息,删除 dependencies 中所有的依赖,然后引入 library-common 依赖,代码如下:

```
//第 8 章/library/library-system/pom.xml
<parent>
```

```xml
        <groupId>com.library</groupId>
        <artifactId>library</artifactId>
        <version>0.0.1-SNAPSHOT</version>
    </parent>

    <artifactId>library-system</artifactId>
    <version>0.0.1-SNAPSHOT</version>
    <packaging>jar</packaging>

    <name>library-system</name>
    <description>系统工具模块</description>

    <dependencies>
        <dependency>
            <groupId>com.library</groupId>
            <artifactId>library-common</artifactId>
        </dependency>
    </dependencies>
</dependencies>
```

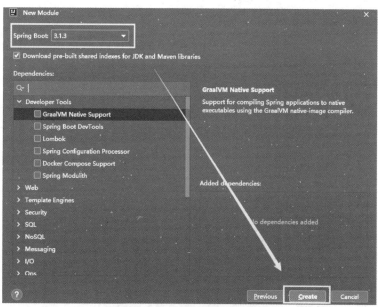

图 8-2　选择 Spring Boot 版本

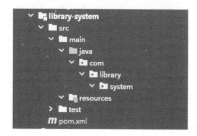

图 8-3　library-system 目录结构

在父模块的 pom. xml 文件的 modules 标签中引入该模块,并在 dependencyManagement 标签中声明 library-system 版本信息,代码如下:

```
//第 8 章/library/pom.xml
<!-- 子模块依赖 -->
< modules >
        < module > library - admin </module>
        < module > library - common </module>
        < module > library - system </module>
</modules>

<!-- 依赖声明 -->
< dependency >
        < groupId > com.library </groupId>
        < artifactId > library - system </artifactId>
        < version > $ {version}</version>
</dependency>
```

8.1.3　基础代码实现

初始化图片管理的基础代码,并选择 library-system 子模块,如图 8-4 所示。

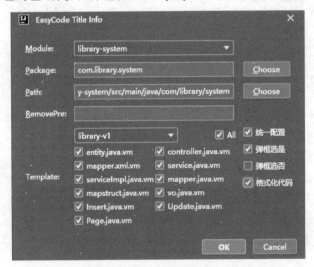

图 8-4　图片管理代码初始化

代码生成后,在 Controller、Service 及实现类中删除添加和修改接口,删除 FileInsert 和 FileUpdate 入参类。

8.2　Docker 快速入门

本书将介绍一项新的关键技术,即 Docker。 Docker 是目前许多企业广泛使用的技术之一。本书将利用 Docker 来建立前后端项目的运行环境并进行项目部署。在本章中,将使用

Docker 来创建一个图片存储服务,需要一台服务器来支撑后续的项目开发,学会操作 Linux 服务器是日常在开发过程中不可或缺的技能之一。

8.2.1　Docker 简介

Docker 是由 PaaS 提供商 dotCloud 开源的高级容器引擎,它构建在 LXC 之上,采用 Go 语言编写,并遵循 Apache 2.0 开源协议。自 2013 年推出以来,Docker 变得非常热门。无论是在 GitHub 上的代码活跃度,还是红帽公司的 RHEL 6.5 中对 Docker 的集成支持,甚至谷歌的 Compute Engine 也支持在其上运行 Docker,可以看出其受到广泛关注和应用。

Docker 允许开发者将应用程序和依赖项打包到一个轻量、可移植的容器中,并将其发布到任何流行的 Linux 机器上。Docker 的强大之处在于它可以消除环境差异。这意味着一旦你将应用程序打包到 Docker 容器中,不管它在什么样的环境下运行,其行为都将始终保持一致。这意味着程序员无须再担心"在我的环境中可以运行"的问题,这不仅增强了可移植性,还提高了开发人员的工作效率,不再受环境变化的影响。

Docker 的优点有以下几点。

(1) Docker 容器相对于传统虚拟机更轻量,因为它们共享主机操作系统的内核,降低了资源消耗和启动时间。

(2) Docker 容器可以在各种操作系统和云平台上运行,实现了"一次封装,到处运行"的理念。

(3) Docker 使用命名空间和控制组技术,实现了容器之间的资源隔离,确保互不干扰。

(4) Docker 生态系统丰富,拥有大量的容器映像和开源工具,可以加速开发和部署流程。

(5) Docker 可以与 CI/CD 工具集成,帮助实现自动化的构建、测试和部署流程。

8.2.2　Docker 的设计理念

Docker 的核心目标是"Build, Ship, and Run Any App, Anywhere",即通过封装、分发、部署和运行应用程序组件实现用户应用及其运行环境的全生命周期管理,从而实现"一次封装,到处运行"的理念。这意味着无论是 Web 应用还是数据库应用等都可以轻松地实现跨平台部署。

通过在 Docker 容器上运行应用程序,无论在哪个操作系统上,容器都表现出一致性,实现了跨平台和跨服务器的便捷性。只需进行一次环境配置,便可以在不同的机器上轻松一键部署,从而大幅简化了操作流程。这为应用程序的开发和部署提供了更高的灵活性和可移植性。

8.2.3　Docker 的架构

Docker 包括 3 个基本概念:镜像(Image)、容器(Container)和仓库(Repository),掌握这三大核心概念,就理解了 Docker 容器的整个生命周期。

1. Docker 镜像

Docker 镜像是一个特殊的文件系统,它包含容器运行时所需的程序、库、资源和配置文件,同时也包含了一些为运行时准备的参数,例如匿名卷、环境变量和用户设置等。镜像是静态不变的,一旦构建完成,其内容不会被修改或改变。

镜像是创建 Docker 容器的基础,它可以通过版本管理和增量的文件系统来创建和管理。还可以从 Docker Hub 这样的镜像仓库中获取现成的镜像。

2. Docker 容器

镜像和容器之间的关系类似于面向对象程序设计中的类和实例。在这个比喻中,镜像就是类的定义,而容器则是类的实例。容器是基于镜像运行的实体,具有生命周期,可以被创建、启动、停止、删除、暂停等。

镜像本身是只读的,容器从镜像启动时,Docker 会在镜像的最上层创建一个可写层,镜像本身保持不变。

3. Docker 仓库

Docker 仓库类似于代码仓库,是 Docker 集中存储镜像的地方。实际上,注册服务器是托管仓库的地方,通常有多个仓库。每个仓库用于存放特定类别的镜像,而这些镜像可以包含多个版本,通过不同的标签(tag)来区分。

根据镜像的共享方式,Docker 仓库可以分为两种形式:公开仓库(Public)和私有仓库(Private)。最大的公开仓库是 Docker Hub,它存储了大量的镜像供用户下载。国内还有公开镜像仓库,例如清华大学开源软件镜像站、Docker Pool 等,提供了稳定的国内访问的镜像仓库。这些仓库为用户提供了便捷的方式获取和分享容器镜像,有助于加速应用程序的开发、部署和分发。

8.2.4 安装 Docker

在 CentOS 7 服务器上安装 Docker 需要满足以下要求,系统为 64 位,并且内核版本应为 3.10 或更高版本。可以使用以下命令来检查系统内核版本:

```
uname - r
```

执行上述命令后,可以看到有版本输出,例如,笔者在服务器中执行完该命令后,出现"3.10.0-1160.88.1.el7.x86_64"的信息输出,其中"3.10"表示内核的主版本号。如果内核版本大于或等于 3.10,则表示系统符合 Docker 的要求,可以继续安装 Docker,执行命令后的结果如下:

```
[root@xyh ~]#uname - r
3.10.0 - 1160.88.1.el7.x86_64
```

然后安装一些必要的系统工具,例如 yum-utils 工具,命令如下:

```
#安装系统工具
sudo yum install - y yum - utils device - mapper - persistent - data lvm2
```

1. 设置 Docker 镜像源

在安装 Docker Engine-Community 之前,需要设置 Docker 仓库,之后可以从仓库安装和更新 Docker。由于官方提供的仓库源地址访问时的速度比较慢,这里选择使用阿里云的仓库地址,执行的命令如下:

```
sudo yum - config - manager -- add - repo http://mirrors.aliyun.com/docker - ce/linux/centos/
docker - ce.repo
```

命令执行结果,如图 8-5 所示。

```
[root@xyh /]# sudo yum-config-manager --add-repo http://mirrors.aliyun.com/docker-ce/linux/centos/docker-ce.repo
Loaded plugins: fastestmirror, langpacks
adding repo from: http://mirrors.aliyun.com/docker-ce/linux/centos/docker-ce.repo
grabbing file http://mirrors.aliyun.com/docker-ce/linux/centos/docker-ce.repo to /etc/yum.repos.d/docker-ce.repo
repo saved to /etc/yum.repos.d/docker-ce.repo
```

图 8-5　设置 Docker 镜像源

2. 安装 Docker

默认安装最新版本的 Docker Engine-Community 和 containerd,也可指定 Docker 版本安装,这里选择默认安装最新版本,执行的命令如下:

```
sudo yum - y install docker - ce docker - ce - cli containerd.io
```

命令执行结果,如图 8-6 所示。

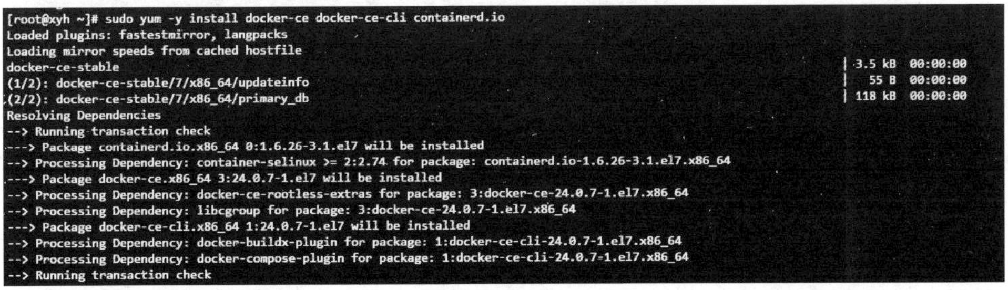

```
[root@xyh ~]# sudo yum -y install docker-ce docker-ce-cli containerd.io
Loaded plugins: fastestmirror, langpacks
Loading mirror speeds from cached hostfile
docker-ce-stable                                                         | 3.5 kB  00:00:00
(1/2): docker-ce-stable/7/x86_64/updateinfo                             |  55 B  00:00:00
(2/2): docker-ce-stable/7/x86_64/primary_db                             | 118 kB  00:00:00
Resolving Dependencies
--> Running transaction check
---> Package containerd.io.x86_64 0:1.6.26-3.1.el7 will be installed
--> Processing Dependency: container-selinux >= 2:2.74 for package: containerd.io-1.6.26-3.1.el7.x86_64
---> Package docker-ce.x86_64 3:24.0.7-1.el7 will be installed
--> Processing Dependency: docker-ce-rootless-extras for package: 3:docker-ce-24.0.7-1.el7.x86_64
--> Processing Dependency: libcgroup for package: 3:docker-ce-24.0.7-1.el7.x86_64
---> Package docker-ce-cli.x86_64 1:24.0.7-1.el7 will be installed
--> Processing Dependency: docker-buildx-plugin for package: 1:docker-ce-cli-24.0.7-1.el7.x86_64
--> Processing Dependency: docker-compose-plugin for package: 1:docker-ce-cli-24.0.7-1.el7.x86_64
--> Running transaction check
```

图 8-6　安装 Docker

3. 启动 Docker

Docker 安装完成后,默认为不启动,需要自行启动,命令如下:

```
systemctl start docker
```

然后查看是否启动成功,执行的命令如下:

```
systemctl status docker
```

如果执行结果显示 active(running),则表示启动成功,如图 8-7 所示。

再来配置 Docker 开机自启动,命令如下:

```
systemctl enable docker.service
```

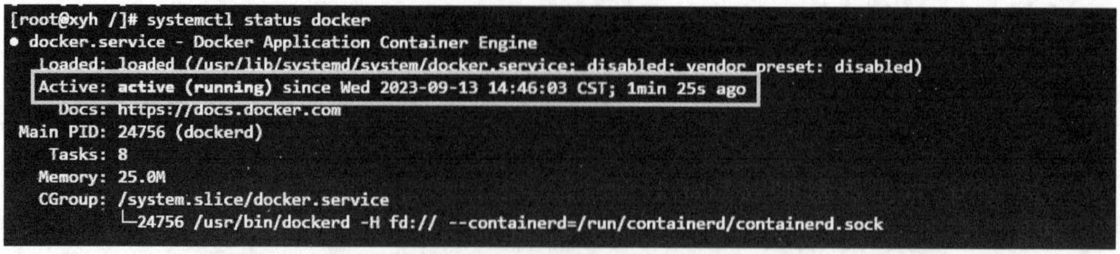

[root@xyh /]# systemctl status docker
● docker.service - Docker Application Container Engine
Loaded: loaded (/usr/lib/systemd/system/docker.service; disabled; vendor preset: disabled)
Active: active (running) since Wed 2023-09-13 14:46:03 CST; 1min 25s ago
Docs: https://docs.docker.com
Main PID: 24756 (dockerd)
Tasks: 8
Memory: 25.0M
CGroup: /system.slice/docker.service
└─24756 /usr/bin/dockerd -H fd:// --containerd=/run/containerd/containerd.sock

图 8-7 Docker 启动状态

4. 设置国内镜像

由于 Docker 官方提供的镜像仓库在国内使用时网速比较慢，所以这里更改成国内的镜像，国内很多服务商提供了国内镜像加速服务，这里首选阿里云的镜像加速器。获取阿里云镜像加速服务的地址为 https://cr.console.aliyun.com/cn-shenzhen/instances/mirrors，如图 8-8 所示。

阿里云
工作台
容器镜像服务
实例列表
制品中心
镜像工具
镜像加速器
容器镜像服务 / 镜像加速器
镜像加速器
由于当前运营商网络问题，可能会导致您拉取 Docker Hub 镜像变慢，建议您手动拉取镜像到本地节点，
加速器
加速器地址
mirror.aliyuncs.com 复制
操作文档
Ubuntu
CentOS
Mac
Windows
1. 安装 / 升级Docker客户端
推荐安装 1.10.0 以上版本的Docker客户端，参考文档docker-ce
2. 配置镜像加速器
针对Docker客户端版本大于 1.10.0 的用户
您可以通过修改daemon配置文件 /etc/docker/daemon.json 来使用加速器
sudo mkdir -p /etc/docker
sudo tee /etc/docker/daemon.json <<-'EOF'
{
"registry-mirrors": ["https://.mirror.aliyuncs.com"]
}
EOF
sudo systemctl daemon-reload
sudo systemctl restart docker

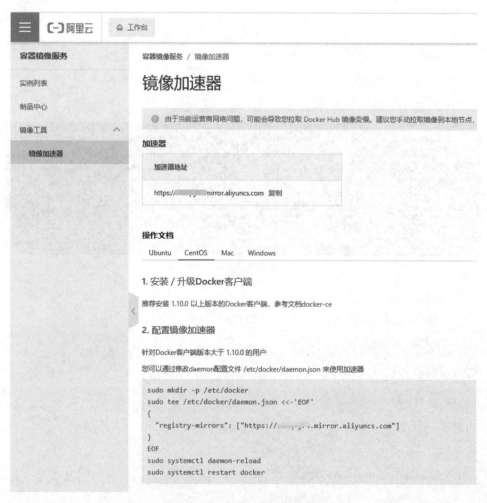

图 8-8 获取阿里云镜像加速器

根据阿里云给出的操作文档,分为以下 4 个步骤进行配置。

(1) 在 etc 目录下创建 docker 文件夹,命令如下:

```
sudo mkdir - p /etc/docker
```

(2) 配置镜像加速器,每个账号生成的加速器地址都不一样,这里注意更换,然后直接复制到服务器中执行即可,命令如下:

```
sudo tee /etc/docker/daemon.json << - 'EOF'
{
    "registry - mirrors": ["更换加速器地址"]
}
EOF
```

(3) 重新加载配置文件,命令如下:

```
sudo systemctl daemon - reload
```

(4) 重新启动 Docker,命令如下:

```
sudo systemctl restart docker
#查看启动状态
systemctl status docker
```

8.3 搭建 MinIo 文件服务器

8.3.1 MinIo 简介

MinIo 是一个开源的对象存储服务器,可以在 Linux、macOS 和 Windows 等操作系统上运行,包括数据中心、私有云和公共云环境。它采用的是 Amazon S3 协议,因此可以与现有的 S3 兼容程序无缝连接。MinIo 支持多租户、多区域、分布式和故障转移等功能,具有出色的可伸缩性和可靠性。

使用 MinIo,可以轻松地创建对象存储服务,并在其中存储各种类型的数据,例如文本文件、图像、视频和音频等,在标准硬件条件下它能达到 55GB/s 的读、35GB/s 的写速率。它还提供了丰富的 API 和工具,从而可以更加灵活地管理和维护存储系统,例如,通过命令行或 Web 界面进行访问和操作。同时,MinIo 还支持各种存储后端,包括本地磁盘、NAS、分布式文件系统和云存储服务等。

8.3.2 部署 MinIo 服务

部署 MinIo 的方式选择 Docker 实现,因为 MinIo 是基于 Go 语言实现的,所以使用 Docker 就无须考虑在服务器上配置 Go 语言的运行环境,减少开发的工作量。

1. 下载 MinIo 镜像

在服务器中,使用 docker pull 命令是从镜像仓库中下载或者更新指定镜像,默认下载镜像的最新版本,所以执行下载 MinIo 镜像的命令为 docker pull minio/minio,如图 8-9 所示。

```
[root@xyh data]# docker pull minio/minio
Using default tag: latest
latest: Pulling from minio/minio
d46336f50433: Pull complete
be961ec68663: Pull complete
44173c602141: Pull complete
a9809a6a679b: Pull complete
df29d4a76971: Pull complete
2b5a8853d302: Pull complete
84f01ee8dfc1: Pull complete
Digest: sha256:d786220feef7d8fe0239d41b5d74501dc824f6e7dd0e5a05749c502fff225bf3
Status: Downloaded newer image for minio/minio:latest
docker.io/minio/minio:latest
```

图 8-9　下载 MinIo 镜像

下载完 MinIo 镜像,使用 docker images 命令,查看服务器中的所有镜像,如图 8-10 所示。

```
[root@xyh data]# docker images
REPOSITORY    TAG      IMAGE ID       CREATED         SIZE
minio/minio   latest   e31e0721a96b   20 months ago   406MB
```

图 8-10　查看 MinIo 镜像

2. 创建并启动 MinIo 容器

使用 Docker 创建并启动 MinIo 容器的命令分为以下几部分,包含各种参数的配置及 MinIo 账号和密码的设定等。

(1) 命令换行使用"\",表示该命令还没有输入完,还需要继续输入命令,暂时不要执行。

(2) docker run 为启动容器的命令。

(3) --name minio 为容器的名称。

(4) 命令中的 9090 端口指的是 MinIo 的客户端端口;9000 端口是 MinIo 的服务器端端口,后端程序连接 MinIo 时,就是通过 9000 端口连接的。

(5) -d --restart＝always 代表重启 Linux 时容器自动启动。

(6) MINIO_ACCESS_KEY 设置 MinIo 客户端的登录账号;MINIO_SECRET_KEY 设置密码(正常情况下,账号不低于 3 位,密码不低于 8 位,否则容器会启动失败)。

(7) -v 就是 docker run 中的挂载,这里/data/minio/data：/data 的意思就是对容器的/data 目录和宿主机的/data/minio/data 目录进行映射,这样当想要查看容器的文件时,就不需要查看容器当中的文件了。

将所有执行的命令拼接起来,组成一个完整的 Docker 运行容器命令,命令如下：

```
docker run \
-- name minio \
- p 9000:9000 \
- p 9090:9090 \
- e "MINIO_PROMETHEUS_AUTH_TYPE = public" \
- e "MINIO_ROOT_USER = admin" \
- e "MINIO_ROOT_PASSWORD = admin123456" \
- v /data/minio/data:/data \
- v /data/minio/config:/root/.minio \
- d minio/minio server /data -- console - address ":9090" - address ":9000"
```

执行之后,使用 docker ps 查看正在运行的容器,如果查看 STATUS 时没有错误信息,则说明 MinIo 容器启动成功,如图 8-11 所示。

图 8-11 查看 MinIo 容器启动状态

3. 访问 MinIo 服务

访问 MinIo 控制台的网址为 http://IP:9090,其中需要将 IP 替换为服务器的外网 IP 地址,如图 8-12 所示。

图 8-12 MinIo 服务控制台登录界面

输入在启动命令中配置的账号和密码,单击 Login 按钮,登录到 MinIo 控制台,如图 8-13 所示。

图 8-13 MinIo 控制台首页

8.3.3 创建存储桶

MinIo 的存储桶相当于计算机文件存放的一个目录,在控制台中,单击 Buckets 菜单,然后单击"Create Bucket ＋"按钮,如图 8-14 所示。

图 8-14　创建存储桶

填写存储桶的名称 library，然后单击右下角的 Create Bucket 按钮，完成桶的创建，如图 8-15 所示。

图 8-15　填写存储桶信息

接下来配置访问策略，单击左侧的 Buckets 菜单，可以看到页面会显示创建好的存储桶，单击 Library 桶的任意区域，进入桶的配置界面，如图 8-16 所示。

图 8-16　选择桶配置

将 Access Policy 的 private 改为 public 访问策略,单击 Set 按钮,设置成功后上传图片地址就可以正常访问了,如图 8-17 所示。

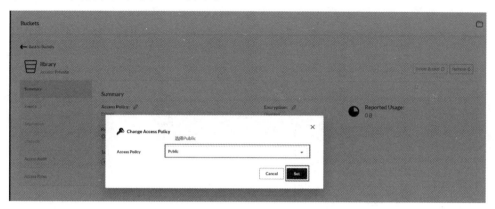

图 8-17 修改访问策略

8.3.4 创建密钥

密钥用于系统后端通过接口形式访问文件服务器的凭证,先创建一个用户,选择左侧的 Users 菜单,然后单击“Create User ＋”按钮,如图 8-18 所示。

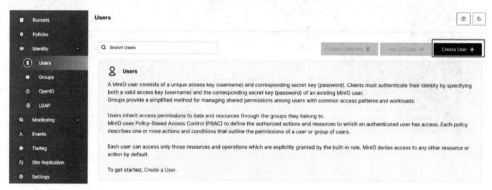

图 8-18 创建用户

创建一个名为 minioadmin 的用户,在 Access Key 和 Secret Key 处都填写 minioadmin 账号,然后在 Select Policy(选择策略)菜单中全部选中相关权限,并单击 Save 按钮进行保存,如图 8-19 所示。

在 Users 列表中,单击创建的 minioadmin 用户,然后选择 Service Accounts,单击 “Create Service Account ＋”按钮,在弹出的创建密钥的窗口中单击 Create 按钮,如图 8-20 所示。

将生成的 Access Key 和 Secret Key 账号保存下来,密码只显示这一次,单击 Done 按钮,创建完成,如图 8-21 所示。

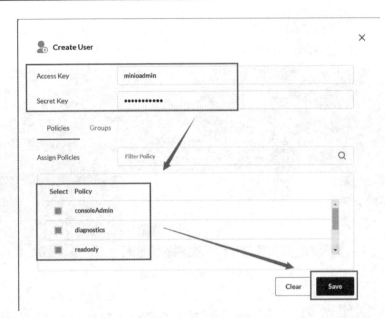

图 8-19　填写用户信息

图 8-20　创建服务账号

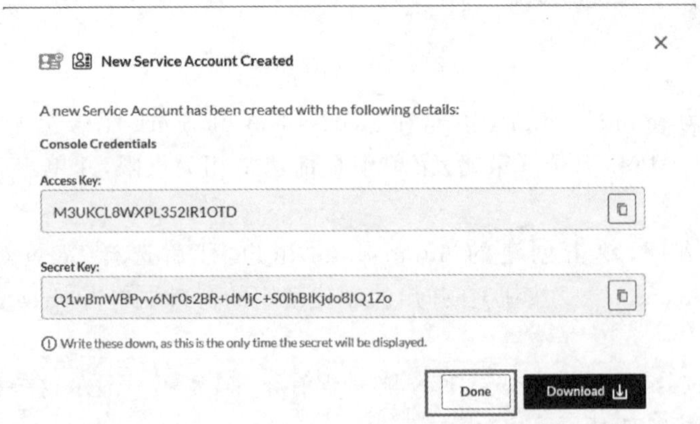

New Service Account Created

A new Service Account has been created with the following details:

Console Credentials

Access Key:

M3UKCL8WXPL352IR1OTD

Secret Key:

Q1wBmWBPvv6Nr0s2BR+dMjC+S0IhBIKjdo8IQ1Zo

ⓘ Write these down, as this is the only time the secret will be displayed.

Done　　Download ⬇

图 8-21　生成密钥

8.4　阿里云对象存储

本项目还将整合阿里云对象存储服务,用于存储图片、文件等数据,这是目前众多企业首选的存储解决方案。

8.4.1　什么是对象存储

阿里云对象存储 Object Storage Service(简称:OSS)是一款海量、安全、低成本、高可靠的云存储服务。提供基于网络的数据存取服务,可以通过网络随时存储和调用包括文本、图片、音频和视频等在内的各种非结构化数据文件。

OSS 具有与平台无关的 RESTful API,可以在任何应用、任何时间、任何地点存储和访问任意类型的数据。

使用 OSS 的优点如下。

(1) OSS 提供的服务具有极高的数据持久性(99.9999999999%)和数据可用性(99.995%),确保数据安全且随时可访问。

(2) OSS 支持自动扩展存储容量,可根据需求灵活调整,无须担心存储不足或浪费资源。

(3) 提供多层次的数据安全保护,包括数据加密、访问控制、身份验证等功能,确保数据的安全性和隐私保护。

(4) OSS 的价格相对较低,提供多种存储类型,可以根据需求选择最经济的存储方式,帮助降低存储成本。

(5) 强大的生态系统支持各种场景下的数据存储和处理需求。

(6) OSS 具备全球分布能力,可满足全球范围内的数据存储和访问需求,提供低延迟的数据传输。

8.4.2　创建 OSS 存储空间

OSS 的官方网址为 https://www.aliyun.com/product/oss,阿里云的新用户可以免费体验。如果没有开通对象存储服务,则需要先开通服务才能进行下一步操作。单击首页中的“管理控制台”按钮,进入控制台。选中左侧的“Bucket 列表”,单击“创建 Bucket”按钮,创建一个存储空间,如图 8-22 所示。

图 8-22　创建 Bucket

在创建 Bucket 中填写基础信息,最后单击"确定"按钮,如果在 Bucket 列表中显示该记录,则表示已经添加成功,如图 8-23 所示。

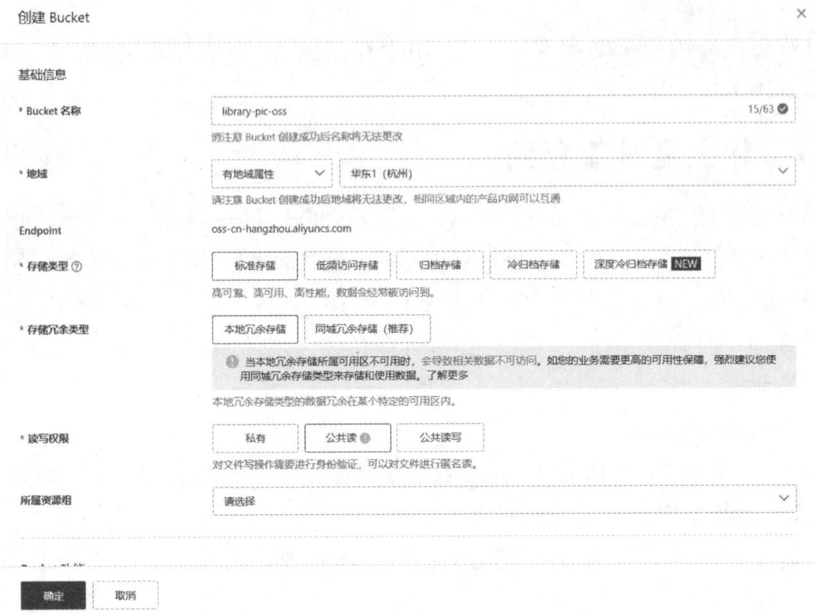

创建 Bucket ×

基础信息

* Bucket 名称
library-pic-oss   15/63 ✓
请注意 Bucket 创建成功后名称将无法更改

* 地域
有地域属性 ∨   华东1 (杭州)
请注意 Bucket 创建成功后地域将无法更改,相同区域内的产品内网可以互通

Endpoint
oss-cn-hangzhou.aliyuncs.com

* 存储类型 ⑦
标准存储 低频访问存储 归档存储 冷归档存储 深度冷归档存储 NEW
高可靠、高可用、高性能,数据会经常被访问到。

* 存储冗余类型
本地冗余存储 同城冗余存储 (推荐)
ⓘ 当本地冗余存储所属可用区不可用时,会导致相关数据不可访问。如您的业务需要更高的可用性保障,强烈建议您使用同城冗余存储类型来存储和使用数据。了解更多
本地冗余存储类型的数据冗余在某个特定的可用区内。

* 读写权限
私有 公共读 公共读写
对文件写操作需要进行身份验证,可以对文件进行匿名读。

所属资源组
请选择 ∨

确定   取消

图 8-23　填写 Bucket 信息

8.4.3　获取访问密钥

OSS 通过 AccessKeyId 和 AccessKeySecret 对称加密的方法来验证某个请求的发送者身份。AccessKeyId 用于标识用户,AccessKeySecret 是用户用于加密签名字符串和 OSS 用来验证签名字符串的密钥。

在阿里云登录的状态下,单击右上角的用户头像会显示一个窗口,在"权限与安全"中,单击 AccessKey 链接,如图 8-24 所示。

在访问凭证管理中,单击"创建 AccessKey"按钮,获取 AccessKey ID 和 AccessKey Secret 账号信息。

🔓 权限与安全
安全管控 ｜ 访问控制 ｜ AccessKey

💰 费用与成本 ＞
可用额度
¥ 0.00 充值
本月账单 持续出账中
查看 成本管理

图 8-24　选择 AccessKey

8.5　整合存储管理平台

目前为止,已经准备好了两种存储方式,但在项目中需要分别编写两套代码来适配这两种方式。这样的做法存在一些问题,特别是在项目升级时,如果需要切换到腾讯云 COS 云存储,就需要再次编写一套适配腾讯云的接口。这不仅会增加开发成本,还会增加维护的难度。

为了解决这个问题,在本项目中采用了一个统一的解决方案。只需配置各个平台的参数,然后使用统一的方法就可以轻松地连接不同的云存储平台。这种做法不仅降低了开发成本,还使项目更易于维护。

8.5.1 X Spring File Storage 简介

X Spring File Storage 工具几乎整合了市面上绝大部分的 OSS 平台,在 X Spring File Storage 中,可以设置默认使用的存储平台、缩略图后缀、本地存储等信息。还提供了访问路径和访问域名的设置,用于指定通过什么路径可以访问上传的文件,以及可以通过什么域名访问这些文件。

X Spring File Storage 官方网址为 https://spring-file-storage.xuyanwu.cn/♯/,通过官方文档介绍,可以了解到目前支持的存储平台有本地、FTP、SFTP 和 WebDAV,所以在本项目中使用基本上可以满足技术需求。

8.5.2 项目整合 X Spring File Storage

图片管理功能是在 library-system 子模块中管理的,那么整合 X Spring File Storage 工具的代码也在该模块中实现。

1. 添加依赖

在 pom.xml 文件中添加 X Spring File Storage 依赖、MinIo 依赖和阿里云 OSS 相关依赖,代码如下:

```
//第 8 章/library/library-system/pom.xml
<!-- minio -->
<dependency>
    <groupId>io.minio</groupId>
    <artifactId>minio</artifactId>
    <version>8.5.5</version>
</dependency>
<!-- MinIO 的客户端需要用到 OKHttp -->
<dependency>
    <groupId>com.squareup.okhttp3</groupId>
    <artifactId>okhttp</artifactId>
    <version>4.9.0</version>
</dependency>
<!-- spring-file-storage -->
<dependency>
    <groupId>cn.xuyanwu</groupId>
    <artifactId>spring-file-storage</artifactId>
    <version>1.0.3</version>
</dependency>
<!-- aliyun oss -->
<dependency>
    <groupId>com.aliyun.oss</groupId>
    <artifactId>aliyun-sdk-oss</artifactId>
    <version>3.16.1</version>
</dependency>
```

2．添加配置文件

在 application-dev. yml 配置文件中的 spring 标签下添加基础配置，代码如下：

```
file - storage:
    #默认使用的存储平台
    default - platform: minio - 1
    #缩略图后缀，例如".min.jpg"".png"
    thumbnail - suffix: ".min.jpg"
```

再来添加对应平台的配置，项目中共整合了 3 个平台，即本地存储、MinIo 存储和阿里云 OSS，各平台的相关配置如下。

（1）本地存储配置，这里采用的是官方提供的本地升级版的配置，访问域名为后端项目的接口地址，本地的图片存储在 library/uploadFile 文件下，代码如下：

```
//第 8 章/library/library - admin/application - dev.yml
#本地存储升级版，在不使用的情况下可以不写
local - plus:
        #存储平台标识
    - platform: local - plus - 1
        #启用存储
        enable - storage: true
        #启用访问(线上请使用 Nginx 配置，效率更高)
        enable - access: true
        #访问域名，例如 http://127.0.0.1:8081/，注意后面要和 path - patterns 保持一致。
#以"/"结尾，本地存储建议使用相对路径，方便后期更换域名
        domain: "http://127.0.0.1:8081/api/library/"
        #基础路径
        base - path: library/uploadFile/
        #访问路径
        path - patterns:/api/library/ **
        #实际本地存储路径
        storage - path:/
```

（2）MinIo 存储配置：MinIo 平台中访问域名的端口为 9000，而 9090 是浏览器访问的端口，这里不要配置错，不然无法上传图片。access-key 和 secret-key 就是在 8.4.3 节中获取的 MinIo 密钥，代码如下：

```
//第 8 章/library/library - admin/application - dev.yml
minio:
    #存储平台标识
    - platform: minio - 1
        #启用存储
        enable - storage: true
        access - key: M3UKCL8WXPL352IR1OTD
        secret - key: Q1wBmWBPvv6NrOs2BR + dMjC + SOlhBlKjdo8IQ1Zo
        #服务器地址
        end - point: http://IP 地址:9000
        bucket - name: library
        #访问域名：服务器地址 + bucket - name
        domain: http://IP 地址:9000/library/
```

```
                #基础路径
                base – path: #基础路径
```

（3）阿里云 OSS 配置：同样也需要填写连接接口的密钥，然后配置访问的域名和服务器的地址。代码如下：

```
//第 8 章/library/library – admin/application – dev.yml
aliyun – oss:
        #存储平台标识
        – platform: aliyun – oss – 1
          #启用存储
          enable – storage: true
          access – key: LRWY6tIO3BQBL8Il9iLiZIPJ
          secret – key: pdKetGqweMNefjKDJ2Ds1qDHJSK2ye
          #Bucket 创建时选择的地域节点,可在创建的存储空间的概览中查看
          end – point: oss – cn – hangzhou.aliyuncs.com
          #存储空间名称
          bucket – name: library – oss – pic
          #访问域名,在创建的存储空间的概览中找到 Bucket 域名,可获取该地址
          domain: https://library – oss – pic.oss – cn – hangzhou.aliyuncs.com/
          #基础路径
          base – path:
```

3. 添加注解

在项目的启动类上添加@EnableFileStorage 注解，X Spring File Storage 相关的配置都在 library-system 中实现，因此需要在 library-admin 的 pom.xml 文件中引入 library-system 依赖，这样才能正常使用该注解，代码如下：

```
< dependency >
        < groupId > com.library </ groupId >
        < artifactId > library – system </ artifactId >
</ dependency >
```

添加启动类注解，代码如下：

```
//第 8 章/library/library – admin/LibraryAdminApplication.java
@Spring BootApplication(scanBasePackages = {"com.library.*"})
@MapperScan("com.library.**.mapper")
@EnableFileStorage
public class LibraryAdminApplication {
    public static void main(String[] args) {
        SpringApplication.run(LibraryAdminApplication.class, args);
    }
}
```

8.6 图片管理功能开发

图片管理功能的基础代码已经生成，还需要添加上传和下载接口，项目将结合 X Spring File Storage 官方的文档完成上传和下载功能。

8.6.1　图片上传功能实现

1. 判断图片是否存在

（1）在 FileService 中添加 getFileBySign()方法，用来判断上传的图片是否已存在，通过 DigestUtil. md5Hex()方法接收参数，对传入的图片文件生成唯一标识，然后检查系统中是否已存在相同标识的图片。如果存在相同标识的图片，则无须再次上传，代码如下：

```
/**
 * 查询文件是否存在
 * @param fileSign
 * @return
 */
FileVO getFileBySign(String fileSign);
```

（2）在 FileServiceImpl 中，使用 Lambda 表达式来构建 MySQL 查询语句，并返回 FileVO 对象，代码如下：

```
//第 8 章/library/library-system/FileServiceImpl.java
@Override
public FileVO getFileBySign(String fileSign) {
    File one = lambdaQuery().eq(File::getFileSign, fileSign).one();
    return fileStructMapper.fileToFileVO(one);
}
```

2. 图片上传接口

（1）在 FileService 添加一个 upload()方法，其参数为 MultipartFile 对象，用于处理文件上传的接口及存放一些其他信息的 UploadFileBO 对象，代码如下：

```
//第 8 章/library/library-system/FileService.java
/**
 * 上传文件
 *
 * @param file 图片文件
 * @param bo 上传文件信息
 * @return
 */
FileVO upload(MultipartFile file, UploadFileBO bo);
```

（2）在 bo 包中添加 UploadFileBO 类，字段包含文件类型、用户名和唯一的文件标识，代码如下：

```
//第 8 章/library/library-system/UploadFileBO.java
@Data
public class UploadFileBO {
    /**
     * 文件所属对象类型,如用户头像
     *
     */
```

```
        private Integer objectType;
        /**
         * 用户账号
         */
        private String username;
        /**
         * 文件标识,唯一
         */
        private String fileSign;
    }
```

（3）在 FileServiceImpl 类中,实现 upload 图片上传的方法。

调用 of()方法上传图片,of()方法支持 File、MultipartFile、byte[]、InputStream、URL、URI、String,大文件会自动分片上传。该方法返回一个 FileInfo 对象,可以从该对象中获取文件名称、访问地址、文件大小等信息,然后通过 insert()方法将图片信息存入数据库,代码如下:

```
//第8章/library/library-system/FileServiceImpl.java
//注入实例
@Resource
private FileStorageService fileStorageService;

    @Override
    @Transactional(rollbackFor = Exception.class)
public FileVO upload(MultipartFile file, UploadFileBO bo) {
    FileInfo fileInfo;
    try {
        fileInfo = fileStorageService.of(file)
                .setContentType(file.getContentType())
                .upload();
    } catch (FileStorageRuntimeException e) {
    log.error("文件上传失败,文件名:{},错误信息:", file.getOriginalFilename(), e);
    }
    log.info("文件上传成功,文件名:{}", file.getOriginalFilename());
    //文件信息入库
    File insert = this.insert(fileInfo, bo);
    return fileStructMapper.fileToFileVO(insert);
}

    /**
     * 文件信息保存
     *
     * @param fileInfo
     * @return
     */
public File insert(FileInfo fileInfo, UploadFileBO bo) {
    File file = new File();
    file.setUsername(bo.getUsername());
    file.setFileSize(fileInfo.getSize());
    file.setFileSign(bo.getFileSign());
    file.setExt(fileInfo.getExt());
```

```
        file.setBasePath(fileInfo.getBasePath());
        file.setObjectType(bo.getObjectType());
        file.setOriginalFilename(fileInfo.getOriginalFilename());
        file.setStoragePath(fileInfo.getPath());
        file.setStorageFilename(fileInfo.getFilename());
        file.setStoragePlatform(fileInfo.getPlatform());
        file.setUrl(fileInfo.getUrl());
        this.save(file);
        return file;
    }
```

（4）在 vo 包中添加一个名为 UploadFileInfoVO 的类，用于请求上传接口后将两个参数返给前端，这两个参数包括图片名称和图片访问地址。现将这两个参数封装成一个对象，代码如下：

```
//第 8 章/library/library-system/UploadFileInfoVO.java
@Builder
@Data
@AllArgsConstructor
@NoArgsConstructor
public class UploadFileInfoVO implements Serializable {
    private static final long serialVersionUID = -7421582758056987071L;
    /**
     * 文件名
     */
    private String filename;
    /**
     * 访问地址
     */
    private String url;
```

（5）在 FileController 中添加 uploadImg()方法，使用 POST 请求方式。首先校验上传的文件是否为空。如果文件为空，则返回错误提示信息，然后通过 getFileBySign()方法来检查图片是否已存在，如果不存在，则会直接上传图片。最后，将图片信息返给前端，代码如下：

```
//第 8 章/library/library-system/FileController.java
    /**
     * 上传图片
     * @param file
     * @return
     */
    @PostMapping("/upload")
    public Result<UploadFileInfoVO> uploadImg(@PathVariable("file") MultipartFile file,
@Valid UploadFileBO bo) throws IOException {
        if (file == null) {
            //在 ErrorCodeEnum 枚举类中添加 FILE_NONE 错误枚举,错误码为 0001
            return Result.error(ErrorCodeEnum.FILE_NONE.getCode(), "上传的文件为空");
        }
        //检测图片是否存在
```

```
String sign = DigestUtil.md5Hex(file.getBytes());
FileVO vo = fileService.getFileBySign(sign);
if (vo == null) {
    bo.setFileSign(sign);
    //上传图片
    vo = fileService.upload(file, bo);
}
UploadFileInfoVO infoVO = UploadFileInfoVO.builder()
        .filename(vo.getStorageFilename())
        .url(vo.getUrl())
        .build();
return Result.success(infoVO);
}
```

3. 添加图片上传接口文档

在接口文档的根目录下,创建名为"系统工具"的子目录,在该子目录下创建名为"文件管理"的子目录。接下来,在"文件管理"子目录中添加一个图片上传的接口。在接口设置中,将参数放置在请求的 Body 部分,使用 form-data 作为参数的传递方式,参数名称为 file,参数类型选择 file 类型,如图 8-25 所示。

图 8-25　图片上传接口

(1) 先测试将图片上传到 MinIo 文件管理,将 application-dev.yml 配置文件中的存储平台 default-platform 设置为 minio-1,此时图片就会被上传到 MinIo 服务中。

在项目已启动的情况下,通过接口页面单击"运行"按钮,在请求参数中选择要上传的图片并单击 Upload 按钮,最后单击"发送"按钮来请求接口。如果接口请求成功,则将会收到 HTTP 状态码 200,并在 data 字段中获取图片信息,如图 8-26 所示。

图片上传完成后,打开 MinIo 的控制台,在 Buckets 的 library 中,可以找到上传的图片,如图 8-27 所示。

图 8-26　上传图片接口请求

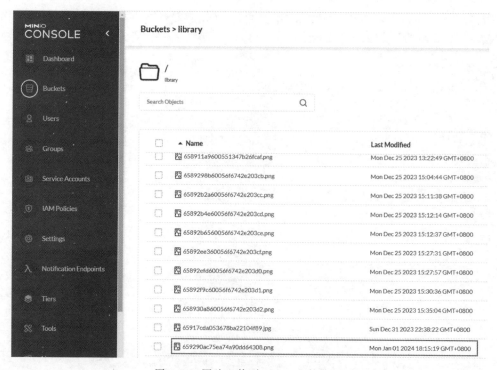

图 8-27　图片上传到 MinIo 文件管理

（2）测试使用阿里云 OSS 存储，将 application-dev.yml 配置文件中的存储平台 default-platform 设置为 aliyun-oss-1，并重启项目，接口请求成功后，data 中的 URL 网址就是可以访问图片的外网地址，可直接在浏览器中访问，如图 8-28 所示。

（3）将默认存储位置更换为 local-plus-1 本地存储，然后重启项目，再次请求图片接口，这时在项目所在的磁盘中会生成一个名为 library 的文件夹，而在该文件夹下还有一个名为

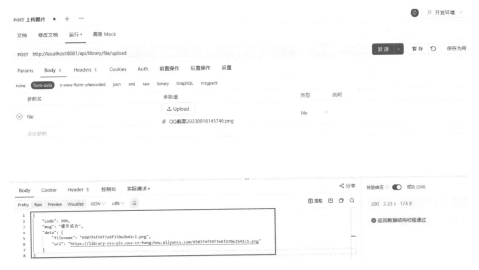

图 8-28 图片上传到 OSS 存储

uploadFile 的子文件夹。所有上传的图片都会被存储在这个文件夹中,如图 8-29 所示。

图片上传到本地后,接口返回的地址在浏览器中并不能直接访问,为了让这些图片可以通过前端 URL 直接访问,需要配置资源处理器,以建立前端 URL 与服务器上存放图片的目录之间的映射关系。

图 8-29 图片上传本地
存储位置

在 library-common 子模块的 config 包中添加一个 WebAppConfigurer 类,并实现 WebMvcConfigurer 接口中的 addResourceHandlers( )方法。添加完成后,重启项目,即可正常访问图片地址,代码如下:

```java
//第8章/library/library - common/WebAppConfigurer.java
@Configuration
public class WebAppConfigurer implements WebMvcConfigurer {
    @Override
    public void addResourceHandlers(ResourceHandlerRegistry registry) {
        //前端 URL 访问的路径,若有访问前缀,则可在访问时添加,这里不需添加
        registry.addResourceHandler("/library/uploadFile/**")
                //映射的服务器存放图片目录
                .addResourceLocations("file:/library/uploadFile/");
    }
}
```

8.6.2 下载图片功能实现

在项目的文件管理中提供了图片下载功能,可以直接将图片下载到本地。

1. 验证本地存储平台

(1) 在 FileService 类中,添加一个 isLocalPlatform( )方法,用来判断下载的图片是否存

储在本地,接收的参数为图片的存储平台,代码如下:

```
/**
 * 是否为本地存储平台
 * @param storagePlatform 存储平台名
 */
boolean isLocalPlatform(String storagePlatform);
```

(2) 在 FileServiceImpl 中实现 isLocalPlatform 接口,并在 library-common 子模块中找到 constant 包,然后在 Constants 类中添加一个 PLATFORM_PREFIX_LOCAL 常量。使用 StrUtil. startWith 判断是否以指定字符串开头,代码如下:

```
//第8章/library/library-system/FileServiceImpl.java
/**
 * 是否为本地存储平台
 * @param storagePlatform 存储平台名
 */
@Override
public boolean isLocalPlatform(String storagePlatform) {
    return StrUtil.startWith(storagePlatform, Constants.PLATFORM_PREFIX_LOCAL);
}
```

2. 下载图片接口实现

在 FileController 中添加一个 download()请求方法,该方法接收两个参数:图片在数据库中的存储逻辑和 HttpServletResponse 接口。

使用 fileService. isLocalPlatform(vo. getStoragePlatform())检查图片的存储平台是否是本地存储。如果是本地存储,则继续执行下载本地图片的逻辑;如果不是本地存储,则执行重定向到外部 URL 的逻辑,然后设置 HTTP 响应头,以便浏览器正确地处理下载文件,代码如下:

```
//第8章/library/library-system/FileController.java
/**
 * 下载图片
 * @param response
 * @return
 */
@GetMapping("/download/{id}")
public void download(@PathVariable("id") Integer id, HttpServletResponse response) throws
IOException {
    FileVO vo = fileService.queryById(id);
    byte[] fileBytes = null;
    if (fileService.isLocalPlatform(vo.getStoragePlatform())) {
        FileInfo fileInfo = fileVOtoFileInfo(vo);
        try {
            fileBytes = fileStorageService.download(fileInfo).bytes();
        } catch (FileStorageRuntimeException e) {
            log.error("文件下载失败,文件名:{},错误信息: ", vo.getStorageFilename(), e);
        }
    } else {
```

```
        //302 重定向
        response.sendRedirect(vo.getUrl());
        return;
    }
    //下载
    response.setHeader(Header.CONTENT_TYPE.getValue(), MediaType.APPLICATION_OCTET_STREAM_
VALUE);
    response.setContentType(MediaType.APPLICATION_OCTET_STREAM_VALUE);
    String downFileName = URLEncoder.encode(vo.getStorageFilename(), CharsetUtil.UTF_8);
    response.setHeader(Header.CONTENT_DISPOSITION.getValue(), "attachment;filename=" +
downFileName);
    IoUtil.write(response.getOutputStream(), false, fileBytes);
}

private FileInfo fileVOtoFileInfo(FileVO vo) {
    FileInfo fileInfo = new FileInfo();
    fileInfo.setPlatform(vo.getStoragePlatform());
    fileInfo.setBasePath(vo.getBasePath());
    fileInfo.setPath(vo.getStoragePath());
    fileInfo.setSize(vo.getFileSize());
    fileInfo.setFilename(vo.getStorageFilename());
    fileInfo.setOriginalFilename(vo.getOriginalFilename());
    return fileInfo;
}
```

3. 添加下载图片接口文档

在文件管理中添加一个下载图片的接口，如图 8-30 所示。

图 8-30　添加下载图片接口

首先从图片管理的数据库中获取已存在的 id，然后在下载的接口中填写 id，最后请求下载接口。在返回的 Body 中会有图片文件显示，单击“下载”按钮，即可将图片下载到本地，如图 8-31 所示。

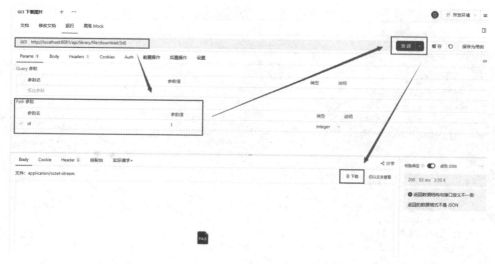

图 8-31　下载图片

本章小结

　　本章主要介绍了项目中对图片的管理,并利用 Docker 进行容器化部署。通过搭建 MinIo 文件管理服务学习了阿里云对象存储 OSS。通过 Spring Boot 整合 X Spring File Storage 工具,对 MinIo、OSS 及本地文件存储工具进行整合,实现了对文件的上传和下载功能。同时,还实现了基础的流程测试,确保文件的上传和下载功能能够正常运行。

Spring Boot 整合 Redis

在本项目中使用 Redis 的主要作用是数据的缓存,以此来加速读取操作、验证码的存储及处理实时数据分析等。

9.1 Redis 入门

9.1.1 Redis 简介

Redis(Remote Dictionary Server)是一款高性能的开源 NoSQL 数据库,它采用 ANSI C 语言编写,支持网络通信,可以在内存中高效存储数据,并支持数据持久化。Redis 以日志型结构存储数据,提供了强大的 Key-Value 键值存储功能,同时还提供了多种编程语言的 API,使其易于集成到各种应用程序中。

Redis 支持多种数据结构和算法,包括 String(字符串)、Hash(哈希)、List(列表)、Set(集合)、Sorted Set(有序集合)等类型。这种多样性使 Redis 非常灵活,适用于各种应用场景。

以下是 Redis 的主要优势。

(1)具有极高的性能:Redis 数据存储在内存中,因此具有非常快的读写速度。它的单线程执行模型也能提供低延迟的响应时间,官方测试的读写速度能达到每秒 10 万次左右。

(2)支持多种数据结构:不仅支持简单的键-值对,还支持常用的大多数数据类型,例如字符串、哈希表、列表、集合、有序集合等,这使 Redis 很容易被用来解决各种问题。

(3)无论是设置一个键-值对、增加计数器,还是执行其他单个操作,Redis 确保这些操作是原子性的。这意味着在多个客户端同时访问 Redis 时,不会发生数据不一致的情况。与此同时还支持事务,通过 MULTI 和 EXEC 指令可以将多个操作打包成一个事务。在事务中的所有操作要么一起成功执行,要么一起失败,这确保了多个操作的原子性。如果在 EXEC 之前发生错误,则整个事务将被回滚,不会对数据产生影响。

(4)Redis 具有强大的发布和订阅功能,允许多个客户端订阅特定的频道,实现实时消息的传递和事件处理。

9.1.2　Redis 的安装与运行

Redis 的官方网站没有提供 Windows 版的安装包,但大多数开发项目会先在本地计算机上安装基础的环境,所以现在先通过 GitHub 来下载 Windows 版的 Redis 安装包(如果找不到,则可以在本书提供的工具资料中下载),下载网址为 https://github.com/tporadowski/redis/releases,然后根据计算机的配置情况选择安装的版本。

注意:Windows 安装包是其他人根据 Redis 源码改造的,并不是 Redis 官方提供的。

1. 下载 Redis

在写作本书时提供的 Redis 的最新版本为 5.0.14.1,下载的安装包为 Redis-x64-5.0.14.1.zip,或者选择后缀为 .msi 的安装包进行安装,如图 9-1 所示。

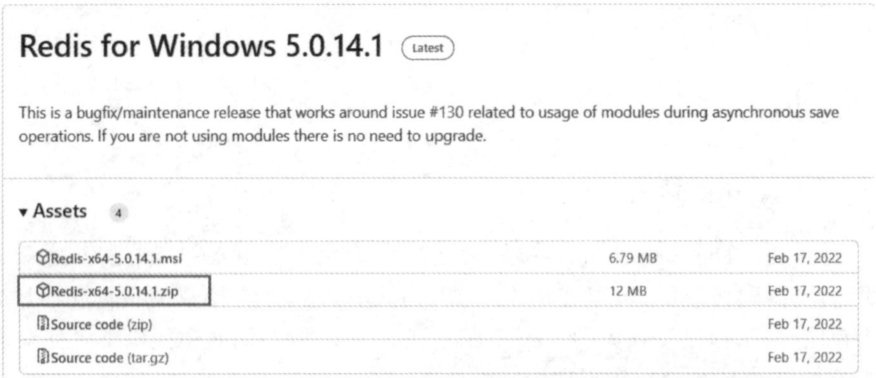

图 9-1　下载 Windows 版本的 Redis

下载完成后,解压该文件,然后打开解压后的文件,可以看到相关文件的目录,其中 redis-cli.exe 为 Redis 的客户端程序；redis-server.exe 为 Redis 的服务器端程序；redis-windows.conf 为 Redis 的配置文件,如图 9-2 所示。

图 9-2　Redis 目录

2. 启动 Redis 服务

在 Redis 文件中，双击 Redis 服务器端启动程序 redis-server.exe，然后会弹出命令行窗口。可以看到 Redis 的版本号、Port(端口号)默认为 6379 和 PID(进程号)，如图 9-3 所示。

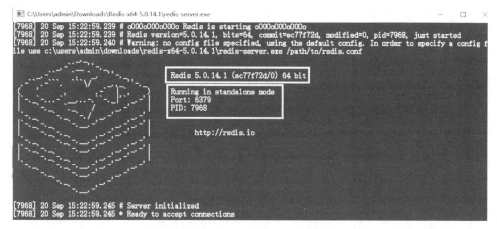

图 9-3 启动 Redis 服务器端

使服务器端保持开启状态，不要关闭该命令行窗口，否则 Redis 客户端无法正常连接。双击客户端启动程序 redis-cli.exe，此时会弹出一个单独的命令行窗口，如果看到图 9-4 中的内容，则说明 Redis 本地客户端与服务器端连接成功。

3. 配置 Redis

在 Redis 的配置文件中可以修改 Redis 的接口、设置密码及连接地址等信息，打开 Redis 解压目录下的 redis.windows.conf 文件，开发中常用的几个配置如下。

（1）bind 127.0.0.1 表示允许连接该 Redis 实例的地址，在默认情况下只允许本地连接，也可以将该配置注释掉，这样外网即可连接 Redis。

（2）protected-mode yes 表示以保护模式开启，如果配置了密码，则这里可以改为 no 关闭。

（3）port 6379 表示 Redis 的默认端口号为 6379，可以自定义修改。

（4）requirepass 配置默认为注释掉的，如果想要设置密码，则可使能这行代码并修改密码。

（5）daemonize yes 配置表示允许 Redis 在后台启动。

4. 测试 Redis

在 Redis 的客户端中，设置一个键-值对并根据键取出对应的值，如图 9-5 所示。

图 9-4 Redis 客户端启动

图 9-5 Redis 测试

9.2 Redis 的可视化工具

RedisInsight 是一款由官方提供的功能强大的可视化管理工具。它不仅提供了用于设计、开发和优化 Redis 应用程序的功能，还能对 Redis 数据进行查询、分析和交互。借助 RedisInsight，开发人员可以轻松地进行 Redis 应用程序的开发，同时支持远程使用 CLI 功能，功能非常强大。

9.2.1 RedisInsight 的安装

1. 下载 RedisInsight

这里只在 Windows 系统下安装，创作本书时最新的版本为 RedisInsight-v2 2.32.0，下载网址为 https://redis.com/redis-enterprise/redis-insight，进入下载界面，在该页面的最下方找到 Download RedisInsight。根据计算机相关配置选择适合计算机系统的版本、填写邮箱及相关信息，然后单击 DOWNLOAD 按钮，等待下载完成即可，如图 9-6 所示。

图 9-6 下载 RedisInsight

2. 安装 RedisInsight

双击下载的 RedisInsight 安装包，然后会弹出安装导航窗口，在安装选项中选择当前用户还是所有用户安装该软件，笔者这里选择的是"仅为我安装"，然后单击"下一步"按钮，继续往下操作，如图 9-7 所示。

选择安装的位置，默认为安装在系统盘，建议不要使用默认的地址安装，例如，笔者将地址改为 D:\Software\RedisInsight-v2\ 目录下，然后单击"安装"按钮，等待安装完成，最后单击"完成"按钮即可安装成功，例如 9-8 所示。

安装完成后，打开该软件，然后打开 I have read and understood the Terms 按钮，然后单击 Submit 按钮，就可以进入操作页面了，如图 9-9 所示。

图 9-7 RedisInsight 安装选项

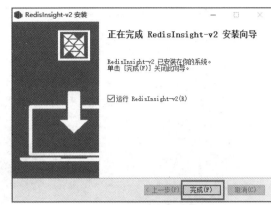

图 9-8 RedisInsight 安装完成

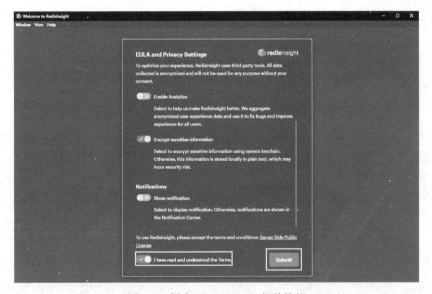

图 9-9 同意 RedisInsight 相关协议

9.2.2 创建 Redis 的连接

在连接 Redis 之前,首先要确保 Redis 的服务是开启的,然后在 RedisInsight 工具的主界面中添加 Redis 数据库,选择手动添加数据库,如图 9-10 所示。

输入 Redis 服务器的地址(Host)、端口(Port)及 Redis 数据库别名。如果没有设置用户名(Username)和密码(Password),则可以不用填写,后期线上部署 Redis 时,为了数据的安全需要设置密码,这里在本地使用暂时先不需要。勾选 Select Logical Database 选项表示选择 Redis 逻辑数据库,这里的配置默认为 0 号数据库,不需要修改。填写完成后,单击左下角的 Test Connection 按钮进行连接测试,如果连接成功,则单击 Add Redis Database 按钮,创建 Redis 数据库,如图 9-11 所示。

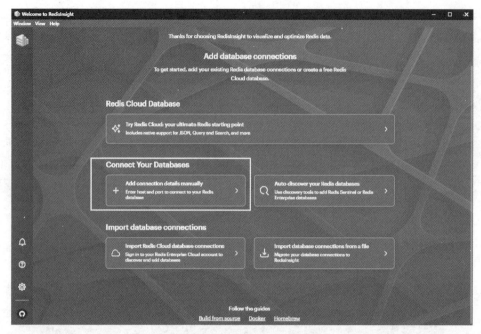

图 9-10　创建 Redis 数据库

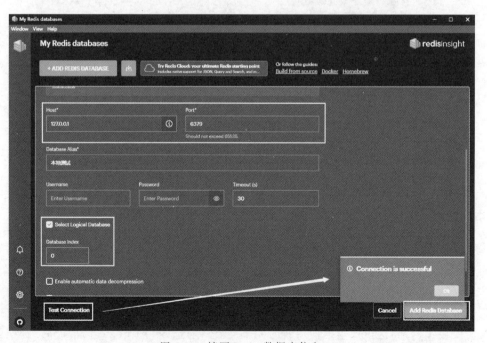

图 9-11　填写 Redis 数据库信息

　　创建完成后会显示 Redis 数据库列表，然后在 Database Alias 单击别名"本地测试"的数据库，就可以进入该数据库中，如图 9-12 所示。

图 9-12　选择 Redis 数据库

进入 Redis 数据库中,然后单击左下角的 CLI 标签,可以在这里使用命令来操作 Redis,如图 9-13 所示。

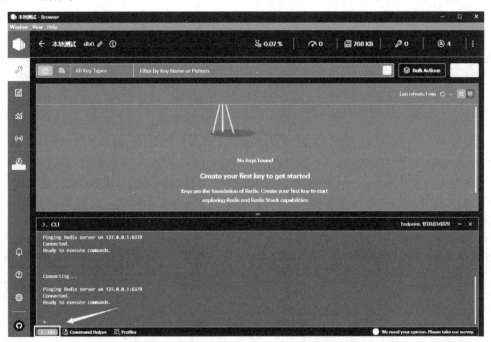

图 9-13　打开 CLI 控制台

然后使用 Redis 命令添加一个 key 和 value(键-值对),命令如下:

```
set name library
```

命令执行完后,在 Redis 管理页面中刷新一下,然后左侧会显示数据库的 key 列表,右侧会显示选择 key 的对应 value 值，如图 9-14 所示。

图 9-14　key-value 展示

到此 Redis 的安装和可视化连接操作已基本结束，可以通过 RedisInsight 工具对 Redis 进行管理和分析等操作，非常方便。

9.3　整合 Redis

Spring Boot 提供了 spring-data-redis 框架来整合 Redis 的相关操作，通过开箱即用功能进行自动化配置，开发者只需添加相关依赖并配置 Redis 连接信息就可以在项目中使用了。

9.3.1　添加 Redis 的依赖

在 library-common 子模块的 pom 文件中加入以下依赖，并刷新 Maven。项目使用 spring-boot-starter-data-redis 默认的 Redis 工具 Lettuce，它提供了高性能、异步和响应式的 Redis 操作，并支持 Redis 各种高级功能，如哨兵、集群、流水线、自动重新连接等，是许多 Java 应用程序中首选的 Redis 客户端之一，代码如下：

```xml
//第 9 章/library/library-common/pom.xml
<!-- Redis 依赖包 -->
<dependency>
    <groupId>org.springframework.boot</groupId>
    <artifactId>spring-boot-starter-data-redis</artifactId>
</dependency>
<!-- Lettuce Pool 缓存连接池 -->
<dependency>
    <groupId>org.apache.commons</groupId>
    <artifactId>commons-pool2</artifactId>
</dependency>
```

9.3.2　编写配置文件

打开 library-admin 子模块中的 application-dev.yml 配置文件，在 Spring 下配置 Redis

的连接信息,代码如下:

```
//第 9 章/library/library-admin/application-dev.yml
#Redis 配置
  data:
    redis:
      #Redis 服务器地址
      host: 127.0.0.1
      #Redis 服务器端口号
      port: 6379
      #使用的数据库索引,默认为 0
      database: 0
      #连接超时时间(毫秒)
      timeout: 1800000
      #Redis 服务器连接密码(默认为空)
      password:
      lettuce:
        pool:
          #最大阻塞等待时间,负数表示没有限制
          max-wait: -1
          #连接池中的最大空闲连接
          max-idle: 32
          #连接池中的最小空闲连接
          min-idle: 5
          #连接池中的最大连接数,负数表示没有限制
          max-active: 1000
```

Spring Boot 默认提供了 RedisTemplate 和 StringRedisTemplate 实例,但它们的泛型参数为<Object,Object>,这可能导致在使用时需要进行烦琐的类型转换。现在要将 RedisTemplate 的泛型改为<String,Object>,并自定义数据在 Redis 中的序列化方式,从而避免烦琐的类型转换,可以通过以下配置进行修改。

在 library-common 子模块中的 config 包中新建一个 RedisConfig.java 配置类,代码如下:

```
//第 9 章/library/library-common/RedisConfig.java
@Configuration
public class RedisConfig {

    @Bean
    public RedisTemplate <String, Object> customRedisTemplate (LettuceConnectionFactory
factory) {
        RedisTemplate <String, Object> redisTemplate = new RedisTemplate<>();
        //配置连接工厂
        redisTemplate.setConnectionFactory(factory);
        //设置 key 序列化方式 string,RedisSerializer.string()等价于 new StringRedisSerializer()
        redisTemplate.setKeySerializer(RedisSerializer.string());
        //设置 value 的序列化方式 json,使用 GenericJackson2JsonRedisSerializer 替换默认序列化
        //RedisSerializer.json()等价于 new GenericJackson2JsonRedisSerializer()
        redisTemplate.setValueSerializer(RedisSerializer.json());
        //设置 hash 的 key 的序列化方式
        redisTemplate.setHashKeySerializer(RedisSerializer.string());
```

```
            //hash 的 value 序列化方式采用 json
            redisTemplate.setHashValueSerializer(RedisSerializer.json());
            //开启事务
            redisTemplate.setEnableTransactionSupport(true);
            //使配置生效
            redisTemplate.afterPropertiesSet();
            return redisTemplate;
        }


    /**
     * 注入封装的 RedisTemplate
     *
     * @param redisTemplate
     * @return
     */
    @Bean(name = "redisUtil")
    public RedisUtil redisUtil(RedisTemplate < String, Object > redisTemplate)
    {
        RedisUtil redisUtil = new RedisUtil();
        redisUtil.setRedisTemplate(redisTemplate);
        return redisUtil;
    }
}
```

9.3.3　Redis 工具类

在项目的开发过程中,为了方便地操作 Redis 中的各种数据类型,通常会创建一个名为
RedisUtil 的工具类,将 Redis 中的各种指令的操作方法封装在其中。这样,在需要使用
Redis 时,就可以直接调用这个 RedisUtil 工具类。通过工具类,开发者可以更加专注于核
心业务逻辑,而不需要花费太多的时间和精力去处理 Redis 的操作细节。同时,这也使代码
更加清晰和易于维护。

在 library-common 子模块的 util 包中创建 RedisUtil.java 类,这里只展示一部分代码,
其他 Redis 的操作可查看配套源码,代码如下:

```
//第 9 章/library/library - common/RedisConfig.java
public class RedisUtil {
    private static final Logger log = LoggerFactory.getLogger(RedisUtil.class);
    private RedisTemplate < String, Object > redisTemplate;

    public void setRedisTemplate(RedisTemplate < String, Object > redisTemplate) {
        this.redisTemplate = redisTemplate;
    }
    /**
     * 指定缓存失效时间
     *
     * @param key   键
     * @param time 时间(s)
     */
    public boolean expire(String key, long time) {
```

```
        try {
            if (time > 0) {
                redisTemplate.expire(key, time, TimeUnit.SECONDS);
            }
            return true;
        } catch (Exception e) {
            e.printStackTrace();
            return false;
        }
    }

    /**
     * 根据 key 获取过期时间
     *
     * @param key 键不能为 null
     * @return 时间(s) 返回 0 代表永久有效
     */
    public long getExpire(String key) {
        return redisTemplate.getExpire(key, TimeUnit.SECONDS);
    }

    /**
     * 判断 key 是否存在
     *
     * @param key 键
     * @return true 表示存在; false 表示不存在
     */
    public boolean hasKey(String key) {
        try {
            return redisTemplate.hasKey(key);
        } catch (Exception e) {
            e.printStackTrace();
            return false;
        }
    }

    /**
     * 删除缓存
     *
     * @param key 可以传一个值或多个值
     */
    @SuppressWarnings("unchecked")
    public void del(String... key) {
        if (key != null && key.length > 0) {
            if (key.length == 1) {
                redisTemplate.delete(key[0]);
            } else {
                redisTemplate.delete((Collection<String>) CollectionUtils.arrayToList(key));
            }
        }
    }
```

9.3.4　测试 Redis

在 library-admin 子模块的 test 测试文件下找到 LibraryAdminApplicationTests 测试类,然后使用 Redis 工具类测试是否可以将数据加入 Redis 缓存中。首先注入工具类,然后在 contextLoads 方法中添加一个 Redis 的键-值对,并输出根据 key 查找的 value 值,代码如下:

```java
//第 9 章/library/library-admin/LibraryAdminApplicationTests.java
@Autowired
private RedisUtil redisUtil;

@Test
void contextLoads() {
    redisUtil.set("name", "图书管理系统");
    System.out.println(redisUtil.get("name"));
}
```

执行该测试方法,可以看到 value 值打印在控制台中,然后打开 Redis 的可视化工具,查看是否加入了该键-值对,如图 9-15 所示。

图 9-15　Redis 测试

本章小结

本章学习了 Redis 的基本概念和 Redis 环境的配置,并结合可视化工具进行了连接操作,以及如何整合到项目中,添加了 Redis 的工具类,方便后期项目的使用。

第 10 章

实现邮件、短信发送和
验证码功能

　　在项目实际需求中，最常见的功能就是发送短信和邮件了，如用户注册发送短信验证码、找回密码、向用户发送通知及各种其他的应用场景。本章主要介绍项目中如何根据实际需求整合邮件和短信发送，真正做到学以致用。

10.1　整合短信服务

　　短信功能的实现主要调用阿里云的短信发送 API 服务，向官方申请短信服务的地址为 https://dysms.console.aliyun.com/overview，这就需要在阿里云上开通短信服务，开通短信服务是不收费用的。进入阿里云短信服务，选择"方式 1 通过 API 发短信"，如图 10-1 所示。

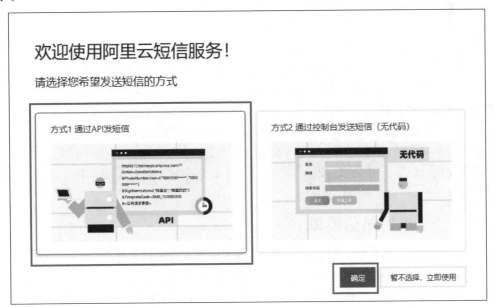

图 10-1　选择发送短信方式

想要成功发送一条短信通知,至少需要以下步骤。

（1）在控制台完成短信签名与短信模板的申请,获得调用接口必备的参数。

（2）在"短信签名"页面完成签名的申请,获得短信签名的字符串。

（3）在"短信模板"页面完成模板的申请,获得模板 ID。

注意：短信签名和模板需要审核通过后才可以使用。

在申请签名和模板时,最好有一个备案过的域名,或者选择自定义测试签名和模板(仅用于测试使用)。如果应用未上线且网站域名未备案,或者想学习并体验使用阿里云通信短信服务,则可以在官方提供的发送测试模块使用自定义测试签名/模板功能,但还需完成自定义测试签名/模板的申请并审核通过,然后绑定测试手机号码才可以测试。

10.1.1　申请短信签名

短信签名是根据用户属性来创建符合自身属性的签名信息。例如,手机收到的短信内容一般是这种形式："【图书】你的注册验证码是 xxx,请不要把验证码泄露给其他人,10min 内有效,如非本人请勿操作。"其中,短信内容【】里的"图书"则为短信的签名。

在短信服务控制台中选择"国内消息"菜单导航,然后单击"添加签名"按钮,最后填写申请签名的信息。

（1）签名：填写短信的签名,可以为用户真实应用名、网站名及公司名等。

（2）适用场景：默认选择"通用",主要包括验证码、通知短信、推广短信、国际/港澳台地区短信。

（3）签名用途：这里选择"自用",本账号实名的网站或 App 等,也就是阿里云账号实名认证的用户要和备案过的网站信息一致。

（4）签名来源：这里要选择签名的使用对象,目前提供了 3 个选项,已备案网站、已上线 App、测试或学习(这里只能发送到指定的手机号码,可以在导航菜单的快速学习和测试中添加测试手机号码),这里推荐使用已备案的网站,选择完成后,需要填写场景链接,其中链接是可以通过外网访问的。

（5）场景说明：描述一下使用短信的用途,如在网站注册功能中获取短信验证码校验,可根据自己的实际情况,如实填写相关用途。

填写完整,然后单击"提交"按钮,等待审核,一般 2 小时左右就可以审核完成,如图 10-2 所示。

10.1.2　申请短信模板

模板就是要发送的短信内容。这里需要注意,只有签名审核通过后,才能添加模板。在模板管理中单击"添加模板"按钮,然后填写申请模板的相关信息。

（1）模板类型：这里选择"验证码"类型,主要用于获取验证码。

（2）关联签名：选择已经审核通过的签名会使模板审核更加容易通过。

（3）模板名称：创建该模板的标题。

短信服务 / 国内文本短信 / 添加签名

← 添加签名

ⓘ 若个人客户，未上线应用或未备案域名建议使用快速学习-发送测试 或 升级企业账号

* 签名	一茉图书	4/12

签名不区分大小写，请勿填写"测试"字符

* 适用场景 　　　　◉ 通用 ❓

* 签名用途 　　　　◉ 自用 (签名为本账号实名认证的网站、App等)
　　　　　　　　　○ 他用 (签名为非本账号实名认证的企业、网站、产品名等)

* 签名来源 　　　　已备案网站 　　　　　　　　　　　　　　　　　　　∨

* 场景链接 　　　　http://xyhwh-nav.cn/

* 场景说明 　　　　在网站注册功能中获取短信验证码校验
　　　　　　　　　　　　　　　　　　　　　　　　　　　　　　　　　17/500

更多资料 　　　　⬆ 上传

　　　　　　　　若多个资料可拼接成一个文件，支持png、jpg、jpeg、doc、docx、pdf格式。

ⓘ **审核时长**：一般2小时内完成，涉及政企签名一般2个工作日内完成，近期平均完成审核时长约1小时，如遇升级核验、审核任务较多时、非工作时间
审核工作时间：周一至周日9:00-21:00 (法定节假日顺延)

提交　　取消

图 10-2　添加签名

（4）模板内容：由于申请的该模板是验证码类的，所以在模板的内容中验证码应设置为变量，该变量会由后台代码生成后赋值给该变量。如"你的验证码为 ${code}，该验证码5min 内有效，请勿泄露于他人。"在内容中有一个 code 变量，需要选择变量属性，如仅数字、数字与字母组合或仅字母。因为申请的是验证码类的模板，所以选择"仅数字"属性即可。

（5）应用场景：在选择完关联签名后会自动填充相关内容，主要包括官网、网站、App应用、店铺链接、公众号或小程序名称等。

（6）场景说明：对申请的模板进行简单描述，如注册场景获取验证码等简要说明。

然后单击"添加"按钮，将模板提交审核，等待审核完成，如图 10-3 所示。

10.1.3 短信服务功能实现

如果要在项目中添加阿里云短信服务，则需要引入相关的依赖，官方提供的接入文档地址为 https://next.api.aliyun.com/api-tools/sdk/Dysmsapi，目前最新的 SDK 版本为 v2.0

图 10-3　添加模板

版本(笔者创作本书时的最新版本)。所使用的语言 Java 给了两个选择,选择不是异步的
Java 语言。

1. 添加依赖

接下来打开 library-common 子模块的 pom.xml 文件,然后将依赖添加到项目中,代码
如下:

```xml
//第 10 章/library/library-common/pom.xml
<!-- aliyun sms -->
<dependency>
  <groupId>com.aliyun</groupId>
  <artifactId>dysmsapi20170525</artifactId>
  <version>2.0.24</version>
</dependency>
<!-- fastjson -->
```

```
< dependency >
    < groupId > com. alibaba </ groupId >
    < artifactId > fastjson </ artifactId >
</ dependency >
```

2．添加短信配置

在 library-admin 子模块的 application. yml 公共配置文件中添加短信发送的相关配置。首先定义阿里云账号生成的访问密钥 accessKeyId ID 和 accessKeySecret 的值，密钥和搭建阿里云存储 OSS 时使用的密钥要一致，然后定义签名名称和申请的模板 CODE，代码如下：

```
//第 10 章/library/library - admin/application.yml
sms:
  # AccessKey ID
  accessKeyId:
  # AccessKey Secret
  accessKeySecret:
  #默认使用官方的
  regionId: cn - hangzhou
  #签名名称,例如,一荣图书
  signName:
  #模板,例如,SMS_243653105
  templateCode:
```

3．短信配置类

在 library-common 子模块的 config 包中新建一个 SmsConfig 配置类，使用注解 @Value 从配置文件中读取属性值并注入类的字段或方法参数中，这样后期使用时方便获取配置信息，可以直接使用"类名. 变量"的方式调用，代码如下：

```
//第 10 章/library/library - common/SmsConfig.java
@Configuration
@Data
public class SmsConfig {
    / * *
     *  KEY
     * /
    public static String accessKeyId;
    / * *
     *  密钥
     * /
    public static String accessKeySecret;
    / * *
     *  区域 ID
     * /
    public static String regionId;
    / * *
     *  短信签名
     * /
    public static String signName;
    / * *
```

```
     * 短信模板 ID
     */
public static String templateCode;

    @Value(" ${sms.accessKeyId}")
    public void setAccessKeyId(String keyId) {
        accessKeyId = keyId;
    }
    @Value(" ${sms.accessKeySecret}")
    public void setAccessKeySecret(String secret) {
        accessKeySecret = secret;
    }
    @Value(" ${sms.regionId}")
    public void setRegionId(String region) {
        regionId = region;
    }
    @Value(" ${sms.signName}")
    public void setSignName(String sign) {
        signName = sign;
    }
    @Value(" ${sms.templateCode}")
    public void setTemplateCode(String code) {
        templateCode = code;
    }
}
```

10.1.4 短信发送工具实现

为了实现短信发送功能并提高代码的可重用性,需要创建一个独立的工具类,并结合阿里云短信 API 来发送短信。这个工具类将封装所有与短信发送相关的操作,以便其他模块可以轻松地调用它。

1. 创建工具类

在 library-common 子模块的 config 包中创建一个 SmsUtil 工具类。

(1)首先需要初始化账号,将对接阿里云接口的密钥初始化,代码如下:

```
//第 10 章/library/library - common/SmsUtil.java
/**
 * 使用 AK&SK 初始化账号 Client
 * @param accessKeyId
 * @param accessKeySecret
 * @return Client
 * @throws Exception
 */
public static Client createClient(String accessKeyId, String accessKeySecret) throws Exception {
    Config config = new Config()
            //必填,AccessKey ID
            .setAccessKeyId(accessKeyId)
            //必填,AccessKey Secret
```

```
                        .setAccessKeySecret(accessKeySecret);
        //Endpoint 可参考 https://api.aliyun.com/product/Dysmsapi
        config.endpoint = "dysmsapi.aliyuncs.com";
        return new Client(config);
}
```

（2）创建 sendSms 发送短信的方法，接收两个参数，一个是用户的手机号码；另一个是动态验证码。如果短信发送成功，则接口会返回成功的状态码 OK。需要在该模块的 constant 包的 Constants 类中添加一个短信发送成功的状态码 SMS_SEND_SUCCESS，将值设置为 OK；如果发送失败，则打印失败的信息，实现短信发送业务，代码如下：

```
//第 10 章/library/library - common/SmsUtil.java
/**
 * 发送短信
 *
 * @param phone 手机号码,目前只支持对多单手机号码发送短信
 * @param codeParam 短信模板变量对应的顺序
 */
public static boolean sendSms(String phone, String codeParam) throws Exception {
    Client client = SmsUtil.createClient(SmsConfig.accessKeyId, SmsConfig.accessKeySecret);
    //组合 API 发送需要的参数
    SendSmsRequest sendSmsRequest = new SendSmsRequest()
            //待发送手机号
            .setPhoneNumbers(phone)
                    //短信签名 - 可在短信控制台中找到
            .setSignName(SmsConfig.signName)
            //短信模板 - 可在短信控制台中找到
            .setTemplateCode(SmsConfig.templateCode)
            //模板中的变量替换 JSON 串
            .setTemplateParam("{\"code\":" + codeParam + "}");
    try {
        //通过 client 发送
        SendSmsResponse smsResponse = client.sendSmsWithOptions(sendSmsRequest, new
RuntimeOptions());
 if(smsResponse.getBody().code.equals(Constants.SMS_SEND_SUCCESS)) {
            log.info("短信发送成功!手机号: {}", phone);
            return true;
        } else {
            log.error("短信发送失败!手机号: {}, 错误原因: {}", phone, smsResponse.getBody().
message);
            return false;
        }
    } catch (TeaException err) {
        log.error("短信发送异常!手机号: {},错误信息: ", phone, err);
        throw new RuntimeException(err);
    } catch (Exception e) {
        log.error("短信发送异常!手机号: {},错误信息: ", phone, e);
        throw new RuntimeException(e);
    }
}
```

2.测试短信发送

短信发送业务代码已经完成,然后测试真实的短信发送,需要准备一个能接收到真实短信的手机号,在 library-admin 子模块的 LibraryAdminApplicationTests 测试类中添加一个 smsTest 测试方法,其中使用 UUID.randomUUID 工具生成一个 6 位数的动态验证码。执行该测试方法,代码如下:

```java
//第 10 章/library/library-admin/LibraryAdminApplicationTests.java
@Test
void smsTest() {
    try {
        String code = UUID.randomUUID().toString().replaceAll("[^0-9]","").substring(0, 6);
        System.out.println(code);
        //接收的手机号码
        String phone = "13856988888";
        //调用短信发送方法
        SmsUtil.sendSms(phone, code);
    } catch (Exception e) {
        e.printStackTrace();
    }
}
```

等待执行完成后,查看 smsTest 方法的控制台会有验证码输出,如笔者测试生成的验证码为 774636,如图 10-4 所示。

图 10-4　生成验证码

然后查看手机有没有接收到验证码的短信,如果接收的验证码和该控制台输出的验证码一致,则说明短信发送功能已经完成,如图 10-5 所示。

图 10-5　短信验证码接收

10.2　整合邮件发送

在实际项目的需求中,经常会遇到使用 Email 邮件发送消息的场景,例如,通知类的消息、向客户发送邮件等,本节将通过 Spring Boot 整合 Email 发送普通文本邮件,其余的邮件格式的发送功能本项目不涉及。

10.2.1 申请授权码

大部分国内邮件服务提供商(包括 QQ 邮箱、163 邮箱等)已经不再支持在代码中直接使用用户名和密码发送邮件。取而代之的是使用更加安全的授权码的方式,需要自己申请使用授权码,本项目以 QQ 邮箱授权码为例演示申请的流程。

登录 QQ 邮箱网页版,地址为 https://mail.qq.com/,在界面的上方单击"设置"按钮,然后单击"账户"选项卡,在账户选项中找到服务状态,然后开启服务,需要手机号码验证,开启成功后会获取授权码,将该授权码保存备用,如图 10-6 所示。

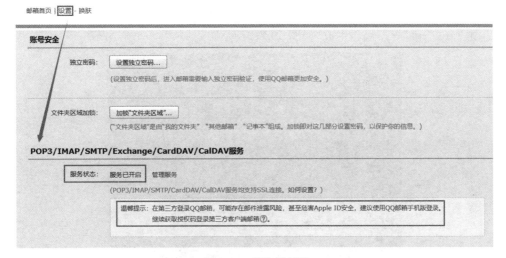

图 10-6 获取授权码

10.2.2 设计邮件配置表

现在已经获取了授权码,想要发送邮件还需要一些配置,如发送邮件服务器、端口号等,现在将发送邮件的相关配置存入表中,方便后期管理。例如,更改 QQ 账号和密码会触发授权码过期,需要重新获取新的授权码登录,此时需要修改配置,直接在页面更新表数据即可。

现在在项目的 init.sql 管理文件中添加创建邮件配置表的 SQL 语句,然后添加到数据库中,代码如下:

```sql
//第 10 章/library/library-admin/db/init.sql
DROP TABLE IF EXISTS `lib_email_config`;
CREATE TABLE `lib_email_config`
(
    `id`        INT(11) NOT NULL AUTO_INCREMENT COMMENT '主键 ID',
    `from_user` VARCHAR(255)        DEFAULT NULL COMMENT '发送邮箱号',
    `username`  VARCHAR(50)         DEFAULT NULL COMMENT '创建者',
    `host`      VARCHAR(50)         DEFAULT NULL COMMENT '邮件服务器 SMTP 地址',
```

```
    `pass`              VARCHAR(255)       DEFAULT NULL COMMENT '密码',
    `port`              VARCHAR(50)        DEFAULT NULL COMMENT '端口',
    `email_status` INT       NOT NULL COMMENT '配置状态(0: 正常; 1: 停用)',
    `remark`            VARCHAR(255)       DEFAULT NULL COMMENT '备注',
    `create_time`       DATETIME NOT NULL DEFAULT CURRENT_TIMESTAMP COMMENT '创建时间',
    PRIMARY KEY (`id`) USING BTREE
) ENGINE = InnoDB CHARACTER SET = utf8mb4 COLLATE = utf8mb4_general_ci  ROW_FORMAT = Dynamic
    COMMENT = '邮箱配置';
```

10.2.3　业务代码功能实现

1. 初始化邮件配置代码

实现邮件基础配置的代码,使用 EasyCode 工具生成代码,选择 library-system 子模块,然后单击 OK 按钮,等待代码生成,如图 10-7 所示。

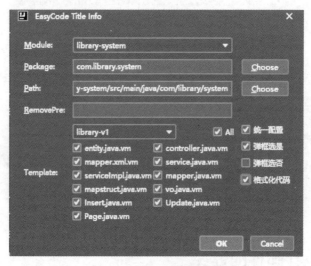

图 10-7　初始化邮件配置代码

邮件配置代码初始化完成后,在 EmailConfigController 类中修改查询列表,将分页查询改为查询全部配置,代码如下:

```java
//第 10 章/library/library - system/EmailConfigController. java
@GetMapping("/list")
public Result < List < EmailConfigVO >> list() {
    List < EmailConfigVO > voList = emailConfigService.emailConfigList();
    return Result.success(voList);
}
```

EmailConfigService 和 EmailConfigServiceImpl 也要相应地进行修改,在实现类中将实体类对象转换为 VO 的格式,并在 EmailConfigVO 类中添加供前端使用的状态名称 emailStatusName。同时使用解密工具类 EncryptUtil 对邮件配置密码进行解密,方便前端展示,工具类代码不再展示,可以在提供的源码中获取,代码如下:

```
//第 10 章/library/library-system/EmailConfigServiceImpl.java
@Override
public List<EmailConfigVO> emailConfigList() {
    List<EmailConfig> list = list();
    List<EmailConfigVO> emailConfigVOS = emailConfigStructMapper.
configListToEmailConfigVO(list);
    if (CollUtil.isNotEmpty(emailConfigVOS)) {
        emailConfigVOS.forEach(v -> {
            v.setEmailStatusName(StatusEnum.getValue(v.getEmailStatus()));
            try {
                v.setPass(EncryptUtil.desDecrypt(v.getPass()));
            } catch (Exception e) {
                log.error("邮件配置密码还原失败: id 为{}", v.getId());
            }
        });
    }
    return emailConfigVOS;
}
```

在添加邮件配置时,在入库前要对密码进行加密处理,使用的是对称加密方式,方便解密处理,修改邮件配置类的 insert 实现方法的代码如下:

```
//第 10 章/library/library-system/EmailConfigServiceImpl.java
@Override
public boolean insert(EmailConfigInsert emailConfigInsert) {
    EmailConfig emailConfig = emailConfigStructMapper.
insertToEmailConfig(emailConfigInsert);
    //加密
    try {
        emailConfig.setPass(EncryptUtil.desEncrypt
            (emailConfig.getPass()));
    } catch (Exception e) {
        e.printStackTrace();
    }
    save(emailConfig);
    return true;
}
```

2. 添加依赖

Spring Boot 项目的邮件发送主要使用 JavaMailSender 实现,需要添加相关的依赖,在 library-system 子模块的 pom.xml 文件中添加依赖的代码如下:

```
<dependency>
    <groupId>org.springframework.boot</groupId>
    <artifactId>spring-boot-starter-mail</artifactId>
</dependency>
```

3. 获取邮件配置

在发送邮件之前,首先要获取发送邮件服务的相关配置,例如发送邮件、端口号、授权码等信息。

（1）邮件配置需要从数据库中获取，需要在 EmailConfigService 中添加一个查询配置的方法 getSendEmail，代码如下：

```
EmailConfig getSendEmail();
```

（2）实现查询邮件的 getSendEmail()方法的代码如下：

```
//第 10 章/library/library-system/EmailConfigServiceImpl.java
@Override
public EmailConfig getSendEmail() {
    //查询状态为正常的配置
    List<EmailConfig> emailConfigs = lambdaQuery()
        .eq(EmailConfig::getEmailStatus, StatusEnum.NORMAL.getCode())
        .list();
    if (CollUtil.isNotEmpty(emailConfigs)) {
        Random random = new Random();
        //生成一个随机索引
        int randomIndex = random.nextInt(emailConfigs.size());
        EmailConfig emailConfig = emailConfigs.get(randomIndex);
        return emailConfig;
    }
    return null;
}
```

4. 邮件发送

邮件发送功能和短信发送功能一样，封装成一个工具类，方便项目使用时调用。

1）配置邮件发送服务信息

在 library-system 子模块中创建一个 config 配置包，然后创建 EmailConfig 配置类，在该类中添加一个 javaMailSender 的方法是 JavaMailSender 的 bean，并设置邮件服务器的地址、端口号、用户名和密码等信息，然后在类中将 EmailConfigService 注入，并从数据库中获取邮件配置信息，代码如下：

```
//第 10 章/library/library-system/EmailSendConfig.java
@Log4j2
@Configuration
public class EmailSendConfig {
    private final EmailConfigService emailConfigService;
    private static String from;
    @Autowired
    public EmailSendConfig(EmailConfigService emailConfigService) {
        this.emailConfigService = emailConfigService;
    }
    public static String getFrom() {
        return from;
    }
    @Bean
    @ConditionalOnMissingBean
    public JavaMailSender javaMailSender() {
        JavaMailSenderImpl mailSender = new JavaMailSenderImpl();
```

```
        try {
            EmailConfig sendEmail = emailConfigService.getSendEmail();
            if (sendEmail != null) {
                //设置邮件服务器主机名
                mailSender.setHost(sendEmail.getHost());
                //设置邮件服务器端口号
                mailSender.setPort(Integer.parseInt(sendEmail.getPort()));
                //设置邮件发送者的邮箱
                from = sendEmail.getFromUser();
                mailSender.setUsername(from);
                //设置邮件发送者的密码
                mailSender.setPassword(EncryptUtil.desDecrypt(sendEmail.getPass()));
                mailSender.setDefaultEncoding("UTF - 8");
                Properties properties = mailSender.getJavaMailProperties();
                properties.setProperty("mail.smtp.timeout", "5000");
            }
        } catch (Exception e) {
            log.error("邮件发送属性配置失败!", e);
        }
        return mailSender;
    }
}
```

2) 邮件发送工具类实现

先创建一个 util 工具类包,然后添加一个 EmailUtil 工具类,负责发送邮件。在工具类中注入 JavaMailSender 作为构造函数的参数,并创建一个 sendFromEmail 方法实现邮件发送,代码如下:

```
//第 10 章/library/library - system/EmailUtil.java
@Component
public class EmailUtil {
    private static final Logger log = LoggerFactory.getLogger(EmailUtil.class);
    private JavaMailSender javaMailSender;
    @Autowired
    public EmailUtil(JavaMailSender javaMailSender) {
        this.javaMailSender = javaMailSender;
    }
    /**
     * 发送邮件
     *
     * @param userEmail 收件人
     * @param content 邮件内容
     * @param title 邮件标题
     */
    public void sendFromEmail(String userEmail, String content, String title) {
        SimpleMailMessage message = new SimpleMailMessage();
        //收件人邮箱地址
        message.setTo(userEmail);
        //邮件主题
        message.setSubject(title);
```

```
        //邮件正文
        message.setText(content);
        //发件人
        message.setFrom(EmailSendConfig.getFrom());
        try {
            javaMailSender.send(message);
            log.info("邮件发送成功!");
        } catch (MailException e) {
            log.error("邮件发送失败: ", e);
            //处理邮件发送失败的情况
            throw new RuntimeException("邮件配置信息不存在");
        }
    }
}
```

10.2.4 测试邮件发送

邮件发送功能已经实现,接下来,首先要测试邮件配置的相关接口,并添加一个邮件配置,然后测试邮件发送功能。

1. 添加邮件配置接口

启动项目,打开 Apifox,在系统工具目录下新建一个邮件配置的子目录,然后创建一个添加邮件配置的接口。将在 QQ 邮箱中申请的授权码和邮件填写在接口中,端口号和服务地址这里以 QQ 邮件为例,分别为 587(如果 587 不能使用,则应更换为 465)和 smtp.qq.com,如图 10-8 所示。

图 10-8　添加邮件配置接口

邮件配置添加完成,现在数据库里应该会有一条数据,其修改、删除和列表这里不再演示,可查看笔者提供的接口文档。

2. 测试邮件发送

在 library-admin 子模块的 LibraryAdminApplicationTests 测试类中添加一个 mailTest 测试方法,并在该方法中设置接收的邮箱地址、邮件标题、邮件内容,代码如下:

```java
//第10章/library/library-admin/LibraryAdminApplicationTests.java
/**
 * 测试邮件发送
 */
@Test
void mailTest() {
    String userEmail = "接收邮箱地址";
    String content = "您已成功归还了一本!";
    String title = "图书管理系统通知";
    emailUtil.sendFromEmail(userEmail, content, title);
    System.out.println("发送成功");
}
```

首先运行该测试方法,然后查看是否可以接收到邮件,如图 10-9 所示。

图 10-9　邮件发送测试

10.3　图形验证码

在平常登录网站或其他平台时,通常在填写账号和密码后还需要输入一组数字或者英文字母等,只有在正确填写这些信息后才能成功登录或进行下一步操作,这个额外的步骤实际上是为了防止恶意用户使用暴力破解方法不断地尝试登录,减少不良行为的发生。

10.3.1　验证码操作流程

当打开登录页面时会请求生成验证码的接口,随即接口会向前端返回一个生成好的验证码图片。同时验证码也会存放在 Redis 缓存中,当登录时会根据前端传来的验证码和 Redis 中存储的验证码进行比较:如果验证码一致,则验证通过;如果不一致,则提示报错信息。实现流程如图 10-10 所示。

10.3.2　生成图形验证码

有各种各样的验证码格式,常见的有纯字母类、数字类、字母和数字混合类及算术类等,

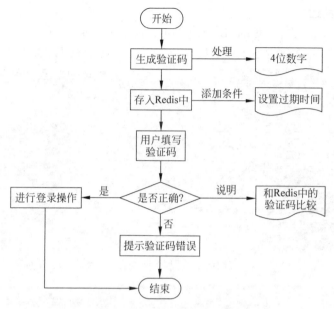

图 10-10　验证码生成流程

本项目选用的是 EasyCaptcha 开源框架,用来生成图形验证码的操作,它支持 gif、中文、算术等类型,可以用于 Java Web、JavaSE 等项目。此开源框架提供了丰富的验证码样式,完全满足本项目对使用验证码的需求。

1. 添加依赖

在 library-common 子模块的 pom.xml 文件中添加验证码的相关依赖,代码如下:

```
//第10章/library/library-common/pom.xml
<!-- 图形验证码 -->
<dependency>
    <groupId>com.google.guava</groupId>
    <artifactId>guava</artifactId>
    <version>18.0</version>
</dependency>
<dependency>
    <groupId>com.github.whvcse</groupId>
    <artifactId>easy-captcha</artifactId>
    <version>1.6.2</version>
</dependency>
```

2. 验证码相关配置

在 constant 包中新建一个 VerificationCode 类,用来设置验证码图片的属性,包括宽度、高度、位数等操作,然后添加一个 createVerificationCode 方法,配置验证码的样式,可以通过 Captcha 来选择验证码的类型和字体的样式等。本项目选择的是纯数字的验证码,共4 位数字,代码如下:

```
//第10章/library/library-common/VerificationCode.java
public class VerificationCode {
    /**
     * 生成验证码图片的宽度
     */
    private int width = 100;
    /**
     * 生成验证码图片的高度
     */
    private int height = 30;
    /**
     * 生成验证码的位数
     */
    private int digit = 4;
    /**
     * 生成的验证码 code
     */
    private String captchaCode;
    /**
     * 生成验证码
     *
     * @return
     */
    public SpecCaptcha createVerificationCode() throws IOException, FontFormatException {
        //3个参数分别为宽、高、位数
        SpecCaptcha specCaptcha = new SpecCaptcha(width, height, digit);
        //设置字体
        specCaptcha.setFont(Captcha.FONT_9);
        //设置类型,如纯数字、纯字母、字母数字混合
        specCaptcha.setCharType(Captcha.TYPE_ONLY_NUMBER);
        //验证码
        this.captchaCode = specCaptcha.text().toLowerCase();
        return specCaptcha;
    }
    public String getCaptchaCode() {
        return captchaCode;
    }
}
```

3. 生成验证码

接下来实现生成验证码的接口,将生成的数字验证码以图片的格式返给前端展示。在 library-admin 子模块的 controller 包中创建一个 LoginController 类,用来实现获取登录验证码、手机验证码、登录等功能。

在实现生成验证码接口之前,先来添加一个 Redis 的 key 和过期时间,单独管理,方便后期维护,这些信息都存放在 library-common 子模块的 constant 包中。创建一个 RedisKeyConstant 类,用来设置 Redis 的 key,代码如下:

```
//第10章/library/library-common/RedisKeyConstant.java
public class RedisKeyConstant implements Serializable {
```

```
    @Serial
    private static final long serialVersionUID = -638753206072657789L;
    /**
     * 账号登录验证码 key
     */
    public static final String LOGIN_VERIFY_CODE = "login_verify_code_";
}
```

再来创建一个 CacheTimeConstant 类，用来管理缓存的时间，例如短信验证码的有效时间为 1min，登录验证码的有效期为 5min 等，代码如下：

```
//第 10 章/library/library-common/CacheTimeConstant.java
public class CacheTimeConstant implements Serializable {
    @Serial
    private static final long serialVersionUID = 9030730160407626660L;
    /**
     * 验证码有效期 5min
     */
    public static final Long verifyCodeTime = 5L;
}
```

在 LoginController 类中创建一个 getVerifyCode 方法，用来实现获取验证码的接口，通过 VerificationCode 对象获取 4 位数字的验证码，然后将验证码存入 Redis 中，其中 key 要保持唯一的值，value 为验证码，过期时间设置为 5min。将验证码的字节数组转换为 Base64 格式，这会用到工具类 FileUtils，该工具类可以在本书提供的源代码资料中获取，代码如下：

```
//第 10 章/library/library-admin/LoginController.java
@RestController
@RequestMapping("web")
public class LoginController {
    @Resource
    private RedisUtil redisUtil;
    /**
     * 获取账号登录验证码
     *
     * @param
     * @return
     * @throws IOException
     */
    @GetMapping("/captcha")
    public Result getVerifyCode() throws IOException, FontFormatException {
        //将请求头设置为输出图片类型
        VerificationCode code = new VerificationCode();
        SpecCaptcha specCaptcha = code.createVerificationCode();
        String captchaCode = code.getCaptchaCode();
        //创建字节数组输出流
        ByteArrayOutputStream baos = new ByteArrayOutputStream();
        //将验证码图片输出到字节数组输出流中
        specCaptcha.out(baos);
```

```
        //将字节数组转换为 Base64 编码
        byte[] imageBytes = baos.toByteArray();
        String base64String = FileUtils.getBase64String(imageBytes);
        redisUtil.set(RedisKeyConstant. LOGIN _ VERIFY _ CODE + captchaCode, captchaCode,
CacheTimeConstant.verifyCodeTime, TimeUnit.MINUTES);
        return Result.success("", base64String);
    }
}
```

4．测试生成验证码

打开 Apifox 接口管理工具，在系统管理中新添加一个登录管理子目录，再添加一个获取验证码的接口，不需要设置任何参数，启动项目。然后发送请求接口会看到验证码以 Base64 格式返回在 data 中，还可以使用在线的编码工具，转换成图片即可查看 4 位数的验证码，如图 10-11 所示。

图 10-11　获取验证码接口

获取验证码图片后,再打开 Redis 的管理工具 RedisInsight,查看是否有验证码被存入 Redis 中,如果可以看到存储的 key 为 login_verify_code_9568,value 的值为 9568,则说明验证码已经成功地被存入 Redis 中,如图 10-12 所示。

图 10-12　验证码存入 Redis 中

等待 5min 后,再次刷新 Redis 工具栏的 key 会发现该验证码已经没有了,说明设置的过期时间已经生效。

本章小结

本章整合了阿里云的短信服务和以 QQ 邮箱为例的邮件发送服务两个功能模块的实现,同时还完成了登录获取验证码的功能。

整合 Spring Security 安全管理

在 Web 应用开发中，保障项目的安全是至关重要的。Spring Security 作为 Spring 项目中的一个安全模块，它是保护 Web 应用的理想选择。它可以与 Spring 项目轻松集成，特别是在 Spring Boot 项目中使用更加简单。本章将介绍 Spring Security 的概念，并深入地将 Spring Security 整合到项目中，完成理论与实战的结合。

11.1　Spring Security 与 JSON Web Token 入门

11.1.1　Spring Security 简介

Spring Security 是 Spring 家族中的成员，一个功能强大且高度可定制的身份验证和访问控制框架，专注于为 Java 应用程序提供身份验证和授权。与所有 Spring 项目一样，Spring Security 的真实强大之处在于能够轻松地扩展它以满足自定义需求。它提供了一套全面的安全解决方案，包括身份验证、授权、防止攻击等功能。项目所使用的是 Spring Boot 3.0 以上的版本，所使用的 Spring Framework 也升级到了 6.0 以上版本，引入的 Spring Security 版本会自动调整为 6.0 以上版本，新版本做出了部分源码更新，更加符合前后端分离的趋势，其中修改包括废弃代码的删除、方法重命名、配置 DSL 等，但是架构和基本原理还是与之前版本一样，保持不变。

Spring Security 有两个重要的核心功能，一个是认证（Authentication），另一个是授权（Authorization）。

（1）认证：验证用户身份以确定其是否有权访问系统是常见的操作。通常，用户需要提供用户名和密码进行身份认证。系统会验证提供的用户名和密码，以确认用户是否可以成功登录系统。

（2）授权：在系统中，用户权限验证是常见的操作，因为不同用户可能有不同的操作权限。为了实现这一目标，系统通常会为每个用户分配特定的角色，而每个角色都会关联一组权限。例如，对于一个文件而言，某些用户可能只能执行读取操作，而其他用户则可以执行修改操作。在进行操作之前，系统会检查用户的角色以确定其是否有权执行特定操作。这种角色和权限的管理方式有助于确保系统安全性和权限控制。

11.1.2　项目整合 Spring Security

在项目中只需引入 spring-boot-starter-security 依赖项,然后 Spring Boot 会自动配置安全性,并在 WebSecurityConfiguration 类中定义合理的默认值。它提供了默认的用户认证等操作,先实现默认的认证功能。

1. 添加依赖

在 library-common 子模块中添加 Spring Security 相关依赖,代码如下:

```
//第 11 章/library/library-common/pom.xml
<dependencies>
    <!-- Spring Security 依赖 -->
    <dependency>
        <groupId>org.springframework.boot</groupId>
        <artifactId>spring-boot-starter-security</artifactId>
    </dependency>
</dependencies>
```

2. 测试访问接口

在 controller 包中打开 LoginController 接口类,并添加一个 hello 测试方法,然后返回 hello 字符串,代码如下:

```
@RequestMapping("/hello")
public String hello(){
    return "hello";
}
```

在浏览器地址栏输入框中输入 http://localhost:8081/api/library/web/hello,在请求该地址后,地址会自动跳转至 Spring Security 的登录界面,同时浏览器网址栏中的地址也发生了改变,变为 http://localhost:8081/api/library/login,如图 11-1 所示。默认的账号为 user,默认密码是在每次启动项目时随机生成的,可在项目启动控制台日志中查看,如图 11-2 所示。

图 11-1　Spring Security 登录界面

图 11-2　Spring Security 登录默认密码

　　在登录页中输入用户名和密码，单击 Sign in 按钮，就可以请求 hello 接口了，同时页面上也会有 hello 字符串输出，如图 11-3 所示。

　　根据上述请求接口的结果，可得知，项目在引入 Spring Security 后，所有接口在未登录状态下都会受到限制，无法直接访问。为了验证这一点，现在打开 Apifox 接口文档，以用户管理中的用户列表接口为例。首先清除浏览器的缓存，然后尝试请求用户列表接口。此时会收到 401 状态错误码，表示用户尚未被授权访问，因此需要进行身份认证，如图 11-4 所示。

图 11-3　访问 hello 接口　　　　　　　　　图 11-4　无登录状态下的用户列表接口

　　接下来，使用 Spring Security 的默认登录界面进行重新登录，然后再次访问用户列表的接口，注意此时接口不再出现错误信息，能够正常访问，如图 11-5 所示。

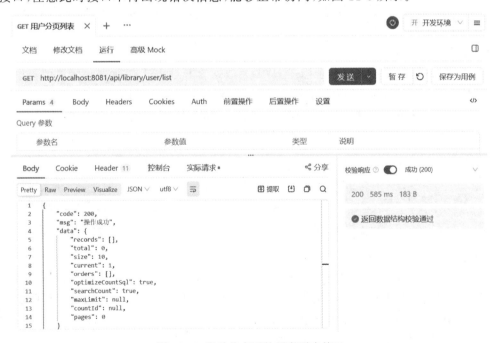

图 11-5　登录状态下的用户列表接口

11.1.3　JSON Web Token 基本介绍

什么是 JSON Web Token? 根据官方 https://jwt.io/ 文档介绍,JSON Web Token (JWT)是一个开放标准(RFC 7519),它定义了一种紧凑且自包含的方式,用于在各方之间安全地传输信息作为 JSON 对象。此信息可以被验证和信任,因为它是数字签名的。

JWT 具有以下特点:跨语言兼容、自包含、易传递、高度安全。在默认情况下,JWT 不进行加密,但可以使用密钥进行加密(使用 HMAC 算法)或使用 RSA 或 ECDSA 的公钥/私钥对进行签名。需要注意的是,不应将敏感信息写入 JWT。JWT 不仅用于身份验证,还可用于信息交换。

1. JWT 的工作流程

授权是使用 JWT 最常见的场景。一旦用户登录,每个后续请求都将包含 JWT,允许用户访问该令牌允许的路由、服务和资源。以下是 JWT 的具体工作流程。

(1) 用户通过用户名和密码进行登录,一经验证成功,服务器便会生成并返回一个 JWT 字符串。

(2) 用户将获得的 JWT 字符串存储在本地,通常保存在浏览器的 localStorage 中。

(3) 在后续的请求中,用户会将 JWT 字符串添加到请求的头部。

(4) 服务器在接收到请求后会解析请求头中的 JWT 字符串并进行验证。

2. JWT 的组成

JWT 令牌(Token 值)其实就是一个字符串,并用点隔开,分为三段,包括头信息、载荷和签名。

1) 头信息(Header)

JWT 的第 1 段是头信息,一个描述 JWT 元数据的 JSON 对象,通常由令牌的类型和加密的算法组成,其中 alg 属性表示签名使用的算法,默认为 HMAC SHA256(简写为 HS256);typ 属性表示令牌的类型,JWT 令牌统一写为 JWT,然后采用 Base64 URL 算法将上述 JSON 对象转换为字符串并进行保存。

示例代码如下:

```
{
  "alg": "HS256",
  "typ": "JWT"
}
```

2) 载荷(Payload)

JWT 的第 2 段是 Payload,它是一个 JSON 对象,主要用于存储一些简单但不重要的信息。例如,可以在 Payload 中记录用户名、生成时间和过期时间等信息。如果需要更多的存储空间,Payload 则可以被压缩或加密。在实际应用中,Payload 可以根据业务需求来自定义,以满足具体的数据存储需求。JWT 提供了 7 个默认字段供选择。

- iss:发行人。

- exp：到时时间。
- sub：主题。
- aud：用户。
- nbf：在此之前不可用。
- iat：发布时间。
- jti：JWT ID 用于表示该 JWT。

根据具体应用场景的不同，还可以自定义其他的 Payload 信息。需要注意的是，Payload 中的数据应该是可信的，不应该包含敏感信息，因为这些数据通常是明文存储的，容易被窃取和篡改，示例代码如下：

```
{
  "sub": "1234567890",
  "name": "John Doe",
  "iat": 1516239022
}
```

3）签名（Signature）

JWT 的第 3 段是签名。签名是由 3 部分组成的，即 Header 的 Base64 编码、Payload 的 Base64 编码，还有一个密钥（secret），然后通过指定的算法生成哈希，以确保数据不会被篡改。

JWT 签名具有两个重要作用。

（1）验证 JWT 的完整性：JWT 的签名部分用于验证 JWT 的完整性。通过对 JWT 的头部和有效载荷进行签名，确保在传输过程中没有被篡改或者伪造。接收方能够通过验证签名来确定 JWT 是否经过篡改，从而保证 JWT 的完整性。

（2）验证 JWT 的真实性：JWT 的签名部分也用于验证 JWT 的真实性。接收方可以通过验证 JWT 的签名来确认 JWT 是由发送方所签发的，而不是伪造的。这样可以防止恶意主体伪造 JWT，确保只有合法的发送方才能够生成有效的 JWT。

示例代码如下：

```
HMACSHA256(base64UrlEncode(header) + "." + base64UrlEncode(payload),secret)
```

3. 添加依赖

在 library-common 子模块的 pom.xml 文件中添加 JWT 的相关依赖，代码如下：

```
//第11章/library/library-common/pom.xml
<!-- JWT 依赖 -->
<dependency>
    <groupId>io.jsonwebtoken</groupId>
    <artifactId>jjwt</artifactId>
    <version>0.9.1</version>
</dependency>
<dependency>
    <groupId>com.auth0</groupId>
    <artifactId>java-jwt</artifactId>
```

```
<version>3.4.0</version>
</dependency>
```

11.2　项目权限功能表设计

至此,用户表已完成设计,代码也已经初始化完成。现在需要设计与权限相关的表,主要包括角色表、菜单表、用户表、角色-用户关联表和角色-菜单关联表。

11.2.1　权限表设计并创建

权限相关的基础代码将放在 library-admin 子模块中实现,数据库关系模型如图 11-6 所示。

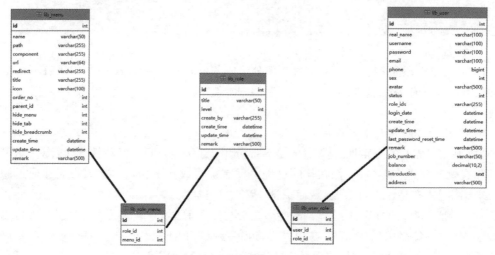

图 11-6　权限数据库关系模型

在 Navicat 工具中,使用 MySQL 建表语句来创建权限的相关表,代码如下:

```sql
//第 11 章/library/db/init.sql
DROP TABLE IF EXISTS `lib_role`;
CREATE TABLE `lib_role`
(
    `id`            INT(11) NOT NULL AUTO_INCREMENT COMMENT '角色主键 ID',
    `title`         VARCHAR(50)     DEFAULT NULL COMMENT '角色名称',
    `level`         INT(255) DEFAULT NULL COMMENT '角色级别',
    `create_by`     VARCHAR(255)    DEFAULT NULL COMMENT '创建者',
    `create_time`   DATETIME NOT NULL DEFAULT CURRENT_TIMESTAMP COMMENT '创建时间',
    `update_time`   DATETIME NOT NULL DEFAULT CURRENT_TIMESTAMP ON UPDATE CURRENT_
TIMESTAMP COMMENT '修改时间',
    `remark`        VARCHAR(500)    DEFAULT NULL COMMENT '备注',
    PRIMARY KEY (`id`) USING BTREE,
    INDEX           `nameIndex`(`title`) USING BTREE
```

```
) ENGINE = InnoDB CHARACTER SET = utf8mb4 COLLATE = utf8mb4_general_ci ROW_FORMAT = Dynamic
COMMENT = '角色信息表';

DROP TABLE IF EXISTS `lib_menu`;
CREATE TABLE `lib_menu`
(
    `id`                INT(11) NOT NULL AUTO_INCREMENT COMMENT '菜单主键ID',
    `name`              VARCHAR(50)   NOT NULL COMMENT '菜单名称',
    `path`              VARCHAR(255) NOT NULL COMMENT '导航路径',
    `component`         VARCHAR(255)      NULL COMMENT '组件路径',
    `url`               VARCHAR(64)             DEFAULT NULL COMMENT '路径匹配规则',
    `redirect`          VARCHAR(255)            DEFAULT NULL COMMENT '重定向地址',
    `title`             VARCHAR(255) NOT NULL COMMENT '标题',
    `icon`              VARCHAR(100)            DEFAULT '#' COMMENT '菜单图标',
    `order_no`          INT(11) NULL DEFAULT 0 COMMENT '排序,越小越靠前',
    `parent_id`         INT(11) NULL DEFAULT 0 COMMENT '父菜单ID',
    `hide_menu`         INT(1) NULL DEFAULT 0 COMMENT '隐藏菜单',
    `hide_tab`          INT(1) NULL DEFAULT 0 COMMENT '当前路由不在标签页显示',
    `hide_breadcrumb`   INT(1) NULL DEFAULT 0 COMMENT '隐藏该路由在面包屑上面的显示',
    `create_time`       DATETIME      NOT NULL DEFAULT CURRENT_TIMESTAMP COMMENT '创建时间',
    `update_time`       DATETIME       NOT NULL DEFAULT CURRENT_TIMESTAMP ON UPDATE CURRENT_
TIMESTAMP COMMENT '修改时间',
    `remark`            VARCHAR(500)            DEFAULT NULL COMMENT '备注',
    PRIMARY KEY (`id`) USING BTREE,
    INDEX               `menu_name` (`name`) USING BTREE
) ENGINE = InnoDB CHARACTER SET = utf8mb4 COLLATE = utf8mb4_general_ci ROW_FORMAT = Dynamic
COMMENT = '后台管理菜单表';

DROP TABLE IF EXISTS `lib_user_role`;
CREATE TABLE `lib_user_role`
(
    `id`                INT(11) NOT NULL AUTO_INCREMENT COMMENT '用户角色主键ID',
    `user_id`           INT(11) DEFAULT NULL COMMENT '用户ID',
    `role_id`           INT(11) DEFAULT NULL COMMENT '角色ID',
    PRIMARY KEY (`id`) USING BTREE
) ENGINE = InnoDB CHARACTER SET = utf8mb4 COLLATE = utf8mb4_general_ci ROW_FORMAT = Dynamic
    COMMENT = '用户和角色关联表';

DROP TABLE IF EXISTS `lib_role_menu`;
CREATE TABLE `lib_role_menu`
(
    `id`        INT(11) NOT NULL AUTO_INCREMENT COMMENT '角色菜单主键ID',
    `role_id`   INT(11) DEFAULT NULL COMMENT '角色ID',
    `menu_id`   INT(11) DEFAULT NULL COMMENT '菜单ID',
    PRIMARY KEY (`id`) USING BTREE
) ENGINE = InnoDB CHARACTER SET = utf8mb4 COLLATE = utf8mb4_general_ci ROW_FORMAT = Dynamic
    COMMENT = '角色和菜单关联表';
```

11.2.2　生成权限基础代码

使用EasyCode代码生成工具,将权限相关的表初始化为基础代码,代码生成在libraryadmin 子模块中。

1. 初始化基础代码

打开 IDEA 开发工具，单击右侧的 Database 选项，然后选中要初始化代码的表，可以多选，然后右击并选择 EasyCode→Generate Code 选项，如图 11-7 所示。

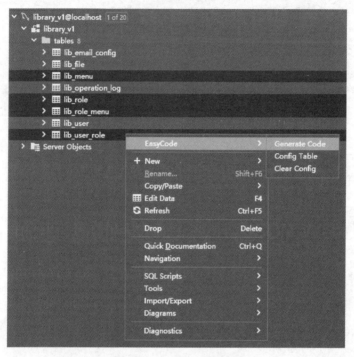

图 11-7　初始化权限代码

然后选择生成到 library-admin 子模块中，选择的模板为 library-v1，然后全部选中所有类的模板，单击 OK 按钮，等待代码初始化完成即可，如图 11-8 所示。

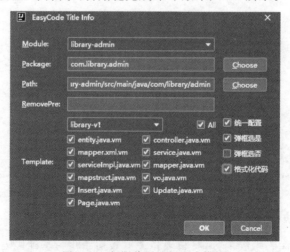

图 11-8　权限代码选择生成模块

生成的代码目录如图11-9所示。

2. 菜单树实现

在后台管理的左侧导航栏中,展示的菜单信息分为一级
菜单、二级菜单等,在后端的接口设计中需要将这些层级划分
好,形成一个简单的数据树,然后返给前端。菜单树共分为两
种展示方式,一种是根据当前登录用户的权限展示左侧导航
相关的菜单信息;另一种是提供给管理员管理菜单使用的列
表,也就是说没有用户查询的条件。接下来实现全部查询的
菜单树。

图11-9 权限代码目录

(1) 在 MenuController 类中添加一个获取全部菜单信息
的 getAllMenu 方法,然后调用 getTreeMenu 方法获取数据,
代码如下:

```java
//第11章/library/library-admin/MenuController.java
@GetMapping("/getAllMenu")
public Result<List<MenuVO>> getAllMenu() {
    List<MenuVO> menuList = menuService.getTreeMenu(null);
    return Result.success(menuList);
}
```

(2) 在 MenuService 接口类中添加 getTreeMenu 方法,这里接收该用户所有的角色 id
集合,如果角色 id 为空,则查询全部的菜单信息并生成数据树;否则按照用户对应的角色 id
条件查询,该方法主要用于后台管理系统左侧的导航栏菜单展示,所以在查询时还要加一个
菜单筛选,当 hide_menu 字段为 0 时代表左侧菜单栏展示菜单,代码如下:

```java
List<MenuVO> getTreeMenu(Collection<Integer> roleIds);
```

(3) 在 MenuServiceImpl 类中实现 getTreeMenu 方法。首先判断角色 id 集合是否为
空,如果为空,则获取菜单的全部 id 集合;否则查询出用户的菜单 id 集合。调用角色与菜
单的接口类 RoleMenuService 中的 getMenuIdsByRoleIds 方法获取当前用户的菜单 id 集
合,在 RoleMenuService 类中定义 getMenuIdsByRoleIds 方法并实现相关功能,代码如下:

```java
//第11章/library/library-admin/RoleMenuServiceImpl.java
@Override
    public Set<Integer> getMenuIdsByRoleIds(Collection<Integer> roleIds) {
        Set<Integer> ret = new HashSet<>(roleIds.size() << 4);
        for (Integer roleId : roleIds) {
            ret.addAll(
                    this.list(
                            new QueryWrapper<RoleMenu>()
                                    .lambda()
                                    .select(RoleMenu::getMenuId)
                                    .eq(RoleMenu::getRoleId, roleId)
            ).stream().map(RoleMenu::getMenuId).collect(Collectors.toSet()));
```

```
        }
        return ret;
    }
```

（4）在获得菜单信息列表后进行菜单树的生成，与此同时需要先修改 MenuVO 类，在该类中添加 children 子菜单列表和 Meta 类，代码如下：

```
//第11章/library/library-admin/MenuVO.java
private List<MenuVO> children;
    private Meta meta;
    public MenuVO(Menu menu){
        this.id = menu.getId();
        this.path = menu.getPath();
        this.name = menu.getName();
        this.url = menu.getUrl();
        this.component = menu.getComponent();
        this.redirect = menu.getRedirect();
        this.orderNo = menu.getOrderNo();
        this.parentId = menu.getParentId();
        this.title = menu.getTitle();
        this.icon = menu.getIcon();
        this.remark = menu.getRemark();
        this.createTime = menu.getCreateTime();
        this.hideMenu = menu.getHideMenu();
        this.children = new ArrayList<>();
        this.meta = new Meta(menu);
    }
    @Data
    static class Meta {
        private String title;
        private String icon;
        private Integer hideTab;
        private Integer hideBreadcrumb;
        private Integer hideMenu;
        public Meta(){}
        public Meta(Menu menu) {
            this.title = menu.getTitle();
            this.icon = menu.getIcon();
            this.hideTab = menu.getHideTab();
            this.hideBreadcrumb = menu.getHideBreadcrumb();
            this.hideMenu = menu.getHideMenu();
        }
    }
```

（5）在根据角色获取关联的菜单 id 集合后，还需要对其进行父菜单（顶级菜单）的补充，例如，在审核管理中分为公告审核和还书审核，图书管理员可以对还书审核进行操作，但不能对公告审核进行操作，所以在分配图书管理员权限时就会出现审核管理中只有一个还书审核的菜单，但在表中存入的关联信息只有还书审核的菜单 id，并没有审核管理父级菜单，所以这里要对所查询的用户菜单进行父菜单补充，添加一个 traceParentMenu 方法，用

于查找补充父级菜单,代码如下:

```java
//第 11 章/library/library - admin/MenuServiceImpl.java
private List < Menu > traceParentMenu(Collection < Integer > menuIds) {
        Set < Integer > ret = new HashSet <>(menuIds.size() << 1);
        ret.addAll(menuIds);
        //当前循环
        HashSet < Integer > thisMenuIds = new HashSet();
        thisMenuIds.addAll(menuIds);
        //下次循环
        HashSet < Integer > nextMenuLoop = new HashSet <>(menuIds);
        //返回菜单信息
        List < Menu > list = new ArrayList <>();
        for (int i = 0; i < thisMenuIds.size(); i++) {
            for (Integer menuId : thisMenuIds) {
                Menu menu = menuMap.get(menuId);
                //只查找子菜单,增、删、改、查接口的菜单不进行展示
                if (menu != null && menu.getHideMenu() == 0) {
                    Integer parentId = menu.getParentId();
                    if (Objects.nonNull(parentId)) {
                            //上级菜单可能还会有父级菜单,继续执行
                            nextMenuLoop.add(parentId);
                    }
                }
            }
            ret.addAll(nextMenuLoop);
            //更新当前循环集合
            thisMenuIds.clear();
            thisMenuIds.addAll(nextMenuLoop);
            nextMenuLoop.clear();
        }
        if (CollUtil.isNotEmpty(ret)) {
            for (Integer m : ret) {
                list.add(menuMap.get(m));
            }
        }
        return list;
    }
```

(6) 创建一个 menuTree 方法,用来遍历查找根节点的菜单,然后调用 childMenuNode 方法去查找子菜单的相关节点,逐级进行查找,代码如下:

```java
//第 11 章/library/library - admin/MenuServiceImpl.java
private List < MenuVO > menuTree(List < Menu > menuList) {
        List < MenuVO > parents = new ArrayList <>();
        //循环查出的 menuList,找到根节点(最大的父节点)的子节点
        for (Menu menu : menuList) {
            if (menu.getParentId().equals(0)) {
                MenuVO vo = new MenuVO(menu);
                parents.add(vo);
            }
        }
```

```
        for (MenuVO parent : parents) {
            childMenuNode(parent, menuList);
        }
        return parents;
    }
```

（7）在 childMenuNode 方法中，采用递归的算法，反复地执行，查找父子节点，并进行整合，代码如下：

```
//第 11 章/library/library - admin/MenuServiceImpl.java
private void childMenuNode(MenuVO parent, List < Menu > menuList) {
    for (Menu menu : menuList) {
        //如果子节点的 pid 等于父节点的 ID,则说明是父子关系
        if (menu.getParentId().equals(parent.getId())) {
            MenuVO child = new MenuVO(menu);
            //如果是父子关系,则将其放入子 Children 里面
            parent.getChildren().add(child);
            //继续调用递归算法,将当前作为父节点,继续找它的子节点,反复执行
            childMenuNode(child, menuList);
        }
    }
}
```

3. 角色列表实现

角色列表的实现需要将角色对应的菜单信息进行返回，先在角色返回的 RoleVO 类中添加一个菜单信息，代码如下：

```
/**
 * 菜单 ids
 */
private Collection < Integer > menuIds;
```

然后修改角色的查询条件 RolePage 类，只保留角色名称查询即可。打开角色分页查询的 queryByPage 方法，添加相关查询操作，并调用 getMenuIdsByRoleIds 方法以获取对应的相关菜单 id 集合，代码如下：

```
//第 11 章/library/library - admin/RoleServiceImpl.java
@Override
public IPage < RoleVO > queryByPage(RolePage page) {
    //查询条件
    LambdaQueryWrapper < Role > queryWrapper = new LambdaQueryWrapper <>();
    if (StrUtil.isNotEmpty(page.getTitle())) {
        queryWrapper.eq(Role::getTitle, page.getTitle());
    }
    //查询分页数据
    Page < Role > rolePage = new Page < Role >(page.getCurrent(), page.getSize());
    IPage < Role > pageData = baseMapper.selectPage(rolePage, queryWrapper);
    //转换成 VO
    IPage < RoleVO > records = PageCovertUtil.pageVoCovert(pageData, RoleVO.class);
    if (CollUtil.isNotEmpty(records.getRecords())) {
```

```
                records.getRecords().forEach(r -> {
                        r.setMenuIds(roleMenuService.getMenuIdsByRoleIds(Collections.singleton(r.
getId()))));
                });
        }
        return records;
    }
```

4. 角色与菜单实现

在角色与菜单的表中，主要实现添加操作，一个角色会对应多个菜单，修改 RoleMenuInsert 添加类，将接收的菜单 id 参数修改为集合，代码如下：

```java
//第11章/library/library-admin/RoleMenuInsert.java
/**
    * 角色 ID
    */
private Integer roleId;
/**
    * 菜单 ID
    */
private List<Integer> menuIds;
```

在新增角色和菜单的 Controller 接口中需要接收角色 id 参数，并赋值给 RoleMenuInsert 类中的角色 id 属性，代码如下：

```java
//第11章/library/library-admin/RoleMenuController.java
@PostMapping("/insert/{roleId}")
public Result insert(@PathVariable Integer roleId, @Valid @RequestBody RoleMenuInsert
param) {
        param.setRoleId(roleId);
        roleMenuService.insert(param);
        return Result.success();
}
```

然后修改 RoleMenuServiceImpl 类中的 insert 方法，在赋予角色相关菜单时，先将原来存储的对应关系数据删除，然后重新添加相关对应关系。同时还要在 RoleMenu 中添加构造方法，方便对象的创建，代码如下：

```java
//第11章/library/library-admin/RoleMenuServiceImpl.java
@Override
public boolean insert(RoleMenuInsert roleMenuInsert) {
    //先删除之前的关系,再添加新的角色和菜单的关系
    remove(new QueryWrapper<RoleMenu>().lambda().eq(RoleMenu::getRoleId, roleMenuInsert.
getRoleId()));
    //重新绑定
    if (CollUtil.isNotEmpty(roleMenuInsert.getMenuIds())) {
        roleMenuInsert.getMenuIds().forEach(rm -> {
            RoleMenu roleMenu = new RoleMenu(roleMenuInsert.getRoleId(), rm);
            save(roleMenu);
        });
```

```
        }
        return true;
    }
```

11.3 Spring Security 动态权限控制

在 Spring Security 默认情况下，认证成功后用户才可以直接访问受保护的接口，然而，如果希望在认证成功后再执行其他操作，则可以使用 Spring Security 提供的自定义处理器进行自定义操作。可以通过自定义处理器（Handler）在认证、授权、注销等操作完成后执行特定的逻辑，这需要实现相应的接口或继承相应的类来自定义处理器。借助 Spring Security 提供的自定义处理器功能，可以灵活地控制认证成功后的行为，并根据业务需求进行个性化定制，从而提升系统的安全性和用户体验。

11.3.1 无权限异常处理

ExceptionTranslationFilter 是异常转换过滤器，可以将 AccessDeniedException 和 AuthenticationException 转换为 HTTP 响应。ExceptionTranslationFilter 是作为 Security Filter 其中之一被插入 FilterChainProxy 中实现异常处理的。

接下来，将自定义实现这两个异常处理类，并重写类中的方法，使其符合项目的返回格式。在 library-admin 子模块中新建一个 handle 包，然后在包中创建一个 CustomAccessDeniedHandler 类并实现 AccessDeniedHandler 接口类，使用@Component 注解，将其注册为 Spring 组件，用来统一处理 AccessDeniedException 异常，如果程序中没有抛出该异常，则不会执行该处理类。

当用户通过认证后，但没有足够的权限访问某个资源时，AccessDeniedException 会被调用，并返回 403 状态错误代码，用来表示权限不足。

在接口的源码中提供了一个 handle 方法，现在只需实现 AccessDeniedHandler 接口的 handle 方法，并从获取的异常信息中进行比较，然后封装到 Result 返回类中，最后将错误信息转换成 JSON 格式返给前端，代码如下：

```java
//第 11 章/library/library-admin/CustomAccessDeniedHandler.java
@Component
@RequiredArgsConstructor
public class CustomAccessDeniedHandler implements AccessDeniedHandler {
    @Override
    public void handle(HttpServletRequest httpServletRequest,
                       HttpServletResponse httpServletResponse,
                       AccessDeniedException e) throws IOException,
ServletException {
        httpServletResponse.setContentType("application/json;charset = UTF - 8");
        httpServletResponse.setStatus(HttpStatus.FORBIDDEN.value());
        ServletOutputStream outputStream = httpServletResponse.getOutputStream();
```

```
        Result result = Result.error(HttpServletResponse.SC_FORBIDDEN,"权限不足无法访问");
        outputStream.write(JSONUtil.toJsonStr(result).getBytes("UTF-8"));
        outputStream.flush();
        outputStream.close();
    }
}
```

11.3.2 认证异常处理

AuthenticationEntryPoint 用于客户端的请求凭证,当访问被保护资源时,在过滤器中如果发现是匿名用户的请求,则会抛出异常行为,接着会由该类进行处理。该类提供了一个 commence 方法,现在只需重写这种方法。主要针对未登录状态和 token 过期等情况的处理,并返回 401 状态错误码。

在 handle 包中新建一个 CustomAuthenticationEntryPoint 类,并使用@Component 注解,将其注册为 Spring 组件,然后实现 AuthenticationEntryPoint 接口的 commence 方法,对其进行重写操作,代码如下:

```java
//第 11 章/library/library-admin/CustomAuthenticationEntryPoint.java
@Component
public class CustomAuthenticationEntryPoint implements AuthenticationEntryPoint {
    @Override
    public void commence (HttpServletRequest request, HttpServletResponse response,
AuthenticationException authException) throws IOException, ServletException {
        response.setContentType("application/json;charset=utf-8");
        ServletOutputStream outputStream = response.getOutputStream();
        Result result = Result.error(HttpServletResponse.SC_UNAUTHORIZED,
            "请求失败");
        if (authException instanceof InsufficientAuthenticationException) {
            result.setMsg("当前是未登录状态或 token 已经过期,请重新登录!");
        }
        outputStream.write(JSONUtil.toJsonStr(result).getBytes());
        outputStream.flush();
        outputStream.close();
    }
}
```

11.3.3 用户详细信息功能实现

在项目引入 Spring Security 后,什么也没配置时,账号和密码是由 Spring Security 定义生成的,而在实际的项目开发中账号和密码都是从数据库中获取的,所以需要通过自定义逻辑控制认证,如果需要自定义逻辑,则只需实现 UserDetailsService 接口。

1. 实现 UserDetailsService

UserDetailsService 是 Spring Security 提供的一个接口,用于从数据库中获取用户的详细信息。它是 Spring Security 认证系统中最核心的接口之一,用于检索并加载用户实例。当用户尝试进行认证时,Spring Security 将使用 UserDetailsService 接口从数据库中检索用户的详细信息。具体来讲,在进行认证时,需要为 Spring Security 配置一个 UserDetailsService 的实现类,该类将负责验证用户的身份,并返回一个符合要求的 UserDetails 对象。UserDetailsService 接口定义了一个 loadUserByUsername 方法,源代码如下:

```
public interface UserDetailsService {
        UserDetails loadUserByUsername(String username) throws UsernameNotFoundException;
}
```

该方法接收一个用户名作为参数,并返回一个 UserDetails 对象,表示与该用户名关联的用户的详细信息。如果找不到该用户,则不应返回 null,而是由该方法抛出 UsernameNotFoundException 异常。

在 library-admin 子模块中添加 config 配置包,并创建一个 ApplicationConfig 配置类。

在该配置类上使用了 Lombok 的一个注解@RequiredArgsConstructor,其作用是在写 Controller 层或者 Service 层时,需要注入很多 mapper 接口或者 service 接口,如果每个接口都写上@Autowired 就会显得很烦琐,所以使用@RequiredArgsConstructor 注解可以代替@Autowired 注解,但是在声明的变量前必须加上 final 修饰。

创建 userDetailsService 方法,并添加 @Bean 注解,以将其声明为一个 Spring Bean,并返回一个 UserDetailsService 对象,在方法的实现中,使用 lambda 表达式将传入的用户名作为参数,并调用 userService.loadUserByUsername(username) 方法来加载相应的用户详细信息,代码如下:

```
//第 11 章/library/library-admin/ApplicationConfig.java
@Configuration
@RequiredArgsConstructor
public class ApplicationConfig {
        private final UserService userService;
    @Bean
    public UserDetailsService userDetailsService() {
        //获取登录用户信息
        return username -> userService.loadUserByUsername(username);
    }
}
```

在用户的 UserService 接口中定义一个 loadUserByUsername 接口,使用用户名从数据库中查找用户信息,代码如下:

```
/**
 * 获取登录用户的信息
 *
 * @param username
 * @return
 */
UserDetails loadUserByUsername(String username);
```

实现 loadUserByUsername 方法,代码如下:

```java
//第 11 章/library/library-admin/UserServiceImpl.java
@Override
public UserDetails loadUserByUsername(String username) throws UsernameNotFoundException {
    User user = lambdaQuery().eq(User::getUsername, username).one();
    if (user == null) {
        throw new UsernameNotFoundException(username + "用户名不存在!");
    }
    return new CustomUserDetails(user);
}
```

2. 自定义 UserDetails

接下来,先要实现 UserDetails 接口的相关操作。UserDetails 是 Spring Security 的基础接口,这个接口规范了用户详细信息所拥有的字段,譬如用户名、密码、账号是否过期、是否锁定等。Spring Security 框架并不在乎项目是怎么存储用户和权限信息的。只要取出用户信息时把它包装成一个 UserDetails 对象就可以了。UserDetails 接口定义了以下方法,源代码如下:

```java
//第 11 章/library/library-admin/UserDetails.java
public interface UserDetails extends Serializable {
        //获取用户的权限列表
        Collection<? extends GrantedAuthority> getAuthorities();
        //获取用户的密码
        String getPassword();
        //获取用户的用户名
        String getUsername();
        //判断用户账号是否未过期
        boolean isAccountNonExpired();
        //判断用户账号是否未被锁住
        boolean isAccountNonLocked();
        //判断用户的凭证(密码)是否未过期
        boolean isCredentialsNonExpired();
        //判断用户账号是否启用
        boolean isEnabled();
}
```

通常情况下,通过实现 UserDetails 接口来提供用户的详细信息,在 user/bo 包中新建一个 CustomUserDetails 自定义实现类,然后实现 UserDetails 接口。根据具体的业务需求,提供符合要求的用户详细信息。这些信息将在认证和授权过程中使用,用于验证用户身份和授权判断。引入 user 用户类,然后提供相应的构造方法,并实现用户名和密码获取等操作,代码如下:

```java
//第 11 章/library/library-admin/CustomUserDetails.java
@Data
public class CustomUserDetails implements UserDetails {
    private final User user;
    public CustomUserDetails(User user) {
```

```java
        this.user = user;
    }
    @Override
    public Collection<? extends GrantedAuthority> getAuthorities() {
        return null;
    }
    @Override
    public String getUsername() {
        return user.getUsername();
    }
    @Override
    public String getPassword() {
        return user.getPassword();
    }
    public String getRoles() {
        return user.getRoleIds();
    }
    @Override
    public boolean isAccountNonExpired() {
        //返回账户是否未过期
        return true;
    }
    @Override
    public boolean isAccountNonLocked() {
        //返回账户是否未被锁定
        return true;
    }
    @Override
    public boolean isCredentialsNonExpired() {
        //返回凭证是否未过期
        return true;
    }
    @Override
    public boolean isEnabled() {
        //返回账号状态正常的
        return user.getStatus().equals(0);
    }
}
```

11.3.4 自定义授权管理器

在 Spring Security 5.5 的版本以后增加了一个新的授权管理器接口 AuthorizationManager，它让动态权限的控制接口化了，更加方便使用。本项目采用动态权限的方式来判断用户的访问权限和资源权限的管理，简化了前端的相关操作，后端也不需要在每个接口上添加相关的权限规则，方便后期权限相关代码的维护。

1. 决策规则

在 Spring Security 中，提供了 3 种不同的 AccessDecisionManager 决策规则，分别是 AffirmativeBased、UnanimousBased 和 ConsensusBased。AccessDecisionManager 通过管

理 AccessDecisionVoter 实现决策规则的执行。

AccessDecisionVoter 是决策过程中的一个投票者,它可以根据传入的 Authentication 对象和 Object 对象等参数进行判断,然后投出同意或反对票。根据不同的决策规则,AccessDecisionManager 会根据 AccessDecisionVoter 的投票结果进行决策,确定是否授予访问权限。以下是对这 3 种规则的详细说明。

(1) AffirmativeBased 是 Spring Security 默认的决策规则,它采用肯定主张策略,表示只要有一张或多张 ACCESS_GRANTED(访问已授权)投票,无论多少张反对票都会授予相关访问权限。

(2) UnanimousBased 采用一致主张策略,是最严格的授权决策器,表示只要获得一张 ACCESS_DENIED(拒绝访问)投票,则无论有多少张 ACCESS_GRANTED 投票都无法被授予访问权限。UnanimousBased 代表了与 AffirmativeBased 完全对立的规则。

(3) ConsensusBased 采用共识主张策略(少数服从多数),实现是根据非弃权票的共识授予或拒绝访问,表示当 ACCESS_GRANTED 投票大于 ACCESS_DENIED 投票时,就会授予访问权限。在票数相等或所有票数都弃权的情况下,提供属性来控制行为。

本项目使用的是 Spring Security 默认的 AffirmativeBased 决策规则,如果满足授权规则,则进行授权,否则拒绝授权。

2. 自定义 AuthorizationManager

AuthorizationManager 是用来检查当前认证信息 Authentication 是否可以访问特定对象 T,AuthorizationManager 将访问决策抽象更加泛化。AuthorizationManager 被 Spring Security 的基于请求、基于方法和基于消息的授权组件所调用,并负责做出最终的访问控制决定。AuthorizationManager 接口包含两种方法,代码如下:

```
//确定是否应授予特定身份验证和对象的访问权限
default void verify(Supplier < Authentication > authentication, T object) {
        AuthorizationDecision decision = check(authentication, object);
        if (decision != null && !decision.isGranted()) {
                throw new AccessDeniedException("Access Denied");
        }
}
//确定是否为特定身份验证和对象授予访问权限
@Nullable
AuthorizationDecision check(Supplier < Authentication > authentication, T object);
```

现在只需实现 check 方法就可以了,它对当前提供的认证信息 authentication 和泛化对象 T 进行权限检查,并返回 AuthorizationDecision,然后将决定是否能够访问当前资源,如果 AuthorizationDecision 被设置为 false,则会被自定义的 CustomAuthenticationEntryPoint 类获取处理。

在 handle 包中新建一个自定义授权的管理器 CustomAuthorizationManager,然后实现 AuthorizationManager 接口中的 check 方法。使用@Component 注解将该类声明为一个 Spring 组件,以便能够通过依赖注入在其他地方使用。在该方法中代码的实现逻辑分为以下几个步骤。

（1）在方法的实现中，首先从 requestAuthorizationContext 中获取当前的请求对象 HttpServletRequest，然后从请求头中根据 Authorization 获取 JWT 令牌 token。如果 token 为空，则返回一个 AuthorizationDecision 决策对象，表示没有权限，其中使用了一个 @Value 注解，该注解将从配置文件获取 JWT 相关配置，在 application.yml 配置文件中添加 JWT 的配置，如存储的请求头、JWT 加解密使用的密钥和 JWT 负载中获得开头等配置信息，代码如下：

```
//第 11 章/library/library-admin/application.yml
jwt:
  #JWT 存储的请求头
  tokenHeader: Authorization
  #JWT 加解密使用的密钥
  key: library-secret
  #JWT 负载中获得开头
  tokenHead: 'Bearer '
```

获取请求头中的 token，代码如下：

```
//第 11 章/library/library-admin/CustomAuthorizationManager.java
//获取请求头里面的 JWT 令牌
HttpServletRequest httpServletRequest = requestAuthorizationContext
        .getRequest();
String token = httpServletRequest.getHeader(tokenHeader);
if (StrUtil.isEmpty(token)) {
    token = httpServletRequest.getHeader("authorization");
}
if (StrUtil.isEmpty(token)) {
    return new AuthorizationDecision(false);
}
```

（2）接下来，先获取当前请求的 URL 网址，并获取所有的菜单列表，然后遍历这个列表，使用 AntPathRequestMatcher 来匹配当前请求的 URL 与菜单的 URL，如果匹配成功，则再去获取当前登录用户的角色信息，并根据角色信息去查询相应的菜单，如果匹配成功的 URL 符合该角色的菜单权限，则表示有权限访问，否则报 403 错误，无权限访问该接口，代码如下：

```
//第 11 章/library/library-admin/CustomAuthorizationManager.java
//表示请求的 URL 网址和数据库的地址是否匹配上了
boolean isMatch = false;
        //获取当前请求的 URL 网址
        HttpServletRequest request = requestAuthorizationContext.getRequest();
        List<Menu> list = menuService.list(new QueryWrapper<>());
        for (Menu m : list) {
            AntPathRequestMatcher antPathRequestMatcher = new AntPathRequestMatcher(m.
getUrl());
            if (antPathRequestMatcher.matches(request)) {
```

```
                      //说明找到了请求的地址
                      //获取当前登录用户的角色
                      CustomUserDetails userDetails = (CustomUserDetails) authentication.get().
getPrincipal();
                      //获取用户相关角色 id 信息
                       List < Integer > roleIdList = StrUtil.splitTrim(userDetails.getRoles(),
StrUtil.COMMA).stream().map(Integer::valueOf).toList();
                      //通过角色 id 查询相关菜单 ids
                      Set < Integer > menuIds = roleMenuService.getMenuIdsByRoleIds(roleIdList);
                      if (CollUtil.isNotEmpty(menuIds)) {
                          for (Integer menuId : menuIds) {
                              if (menuId.equals(m.getId())) {
                                  //说明当前登录用户具备当前请求所需要的菜单
                                  isMatch = true;
                                  return new AuthorizationDecision(true);
                              }
                          }
                      }
                  }
              }
          }
      }
      if (!isMatch) {
          //说明请求的 URL 地址和数据库的地址没有匹配上,但当前用户是匿名用户,这表示
          //用户尚未进行身份验证,通常是未登录的用户
          if (authentication.get() instanceof AnonymousAuthenticationToken) {
              return new AuthorizationDecision(false);
          } else {
              //说明用户已经认证了,但是没有访问该接口的权限
              throw new AccessDeniedException("没有权限访问!");
          }
      }
      return new AuthorizationDecision(false);
```

11.3.5　实现 Token 生成工具

在 library-admin 子模块中创建一个 util 包,接着在该包中新建一个 JwtTokenUtil 工具类,用来生成和管理 Token,并使用@Component 注解将该类声明为一个 Spring 组件。

1. 生成 Token

添加一个 createJwtToken 方法,接收 UserDetails 对象作为参数,其中包含用户的详细信息,例如用户名等,然后使用 Map 对象来存储需要添加到 JWT 中的自定义声明信息。这里需要定义两个常量,即 CLAIM_KEY_USERNAME 和 CLAIM_KEY_CREATED,代码如下:

```
//第 11 章/library/library - admin/JwtTokenUtil.java
private static final String CLAIM_KEY_USERNAME = "sub";
private static final String CLAIM_KEY_CREATED = "created";

/**
 * 用户登录成功后生成 JWT 的 Token,使用 HS512 算法
```

```
 *
 * @param userDetails
 * @return token
 */
public String createJwtToken(UserDetails userDetails) {
    Map < String, Object > claims = new HashMap <>();
    claims.put(CLAIM_KEY_USERNAME, userDetails.getUsername());
    claims.put(CLAIM_KEY_CREATED, new Date());
    return generateToken(claims, userDetails.getUsername());
}
```

代码中调用了 generateToken 方法生成 Token，现在再创建一个 generateToken 方法，然后调用 Jwts.builder 方法来创建一个 JWT 构建器，接着通过链式调用方法设置 JWT 的各部分，如负载信息（setClaims）、主题（setSubject）、发布时间（setIssuedAt）、过期时间（setExpiration）等。最后使用 signWith 方法指定签名算法和密钥对 JWT 进行签名，并调用 compact 方法生成最终的 JWT 字符串，代码如下：

```
//第 11 章/library/library - admin/JwtTokenUtil.java
/**
 * 根据规则生成 JWT 的 Token
 *
 * @param claims
 * @param username
 * @return
 */
private String generateToken(Map < String, Object > claims, String username) {
    JwtBuilder builder = Jwts.builder()
            .addClaims(claims)
            .setIssuedAt(new Date())
            .setSubject(username)
            //设置过期时间,1h 后过期
            . setExpiration (new Date(System. currentTimeMillis( ) + CacheTimeConstant.
tokenExpiration))
            //设置签名使用的签名算法和签名使用的密钥
            .signWith(SignatureAlgorithm. HS512, key);
    return builder.compact();
}
```

这里使用了过期的时间，可以将时间提取到缓存时间管理类中，打开 CacheTimeConstant 类，加入 Token 的过期时间，代码如下：

```
/**
 * JWT 的过期时间 1h(ms)
 */
public static final Long tokenExpiration = 3600000L;
```

2. 验证 Token

在工具类中创建一个 parseJWT 验证方法，使用 Jwts. parser 方法获取一个 JWT 解析器，并通过 setSigningKey 方法设置解析时使用的密钥。key 是一个对称密钥或公钥，用于验证 JWT 的签名,然后 parseClaimsJws 方法用于解析传入的 Token 字符串。如果解析成功,则返回一个 Jws<Claims>对象,通过调用 getBody 方法可以获取包含在 JWT 中的声明信息。如果解析失败,则会抛出异常并记录错误日志,代码如下:

```java
//第 11 章/library/library-admin/JwtTokenUtil.java
/**
 * Token 验证
 *
 * @param Token 加密后的 Token
 * @return
 */
private Claims parseJWT(String token) {
    Claims claims = null;
    try {
        claims = Jwts.parser()
                .setSigningKey(key)
                .parseClaimsJws(token)
                .getBody();
    } catch (Exception e) {
        log.error("token: {},格式验证失败!错误信息为: ", token, e);
    }
    return claims;
}
```

3. 获取登录用户名

创建一个获取用户名的 getUserNameFromToken 方法,将从 Token 中解析出用户名,代码如下:

```java
//第 11 章/library/library-admin/JwtTokenUtil.java
/**
 * 从 Token 中获取登录用户名
 */
public String getUserNameFromToken(String token) {
    String username;
    try {
        Claims claims = parseJWT(token);
        username = claims.getSubject();
    } catch (Exception e) {
        username = null;
        log.error("token: {},根据 Token 获取用户名失败!错误信息为: ", token, e);
    }
    return username;
}
```

还有其他一些方法的使用,这里不再过多地讲解,详细的代码在本书的配套源码中可以获取。

11.3.6　JWT登录授权过滤器

OncePerRequestFilter 是 Spring 框架中的一个过滤器类,用于在每个请求上执行一次过滤操作。它是 Spring 提供的抽象类 GenericFilterBean 的子类,并实现了 jakarta. servlet. Filter 接口。作为过滤器类,OncePerRequestFilter 可以用于对 HTTP 请求进行预处理和后处理操作。它适用于需要针对每个请求只被执行一次的逻辑,例如身份验证、日志记录和字符编码设置等。

在 library-admin 子模块中新建一个 filter 包,然后创建 JwtAuthenticationTokenFilter 过滤类,继承 OncePerRequestFilter 类,并使用 @ Component 注解将该类声明为一个 Spring 组件,然后只需重写 doFilterInternal 方法,源代码如下:

```
//第 11 章/library/library - admin/JwtAuthenticationTokenFilter. java
@Override
protected void doFilterInternal(HttpServletRequest request, HttpServletResponse response,
FilterChain doFilterInternal) throws ServletException, IOException {
        //执行预处理逻辑
        //调用下一个过滤器或者目标请求资源
        filterChain.doFilter(request, response);
        //执行后处理逻辑
    }
```

接下来,需要重写 doFilterInternal 方法,首先从请求的头部中获取名为 Authorization 的头部信息,并判断其是否存在且是否以 Authorization 开头。这通常用于检查请求是否携带了 JWT 的授权信息,代码如下:

```
//第 11 章/library/library - admin/JwtAuthenticationTokenFilter. java
String authHeader = request.getHeader(this.tokenHeader);
if (authHeader == null ||!authHeader.startsWith(tokenHead)) {
    filterChain.doFilter(request, response);
    return;
}
//获取 Token
String token = authHeader.substring(this.tokenHead.length());
if (StrUtil.isEmpty(token)) {
    throw new BadCredentialsException("令牌为空,请重新登录!");
}
```

如果存在合法的 JWT 授权头信息,则提取出其中的令牌部分,并使用 JwtTokenUtil 工具类的 getUserNameFromToken 方法根据令牌解析出用户名。如果用户名不为空且当前请求的 SecurityContextHolder 中的身份认证信息为 null,则说明该用户需要进行身份认证,然后使用 UserDetailsService 根据用户名加载用户的详细信息,并使用 JwtTokenUtil 中的 isVerifyToken 方法验证令牌的有效性,确保令牌与加载的用户信息匹配。如果验证成功,则创建一个 UsernamePasswordAuthenticationToken 对象,将加载的用户详细信息、凭证(在这种情况下为 null)和权限列表设置到该对象中。使用 WebAuthenticationDetailsSource 创建 WebAuthenticationDetails 对象,并将其作为参数设置到 UsernamePasswordAuthenticationToken 对象中。再将创建的 UsernamePasswordAuthenticationToken 对象设置到当前请求的 SecurityContextHolder 中,表示该用户已经通过身份认证。最后,调用 filterChain. doFilter

方法将当前请求传递给下一个过滤器或目标资源进行处理,代码如下:

```java
//第 11 章/library/library-admin/JwtAuthenticationTokenFilter.java
String username = jwtTokenUtil.getUserNameFromToken(token);
log.info("JWT 登录授权过滤器获取用户名: {}", username);
if (username != null && SecurityContextHolder.getContext()
        .getAuthentication() == null) {
UserDetails userDetails = this.userDetailsService
        .loadUserByUsername(username);
    if (jwtTokenUtil.isVerifyToken(token, userDetails)) {
    UsernamePasswordAuthenticationToken authentication =
        new UsernamePasswordAuthenticationToken(userDetails, null,
            userDetails.getAuthorities());
    authentication.setDetails(new WebAuthenticationDetailsSource()
            .buildDetails(request));
SecurityContextHolder.getContext().setAuthentication(authentication);
    }
}
    filterChain.doFilter(request, response);
```

11.3.7 Spring Security 配置

Spring Security 配置类用于配置应用程序的安全机制,包括认证和授权等方面。它提供了一种简单的方式,可以在 Web 应用程序中添加安全机制。项目中使用的 Spring Security 的版本为 6.1 以上的版本,WebSecurityConfigurerAdapter 这个类已完全被移除了,主要的目的是鼓励开发者使用基于组件的安全配置。另外,配置 DLS 也发生了变化。Spring Security 6.0 采用了基于 Lambda 表达式的 DSL 配置方式,取代了之前的纯链式调用方式,使配置更加灵活和直观。对一些方法名称也进行了修改,例如 antMatchers 被替换为 requestMatchers。

1. 配置 URL 白名单

在 ApplicationConfig 配置类中添加不需要验证的相关接口的 URL,如登录、获取验证码、注册和退出等相关请求的 URL,在执行这些接口时会自动过滤掉这些 URL,代码如下:

```java
//第 11 章/library/library-admin/ApplicationConfig.java
/**
 * URL 白名单
 */
private static final String[] WHITE_LIST_URL = {
        "/css/**",
        "/js/**",
        "/index.html",
        "/img/**",
        "/fonts/**",
        "/favicon.ico",
        "/web/captcha",
        "/user/register",
```

```
            "/web/logout",
            "/web/login"
    };
    @Bean
    public RequestMatcher[] requestMatchers() {
        List<String> paths = Arrays.asList(WHITE_LIST_URL);
        List<RequestMatcher> requestMatchers = new ArrayList<>();
        paths.forEach(path -> requestMatchers.add(new AntPathRequestMatcher(path)));
        return requestMatchers.toArray(new RequestMatcher[0]);
    }
```

2. 密码加密

PasswordEncoder 是 Spring Security 提供的密码加密方式的接口定义。在用户注册时输入的密码也要使用这种加密方式加密后存入数据库,从而保证数据的安全。在ApplicationConfig 配置类中,通过@Bean 的方式去配置全局统一使用的密码加密方式,代码如下:

```
@Bean
public PasswordEncoder passwordEncoder() {
    return new BCryptPasswordEncoder();
}
```

创建一个 AuthenticationProvider 对象,用于处理用户的身份认证过程。它使用自定义的 UserDetailsService 实现类获取用户的身份信息,并使用 passwordEncoder 方法对用户输入的密码进行加密处理,代码如下:

```
//第 11 章/library/library-admin/ApplicationConfig.java
@Bean
public AuthenticationProvider authenticationProvider() {
    DaoAuthenticationProvider authProvider = new DaoAuthenticationProvider();
    authProvider.setUserDetailsService(userDetailsService());
    authProvider.setPasswordEncoder(passwordEncoder());
    return authProvider;
}
```

3. 认证管理器

在 ApplicationConfig 配置类中创建一个 AuthenticationManager 对象,用于处理认证请求。通过注入 AuthenticationConfiguration 并获取 AuthenticationManager 对象可以确保使用正确的配置和实例化方式来创建认证管理器,并将其暴露为 Spring Bean,以供其他组件使用,代码如下:

```
//第 11 章/library/library-admin/ApplicationConfig.java
/**
 * 获取 AuthenticationManager(认证管理器),登录时认证使用
 */
@Bean
public AuthenticationManager authenticationManager(
```

```
AuthenticationConfiguration config) throws Exception {
        return config.getAuthenticationManager();
}
```

4. Spring Security 配置类

目前新版的 Spring Security 需要使用 SecurityFilterChain Bean 配置相应的过滤器链，在配置中 authorizeHttpRequests 方法用于配置每个请求的权限控制，这里要求除了设置的白名单以外的所有请求都要通过认证后才能访问，其余的都是一些自定义的过滤器，这里不过多地对此进行说明，代码如下：

```
//第 11 章/library/library-admin/SecurityConfig.java
@Configuration
@EnableWebSecurity
public class SecurityConfig {
    @Resource
    private CustomAccessDeniedHandler customAccessDeniedHandler;
    @Resource
    private CustomAuthenticationEntryPoint customAuthenticationEntryPoint;
    @Resource
    private JwtAuthenticationTokenFilter jwtAuthenticationTokenFilter;
    @Resource
    private RequestMatcher[] requestMatchers;
    @Resource
    private CustomAuthorizationManager customAuthorizationManager;
    @Resource
    private AuthenticationProvider authenticationProvider;
    @Bean
    public SecurityFilterChain securityFilterChain(HttpSecurity http) throws Exception {
        http
                //CSRF 禁用,因为不使用 session
                .csrf(csrf -> csrf.disable())
                //路径配置
                .authorizeHttpRequests(register -> register
                        .requestMatchers(requestMatchers).permitAll()
                        .anyRequest().access(customAuthorizationManager)
                )
                .formLogin(f -> f.disable())
                //禁用缓存
                .sessionManagement(s ->
                        //使用无状态 session,即不使用 session 缓存数据
    s.sessionCreationPolicy(SessionCreationPolicy.STATELESS))
                .authenticationProvider(authenticationProvider)
                //添加 JWT 过滤器
                .addFilterBefore(jwtAuthenticationTokenFilter, UsernamePasswordAuthentic-
ationFilter.class)
                //权限不足时的处理
                .exceptionHandling(e -> e
                        .authenticationEntryPoint(customAuthenticationEntryPoint)
                        .accessDeniedHandler(customAccessDeniedHandler)
                );
```

```
        return http.build();
    }
}
```

5．跨域处理

在前后端分离的项目中，跨域的问题会经常遇到，跨域是因为浏览器的同源策略限制，是浏览器的一种安全机制，服务器端之间不存在跨域问题。所谓同源指的是两个页面具有相同的协议、主机和端口，三者有任一不相同即会产生跨域问题。那么如何解决这个跨域问题，可以实现 WebMvcConfigurer 接口并重写其中的 addCorsMappings 方法来自定义 CORS 配置，进而实现全局配置跨域处理。

在 library-admin 子模块的 config 包中创建一个 CorsConfig 配置类，然后实现 WebMvcConfigurer 接口，代码如下：

```java
//第 11 章/library/library-admin/CorsConfig.java
@Configuration
public class CorsConfig implements WebMvcConfigurer {
    @Override
    public void addCorsMappings(CorsRegistry registry){
        //设置允许跨域的路径
        registry.addMapping ("/**")
                //设置允许跨域请求的域名
                .allowedOriginPatterns ("*")
                //是否允许证书
                .allowCredentials (true)
                //设置允许的方法
                .allowedMethods ("GET","POST","PUT","DELETE")
                //设置允许的 header 属性
                .allowedHeaders ("*")
                //允许跨域时间
                .maxAge (3600);
    }
}
```

11.4　实现登录接口及完善相关功能

在 11.3 节中，已经完成了权限管理方面的配置，现在将继续完善登录功能及其他与权限相关的扩展功能。这些功能包括获取当前登录用户的信息、退出登录及获取短信验证码等。

11.4.1　用户登录与退出功能实现

首先，将重点实现登录功能。在前端页面上用户可以通过提供正确的凭据（如用户名和密码）进行登录，并且后端会验证这些凭据的有效性。一旦验证成功，接口将返回一个访问令牌（Access Token）给用户，用于后续的接口访问。

1. 登录参数设置

在登录页面上,用户要填写用户名、密码及验证码才能提交登录,先来定义这3个参数,在 user 的 bo 包中新建一个 UserLoginBO 类,然后通过@NotEmpty 将参数设置为非空,代码如下:

```java
//第 11 章/library/library-admin/UserLoginBO.java
@Data
public class UserLoginBO {
    /**
     * 用户名
     */
    @NotEmpty(message = "用户名不能为空")
    private String username;
    /**
     * 密码
     */
    @NotEmpty(message = "密码不能为空")
    private String password;
    /**
     * 验证码
     */
    @NotEmpty(message = "验证码不能为空")
    private String verifyCode;
}
```

2. 添加登录接口

打开 LoginController 类,然后添加一个 POST 请求的 login 登录方法,接收的参数为 UserLoginBO 对象,该方法的实现步骤如下。

(1) 根据页面传来的用户名从数据库中查找该用户的信息,这里需要在 UserService 中添加一个根据用户名查询用户的 getUserByUsername 接口,代码如下:

```java
//第 11 章/library/library-admin/LoginController.java
User user = userService.getUserByUsername(bo.getUsername());
if (user == null) {
    return Result.error("您好,登录用户不存在,请联系管理员!");
}
```

(2) 接着使用 BCryptPasswordEncoder 的加密方式对接收的密码和用户数据库中的密码进行比较,如果两个密码不一致,则返回密码错误信息,代码如下:

```java
//第 11 章/library/library-admin/LoginController.java
BCryptPasswordEncoder bCryptPasswordEncoder = new BCryptPasswordEncoder();
if (!bCryptPasswordEncoder.matches(bo.getPassword(), userByUsername.getPassword())) {
    return Result.error("密码不正确");
}
```

(3) 验证该用户的账号是否已经被停用,如果已经被停用,则返回账号停用的错误状态码和相关提示信息。先在 ErrorCodeEnum 中添加错误码,代码如下:

```
USER_STOP(0002, "账号停用"),

//代码验证
if (StatusEnum.STOP.equals(user.getStatus())) {
    return Result.error(ErrorCodeEnum.USER_STOP.getCode(), "该账号已被停用,无法登录");
}
```

（4）对验证码的验证,通过前端传来的验证码和 Redis 存储的验证码进行比较,如果不一致,则需要返回验证码错误的信息,其中状态码需要在 ErrorCodeEnum 枚举类中添加,代码如下:

```
//第 11 章/library/library - admin/LoginController.java

VERIFY_CODE(0003, "验证码不正确")

//获取验证码
String captchaCache = (String) redisUtil.get(RedisKeyConstant.LOGIN_VERIFY_CODE + bo.
getVerifyCode());
if (!userService.checkCode(captchaCache, bo.getVerifyCode())) {
    return Result.error(ErrorCodeEnum.VERIFY_CODE.getCode(), "验证码不正确或已过期");
}
```

验证码在对比时调用了 checkCode 方法,在 UserService 中添加该接口,代码如下:

```
/**
 * 校验验证码是否正确,true: 正确
 * @param captchaCache 缓存中的验证码
 * @param verifyCode 页面传的验证码
 * @return
 */
boolean checkCode(String captchaCache, String verifyCode);
```

实现 checkCode()方法,代码如下:

```
//第 11 章/library/library - admin/UserServiceImpl.java
public boolean checkCode(String captchaCache, String verifyCode) {
    if (StrUtil.isEmpty(captchaCache) || StrUtil.isEmpty(verifyCode) || ! captchaCache.
equalsIgnoreCase(verifyCode)) {
        //验证码不正确
        return false;
    }
    return true;
}
```

（5）接着调用 UserService 类中的 login 接口进行验证,并返回 Token 值,代码如下:

```
/**
 * 登录,获取 Token
 *
 * @param bo
 * @return
 */
String login(UserLoginBO bo);
```

实现 login 接口,代码如下:

```java
//第 11 章/library/library-admin/UserServiceImpl.java
@Override
public String login(UserLoginBO bo) {
    String token = null;
    try {
        UserDetails userDetails = loadUserByUsername(bo.getUsername());
        UsernamePasswordAuthenticationToken authentication =
                new UsernamePasswordAuthenticationToken(userDetails, null, userDetails.
getAuthorities());
        SecurityContextHolder.getContext()
        .setAuthentication(authentication);
        token = jwtTokenUtil.createJwtToken(userDetails);
        //更新登录的时间
        updateLoginTime(bo.getUsername());
    } catch (AuthenticationException e) {
        log.error("登录失败,异常处理: ", e);
    }
    return token;
}


private void updateLoginTime(String username) {
    User user = getUserByUsername(username);
    if (user != null) {
        user.setLoginDate(LocalDateTime.now());
        updateById(user);
    } else {
        log.error("更新登录的时间失败!");
    }
}
```

(6)最后将生成的 Token 值返给前端,用于后续的接口访问,代码如下:

```java
//第 11 章/library/library-admin/LoginController.java
String token = userService.login(bo);
if (token == null) {
    return Result.error("用户名或密码错误");
}
Map<String, String> map = new HashMap<>(4);
map.put("token", tokenHead + token);
return Result.success(map);
```

到这里登录的接口已经开发完成,详细完整的代码可在本书的配套源码中获取。

3. 退出系统接口

退出系统的接口这里暂时只写一个接口,先不实现功能,但也不影响系统的退出,等第 13章日志完成后,这里还需要添加记录退出系统的操作日志,代码如下:

```java
//第 11 章/library/library-admin/LoginController.java
/**
 * 退出登录
```

```
     *
     * @return
     */
@GetMapping("/logout")
public Result<Object> logout() {
    return Result.success("退出成功");
}
```

11.4.2 用户注册功能实现

注册功能基本上在每个网站或 App 上都有该功能的体现,根据不同的账号可以区分平台的数据展示和保护个人的访问数据隐私等操作。本项目中的系统注册加入了短信验证码功能,只有输入正确的手机号和验证码才能实现用户的注册。当然本项目只是简单地进行验证,还留有部分后期可扩展的功能,如密码的长度限制和用户名审核等操作。

1. 获取手机验证码

打开 LoginController 接口类,创建一个 getSmsVerifyCode 获取短信验证码的方法,然后分为以下几部分说明。

(1) 在 user 的包中创建一个接收手机号码和区分验证码的 UserSmsLoginBO 对象,代码如下:

```
//第 11 章/library/library - admin/UserSmsLoginBO.java
@Data
public class UserSmsLoginBO {
    /**
     * 手机号码
     */
    private Long phone;
    /**
     * 验证码类型:0代表注册,1代表忘记密码
     */
    private Integer captchaType;
}
```

(2) 从前端获取的手机号通过 Validator.isMobile 方法进行验证,如果手机号为空或不符合手机号的格式,则返回错误提示信息,代码如下:

```
if (bo.getPhone() == null &&
            !Validator.isMobile(String.valueOf(bo.getPhone()))) {
        return Result.error("手机号不能为空!");
}
```

(3) 查看 Redis 中有没有该手机号验证码的存在,这里需要区分注册获取验证码和忘记密码中获取短信验证码,在 Constants 公共常量类中定义 0 和 1 常量,代码如下:

```
//第 11 章/library/library - common/Constants.java
/**
 * 常量 0
```

```
 */
public static final Integer ZERO = 0;
/**
 * 常量 1
 */
public static final Integer ONE = 1;
```

在 RedisKeyConstant 中定义用户注册短信验证码 key 和忘记密码短信验证码 key，用来区分存入 Redis 中的短信验证码，代码如下：

接下来 ⋯⋯⋯⋯⋯⋯⋯⋯⋯⋯ 进行判断，如果验证码还未过期，则将提示相关信息，代 ⋯⋯⋯⋯⋯⋯⋯⋯⋯⋯⋯⋯⋯⋯⋯⋯⋯⋯⋯⋯⋯⋯⋯⋯

（4）⋯⋯⋯⋯⋯⋯⋯⋯⋯⋯，还需要检查手机号是否已注册。如果手机号已注 ⋯⋯⋯⋯⋯⋯⋯⋯⋯⋯⋯⋯⋯⋯⋯⋯⋯⋯⋯⋯⋯⋯

在 U ⋯⋯⋯⋯⋯⋯⋯Phone 方法，用于根据手机号查询用户信息，代码如下 ⋯⋯

```
/**
 * 根据手机号获取用户(手机号唯一)
```

```
 * @param phone
 * @return
 */
User getUserByPhone(Long phone);
```

实现 getUserByPhone()方法,代码如下:

```java
//第 11 章/library/library-admin/UserServiceImpl.java
@Override
public User getUserByPhone(Long phone) {
    User user = lambdaQuery().eq(User::getPhone, phone).one();
    return user;
}
```

(5) 生成一个 6 位随机验证码,然后使用短信工具的 sendSms 方法发送短信。随后会将生成的验证码存储到 Redis 中,并将其过期时间设置为 1min,需要先在 CacheTimeConstant 类中添加一个常量再设置过期时间,代码如下:

```java
/**
 * 短信验证码有效期为1min
 */
public static final Long smsVerifyCodeTime = 1L;
```

接下来,将编写短信发送的相关代码,代码如下:

```java
//第 11 章/library/library-admin/LoginController.java
String smsCode = String.valueOf((int)((Math.random() * 9 + 1) * Math.pow(10,5)));
try {
    SmsUtil.sendSms(String.valueOf(bo.getPhone()), smsCode);
    redisUtil.set(redisKey, smsCode, CacheTimeConstant.smsVerifyCodeTime, TimeUnit.
MINUTES);
} catch (Exception e) {
    log.error("短信验证码获取失败!", e);
    return Result.error("短信验证码获取失败,请重试或联系管理员!");
}
```

2. 实现注册接口

在获得短信验证码后,需要提供唯一的用户名、密码、手机号和验证码信息。确保用户名和手机号不会在数据库中重复出现。

(1) 修改接收前端注册信息的 UserInsert 对象,代码如下:

```java
//第 11 章/library/library-admin/UserInsert.java
@Data
public class UserInsert implements Serializable {
    @TableField(exist = false)
    private static final long serialVersionUID = -31284640727677131L;
    /**
     * 用户账号
     */
    private String username;
```

```
    /**
     * 密码
     */
    private String password;
    /**
     * 手机号码
     */
    private Long phone;
    /**
     * 短信验证码
     */
    private Integer smsCode;
}
```

（2）将原本的初始化生成用户的接口改为用户注册接口。首先,检查用户填写的用户名、密码及手机号是否为空。其次,验证用户名是否已经存在及验证码是否失效或为空。最后,如果通过所有验证,则将调用 insert 方法来执行用户添加操作,代码如下:

```
//第 11 章/library/library - admin/UserController.java
@PostMapping("/register")
public Result insert(@Valid @RequestBody UserInsert param) {
    if (StrUtil.isEmpty(param.getUsername()) && StrUtil.isEmpty(param.getPassword())&&
param.getPhone() == null) {
        return Result.error("注册信息不能为空!");
    }
    //账号不能重复
    if (userService.getUserByUsername(param.getUsername()) != null) {
        return Result.error("用户名已存在,请重新填写用户名!");
    }
    String smsCodeCache = (String) redisUtil.get
(RedisKeyConstant.SMS_VERIFY_REGISTER_CODE + param.getPhone());
    if (StrUtil.isEmpty(smsCodeCache) || param.getSmsCode() == null || !smsCodeCache.
equalsIgnoreCase(String.valueOf(param.getSmsCode()))) {
        return Result.error("验证码为空或已失效,请重新获取验证码!");
    }
    boolean status = userService.insert(param);
    if (!status) {
        return Result.error("账号注册失败,请再次重试或联系管理员!");
    }
    return Result.success();
}
```

（3）在 insert 方法中,在将用户信息存入数据库之前,需要对一些数据进行处理和配置。这包括密码加密、分配唯一的用户编号、设置默认用户头像及分配基本的用户权限等操作,其中用户的角色类型需要单独添加一个枚举类,在 library-common 子模块的 enums 包中创建一个 RoleTypeEnum 枚举类,系统共分为 3 个角色,即超级管理员、图书管理员和普通用户,代码如下:

```
//第 11 章/library/library - common/RoleTypeEnum.java
@Getter
```

```
@AllArgsConstructor
public enum RoleTypeEnum {
    SUPER_ADMIN(1, "超级管理员"),
    LIBRARY_ADMIN(2, "图书管理员"),
    ORDINARY(3, "普通用户");

    private Integer code;
    private String desc;
    public static String getValue(Integer code) {
        RoleTypeEnum[] roleTypeEnums = values();
        for (RoleTypeEnum roleTypeEnum : roleTypeEnums) {
            if (roleTypeEnum.getCode().equals(code)) {
                return roleTypeEnum.getDesc();
            }
        }
        return null;
    }
}
```

接下来实现用户的入库操作,代码如下:

```
//第 11 章/library/library - admin/UserServiceImpl.java
@Override
@Transactional(rollbackFor = Exception.class)
public boolean insert(UserInsert userInsert) {
    User user = userStructMapper.insertToUser(userInsert);
    //对密码进行加密
    String encodePassword = bCryptPasswordEncoder.encode(user.getPassword());
    user.setPassword(encodePassword);
    //用户编号,唯一
    String uuid = System.currentTimeMillis() + UUID.randomUUID().toString().replaceAll(" - ",
"").substring(0, 6);
    user.setJobNumber(uuid);
    //用户姓名,初始值为随机生成
    user.setRealName(RandomUtil.randomString(6));
    user.setAvatar("https://pic.wndbac.cn/file/fea5b7ea8bc13828b71b5.jpg");
    user.setRoleIds(String.valueOf(RoleTypeEnum.ORDINARY.getCode()));
    save(user);
            //维护用户和角色关联信息
    setUserRole(user.getId());
    return true;
}
```

将注册用户的相关信息保存到数据库后,如果被赋予的角色为普通用户,则需要维护用户和角色的关系,添加了一个 setUserRole 方法,接收参数为用户的 id,代码如下:

```
//第 11 章/library/library - admin/UserServiceImpl.java
private void setUserRole(Integer userId) {
    List < Integer > list = new ArrayList <>();
    //初始化用户,注册的用户都为普通用户
    list.add(RoleTypeEnum.ORDINARY.getCode());
```

```
    UserRoleInsert userRoleInsert = new UserRoleInsert(userId, list);
    userRoleService.insert(userRoleInsert);
}
```

修改 UserRoleInsert 类,将接收角色 id 的集合,代码如下:

```
//第 11 章/library/library-admin/UserRoleInsert.java
@Data
public class UserRoleInsert implements Serializable {
    @TableField(exist = false)
    private static final long serialVersionUID = -69394119308354776L;
    /**
     * 用户 ID
     */
    private Integer userId;
    /**
     * 角色 ID
     */
    private List<Integer> roleIds;
    public UserRoleInsert() {
    }
    public UserRoleInsert(Integer userId, List<Integer> roleIds) {
        this.userId = userId;
        this.roleIds = roleIds;
    }
}
```

然后实现用户和角色关联的表的插入 insert 的方法,需要注意的是,在 UserRoleServiceImpl 中引入用户的 UserService 接口时需要加上@Lazy 注解,否则会出现循环依赖的错误,代码如下:

```
//第 11 章/library/library-admin/UserRoleServiceImpl.java
@Override
@Transactional(rollbackFor = Exception.class)
public boolean insert(UserRoleInsert userRoleInsert) {
    //先删除之前的关系,再添加新的用户和角色的关系
    remove(new QueryWrapper<UserRole>().lambda().eq(UserRole::getUserId, userRoleInsert.
getUserId()));
    //重新绑定
    if (CollUtil.isNotEmpty(userRoleInsert.getRoleIds())) {
        userRoleInsert.getRoleIds().forEach(r -> {
            UserRole userRole = new UserRole(userRoleInsert.getUserId(), r);
            save(userRole);
        });
    }
    //修改用户表的角色
    UserUpdate userUpdate = new UserUpdate();
    userUpdate.setId(userRoleInsert.getUserId());
    String s = userRoleInsert.getRoleIds().stream()
            .map(String::valueOf).collect(Collectors.joining(","));
    userUpdate.setRoleIds(s);
```

```
        userService.update(userUpdate);
        return true;
    }
```

3. 用户缓存

在项目中,将引入本地缓存来加速用户查询接口的响应速度。具体实现方式是在项目启动时将数据库中的用户数据加载到缓存中,并随后在进行添加、修改和删除用户操作时将确保先更新缓存。然后进行数据库操作,以保持缓存和数据库中数据的一致性。这样,当需要查询用户时可以从缓存中首先查找用户信息,如果未找到,则再从数据库中查找,以提高查询性能。

(1) 在 UserService 类中创建一个 init 接口,用来初始化缓存中的数据,代码如下:

```
/**
 * 初始化数据
 */
void init();
```

实现 init 的接口,将用户的所有信息列表查询出来,然后定义一个 userMap 的集合,其中 key 为用户 id,值为 user 对象,代码如下:

```
//第 11 章/library/library - admin/UserServiceImpl.java
@Override
public void init() {
    List < User > userList = userMapper.selectList(new QueryWrapper <>());
    if (CollUtil.isNotEmpty(userList)) {
        for (User user : userList) {
            userMap.put(user.getId(), user);
        }
        log.info("用户添加缓存完成!");
    }
}
```

(2) 在 library-admin 子模块的 config 包中新建一个 InitDataApplication 类,用于项目在启动时将数据库中的数据加载到内存里,并实现 ApplicationRunner 接口中的 run 方法,代码如下:

```
//第 11 章/library/library - admin/UserServiceImpl.java
@Log4j2
@Component
public class InitDataApplication implements ApplicationRunner {
    @Resource
    private UserService userService;
    private boolean initialized = false;
    @Override
    public void run(ApplicationArguments args) throws Exception {
        if (!initialized) {
            init();
            initialized = true;
```

```
            }
        }
        /**
         * 初始化数据
         */
        private void init() {
            //用户缓存初始化
            userService.init();
        }
    }
```

（3）对 userMap 的维护，在注册的实现方法中添加缓存，代码如下：

```
userMap.put(user.getId(), user);
```

修改根据 id 查看用户详情的 queryById 接口，将缓存和数据库查找相结合，代码如下：

```java
//第 11 章/library/library-admin/UserServiceImpl.java
@Override
public UserVO queryById(Integer id) {
    User user = userMap.get(id);
    if (user == null) {
        user = baseMapper.selectById(id);
    }
    UserVO userVO = userStructMapper.userToUserVO(user);
    if (userVO != null) {
        userVO.setSexName(SexEnum.getValue(userVO.getSex()));
        userVO.setStatusName(StatusEnum.getValue(userVO.getStatus()));
    }
    return userVO;
}
```

同时，还实现了在修改和删除用户时同步更新缓存的功能。具体的代码示例可以在本书的配套源码中查看相关信息。

11.4.3　使用注解获取登录用户信息

引入权限功能后，经常需要获取当前用户的信息，例如在图书借阅记录管理中，每个用户只能查看自己的借阅信息，而管理员则可以查看所有的借阅信息，因此在查询时需要获取当前登录用户的信息，以便有选择性地查询借阅记录。

在 Spring Security 中通过 SecurityContext 获取当前的用户信息，代码如下：

```
Authentication authentication = SecurityContextHolder.getContext()
        .getAuthentication();
String name = authentication.getName();
```

为了提高代码的简洁性和可读性，本书自定义了@CurrentUser 注解，允许直接在方法参数上使用它。通过在需要获取用户信息的方法上添加@CurrentUser 注解，可以轻松地获取当前用户的信息，而无须手动查找用户信息，从而简化了操作，参考以下示例代码：

```
//第 11 章/library/library-admin/UserController.java
@GetMapping("/getusername")
public Result getUserName(@CurrentUser CurrentLoginUser currentLoginUser) {
    String username = currentLoginUser.getUsername();
    return Result.success(username);
}
```

1. 定义 @CurrenUser 注解

在 library-common 子模块中,新建一个 annotation 包,并在其中创建一个 CurrentUser 注解类。该注解类使用了 @Target 元注解,参数 ElementType.PARAMETER 可以在方法的参数上使用。同时,我们还会使用 @Retention 注解,参数为 RetentionPolicy.RUNTIME,以表示该注解在运行时有效,代码如下:

```
@Target(ElementType.PARAMETER)            //可用在方法的参数上
@Retention(RetentionPolicy.RUNTIME)       //运行时有效
public @interface CurrentUser {
}
```

在 @Target 元注解中 ElementType 枚举还有其他枚举成员可供选择,用来表示该注解可以放在什么位置上。以下列举的是 ElementType 枚举类的其他枚举成员。

(1) TYPE:修饰接口、类、枚举类型。

(2) FIELD:修饰字段、枚举的常量。

(3) METHOD:修饰方法。

(4) PARAMETER:修饰方法参数。

(5) CONSTRUCTOR:修饰构造函数。

(6) LOCAL_VARIABLE:修饰局部变量。

(7) ANNOTATION_TYPE:修饰注解。

(8) PACKAGE:修饰包。

在 @Retention 注解中,除了使用的 RUNTIME 枚举成员外,还有以下两个枚举成员。

(1) SOURCE:注解在源码时有效,将被编译器丢弃。

(2) CLASS:注解在编译时有效,但在运行时没有保留,这也是默认行为。

2. 获取用户信息

该注解是在 library-common 子模块中实现的,无法获取用户的基本信息,由于只能通过 SecurityContextHolder.getContext().getAuthentication()获取当前登录用户名,所以现在先定义一个该注解需要哪些属性的类,在该模块下新建一个 service 包,在包中再新建一个 bo 包,然后创建一个 CurrentLoginUser 类,用来存放用户的一些基本信息,代码如下:

```
//第 11 章/library/library-common/CurrentLoginUser.java
@Data
public class CurrentLoginUser implements Serializable {
    private static final long serialVersionUID = -213062036869902521L;
```

```
    /**
     * 用户 ID
     */
    private Integer userId;
    /**
     * 用户账号
     */
    private String username;
    /**
     * 用户姓名
     */
    private String realName;
    /**
     * 手机号码
     */
    private Long phone;
    /**
     * 用户编号
     */
    private String jobNumber;
    /**
     * 角色
     */
    private List < Integer > roleIds;
}
```

在 library-common 子模块中并没有引入 library-admin 模块,那如何获取用户的信息呢?现在需要在 service 包中创建一个获取用户信息的 TrendInvocationSecurityService 接口类,然后定义一个根据用户名获取该用户信息的 getCurrentLoginUser 方法,代码如下:

```
/**
 * 根据用户名查询用户信息
 * @param username
 * @return
 */
CurrentLoginUser getCurrentLoginUser(String username);
```

接着在 library-admin 子模块的 config 包中创建一个获取用户的 UserSecurityConfig 配置类,然后实现 TrendInvocationSecurityService 的 Bean,并在 trendInvocationSecurityService 方法中根据提供的用户名去查询对应的用户信息,并将这些信息封装到 CurrentLoginUser 对象中并返回。此时在 library-common 子模块中定义获取用户的接口就可以获取用户信息了,代码如下:

```
//第 11 章/library/library - admin/UserSecurityConfig. java
@Log4j2
@Configuration
public class UserSecurityConfig {
    @Resource
    private UserService userService;
```

```
@Bean
public TrendInvocationSecurityService trendInvocationSecurityService() {
    return username -> {
        if (StrUtil.isEmpty(username)) {
            return null;
        }
        User user = userService.getUserByUsername(username);
        if (user == null) {
            return null;
        }
        currentLoginUser currentLoginUser = new CurrentLoginUser();
        currentLoginUser.setPhone(user.getPhone());
        currentLoginUser.setUserId(user.getId());
        currentLoginUser.setUsername(user.getUsername());
        currentLoginUser.setRealName(user.getRealName());
        currentLoginUser.setJobNumber(user.getJobNumber());
        if (StrUtil.isNotEmpty(user.getRoleIds())) {
            List<String> roleIds = Arrays.asList(user.getRoleIds().split(","));
currentLoginUser.setRoleIds(roleIds.stream()
.map(Integer::parseInt).collect(Collectors.toList()));
        }
        return currentLoginUser;
    };
}
}
```

3. 参数解析器

在 library-common 子模块中，新建一个 handler 包，并在其中创建一个
CurrentUserMethodArgumentResolver 参数解析器类，然后实现 Spring 提供的
HandlerMethodArgumentResolver 接口。接下来对实现的方法进行解析。

（1）首先，实现了 HandlerMethodArgumentResolver 接口的 supportsParameter 方法。
该方法用于判断一种方法参数是否被当前的参数解析器所支持。通过 MethodParameter
参数获取了当前方法的参数类型，然后通过 getParameterType 方法获取了参数的具体类
型。接着，使用 isAssignableFrom 方法判断该参数类型是否是 CurrentLoginUser 类或其子
类。同时，还通过 hasParameterAnnotation 方法判断当前方法参数是否被 CurrentUser 注
解标记。如果这两个条件都满足，则返回值为 true，表示当前的参数解析器支持该方法参
数，否则返回值为 false，代码如下：

```
//第 11 章/library/library-admin/CurrentUserMethodArgumentResolver.java
@Override
public boolean supportsParameter(MethodParameter methodParameter) {
    return methodParameter.getParameterType()
            .isAssignableFrom(CurrentLoginUser.class) && methodParameter
            .hasParameterAnnotation(CurrentUser.class);
}
```

（2）在 resolveArgument 方法中用于解析方法参数并返回当前登录用户的信息。首

先,通过 SecurityContextHolder.getContext().getAuthentication()获取当前的身份认证对象 Authentication,然后通过判断 authentication 是否为 null 来确定当前是否存在登录状态。如果 authentication 为 null,则表示当前登录状态过期,将会输出错误日志并返回一个空的 CurrentLoginUser 对象。如果 authentication 不为 null,则进一步判断 authentication.getPrincipal 是否实现了 UserDetails 接口,即判断当前用户是否为已认证的用户。如果是已认证的用户,则通过 UserDetails 接口可以获取用户名,然后调用 trendInvocationSecurityService.getCurrentLoginUser 方法,根据用户名获取当前登录用户的详细信息,并将其封装为 CurrentLoginUser 对象进行返回。如果不是已认证的用户,则同样返回一个空的 CurrentLoginUser 对象,代码如下:

```java
//第 11 章/library/library-admin/CurrentUserMethodArgumentResolver.java
@Override
public Object resolveArgument(MethodParameter methodParameter, ModelAndViewContainer
modelAndViewContainer, NativeWebRequest nativeWebRequest, WebDataBinderFactory
webDataBinderFactory) throws Exception {
    Authentication authentication = SecurityContextHolder
                .getContext().getAuthentication();
    if (authentication == null) {
        log.error("当前登录状态过期", HttpStatus.UNAUTHORIZED);
        return new CurrentLoginUser();
    }
    if (authentication.getPrincipal() instanceof UserDetails) {
        UserDetails userDetails = (UserDetails) authentication.getPrincipal();
        //获取用户名
        CurrentLoginUser loginUser = trendInvocationSecurityService.getCurrentLoginUser
(userDetails.getUsername());
        return loginUser;
    }
    return new CurrentLoginUser();
}
```

4. 配置参数解析器

在 library-common 子模块的 config 包中找到 WebAppConfigurer 配置类,该配置类是 Spring 内部的一种配置方式,可以自定义 Handler、Interceptor、ViewResolver、MessageConverter 等对 Spring MVC 框架进行配置。

在 WebAppConfigurer 类中重写了 addArgumentResolvers 方法。这种方法用于注册自定义的 HandlerMethodArgumentResolver 参数解析器。通过调用 argumentResolvers.add 方法,将一个自定义的参数解析器 CurrentUserMethodArgumentResolver 添加到参数解析器列表中。

接下来,定义了一个 currentUserMethodArgumentResolver 方法,用于创建和返回一个 CurrentUserMethodArgumentResolver 对象。在这种方法上使用@Bean 注解,表示将返回的对象注册到 Spring 的 IOC 容器中,因此,在整个配置过程中,当 Spring MVC 需要解析方法参数时会先调用 addArgumentResolvers 方法将自定义的参数解析器添加到解析器列表中，然后在解析方法参数时会优先使用这个自定义的参数解析器来解析参数，代码如下：

```
//第 11 章/library/library-common/WebAppConfigurer.java
@Configuration
public class WebAppConfigurer implements WebMvcConfigurer {
    @Override
    public void addArgumentResolvers(List<HandlerMethodArgumentResolver> argumentResolvers) {
        argumentResolvers.add(currentUserMethodArgumentResolver());
    }
    @Bean
    public CurrentUserMethodArgumentResolver currentUserMethodArgumentResolver(){
        return new CurrentUserMethodArgumentResolver();
    }
}
```

5. 获取登录用户信息

在 UserController 类中创建一个 getUserInfo 方法，用于获取当前登录的用户信息，其方法的参数为自定义的获取用户信息的注解@CurrentUser。在前端页面登录中会首先加载该接口以获取需要展示用户的信息，如用户名、头像等，代码如下：

```
//第 11 章/library/library-admin/UserController.java
@GetMapping("/info")
public Result<?> getUserInfo(@CurrentUser CurrentLoginUser currentLoginUser) {
    if (currentLoginUser == null) {
        return Result.error("用户信息获取失败!");
    }
    UserInfoVO userInfo = null;
    try {
        userInfo = userService.getUserInfo(currentLoginUser);
    } catch (Exception e) {
        log.error("用户: {}, 获取当前登录用户信息失败: ", currentLoginUser.getUsername(), e);
        return Result.error("获取当前登录用户信息失败!");
    }
    return Result.success(userInfo);
}
```

在 UserService 接口类中创建一个 getUserInfo 接口，用于获取用户的信息，其中返回的类需要在 user 中的 vo 包中创建 UserInfoVO 类，详细代码可查看本书配套的源代码文件，接口代码如下：

```
/**
 * 获取当前登录用户信息
 * @param currentLoginUser
 * @return
 */
UserInfoVO getUserInfo(CurrentLoginUser currentLoginUser);
```

然后实现该接口的功能，先从缓存中查找，如果缓存中没有，则从数据库中查找，该代码如下：

```
//第11章/library/library-admin/UserServiceImpl.java
@Override
public UserInfoVO getUserInfo(CurrentLoginUser currentLoginUser) {
    User user = userMap.get(currentLoginUser.getUserId());
    if (user == null) {
        user = this.getById(currentLoginUser.getUserId());
      if (user != null) {
            userMap.put(user.getId(), user);
        } else {
            return new UserInfoVO();
        }
    }
    UserInfoVO vo = userStructMapper.userToUserInfoVO(user);
    return vo;
}
```

11.4.4 修改密码功能实现

在系统开发中,密码管理是一个常见而且至关重要的功能,修改密码和重置密码操作涉及用户账户的核心安全,因此必须确保密码的保密性和安全性,以免对用户和系统造成潜在损失。特别是在密码重置操作中,严格的验证措施是不可或缺的。我们采用了短信验证码作为一种验证手段,以确保只有合法用户才能执行此关键操作。

1. 修改用户密码

修改密码的操作是用户已经登录了该系统,进入系统后的操作,相对验证身份没有那么严格。在 user 的 bo 包中新建一个 UserChangePasswordBO 类,用来接收前端传来的密码信息,包括原密码、新密码和确认新密码,其中在新密码和确认新密码的属性上添加了@Size 注解,用来约束密码的位数,代码如下:

```
//第11章/library/library-admin/UserChangePasswordBO.java
@Data
public class UserChangePasswordBO implements Serializable {
    @Serial
    private static final long serialVersionUID = -5743011544604686914L;
    /**
     * 原密码
     */
    @NotBlank(message = "原密码不能为空")
    private String oldPassword;
    /**
     * 新密码
     */
    @NotBlank(message = "新密码不能为空")
    @Size(min = 6, max = 12, message = "密码须为8~20位")
    private String newPassword;
    /**
     * 确认新密码
     */
```

```
            @NotBlank(message = "确认新密码不能为空")
            @Size(min = 6, max = 12, message = "密码须为 8～20 位")
            private String confirmNewPassword;
        }
```

然后在 UserController 类中新建一个修改用户登录密码的 updatePassword 方法,在接收的参数上使用了@CurrentUser 注解获取当前登录用户的信息,然后判断接收的参数是否为空和验证两次填写的新密码是否一致,如果一致,就调用修改密码的接口,代码如下:

```
//第 11 章/library/library - admin/UserController.java
@PostMapping("/change/password")
public Result <?> updatePassword(@RequestBody @Valid UserChangePasswordBO bo, @CurrentUser
CurrentLoginUser currentLoginUser) {
    if (StrUtil.isBlank(bo.getNewPassword()) || StrUtil.isBlank(bo.getConfirmNewPassword
()))) {
        return Result.error("密码或确认密码不能为空");
    }
    if (!bo.getConfirmNewPassword().equals(bo.getNewPassword())) {
        return Result.error("密码与确认密码不同,需检查是否一致");
    }
    userService.changePassword(bo, currentLoginUser);
    return Result.success();
}
```

接着,在 UserService 类中定义一个修改密码的 changePassword 接口,代码如下:

```
//第 11 章/library/library - admin/UserService.java
/ **
 * 修改当前用户的密码
 *
 * @param bo
 * @param currentLoginUser
 */
void changePassword(UserChangePasswordBO bo, CurrentLoginUser currentLoginUser);
```

实现 changePassword 接口,如果接收的原始密码和数据库中存储的密码不一致,则直接抛出异常处理,错误码需要在 ErrorCodeEnum 错误枚举类中添加。如果一致,则直接修改数据库操作,并更新用户的本地缓存,代码如下:

```
//第 11 章/library/library - admin/UserServiceImpl.java
@Override
public void changePassword(UserChangePasswordBO bo, CurrentLoginUser currentLoginUser) {
    User user = userMap.get(currentLoginUser.getUserId());
    if (user == null || !bCryptPasswordEncoder.matches(bo.getOldPassword(), user.
getPassword())) {
        throw new BaseException(ErrorCodeEnum.INCORRECT_OLD_PASSWORD);
    }
    user.setPassword(bCryptPasswordEncoder
        .encode(bo.getConfirmNewPassword()));
    this.updateById(user);
```

```
        userMap.put(user.getId(), user);
    }
```

2．重置用户密码

在用户登录系统忘记密码的情况下，需要重新设置密码。本项目重置密码的主要流程为先验证相关的参数，然后生成初始化密码，并通过短信的方式发送到手机上。在 user 的 bo 包中新建一个 UserForgetPassword 类，用来接收前端的相关参数，代码如下：

```java
//第 11 章/library/library - admin/UserForgetPassword.java
@Data
public class UserForgetPassword implements Serializable {
    @Serial
    private static final long serialVersionUID = - 464821434166314265L;
    /**
     * 用户名
     */
    private String username;
    /**
     * 手机号
     */
    private Long phone;
    /**
     * 验证码
     */
    private String verifyCode;
}
```

然后在 UserController 类中新建一个重置用户登录密码的 resettingPassword 方法，并实现相关的验证，如果验证通过，则调用 forgetPassword 接口，实现密码的发送功能，代码如下：

```java
//第 11 章/library/library - admin/UserController.java
@PostMapping("/forget/password")
public Result resettingPassword(@Valid @RequestBody UserForgetPassword param) {
    User user = userService.getUserByPhone(param.getPhone());
    if (user == null) {
        return Result.error("用户获取失败,需检查手机号是否正确!");
    }
    if (!user.getUsername().equals(param.getUsername())) {
        return Result.error("账号不正确,请填写正确的登录账号!");
    }
    if (StatusEnum.STOP.equals(user.getStatus())) {
        return Result.error(ErrorCodeEnum.USER_STOP.getCode(), "该账号已被停用,无法重置密码");
    }
    String smsCodeCache = (String) redisUtil.get(RedisKeyConstant.SMS_VERIFY_FORGET_CODE +
param.getPhone());
    if (!userService.checkCode(smsCodeCache, param.getVerifyCode())) {
        return Result.error(ErrorCodeEnum.VERIFY_CODE.getCode(), "验证码不正确或已过期");
    }
    userService.forgetPassword(user, param);
```

```
        return Result.success("初始密码已通过短信方式发送到您的手机,请注意查收!");
    }
```

在 UserService 接口类中创建一个 forgetPassword 接口,代码如下:

```
/**
 * 重置密码
 *
 * @param user
 * @param userForgetPassword
 */
void forgetPassword(User user, UserForgetPassword userForgetPassword);
```

接着实现该接口,使用 UUID.randomUUID()方法生成一个 6 位数的密码,然后通过短信发送到用户手机上,这里的短信内容需要更换短信发送的模板,需要修改短信发送的工具类,先暂时不变动,并使用验证码的模板接收。最后更新用户数据库的信息和本地缓存,代码如下:

```
//第 11 章/library/library-admin/UserServiceImpl.java
@Override
public void forgetPassword(User user, UserForgetPassword userForgetPassword) {
    //初始化密码
    String uuid = UUID.randomUUID().toString().substring(0, 6);
    BCryptPasswordEncoder bCryptPasswordEncoder = new BCryptPasswordEncoder();
    String encode = bCryptPasswordEncoder.encode(uuid);
    //发送短信
    try {
        SmsUtil.sendSms(String.valueOf(userForgetPassword.getPhone()), uuid);
    } catch (Exception e) {
        throw new RuntimeException(e);
    }
    user.setPassword(encode);
    this.updateById(user);
    userMap.put(user.getId(), user);
    log.info("重置密码成功:账号:{},手机号:{}", userForgetPassword.getUsername(),
userForgetPassword.getPhone());
}
```

11.5 功能测试

到目前为止,项目的权限功能已基本开发完成,下一步是完善接口文档并进行权限相关的测试,以确保前端能够顺利地访问所提供的接口。

11.5.1 账号登录相关测试

首先,需要启动项目,并确认是否启动成功。如果项目启动成功,接下来则可以打开 Apifox 接口管理文档,测试登录相关接口的完整流程。针对测试过程中出现的问题,可以进行优化和改进。

1. 注册用户

注册用户需要获取短信验证码,先来新建一个获取短信验证码的接口。在系统管理/登录管理目录下中添加一个获取手机验证码的接口,在接口中以对象的传参格式设置 phone 和 captchaType 两个参数,然后输入手机号,单击"发送"按钮,此时接口会返回 403 错误,提示权限不足无法访问。这并不是想要的结果,由于获取验证码的接口是不需要经权限过滤的,所以先将该接口加入 ApplicationConfig 配置类中的 URL 访问白名单中,然后重新启动项目,代码如下:

```java
//第11章/library/library-admin/ApplicationConfig.java
private static final String[] WHITE_LIST_URL = {
            "/css/**",
            "/js/**",
            "/index.html",
            "/img/**",
            "/fonts/**",
            "/favicon.ico",
            "/web/captcha",
            "/user/register",
            "/web/logout",
            "/web/login",
            "/web/sms/captcha"
};
```

再次请求该接口,接口返回 200 状态码并提示操作成功,如图 11-10 所示。

图 11-10　获取手机验证码接口测试

再查看手机是否接收到了验证码短信,这里需要说明一下,短信验证码的有效期是

图 11-11　获取手机验证码

3min,而后端设置的是1min,这里只是为了演示项目开发,后期可以修改短信的内容,确保项目的准确性,如图 11-11 所示。

验证码获取成功后,接下来,在系统管理/用户管理目录下新建一个用户注册的接口文档,并根据后端的接口指定相关的参数,然后在 Body 中填写注册的相关信息,最后单击"发送"按钮,请求接口。在接口返回成功后,查看数据库是否该用户已被插入数据库中,并核对初始化的数据是否正确,如图 11-12 所示。

图 11-12　用户注册

2. 用户登录

现在数据库中有了一个用户信息,这时可以测试登录功能了,先获取登录的验证码,因为验证码返回的是 Base64 格式,所以可以在 Redis 的管理工具 RedisInsight 中查看验证码,如图 11-13 所示。

打开账号登录的接口文档,填写已经注册过的用户名和密码,然后填写登录验证码,单击"发送"按钮,请求登录接口。如果登录成功,则会返回请求接口用的 Token,如图 11-14 所示。

在登录成功后,就可以访问需要授权的接口了,但是在请求每个接口时都需要验证 Token,需要在每个接口上都添加 Token 值,这就显得非常麻烦,所以可以配置一个全局参数,这样就可以在每个接口的 Header 上添加了 Token 的值了。在 Apifox 的管理环境中找到全局参数,先将 Token 设置为全局变量,然后在 Header 中添加一个 Authorization 参数,

图 11-13　获取登录验证码

图 11-14　账号登录

类型为 String，设置默认为全局变量的 Token，然后单击"保存"按钮，即可添加成功，如图 11-15 所示。

配置了全局参数后，打开用户分页列表的接口文档，然后在运行栏中会有个 Headers，里面有配置的参数 Authorization，这个可以选择是否勾选请求接口带 Token 值，如不勾选该参数，请求用户列表接口，查看会返回什么结果，如图 11-16 所示。

图 11-15　配置全局参数

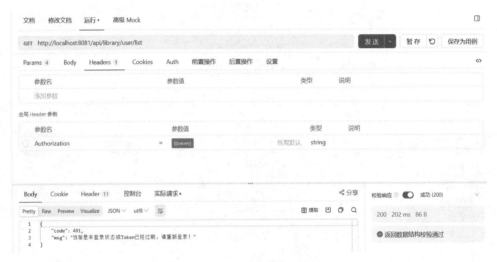

图 11-16　无 Token 请求用户接口

再勾选 Header 参数，请求接口会报 403 错误，原因是已经认证通过了，只是该用户没有获取用户的权限，需要关联相关菜单才可以获取，这里先不考虑。这里验证了在登录的情况下，接口带 Token 值是可以正常访问的，如图 11-17 所示。

3. 重置和修改密码

在 Apifox 接口文档中的系统管理/用户管理目录下，新建一个重置密码的接口，并设置 3 个请求参数，分别是手机号码、用户名和短信验证码。由于在此功能中也需要短信验证码进行验证操作，所以将发送手机短信验证码接口中的 captchaType 请求参数设置为 1，然后获取重置密码的验证码。再填写要重置密码的用户名和手机号，接着单击"发送"请求重置密码接口，如果返回状态为 200 且消息为"初始密码已通过短信方式发送到您的手机，请注意查收！"，则说明接口已经执行成功，再次查看是否密码被发送到手机上，然后使用该密码登录即可，如图 11-18 所示。

修改密码要比重置密码的实现相对简单，但执行流程需要用户在已登录的状态下才可

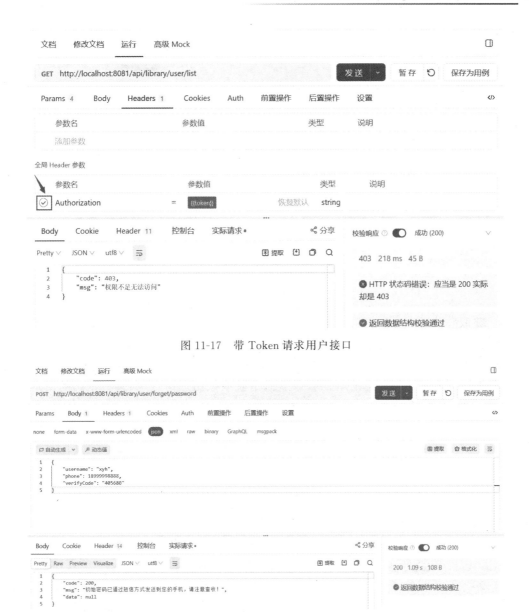

图 11-17 带 Token 请求用户接口

图 11-18 重置密码接口测试

以执行修改密码操作。在 Apifox 的用户管理中添加一个修改登录密码的接口,并根据后端接收对象添加相关的请求参数,在登录的状态下,请求该接口,实现密码修改,如果请求的接口为 403,则权限不足,因为所有的接口都还没配置相关权限,所以可以暂时先在 ApplicationConfig 类中设置所有的接口放行,等配置完权限后再去掉即可,全部的接口可用 "/ **"表示,添加完成后再重新启动项目,再次请求重置密码的接口,此时接口就可以正常执行了,如图 11-19 所示。

图 11-19 修改密码接口测试

4. 获取登录用户信息

在 11.4.3 节中已实现了使用注解获取当前登录的信息,接下来测试一下在登录的状态下是否可以获取该用户信息,在接口文档的用户管理目录下,新建一个获取当前登录用户信息的接口,然后在如用户名为 xyh 的登录状态下获取该用户信息,如果有正确的用户信息返回,则说明该注解的配置是正确的,如图 11-20 所示。

图 11-20 获取当前登录用户信息

5. 退出登录

退出登录的功能很简单,不需要获取 Token,只要请求退出登录的接口即可。在登录管理中添加一个退出登录的接口,然后先登录,再请求退出的接口,查看是否成功退出,如图 11-21 所示。

图 11-21　退出登录

11.5.2　菜单与角色测试

菜单和角色这两个功能在项目中占有很重要的地位,不同的角色会看到不同的菜单信息,在本项目中,共分为 3 个角色。

(1)超级管理员:可以查看和操作所有的功能,拥有最高的权限。

(2)管理员:可以发布图书、借阅审核等,还拥有发布公告等权限。

(3)普通用户:拥有借阅图书、修改自己的密码等功能。

1．菜单相关测试

在 Apifox 接口文档的系统管理中添加一个菜单管理的子目录,先来添加一个添加菜单的接口,并根据后端接收对象中的属性添加相应的请求参数。先以系统管理菜单为例,将系统菜单作为父节点,然后将用户、角色、菜单管理作为子节点,项目左侧菜单栏基本的层级划分可以分为两个层级。各个请求参数的详情解释如下。

(1)name:菜单名。

(2)path:菜单路径,如果是父节点,则需要加上"/",子节点不需要添加。

(3)component:组件路径,实现该功能的前端页面路径,如果是父节点,则只需设置成LAYOUT,在子节点设置页面文件的路径。

(4)url:后端接口地址。

(5)redirect:重定向地址。

(6)title:菜单的标题,在后台管理系统的左侧导航栏中的名称展示。

(7)icon:菜单图标,用于菜单标题前的图标展示。

(8)orderNo:菜单的排序序号,越小越靠前。

（9）parentId：菜单的父菜单 Id，通过 parentId 的值进而生成菜单树。

根据接口参数的要求，填写系统管理的相关信息，如图 11-22 所示。

图 11-22　添加系统管理菜单

添加用户的菜单导航，如图 11-23 所示。

图 11-23　添加用户菜单导航

至此，已经添加好了增加菜单的接口文档，其余关于菜单的修改、删除等接口的文档这里不再演示，接口文档可在本书的配套资源中查看。

在菜单管理中，添加一个获取所有菜单树的接口文档，如图 11-24 所示。

在 MenuController 类中添加一个根据当前用户生成菜单树的 getMenuList 方法，该方法主要用于用户登录成功后，根据该用户的权限获取相应的菜单栏，代码如下：

```
//第 11 章/library/library-admin/MenuController.java
@GetMapping("/getMenuList")
```

```
public Result < List < MenuVO >> getMenuList(@CurrentUser CurrentLoginUser currentLoginUser) {
    List < MenuVO > menuList = menuService.getTreeMenu(currentLoginUser.getUserId());
    return Result.success(menuList);
}
```

图 11-24　菜单树接口

2. 角色相关测试

由于在角色的表中有创建角色用户的字段,所以在创建角色的接口中可以先获取当前登录用户,然后保存到创建角色的数据库中,这样可以方便后期查找哪个用户创建的该角色。

(1) 添加角色接口,打开 RoleController 类,并找到 insert 方法,添加@CurrentUser 注解即可,代码如下:

```
//第 11 章/library/library - admin/RoleController.java
@PostMapping("/insert")
public Result insert(@Valid @RequestBody RoleInsert param, @CurrentUser CurrentLoginUser
currentLoginUser) {
        param.setCreateBy(currentLoginUser.getUsername());
        roleService.insert(param);
        return Result.success();
}
```

修改完成后需要重启项目,然后在 Apifox 的系统管理中创建角色管理子目录,并添加一个添加角色的接口文档,设置相关的请求参数,请求接口,如图 11-25 所示。

(2) 在角色管理接口文档中添加一个分配角色权限的接口,一个角色会对应多个菜单 id,需要传的参数为菜单 id 的集合,如图 11-26 所示。

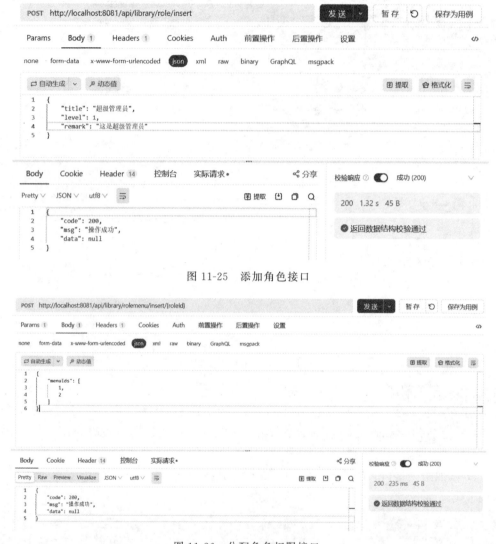

图 11-25 添加角色接口

图 11-26 分配角色权限接口

（3）添加用户和角色关联表的实现功能已经编写完成，但对接前端的接口地址还需要调整，然后获取前端传来的用户 id，并赋值给 UserRoleInsert 类中 userId 属性，代码如下：

```
//第 11 章/library/library－admin/UserRoleController.java
@PostMapping("insert/{userId}")
public Result insert(@PathVariable Integer userId, @Valid @RequestBody UserRoleInsert param) {
        param.setUserId(userId);
        userRoleService.insert(param);
        return Result.success();
    }
```

在角色管理的接口文档中添加用户和角色关系的接口文档,接下来进行测试,例如笔者将创建的超级管理员的角色赋给 xyh 用户,在接口请求成功后,查看数据库验证是否添加成功,如图 11-27 所示。

图 11-27 绑定用户角色

(4)接下来实现根据用户 id 查询相关角色信息的接口,主要用在用户绑定接口的实现中,在 UserRoleController 类中添加一个 getRelatedRoleIds 方法,并接收用户 id 作为查询参数,代码如下:

```java
//第 11 章/library/library-admin/UserRoleController.java
@GetMapping(value = "getRoleIdsByUserId/{userId}")
public Result getRelatedRoleIds(@PathVariable Integer userId) {
        List < Integer > roleIdsByUserId = userRoleService.getRoleIdsByUserId(userId);
        return Result.success(roleIdsByUserId);
    }
```

在 UserRoleService 类中添加 getRoleIdsByUserId 接口方法,代码如下:

```java
List < Integer > getRoleIdsByUserId(Integer userId);
```

将用户 id 作为查询条件,实现该功能,代码如下:

```java
//第 11 章/library/library-admin/UserRoleServiceImpl.java
@Override
public List < Integer > getRoleIdsByUserId(Integer userId) {
        LambdaQueryWrapper < UserRole > queryWrapper = new LambdaQueryWrapper <>();
        queryWrapper.eq(UserRole::getUserId, userId);
        List < Integer > collect = userRoleMapper.selectList(queryWrapper)
                .stream().map(UserRole::getRoleId).collect(Collectors.toList());
        return collect;
    }
```

接口代码实现完成后,在角色管理接口文件中添加该接口的文档,然后填写用户 id 测试是否可以查询出用户绑定的角色 id 集合,如图 11-28 所示。

图 11-28 根据用户查询相关角色

11.5.3 权限测试

至此,大部分与权限相关的接口已经完成了,下面来测试一下完整的权限流程。在开始之前,先把项目的 ApplicationConfig 配置类中的"/ ∗∗"URL 白名单去掉,然后重启项目。

(1)首先获取登录验证码,然后实现账号登录并获取 Token 值,将 Token 设置为全局变量。接下来,笔者将以 xyh 账号进行演示操作,如图 11-29 所示。

图 11-29 账号登录

（2）添加角色，在登录完成后，先来查看数据库的角色表中是否有角色数据，如笔者的本地数据库中存有一个超级管理员的角色，如果没有，则需要添加一个超级管理员的角色。

（3）添加菜单，在菜单表中添加系统管理父节点和系统用户子节点两条数据，然后给超级管理员角色绑定这两个菜单。在接口文档的 Params 中填写角色 id，然后在 Body 中填写需要绑定的菜单 id 的集合，如图 11-30 所示。

图 11-30　分配角色权限

（4）绑定用户角色，在绑定用户角色的接口文档中，例如，如果需要将 xyh 用户绑定为超级管理员的角色，则要在 Params 中填写用户 id，然后在 Body 中填写需要绑定的角色 id 的集合，如图 11-31 所示。

图 11-31　绑定用户角色

（5）接下来还需要在菜单表中添加一条数据，例如笔者添加了一个文件管理的菜单，在菜单表中的 url 值可以设置为"/file/＊＊"，表示 file 下的所有地址都可以访问。现在该菜单并没有绑定任何角色，然后在登录的情况下去请求该接口会报权限不足无法访问的错误，原因是笔者当前登录的用户并没有该菜单的权限，如图 11-32 所示。

图 11-32　无权限访问文件列表

用户的列表是绑定该用户的,现在再来请求一下用户的列表,这样就可以正常地查询出数据,如图 11-33 所示。

图 11-33　有权限访问用户列表

那么现在如何才能访问文件列表这个接口呢,需要将当前的用户角色绑定到该菜单,但绑定角色权限的接口也需要授权给该用户才能访问,为了方便,可以直接修改数据库原来已授权菜单的 url,然后填写好要绑定的菜单 id,请求分配角色权限的接口,这样就可以正常访问了,如图 11-34 所示。

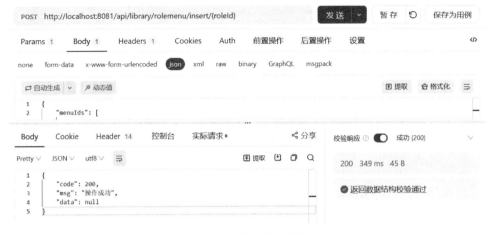

图 11-34 角色绑定菜单

本章小结

本章内容在项目开发中扮演着至关重要的角色,因为权限管理是确保系统安全性的关键环节之一。权限管理涉及复杂的流程,旨在确保只有获得授权的用户才可以执行特定操作,从而保护系统的完整性和安全性。我们学习了多个关键方面,包括用户注册、登录、退出、角色管理及菜单管理。同时结合短信验证码实现用户注册,以及采用角色基础访问控制(RBAC)的权限管理模型实现接口权限管理。这些操作组成了权限管理的核心。最后,通过全面的接口测试来验证权限管理的功能和效果。这是确保权限管理系统正常运行并发现潜在问题的关键步骤。

综上所述,权限管理是项目开发中不可或缺的一环,通过严谨的流程和有效的技术,确保系统的安全性和对用户数据的保护。

## 第 12 章

Jenkins 自动化部署项目

自动化部署项目已经成为现代软件开发的不可或缺的一部分。传统的手动部署过程烦琐且容易出错，需要大量人力投入，并且耗费时间。这会导致上线或更新的速度缓慢，可能带来管理混乱和错误的风险。传统部署还需要使用工具（如 Xftp 或 Scp）手动传输运行包，并执行命令来部署项目，这是一项重复且容易出错的任务。

而自动化部署彻底改变了这一格局。所有部署操作都可以完全自动化，不再需要人工干预。这意味着，软件的构建、测试和部署都可以在自动化工作流中顺利进行。这不仅提高了交付速度，还降低了人为错误的风险。自动化部署是现代软件开发的一项关键技术，它加速了交付过程，提高了系统的可靠性，并释放了开发团队的时间，使他们能够更专注于创新和问题解决。

12.1 服务器基础环境配置

在安装 Jenkins 之前，先在服务器中搭建 JDK 和 Maven 环境，以方便接下来对 Jenkins 进行相关配置。

12.1.1 安装 JDK

由于本项目使用的是 JDK 17 版本，所以在 Linux 系统中也要安装 JDK 17 版本。先在官方网站 https://www.oracle.com/java/technologies/downloads/#java17 中下载 Linux 环境的安装包，如果下载失败，则可在本书提供的配套资源中获取该安装包，如图 12-1 所示。

在服务器/usr/local 中创建一个 java 目录，通过 Xftp 将 JDK 安装包上传到该 java 目录下，命令如下：

```
[root@xyh /]#mkdir /usr/local/java
```

在 java 目录下解压 JDK 的安装包，命令如下：

```
#解压安装包
tar - zxvf jdk - 17_linux - x64_bin.tar.gz
```

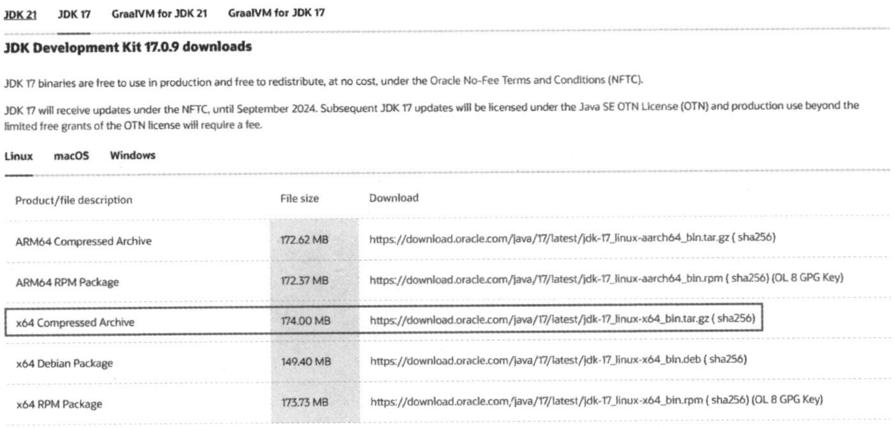

JDK 21　JDK 17　GraalVM for JDK 21　GraalVM for JDK 17

JDK Development Kit 17.0.9 downloads

JDK 17 binaries are free to use in production and free to redistribute, at no cost, under the Oracle No-Fee Terms and Conditions (NFTC).

JDK 17 will receive updates under the NFTC, until September 2024. Subsequent JDK 17 updates will be licensed under the Java SE OTN License (OTN) and production use beyond the limited free grants of the OTN license will require a fee.

Linux　macOS　Windows

Product/file description	File size	Download
ARM64 Compressed Archive	172.62 MB	https://download.oracle.com/java/17/latest/jdk-17_linux-aarch64_bin.tar.gz (sha256)
ARM64 RPM Package	172.37 MB	https://download.oracle.com/java/17/latest/jdk-17_linux-aarch64_bin.rpm (sha256) (OL 8 GPG Key)
x64 Compressed Archive	174.00 MB	https://download.oracle.com/java/17/latest/jdk-17_linux-x64_bin.tar.gz (sha256)
x64 Debian Package	149.40 MB	https://download.oracle.com/java/17/latest/jdk-17_linux-x64_bin.deb (sha256)
x64 RPM Package	173.73 MB	https://download.oracle.com/java/17/latest/jdk-17_linux-x64_bin.rpm (sha256) (OL 8 GPG Key)

图 12-1　下载 JDK 17

在 Linux 和 Windows 系统中的操作一样,在安装完成 JDK 后,需要配置环境变量,将 JDK 的相关配置添加到/etc/profile 文件中,这样就可以在任何一个目录中访问 JDK 了。

使用以下命令即可打开 profile 配置文件,打开后按键盘上的 I 键进入编辑模式,命令如下:

```
vim /etc/profile
```

在配置中添加 JDK 环境变量,完成后按键盘上的 Esc 键退出,然后按:wq 保存并关闭 vim。配置环境变量命令如下,如图 12-2 所示。

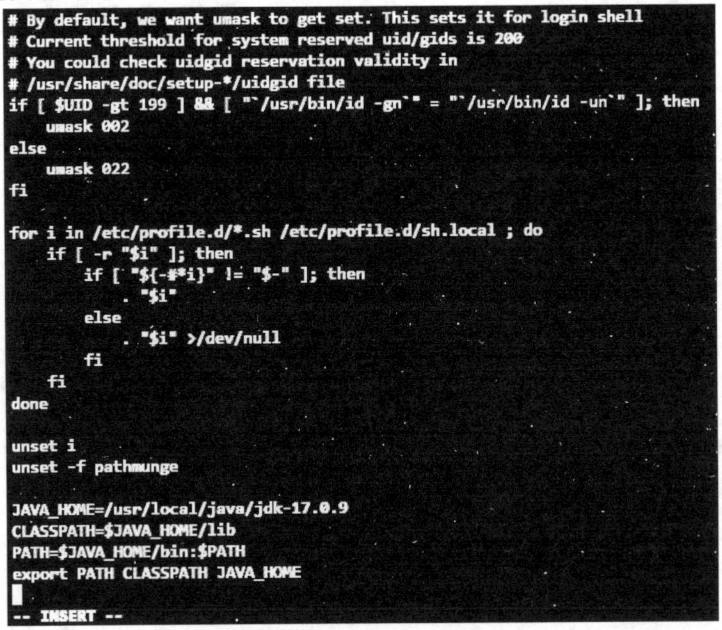

```
# By default, we want umask to get set. This sets it for login shell
# Current threshold for system reserved uid/gids is 200
# You could check uidgid reservation validity in
# /usr/share/doc/setup-*/uidgid file
if [ $UID -gt 199 ] && [ "`/usr/bin/id -gn`" = "`/usr/bin/id -un`" ]; then
    umask 002
else
    umask 022
fi

for i in /etc/profile.d/*.sh /etc/profile.d/sh.local ; do
    if [ -r "$i" ]; then
        if [ "${-#*i}" != "$-" ]; then
            . "$i"
        else
            . "$i" >/dev/null
        fi
    fi
done

unset i
unset -f pathmunge

JAVA_HOME=/usr/local/java/jdk-17.0.9
CLASSPATH=$JAVA_HOME/lib
PATH=$JAVA_HOME/bin:$PATH
export PATH CLASSPATH JAVA_HOME

-- INSERT --
```

图 12-2　配置 JDK 环境变量

```
JAVA_HOME = /usr/local/java/jdk - 17.0.9
CLASSPATH = $ JAVA_HOME/lib
PATH = $ JAVA_HOME/bin: $ PATH
export PATH CLASSPATH JAVA_HOME
```

添加环境变量完成后,需要刷新配置文件才能生效,刷新配置文件后再查看 Java 的版本信息,执行的命令如下:

```
# 刷新配置文件
source /etc/profile
# 查看版本
java - version
```

如果出现以下信息,就说明 JDK 已经配置完成,如图 12-3 所示。

```
[root@xyh jdk-17.0.9]# java -version
java version "17.0.9" 2023-10-17 LTS
Java(TM) SE Runtime Environment (build 17.0.9+11-LTS-201)
Java HotSpot(TM) 64-Bit Server VM (build 17.0.9+11-LTS-201, mixed mode, sharing)
```

图 12-3 查看 Java 版本

12.1.2 安装 Maven

Maven 的安装还是选择和本地开发使用的 3.6.3 版本一致,现在需要下载 Liunx 版本的安装包,官方提供的下载网址为 https://archive.apache.org/dist/maven/maven-3/3.6.3/binaries/,选择 apache-maven-3.6.3-bin.tar.gz 安装包下载,如图 12-4 所示。

Index of /dist/maven/maven-3/3.6.3/binaries

Name	Last modified	Size	Description
Parent Directory		-	
apache-maven-3.6.3-bin.tar.gz	2019-11-19 21:50	9.1M	
apache-maven-3.6.3-bin.tar.gz.asc	2019-11-19 21:50	235	
apache-maven-3.6.3-bin.tar.gz.sha512	2019-11-19 21:50	128	
apache-maven-3.6.3-bin.zip	2019-11-19 21:50	9.2M	
apache-maven-3.6.3-bin.zip.asc	2019-11-19 21:50	235	
apache-maven-3.6.3-bin.zip.sha512	2019-11-19 21:50	128	

图 12-4 下载 Maven 安装包

安装包下载完成后,通过 Xftp 将 Maven 安装包上传到/usr/local 文件下,然后将压缩包解压。解压后将文件重新命名为 maven,命令如下:

```
# 解压
tar - zxvf apache - maven - 3.6.3 - bin.tar.gz
# 重命名为 maven,在/usr/local 文件下执行该命令
mv apache - maven - 3.6.3 maven
```

接着配置 Maven 的环境变量,和配置 JDK 环境变量的文件一致,打开/etc/profile 配置文件,然后添加环境变量,配置如下:

```
export MAVEN_HOME = /usr/local/maven
export PATH = $ PATH: $ MAVEN_HOME/bin
```

配置完成后,刷新配置文件,然后查看 Maven 的版本,如图 12-5 所示。

```
[root@xyh maven]# mvn -v
Apache Maven 3.6.3 (cecedd343002696d0abb50b32b541b8a6ba2883f)
Maven home: /usr/local/maven
Java version: 17.0.9, vendor: Oracle Corporation, runtime: /usr/local/java/jdk-17.0.9
Default locale: en_US, platform encoding: UTF-8
OS name: "linux", version: "3.10.0-1160.88.1.el7.x86_64", arch: "amd64", family: "unix"
```

图 12-5　查看 Maven 版本

接下来还要配置 Maven 加速镜像网址和本地仓库目录,在/usr/local/maven 目录下新建一个 maven-repository 仓库目录,并赋予权限,命令如下:

```
# 创建仓库文件
mkdir maven - repository
# 赋予权限
sudo chmod - R 777 /usr/local/maven/maven - repository/
```

然后在 maven 文件夹的 conf 目录中下找到 settings. xml 配置文件,修改配置文件中的仓库地址,并将 Maven 的加速镜像网址添加到配置文件中,和 Windows 系统中的操作一样,代码如下:

```
<!-- 仓库地址 -->
< localRepository >/usr/local/maven/ck </localRepository >

<!-- Maven 的加速镜像网址 -->
  < mirrors >
    < mirror >
     < id > alimaven </id >
     < name > aliyun maven </name >
      < url > http://maven.aliyun.com/nexus/content/groups/public/</url >
     < mirrorOf > central </mirrorOf >
    </mirror >
  </mirrors >
```

12.1.3　安装 MySQL

对于 MySQL 的安装,可以使用 Docker 或者直接在服务器上安装,如果是自己学习,则可以使用 Docker 快速安装,非常简单。由于目前需要线上部署测试环境,所以笔者这里建议测试及线上环境的数据库 MySQL 不使用 Docker 搭建环境。

数据库涉及数据安全问题,不将数据储存在容器中,这也是 Docker 官方容器使用技巧中的一条。容器随时可以停止或者删除。容器被删除后,容器里的数据将会丢失。为了避免数据丢失,用户可以使用数据卷挂载来存储数据,但是容器的 Volumes 设计是围绕

Union FS 镜像层提供持久存储,数据安全缺乏保证。如果容器突然崩溃,数据库还未正常关闭,则可能会损坏数据。另外,容器里共享数据卷组,对物理机硬件损伤也比较大。

1. 检查 MySQL 安装环境

先在本地查看数据库的版本信息,打开 Navicat 工具,新建一个查询,输入命令查询版本信息,以笔者使用的版本为例,由于查询到的 MySQL 版本为 8.0.19,所以在服务器上也下载该版本的镜像,命令如下:

```
select version()
```

打开服务器,检查 MySQL 是否在服务器中已经安装,如果安装的版本和上述版本一致,则不需要重新安装,如果版本不一致,则推荐卸载后重新安装,在服务器中执行以下命令检查安装情况,命令如下:

```
[root@xyh ~]#rpm - qa | grep mysql
```

2. 下载 MySQL 安装包

打开 MySQL 官方网站 https://downloads.mysql.com/archives/community/,选择版本 8.0.19,然后在 Operating System 中选择 Linux-Generic,接着选择 OS Version(操作系统版本),如果服务器是 64 位的,则选择 64-bit;否则选择 32-bit。下面会根据选择的配置,生成相应的安装包,选择 Compressed TAR Archive 压缩包,单击 Download 按钮进行下载,如图 12-6 所示。

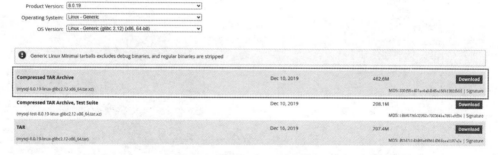

图 12-6　下载 MySQL 安装包

3. 安装 MySQL

(1)下载完成后,将 MySQL 安装包上传到服务器的/usr/local/src 目录下,对安装压缩包进行解压。进入服务器的安装包上传的 src 目录下,执行解压操作,其中 tar -xvf 可以解压 tar.xz 后缀的压缩文件;tar -zxvf 可以解压 tar.gz 后缀的压缩文件,命令如下:

```
tar - xvf mysql - 8.0.19 - linux - glibc2.12 - x86_64.tar.xz
```

(2)解压完成后,将解压后的文件夹重命名为 mysql,并移动到/usr/local 目录下,命令如下:

```
mv mysql - 8.0.19 - linux - glibc2.12 - x86_64 /usr/local/mysql
```

（3）创建 MySQL 用户组和用户，命令如下：

```
#用户组
[root@xyh /]# groupadd mysql
#用户
[root@xyh /]# useradd -g mysql mysql
```

（4）创建数据库 data 数据文件夹并赋予权限，在/usr/local/mysql 目录下执行相应的命令，命令如下：

```
#创建目录
[root@xyh mysql]# mkdir data
#赋予 mysql 文件夹权限
chown -R mysql:mysql /usr/local/mysql
```

（5）修改 my.cnf 文件，在服务器中打开 my.cnf 配置文件，命令如下：

```
vim /etc/my.cnf
```

然后按 I 键打开编辑模式，然后添加下方配置。添加完成后，按 Esc 键退出编辑，然后按：wq 执行保存退出，代码如下：

```
[mysqld]
bind-address = 0.0.0.0
port = 3306
user = mysql
basedir = /usr/local/mysql
datadir = /usr/local/mysql/data
socket = /tmp/mysql.sock
log-error = /usr/local/mysql/data/error.log
pid-file = /usr/local/mysql/data/mysql.pid
#character config
character_set_server = utf8mb4
symbolic-links = 0
explicit_defaults_for_timestamp = true
```

4. 初始化数据库

进入 mysql 下的 bin 目录下，输入以下命令初始化数据库，命令如下：

```
#进入 bin 目录下
[root@xyh local]# cd /usr/local/mysql/bin
#初始化 mysql
[root@xyh bin]# ./mysqld --user = mysql --basedir = /usr/local/mysql --datadir = /usr/local/mysql/data/ --initialize
```

这时可以在/usr/local/mysql/data/error.log 日志中查看登录 MySQL 的密码，命令如下：

```
cat /usr/local/mysql/data/error.log
```

执行后查看 MySQL 登录密码，如图 12-7 所示。

图 12-7 查看 MySQL 登录密码

5. 启动数据库

将 mysql.server 服务文件移到 etc/init.d/mysql 文件中,命令如下:

```
cp /usr/local/mysql/support-files/mysql.server /etc/init.d/mysql
```

然后启动 MySQL 服务,等待启动完成,然后会有"Starting MySQL…SUCCESS!"输出在控制台中,说明启动成功,启动命令如下:

```
[root@xyh bin]# service mysql start
```

为了确保启动成功,再查看 MySQL 的运行进程是否在运行,命令如下:

```
[root@xyh /]# ps -ef|grep mysql
```

6. 修改数据库默认密码

在服务器中的 MySQL 的 bin 目录下,登录 MySQL,然后使用从日志中获取的初始化的密码进行登录,命令如下:

```
[root@xyh bin]# ./mysql -u root -p
Enter password:
```

进入 mysql 中,使用命令修改数据库登录密码,然后刷新系统权限相关表,否则会出现拒绝访问,命令如下:

```
#修改密码
mysql> ALTER USER 'root'@'localhost' IDENTIFIED WITH mysql_native_password BY 'ASDasd@123';
#刷新
mysql> FLUSH PRIVILEGES;
```

在 MySQL 中配置远程连接,如果不配置,则在使用 Navicat 连接时会拒绝连接,命令如下:

```
#访问 mysql 库
mysql> use mysql;
#使 root 用户能在任何地方访问
mysql> update user set host = '%' where user = 'root';
#刷新
mysql> FLUSH PRIVILEGES;
```

7. Navicat 创建连接

接下来使用 Navicat 工具连接服务器上的 MySQL,新建一个 MySQL 连接,并填写服务器 IP、MySQL 用户名和密码,然后单击"测试连接"按钮,如果显示连接成功,则表示服务器中的 MySQL 可以正常使用。创建连接成功后,需在服务器上创建数据库,并初始化已存在的表结构,如图 12-8 所示。

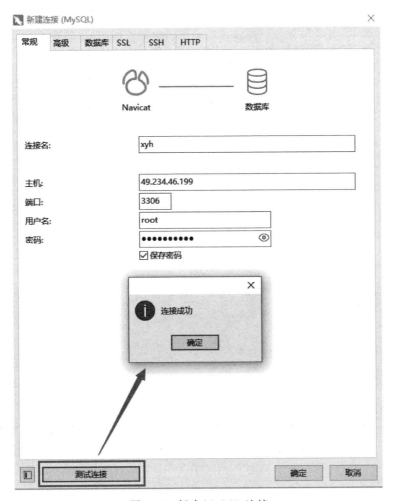

图 12-8　新建 MySQL 连接

12.1.4　安装 Redis

由于项目使用了 Redis 作为缓存,所以在服务器上部署项目时也要安装 Redis 环境,同样也使用 Docker 安装,Redis 的版本使用当前最新的版本。在服务器中下载 Reids 镜像,无须指定版本信息即可下载最新的版本,命令如下:

```
docker pull redis
```

在/usr/local 目录下新建一个 redis 文件夹,命令如下:

```
[root@xyh local]# mkdir redis
```

接着需要指定 redis.conf 配置文件启动,并将该配置文件上传到 redis 文件夹中。接下来下载 redis.conf 配置文件,下载网址为 https://redis.io/docs/management/config/,选择

- The self documented redis.conf for Redis 7.2.
- The self documented redis.conf for Redis 7.0.
- The self documented redis.conf for Redis 6.2.
- The self documented redis.conf for Redis 6.0.
- The self documented redis.conf for Redis 5.0.
- The self documented redis.conf for Redis 4.0.

图 12-9　下载 Redis 配置文件

6.2 版本进行下载,单击 redis. conf for Redis 6.2.,然后跳转到 Redis 的配置文件中,接着可以右击空白处,单击"另存为"选项,将文件名后缀. txt 去掉,并修改为 redis. conf 保存即可,如图 12-9 所示。

打开配置文件,这里需要修改以下几个重要的配置。

(1) ♯ requirepass foobared:首先取消注释♯,此时 foobared 就为 Redis 的连接密码,然后可以自行修改密码。

(2)将 bind 127.0.0.1 -::1 修改为 bind 0.0.0.0。

(3) logfile:日志文件,添加 Redis 容器内的日志位置/var/log/redis. log。

然后将该配置文件上传到服务器的 redis 目录下,接着在 redis 的目录下分别创建 data 和 log 目录。在 log 目录下创建一个空的日志文件 redis. log,并赋予可读写权限,依次执行的命令如下:

```
♯创建 log 和 data 文件夹
[root@xyh redis]♯mkdir log
[root@xyh redis]♯mkdir data
♯在 log 目录下,新建 redis.log 日志文件
[root@xyh log]♯touch redis.log
♯将 redis.log 日志文件的权限设置为可读写
chmod 777 redis.log
```

接下来配置 Redis 启动信息,参数解释如下。编写完启动命令后,在服务器中执行该命令即可启动 Redis。

(1) --name lib_redis:指定该容器名称,修改名称方便后期对 Redis 容器进行查看和操作。

(2) --restart always:Redis 服务会跟随 Docker 启动,Docker 重启之后,Redis 也会跟随启动。

(3) -p 6379:6379 端口映射:前端口表示主机部分,后端口表示容器部分。

(4) -v:挂载配置文件目录,其规则与端口映射相同。

(5) -d redis:表示后台启动 Redis。

(6) redis-server /etc/redis/redis. conf:以配置文件启动 Redis,加载容器内的 conf 文件。

(7) --appendonly yes:开启 Redis 持久化。

```
docker run -- name lib_redis -- restart always - p 6379:6379 - v
/usr/local/redis/redis.conf:/etc/redis/redis.conf - v
/usr/local/redis/data:/data - v
/usr/local/redis/log/redis.log:/var/log/redis.log -- privileged = true - d redis redis -
server /etc/redis/redis.conf -- appendonly yes
```

查看已启动的容器,Redis 是否启动成功,如图 12-10 所示。

启动成功后,在 RedisInsight 工具中连接服务器的 Redis,如果没有设置用户名,则默认为空;如果设置了密码,则需要填写密码。

图 12-10　Redis 运行信息

12.2　Jenkins 入门

Jenkins 是一款备受欢迎的开源持续集成和交付工具。它拥有丰富的插件生态系统,可用于自动化构建、测试和部署软件项目,包括代码的编译、打包和部署。Jenkins 的起源可以追溯到 Hudson(Hudson 是商用的),主要用于持续自动构建和测试软件项目,以及监控外部任务的运行情况。Jenkins 使用 Java 语言编写,支持在流行的 Servlet 容器(例如Tomcat)中运行,也可以作为独立应用运行。它通常与版本控制工具(如 SVN、Git)和构建工具(如 Maven、Ant、Gradle)结合使用。这使 Jenkins 成为自动化软件开发和交付的不可或缺的工具。

12.2.1　Jenkins 特点

Jenkins 具有众多功能和特点,下面介绍一些关键的功能和特点。

(1)Jenkins 允许开发团队设置自动化构建作业,以在代码库中进行更改时自动构建应用程序。这有助于及早发现集成问题。

(2)Jenkins 提供了丰富的插件生态系统,覆盖了各种不同的用例,从版本控制到部署和通知。这使 Jenkins 非常灵活,适用于各种项目和技术栈。

(3)Jenkins 可以被配置为在多个构建代理上并行运行以构建任务,从而提高了构建的效率。

(4)Jenkins 提供了直观的 Web 界面,方便用户管理和监视构建作业、查看构建日志及配置系统。

(5)Jenkins 可以与各种工具和服务集成,包括版本控制系统(如 Git、Subversion)、构建工具(如 Maven、Gradle)、测试框架、部署工具和通知渠道(如 Slack、Email)。

(6)Jenkins 可以被集成到开发工作流中,以确保代码的每次提交都经过构建和测试。这有助于尽早发现问题并降低修复成本。

12.2.2　CI/CD 是什么

持续集成 CI(Continuous Integration)是一种软件开发实践,旨在确保代码的频繁集成和自动化测试。在持续集成中,开发人员频繁地将代码合并到共享的代码库中,每次集成都会触发自动化构建和测试,以便尽早发现和修复问题,降低整体风险。

持续交付 CD(Continuous Delivery)是一种软件交付实践,它通过自动化和流程改进,使软件的部署变得更加可靠、可重复和高效。在持续交付中,通过自动化部署流程,软件可以随时准备好进行部署到生产环境,但最终的部署决策仍然是人工操作。这使团队能够以较短的周期交付新功能,而不会牺牲质量或稳定性。

CI/CD的目标是改进软件开发和交付过程,通过自动化、持续集成和持续交付,提高质量、降低风险,加快交付速度,增加开发团队的效率。这些实践有助于确保每次代码更改都是可靠的,从开发到生产环境的部署都更加可控和可重复。

12.2.3　Jenkins 版本与安装介绍

1. Jenkins 版本

Jenkins 的版本类型分为以下两种。

(1) LTS 版本,长期支持版本,每12周发布一次。这些版本经过广泛测试和验证,并且提供长期支持,通常用于生产环境。由于 LTS 版本的发布周期相对较长,因此相对稳定且可靠。

(2) Weekly 版本,定期(每周)发布一次的版本。这些版本包含最新的功能和改进,但可能不如 LTS 版本稳定。Weekly 版本适合想要尝试最新功能的用户,但不建议在生产环境中使用。

2. Jenkins 安装方式

在 Linux 系统中安装 Jenkins 可以选择使用 yum 命令安装,但是这里不推荐使用 yum 命令来安装。或者使用 WAR 包安装,需要在 Linux 系统中安装 JDK 和 Tomcat 环境,然后执行 Jenkins 的 WAR 包运行,整体的流程比较复杂,所以这里推荐使用 Docker 来安装 Jenkins,本书中的项目也使用 Docker 安装 Jenkins。

12.3　Jenkins 的安装

本项目将使用 Jenkins 2.414.3-lts-jdk17 版本的镜像(笔者创作本书时最新的版本)进行安装,如何快速地查看镜像版本,可以访问 https://hub.docker.com/r/jenkins/jenkins/tags 地址进行查找不同版本的镜像。

12.3.1　启动 Jenkins

打开 XShell 工具连接服务器,此时的服务器中已经安装过 Docker 相关环境了。先来拉取 Jenkins 的镜像,输入的命令如下:

```
docker pull jenkins/jenkins:2.414.3 - lts - jdk17
```

执行该命令后,等待下载镜像完成,如图 12-11 所示。

创建 Jenkins 挂载目录并授权权限,在服务器上创建一个 Jenkins 工作目录 /home/jenkins_home,赋予相应权限。在运行时将 Jenkins 容器目录挂载到这个目录上,这样就可以很方便地对容器内的配置文件进行修改,命令如下:

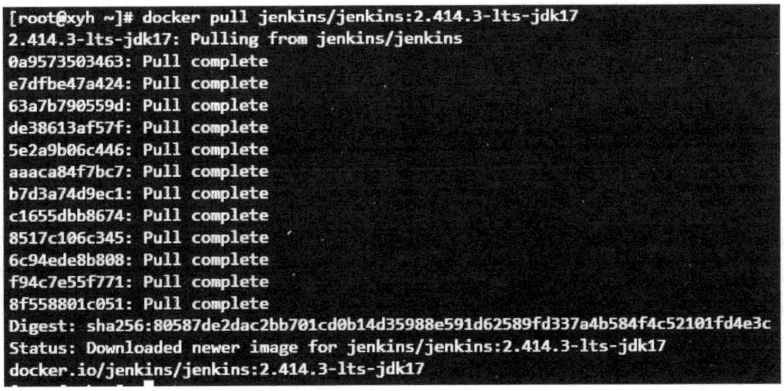

图 12-11　下载 Jenkins 镜像

```
mkdir /home/jenkins_home
```

为 jenkins_home 文件赋予最高权限,如果不赋予权限,则会在启动时报权限错误,从而导致挂载失败,命令如下:

```
chmod - R 777 /home/jenkins_home
```

接下来,启动 Jenkins 容器,将镜像的 8080 端口映射到服务器的 8080 端口,在启动命令中添加以下几个配置。

(1) -v/home/jenkins_home:/var/jenkins_home:将硬盘上的一个目录挂载到/home/jenkins_home 中,方便后续更新镜像后继续使用原来的工作目录。

(2) -v/usr/local/java/jdk-17.0.9:/usr/local/java/jdk-17.0.9:把 Linux 下安装的 JDK 和容器内的 JDK 进行关联。

(3) -v/usr/local/maven:/usr/local/maven:把 Linux 下的 Maven 和容器内的 Maven 关联。

(4) -v $(which docker):/usr/bin/docker:把 Linux 下的 Docker 和容器内的 Docker 关联。

(5) -v/var/run/docker.sock:/var/run/docker.sock:在 Jenkins 容器里使用 Linux 下的 Docker。

(6) -v/etc/localtime:/etc/localtime:让容器使用和服务器同样的时间设置。

启动命令如下:

```
docker run - d -- name = jenkins - p 8080:8080 -- privileged = true \
- v /home/jenkins_home:/var/jenkins_home \
- v /usr/local/java/jdk - 17.0.9:/usr/local/java/jdk - 17.0.9 \
- v /usr/local/maven:/usr/local/maven \
- v $(which docker):/usr/bin/docker \
- v /var/run/docker.sock:/var/run/docker.sock \
- v /etc/localtime:/etc/localtime jenkins/jenkins:2.414.3 - lts - jdk17
```

Jenkins 容器启动完成后,需要授予 Docker 的操作权限给 Jenkins 等容器使用,然后查看容器是否启动成功，命令如下：

```
chmod a+rw /var/run/docker.sock
#查看最后一个运行的容器
docker ps -l
```

该命令的执行结果如图 12-12 所示。

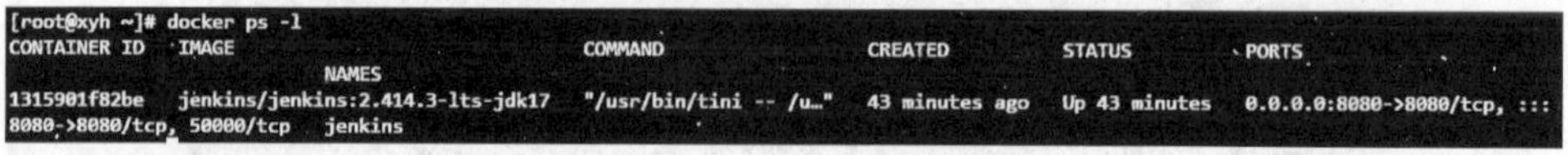

```
[root@xyh ~]# docker ps -l
CONTAINER ID   IMAGE                                 COMMAND                  CREATED          STATUS          PORTS
                          NAMES
1315901f82be   jenkins/jenkins:2.414.3-lts-jdk17   "/usr/bin/tini -- /u…"   43 minutes ago   Up 43 minutes   0.0.0.0:8080->8080/tcp, :::
8080->8080/tcp, 50000/tcp   jenkins
```

图 12-12　Jenkins 启动

输入 docker logs jenkins 命令，查看 Jenkins 的启动日志，如图 12-13 所示。

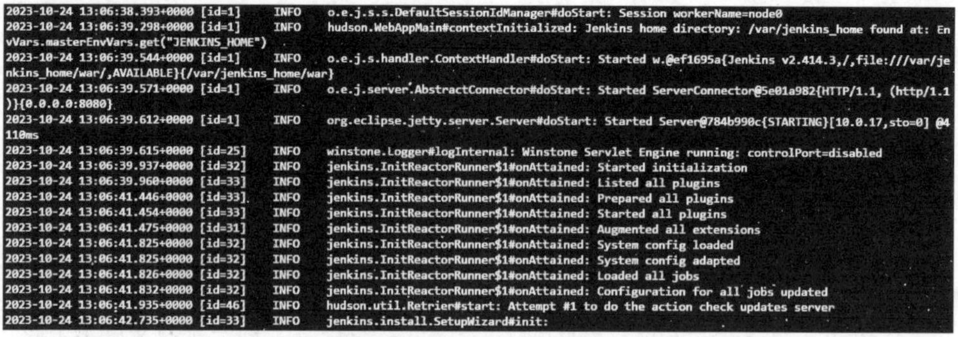

```
2023-10-24 13:06:38.393+0000 [id=1]     INFO    o.e.j.s.s.DefaultSessionIdManager#doStart: Session workerName=node0
2023-10-24 13:06:39.298+0000 [id=1]     INFO    hudson.WebAppMain#contextInitialized: Jenkins home directory: /var/jenkins_home found at: En
vVars.masterEnvVars.get("JENKINS_HOME")
2023-10-24 13:06:39.544+0000 [id=1]     INFO    o.e.j.s.handler.ContextHandler#doStart: Started w.@ef1695a{Jenkins v2.414.3,/,file:///var/je
nkins_home/war/,AVAILABLE}{/var/jenkins_home/war}
2023-10-24 13:06:39.571+0000 [id=1]     INFO    o.e.j.server.AbstractConnector#doStart: Started ServerConnector@5e01a982{HTTP/1.1, (http/1.1
)}{0.0.0.0:8080}
2023-10-24 13:06:39.612+0000 [id=1]     INFO    org.eclipse.jetty.server.Server#doStart: Started Server@784b990c{STARTING}[10.0.17,sto=0] @4
110ms
2023-10-24 13:06:39.615+0000 [id=25]    INFO    winstone.Logger#logInternal: Winstone Servlet Engine running: controlPort=disabled
2023-10-24 13:06:39.937+0000 [id=32]    INFO    jenkins.InitReactorRunner$1#onAttained: Started initialization
2023-10-24 13:06:39.960+0000 [id=33]    INFO    jenkins.InitReactorRunner$1#onAttained: Listed all plugins
2023-10-24 13:06:41.446+0000 [id=33]    INFO    jenkins.InitReactorRunner$1#onAttained: Prepared all plugins
2023-10-24 13:06:41.454+0000 [id=33]    INFO    jenkins.InitReactorRunner$1#onAttained: Started all plugins
2023-10-24 13:06:41.475+0000 [id=31]    INFO    jenkins.InitReactorRunner$1#onAttained: Augmented all extensions
2023-10-24 13:06:41.825+0000 [id=32]    INFO    jenkins.InitReactorRunner$1#onAttained: System config loaded
2023-10-24 13:06:41.825+0000 [id=32]    INFO    jenkins.InitReactorRunner$1#onAttained: System config adapted
2023-10-24 13:06:41.826+0000 [id=32]    INFO    jenkins.InitReactorRunner$1#onAttained: Loaded all jobs
2023-10-24 13:06:41.832+0000 [id=32]    INFO    jenkins.InitReactorRunner$1#onAttained: Configuration for all jobs updated
2023-10-24 13:06:41.935+0000 [id=46]    INFO    hudson.util.Retrier#start: Attempt #1 to do the action check updates server
2023-10-24 13:06:42.735+0000 [id=33]    INFO    jenkins.install.SetupWizard#init:
```

图 12-13　Jenkins 启动日志

12.3.2　进入 Jenkins

目前已成功地在服务器上部署了 Jenkins，接下来，可以在浏览器中访问 Jenkins 的管理平台，例如，笔者安装 Jenkins 服务器的网址为 http://49.234.46.199:8080/(服务器 IP+端口号)。如果访问后界面显示需要解锁 Jenkins，则需要获取初始的管理员密码才可以执行下一步，如图 12-14 所示。

管理员密码的获取方式有两种，第 1 种方式是根据上述界面的提示，密码在/var/jenkins_home/secrets/initialAdminPassword 这个文件中，注意这个路径是 Jenkins 容器中的路径，需要先进入容器中才能获取，但是在执行时已经将数据映射到了本地数据卷/home/jenkins_home/目录中，所以也可以通过如下命令输出密码：

```
cat /home/jenkins_home/secrets/initialAdminPassword
```

第 2 种方式还可以通过在服务器的 Jenkins 启动日志中获取，打开服务器，输入 docker logs jenkins 命令，就可以查看启动日志，从而获取管理员密码，如图 12-15 所示。

获取密码并填到管理员密码输入框中，然后单击"继续"按钮，进行下一步操作，即安装插件，这里选择安装推荐的插件，然后 Jenkins 会自动安装相关插件，只需等待，可能会有部分安装失败的情况，可以再次进入 Jenkins 中手动安装，如图 12-16 所示。

图 12-14　解锁 Jenkins

```
[root@xyh /]# docker logs jenkins
Running from: /usr/share/jenkins/jenkins.war
webroot: /var/jenkins_home/war
2023-10-24 13:06:36.429+0000 [id=1]     INFO    winstone.Logger#logInternal: Beginning extraction from war file
2023-10-24 13:06:37.812+0000 [id=1]     WARNING o.e.j.s.handler.ContextHandler#setContextPath: Empty contextPath
2023-10-24 13:06:37.925+0000 [id=1]     INFO    org.eclipse.jetty.server.Server#doStart: jetty-10.0.17; built: 2023-10-02T04:04:10.314Z;
 git: a0f5f05abaa6c3aabb7c3d35f10a6f412ab8b05f; jvm 17.0.8.1+1
2023-10-24 13:06:38.311+0000 [id=1]     INFO    o.e.j.w.StandardDescriptorProcessor#visitServlet: NO JSP Support for /, did not find org
.eclipse.jetty.jsp.JettyJspServlet
2023-10-24 13:06:38.393+0000 [id=1]     INFO    o.e.j.s.s.DefaultSessionIdManager#doStart: Session workerName=node0
2023-10-24 13:06:39.298+0000 [id=1]     INFO    hudson.WebAppMain#contextInitialized: Jenkins home directory: /var/jenkins_home found at
: EnvVars.masterEnvVars.get("JENKINS_HOME")
2023-10-24 13:06:39.544+0000 [id=1]     INFO    o.e.j.s.handler.ContextHandler#doStart: Started w.@ef1695a{Jenkins v2.414.3,/,file:///va
r/jenkins_home/war/,AVAILABLE}{/var/jenkins_home/war}
2023-10-24 13:06:39.571+0000 [id=1]     INFO    o.e.j.server.AbstractConnector#doStart: Started ServerConnector@5e01a982{HTTP/1.1, (http
/1.1)}{0.0.0.0:8080}
2023-10-24 13:06:39.612+0000 [id=1]     INFO    org.eclipse.jetty.server.Server#doStart: Started Server@784b990c{STARTING}[10.0.17,sto=0
] @4110ms
2023-10-24 13:06:39.615+0000 [id=25]    INFO    winstone.Logger#logInternal: Winstone Servlet Engine running: controlPort=disabled
2023-10-24 13:06:39.937+0000 [id=32]    INFO    jenkins.InitReactorRunner$1#onAttained: Started initialization
2023-10-24 13:06:39.960+0000 [id=33]    INFO    jenkins.InitReactorRunner$1#onAttained: Listed all plugins
2023-10-24 13:06:41.446+0000 [id=33]    INFO    jenkins.InitReactorRunner$1#onAttained: Prepared all plugins
2023-10-24 13:06:41.454+0000 [id=33]    INFO    jenkins.InitReactorRunner$1#onAttained: Started all plugins
2023-10-24 13:06:41.475+0000 [id=31]    INFO    jenkins.InitReactorRunner$1#onAttained: Augmented all extensions
2023-10-24 13:06:41.825+0000 [id=32]    INFO    jenkins.InitReactorRunner$1#onAttained: System config loaded
2023-10-24 13:06:41.825+0000 [id=32]    INFO    jenkins.InitReactorRunner$1#onAttained: System config adapted
2023-10-24 13:06:41.826+0000 [id=32]    INFO    jenkins.InitReactorRunner$1#onAttained: Loaded all jobs
2023-10-24 13:06:41.832+0000 [id=32]    INFO    jenkins.InitReactorRunner$1#onAttained: Configuration for all jobs updated
2023-10-24 13:06:41.935+0000 [id=46]    INFO    hudson.util.Retrier#start: Attempt #1 to do the action check updates server
2023-10-24 13:06:42.735+0000 [id=33]    INFO    jenkins.install.SetupWizard#init:

*************************************************************
*************************************************************
*************************************************************

Jenkins initial setup is required. An admin user has been created and a password generated.
Please use the following password to proceed to installation:

00ceeeb26c504817a2bec196f020c40c
```

图 12-15　获取管理员密码

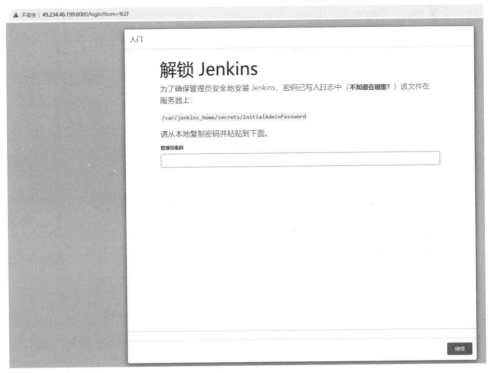

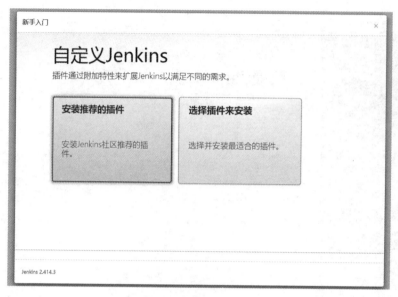

图 12-16　安装 Jenkins 插件

安装完成后会自动跳转到创建管理员用户的界面,在这里填写的用户名和密码就是以后登录 Jenkins 的账号信息,填写完成后,单击"保存并完成"按钮,进行下一步操作,如图 12-17 所示。

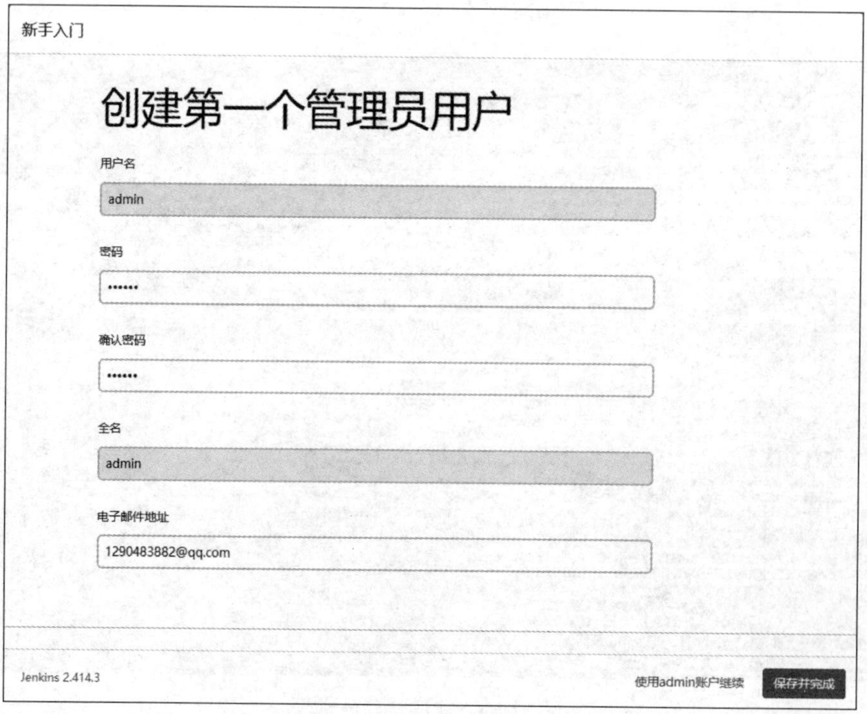

图 12-17　创建 Jenkins 管理员

接下来跳转到实例配置界面,在该界面中保持默认的 Jenkins URL 网址,单击"保存并完成"按钮,如图 12-18 所示。

图 12-18 Jenkins 实例配置

然后就可以进入 Jenkins 的控制台主页了,如图 12-19 所示。

图 12-19 Jenkins 控制台界面

12.3.3 基础配置

1. 安装插件

由于本项目是一个 Maven 项目,同时项目代码存放在 Gitee 仓库中,所以后续需要 Jenkins 和 Gitee 仓库相关联,实现代码的拉取等操作,因此需要下载相关插件。在 Jenkins 的首页选择 Manage Jenkins,再单击 Plugins(插件管理)选项,并在 Available plugins 中搜索需要安装的插件,然后在需要安装的插件的左侧勾选该插件,单击右上角的"安装"按钮,即可实现下载插件,如图 12-20 所示。

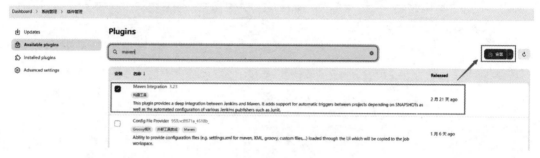

图 12-20 安装 Maven 插件

接下来,要依次安装如下插件,直接搜索安装即可。

(1) Maven Integration 插件:用于 Java 项目的清理、打包、测试。

(2) Publish Over SSH 插件:用于连接 SSH 服务器,然后在该服务器上执行一些操作。

(3) Gitee 插件:用于配置 Jenkins 触发器,接收 Gitee 平台发送的 WebHook,触发 Jenkins 进行自动化持续集成或持续部署,并可将构建状态反馈回 Gitee 平台。

(4) Git Server 插件:为 Jenkins 项目提供了基本的 Git 操作。它可以轮询、获取、签出、分支、列出、合并、标记和推送存储库。

2. 全局工具配置

进入 Jenkins 中,在系统管理中打开全局工具配置,接下来,配置 Maven 和 JDK。在 Maven 配置的默认 settings 提供中选择文件系统中的 settings 文件,然后在文件路径填写 Maven 的配置文件路径/usr/local/maven/conf/settings.xml。默认全局 settings 提供中的路径也一样,如图 12-21 所示。

接下来,需要新增 JDK 配置,在 JDK 安装标题下,单击"新增 JDK"按钮会展示出填写 JDK 的相关信息,先取消自动安装选项。填写的别名为 JDK17,JAVA_HOME 需要填写 JDK 的安装地址:/usr/local/java/jdk-17.0.9,如图 12-22 所示。

在页面的 Maven 安装标题中单击"新增 Maven"按钮,取消自动安装 Maven,然后设置一个 Maven 的名字:maven-3.6.3,接着填写 MAVEN_HOME 的值/usr/local/maven,再单击"应用"按钮,最后单击"保存"按钮即可配置成功,如图 12-23 所示。

在配置完成后,重启 Jenkins 服务,由于使用新版的 Jenkins 容器在页面上重启会把容

Dashboard > 系统管理 > 全局工具配置

全局工具配置

Maven 配置

默认 settings 提供

文件系统中的 settings 文件

文件路径　(?)

/usr/local/maven/conf/settings.xml

默认全局 settings 提供

文件系统中的全局 settings 文件

文件路径　(?)

/usr/local/maven/conf/settings.xml

图 12-21　Maven 配置

JDK 安装

JDK 安装 ∧　∥ Edited

新增 JDK

JDK
别名

JDK17

JAVA_HOME

/usr/local/java/jdk-17.0.9

☐ 自动安装　(?)

新增 JDK

图 12-22　JDK 配置

器停止而无法重启，所以在每次安装完插件后，需要自己手动重启 Jenkins 容器，命令如下：

```
#jenkins 为容器的名称或者换为 CONTAINER ID
docker restart jenkins
```

Maven 安装

图 12-23　Maven 安装配置

12.4　构建项目

在 Jenkins 中构建一个任务,用来执行从仓库中拉取代码,然后执行相关命令进行项目的编译、打包及运行等操作。使用 Jenkins 和 Gitee 实现自动化部署项目的相关流程,如图 12-24 所示。

12.4.1　新建仓库分支

从自动化部署的流程中可以看到,当代码提交到 dev 分支就会触发自动发布项目的操作。当前项目的仓库只有 dev 和 master 分支,为了更好地管理项目测试环境的发布,再来创建一个新的 v1 分支,把 v1 作为开发分支,然后将 v1 的代码同步到 dev 上时才能触发自动发布操作。

在项目的根目录文件夹下,打开 Git Bash here,使用 git branch -a 命令查看仓库的所有分支。创建的分支是以当前 dev 分支创建的,如果现在没有在 dev 分支下,则使用 git checkout dev 命令先切换到 dev 分支,并使用 git pull 拉取最新的代码。创建新的 v1 分支的命令如下:

```
git checkout – b v1
```

然后将新创建的分支推送到远程仓库中,命令如下:

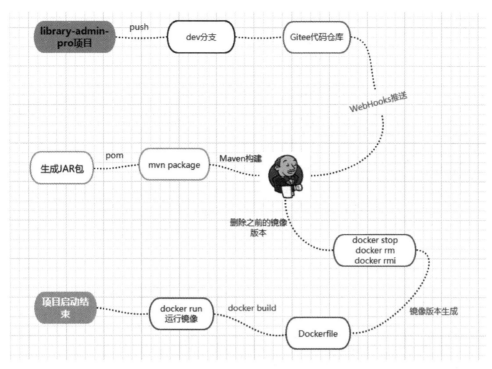

图 12-24　自动化部署项目流程

```
git push origin v1
```

接着对 v1 本地分支和远程 v1 分支进行关联,如果不进行本地和远程关联,则在之后提交代码时会失败,命令如下:

```
git branch -- set - upstream - to = origin/v1
```

关联成功后,当前项目的默认分支为 dev,需要在 Gitee 上改为 v1,以此作为默认的分支。

12.4.2　创建任务

打开 Jenkins 管理平台,在首页的左侧单击"新建任务",输入任务名称 library-pro,并选择构建一个 Maven 项目,单击"确定"按钮,进行填写相关配置信息,如图 12-25 所示。

1. 源码管理

在配置的源码管理中选择 Git,然后需要填写项目的仓库地址,打开 Gitee 上的项目仓库,单击"克隆/下载"按钮会出现 HTTPS 地址,并单击"复制"按钮即可复制地址,如图 12-26 所示。

在 Repository URL 中填写仓库地址,然后还要添加授权凭证,单击"添加"按钮,选择 Jenkins(Jenkins 凭据提供者),并填写凭据信息,其余的信息保持默认,只填写用户名、密码

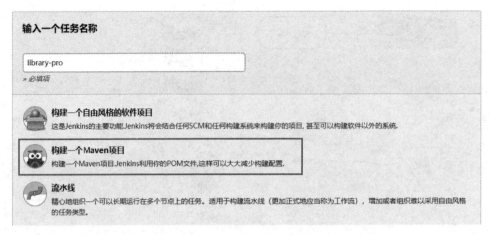

图 12-25　创建 Jenkins 任务

图 12-26　获取项目仓库地址

和 ID 即可。这里的用户名和密码为 Gitee 登录的用户名和密码，ID 可以自定义填写，填写完成后，单击"添加"按钮，保存成功，如图 12-27 所示。

图 12-27　添加 Jenkins 凭据

下一步,填写指定分支,选择仓库中的 dev 分支,这样 Jenkins 就会从该仓库的 dev 分支
上拉取代码,如图 12-28 所示。

图 12-28　指定分支

2. Build 配置

在配置页面的构建触发器中,去掉 Jenkins 默认勾选的 Build whenever a SNAPSHOT
dependency is built 选项,然后将下面 Build 配置中的 Goals and options 填写为-X clean
package -P test,填写完成后,单击页面下方的"保存"按钮,即可创建任务成功,如图 12-29
所示。

图 12-29　Build 配置

3. 填写 test 配置文件

在 library-admin 子模块的配置文件中需要填写 application-test.yml 配置文件,将数据
库和 Redis 连接的信息改为服务器上的地址,需要注意的是,测试环境的端口号在配置文件
中被修改为 8085,详情见配置文件,可以从本书配套代码获取。以下以 MySQL 数据库配
置为例,代码如下:

```
//第 11 章/library/library-admin/application-test.yml
datasource:
    # 当前数据源操作类型
    type: com.alibaba.druid.pool.DruidDataSource
    # 数据库驱动类的名称,这里是 MySQL 的驱动类
    driver-class-name: com.mysql.cj.jdbc.Driver
    druid:
    # 数据库的连接 URL,包括本地的 IP 地址和数据库名称
    url: jdbc:mysql://49.234.46.199/library_v1?useUnicode=true&characterEncoding=UTF-
8&allowMultiQueries=true&serverTimezone=Asia/Shanghai&rewriteBatchedStatements=true
    # 数据库登录用户名
    username: root
    # 数据库登录密码,如果后期没有修改,则是安装 MySQL 时设置的密码
    password: ASDasd@123
```

4. 启动 Jenkins 任务

配置添加完成后,在 v1 分支下提交代码完成后,切换到 dev 分支下,然后在 IDEA 的右下角找到 git 分支,并在 Local 下单击 v1 分支,接着单击 Merge 'v1' into 'dev',将 v1 的分支代码同步到 dev 上,再将代码推送到仓库中,这样在运行 Jenkins 任务时才能拉取 dev 中最新提交的代码,如图 12-30 所示。

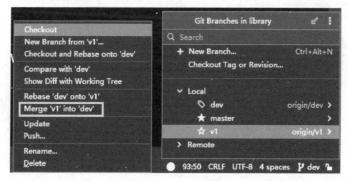

图 12-30 分支切换

返回 Jenkins 首页中,在页面右侧就可以看到创建的任务了,单击任务列表后边的构建启动按钮,如图 12-31 所示。在启动过程中可以查看启动的控制台,单击构建的批次,查看控制台会有完整的日志输出,第 1 次拉取代码编译会比较慢,耐心等待。如果在最后出现 Finished:SUCCESS,则说明项目已经打包完成,如图 12-32 所示。

图 12-31 启动 Jenkins 任务

图 12-32 Jenkins 任务运行日志

12.4.3 添加运行项目命令

使用 Jenkins 创建的任务,执行项目的打包,那么打包的 JAR 包保存在哪个文件夹中呢? 在启动 Jenkins 容器的命令中,如果将 Jenkins 中的数据映射到宿主机的 jenkins_home 文件中,则可以在服务器的/home/jenkins_home/workspace/library-pro/library-admin/ci 文件中找到项目 JAR 包,其中 ci 文件是在 library-admin 的 pom. xml 文件中配置的项目打包地址文件。

1. 编写 Dockerfile

有了项目的 JAR 包,接下来需要在服务器中运行该 JAR 包,笔者选择的是使用 Dockerfile 构建项目。Dockerfile 是用于构建 Docker 镜像的文本文件。它是一个包含用于构建镜像所需的指令和数据的文件。可以通过 Docker build 命令从 Dockerfile 中构建镜像。Dockerfile 通常包含基础镜像信息。例如,操作系统、Python 版本、维护者信息、镜像操作指令和容器启动时执行的指令。

在 library-admin 子模块的 ci 目录下,创建一个 Dockerfile 文件,然后添加相关执行命令,命令如下:

```
FROM openjdk:17

EXPOSE 8085

ADD library-admin-pro-0.0.1-SNAPSHOT.jar root.jar
RUN bash -c 'touch /root.jar'

ENTRYPOINT ["java", "-jar", "-Duser.timezone=Asia/Shanghai", "/root.jar", "--spring.
profiles.active=test"]
```

接着在 Jenkins 中打开 library-pro 任务的配置,如图 12-33 所示。

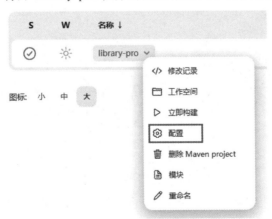

图 12-33 打开 Jenkins 任务配置

在 Post Steps 配置选项中,勾选 Run only if build succeeds(仅在生成成功时运行)选

项,然后单击 Add post-build step 按钮,选择执行 Shell,在这里可以添加构建项目的命令语句,最后单击"应用"按钮,然后单击"保存"按钮,执行的命令如下:

```bash
#!/bin/bash
echo "上传远程服务器成功"
echo $(date "+%Y-%m-%d %H:%M:%S")
cd /var/jenkins_home/workspace/library-pro/library-admin/ci
image_name='library-admin-pro'
project_version=latest

chmod 755 library-admin-pro-0.0.1-SNAPSHOT.jar
echo "开始构建镜像文件"
echo "查看 Docker 版本"
docker -v

docker stop ${image_name} || true
echo "停止容器"
docker rm ${image_name} || true
echo "删除容器"
docker rmi ${image_name} || true
echo "删除镜像"

echo "打包镜像"
docker build -t ${image_name}:${project_version} .
echo "构筑镜像结束"
docker run -di --name=${image_name} --restart always -p 8085:8085 ${image_name}:${project_version}
echo "创建容器 library-admin-pro 成功"
```

保存完成后,在 IDEA 项目的 v1 分支中将 Dockerfile 文件提交到项目仓库中,然后从 v1 分支合并到 dev 分支中并提交到仓库。重新启动 Jenkins 中的项目任务,等待任务执行完成后,如果出现 Finished:SUCCESS,则说明项目已经正常启动了,如图 12-34 所示。

```
Removing intermediate container 1ffc31d50d45
 ---> 225209523753
Step 5/5 : ENTRYPOINT ["java", "-jar", "-Duser.timezone=Asia/Shanghai", "/root.jar", "--spring.profiles.active=test"]
 ---> Running in 46d3a086f452
Removing intermediate container 46d3a086f452
 ---> 789d8ac25100
Successfully built 789d8ac25100
Successfully tagged library-admin-pro:latest
构筑镜像结束
31af4de9fd8479e3c408b5b38a2176a9cc5115c6a4bfeb92f1e40338c9b9f043
创建容器library-admin-pro成功
Finished: SUCCESS
```

图 12-34　Jenkins 启动项目控制台

启动后,在服务器中查看启动的容器中是否有后端服务,如图 12-35 所示。

2. 修改 Jenkins 服务时间

在构建前后端项目时,除了需要关注最终的构建结果,也需要重视项目构建所花费的时间。构建时间的准确性对于后续问题排查和回滚操作至关重要。如果 Jenkins 服务与服务

图 12-35　后端服务容器启动

器时间不一致,则可能会导致错误的判断,进而影响到项目的正常运行和管理,因此,确保 Jenkins 服务与服务器时间的一致性对于项目的稳定性和可靠性具有重要意义。

先来检查服务器的时区是否正确,进入服务器中,查看服务器的时区是否为 Asia/Shanghai,执行的命令如下:

```
timedatectl | grep "Time zone"
```

如果控制台输出以下结果,则表示服务器的时区是正确的,无须改动。

```
Time zone: Asia/Shanghai (CST, +0800)
```

如果不是上述结果,则需要修改相关配置,执行的命令如下,然后再次查看是否配置成功。

```
rm -rf /etc/localtime
ln -s /usr/share/zoneinfo/Asia/Shanghai /etc/localtime
```

打开 Jenkins 的网页端,在系统管理的工具和动作中找到脚本命令行,然后在输入框中输入以下命令。

```
System.setProperty('org.apache.commons.jelly.tags.fmt.timeZone','Asia/Shanghai')
```

单击右下角的"运行"按钮,执行完成后,Jenkins 的时间就和服务器的时间同步了,如图 12-36 所示。

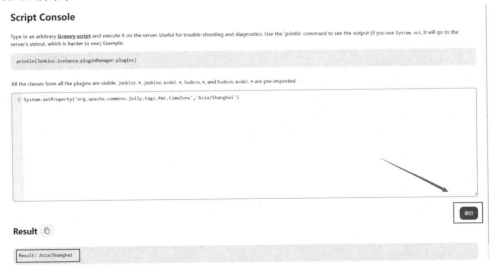

图 12-36　修改 Jenkins 时间

12.4.4　WebHooks 管理

到目前为止，后端服务已经可以通过 Jenkins 自动部署到服务器中了，那么根据自动化部署的流程，还缺少主动拉取代码的操作。现在更新代码需要在 Jenkins 中手动启动任务，这样才会到代码仓库中拉取代码。那么接下来要做的就是，当提交代码后，Jenkins 就会自动拉取仓库中的代码进行打包运行，无须人工干预操作。这就需要使用 WebHooks 实现该操作，WebHook 功能是帮助用户推送代码后自动回调一个设定的 http 地址，通知 Jenkins，然后就会自动拉取代码以执行更新项目操作。

打开 Jenkins 的 library-pro 任务配置，然后找到构建触发器配置并选择 Gitee WebHook 触发构建。在 Gitee 触发构建策略中选择推送代码策略，只有提交代码才能触发重新构建任务操作及更新 Pull Requests 中选择接收 Pull Requests，如图 12-37 所示。

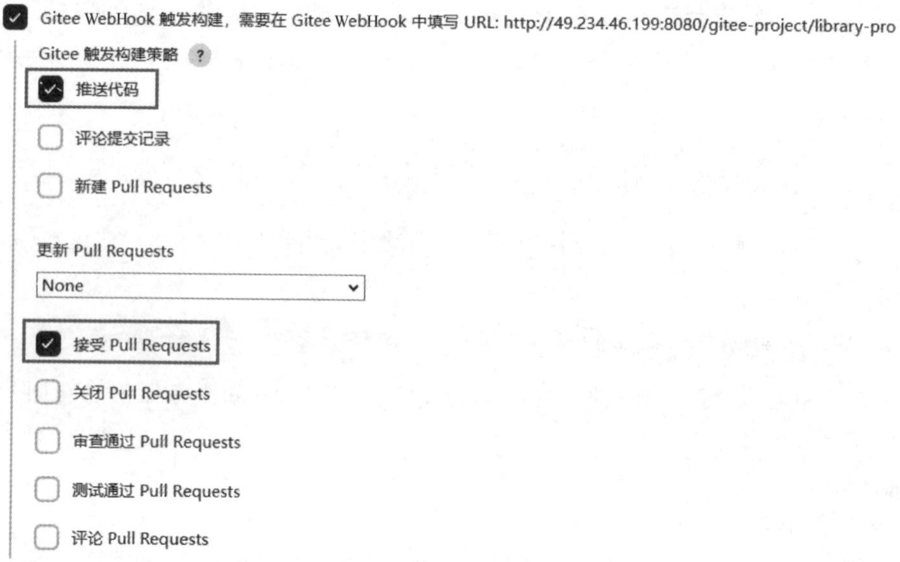

图 12-37　构建触发器配置

接下来在允许触发构建的分支中选择根据分支名过滤，在包括中填写 dev，在排除中填写 v1，如图 12-38 所示。

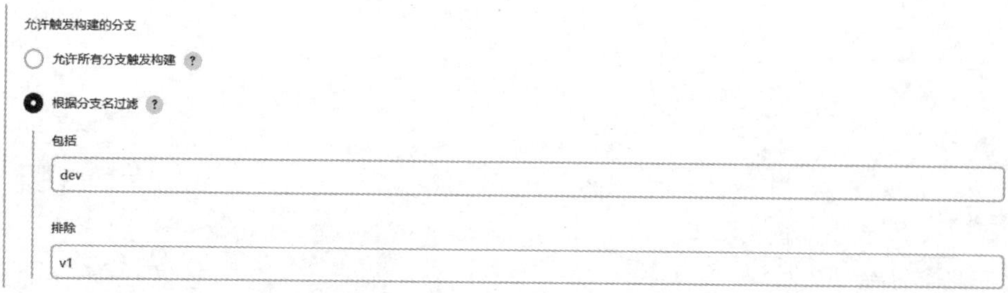

图 12-38　触发构建分支名过滤

最后在 Gitee WebHook 密码中单击"生成"按钮,获取密码,此密码会在 Gitee 中填写,然后保存相关配置,如图 12-39 所示。

Gitee WebHook 密码 ?

```
287f03e13138a3634662d3cba966558e
```

生成

图 12-39　获取 Gitee WebHook 密码

打开 Gitee 项目仓库,在项目仓库管理的左侧导航栏中找到 WebHooks,然后单击"添加 WebHook"按钮,填写 URL,该 URL 填写的地址在图 12-37 的 Gitee WebHook 触发构建标题中获取,密码也已经获取过了,然后选择 Push 事件,默认选择激活,最后单击"添加"按钮,即可添加完成,如图 12-40 所示。

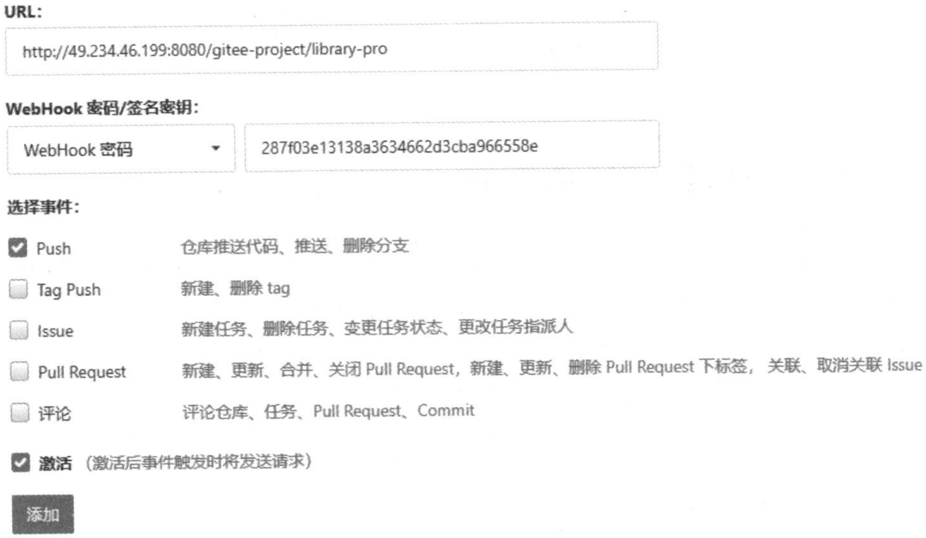

URL:

```
http://49.234.46.199:8080/gitee-project/library-pro
```

WebHook 密码/签名密钥:

| WebHook 密码 ▼ | 287f03e13138a3634662d3cba966558e |

选择事件:

☑ Push　　仓库推送代码、推送、删除分支

☐ Tag Push　　新建、删除 tag

☐ Issue　　新建任务、删除任务、变更任务状态、更改任务指派人

☐ Pull Request　　新建、更新、合并、关闭 Pull Request, 新建、更新、删除 Pull Request 下标签, 关联、取消关联 Issue

☐ 评论　　评论仓库、任务、Pull Request、Commit

☑ 激活 (激活后事件触发时将发送请求)

添加

图 12-40　添加 WebHook

配置完成后,接下来在项目的 db 目录中添加一个 dml.sql 文件,用来存放初始化项目数据的 SQL 语句。先提交到 v1 上,再提交到 dev 上,并提交到仓库中,然后查看 Jenkins 有没有重新构建项目,如果重新构建项目,则说明配置没有问题,整个 Jenkins 自动化部署的流程就结束了。

本章小结

本章使用 Jenkins 实现了项目的自动化部署,简化了项目部署到服务器的流程,而且对项目版本的更新实现了可视化管理,在实际开发项目中有着重要作用。

日志管理与通知中心

功能实现

实现日志管理和通知中心等相关功能是应用程序开发中至关重要的任务之一,可以有助于监控和维护应用程序的健康状态,还可以提升实时通知和相关报警,使开发人员和运维团队能够快速响应问题并改进应用程序的性能和稳定性,并增加了平台和用户的友好交互性。

13.1 项目操作日志功能实现

操作日志和登录日志是系统安全和管理的重要工具,在项目开发中起着至关重要的作用。操作日志记录了用户对系统进行的各种操作,包括增、删、改、查等。它可以用于追踪用户操作历史,以便在出现问题时进行溯源和排查;登录日志记录了用户的登录行为,包括登录时间、IP 地址、设备信息等。它可以用于监控和管理用户的登录情况,以便及时发现异常登录活动,如未经授权的登录尝试、暴力破解等。

13.1.1 初始化日志代码

在第 6 章已经设计完成操作日志的表结构并已添加到项目的数据库中,接下来创建一个日志的子模块,用来实现操作日志功能。在父模块中创建一个 library-logging 子模块,如图 13-1 所示。

删除生成的多余的项目文件,并修改 pom.xml 配置文件,代码如下:

```
//第 13 章/library/library-logging/pom.xml
<parent>
    <groupId>com.library</groupId>
    <artifactId>library</artifactId>
    <version>0.0.1-SNAPSHOT</version>
</parent>

<artifactId>library-logging</artifactId>
<version>0.0.1-SNAPSHOT</version>
<packaging>jar</packaging>
<name>library-logging</name>
```

```
<description>操作日志模块</description>

<dependencies>
    <dependency>
        <groupId>com.library</groupId>
        <artifactId>library-common</artifactId>
    </dependency>
</dependencies>
```

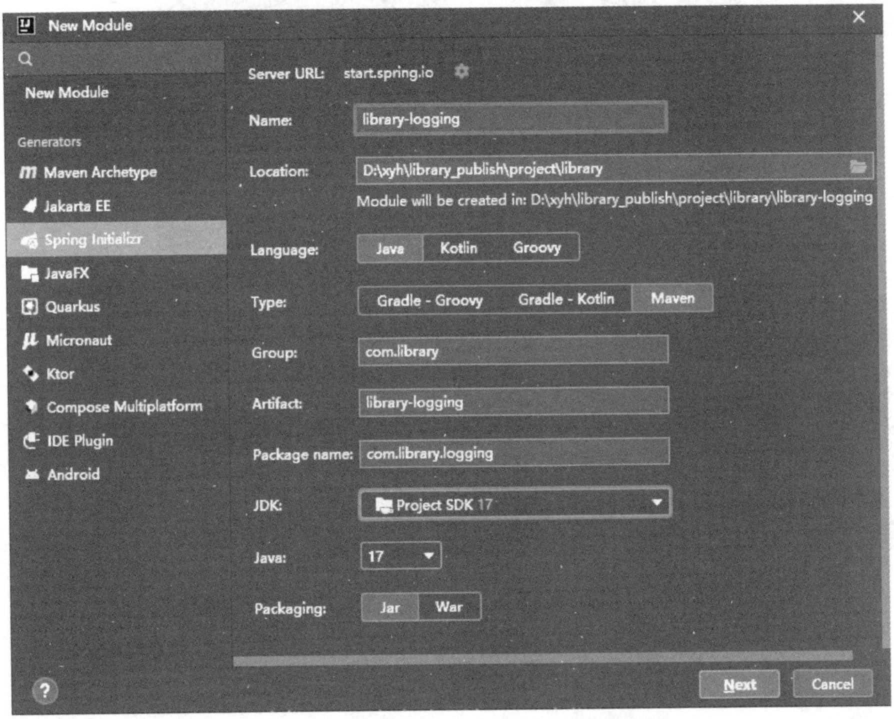

图 13-1 创建 library-logging 子模块

然后在父模块的 pom.xml 文件中添加日志模块的相关配置,并在 library-admin 子模块中添加日志模块依赖。接下来,使用 EasyCode 工具生成操作日志的基础代码,其中代码选择生成到 library-logging 子模块中,如图 13-2 所示。

13.1.2 自定义日志注解

首先在 library-common 子模块的 enums 包中创建一个日志分类的 LogTypeEnum 枚举类,主要分为系统操作、登录和登出类别的日志,代码如下:

```
//第13章/library/library-common/LogTypeEnum.java
@Getter
@AllArgsConstructor
public enum LogTypeEnum {
    DO_LOG(0, "系统操作"),
```

图 13-2　初始化操作日志基础代码

```
LOGIN_SUCCESS(1, "登录"),
LOGIN_OUT(2, "登出");
private Integer code;
private String desc;
public static String getValue(Integer code) {
    LogTypeEnum[] logTypeEnums = values();
    for (LogTypeEnum logTypeEnum : logTypeEnums) {
        if (logTypeEnum.getCode().equals(code)) {
            return logTypeEnum.getDesc();
        }
    }
    return null;
}
}
```

接着在 library-common 子模块的 pom.xml 文件中添加解析客户端、操作系统和浏览器信息的依赖,代码如下:

```
//第 13 章/library/library - common/pom.xml
< dependency >
    < groupId > nl.basjes.parse.useragent </ groupId >
    < artifactId > yauaa </ artifactId >
    < version > 6.11 </ version >
</ dependency >
```

在 util 包中创建一个 SystemUtils 工具类,主要解析用户请求的 IP、IP 归属地和浏览器信息等实现,代码如下:

```
//第 13 章/library/library - common/SystemUtils.java
@Slf4j
public class SystemUtils {
```

```java
private static final UserAgentAnalyzer USER_AGENT_ANALYZER = UserAgentAnalyzer
        .newBuilder()
        .hideMatcherLoadStats()
        .withCache(10000)
        .withField(UserAgent.AGENT_NAME_VERSION)
        .build();
/**
 * 获取 IP 地址
 */
public static String getIp(HttpServletRequest request) {
    String ip = request.getHeader("x-forwarded-for");
    if (StrUtil.isEmpty(ip) || "unknown".equalsIgnoreCase(ip)) {
        ip = request.getHeader("X-Forwarded-For");
    }
    if (StrUtil.isEmpty(ip) || "unknown".equalsIgnoreCase(ip)) {
        ip = request.getHeader("Proxy-Client-IP");
    }
    if (StrUtil.isEmpty(ip) || "unknown".equalsIgnoreCase(ip)) {
        ip = request.getHeader("WL-Proxy-Client-IP");
    }
    if (StrUtil.isEmpty(ip) || "unknown".equalsIgnoreCase(ip)) {
        ip = request.getHeader("HTTP_CLIENT_IP");
    }
    if (StrUtil.isEmpty(ip) || "unknown".equalsIgnoreCase(ip)) {
        ip = request.getHeader("HTTP_X_FORWARDED_FOR");
    }
    if (StrUtil.isEmpty(ip) || "unknown".equalsIgnoreCase(ip)) {
        ip = request.getRemoteAddr();
    }
    if (StrUtil.isEmpty(ip) || "unknown".equalsIgnoreCase(ip)) {
        ip = request.getRemoteAddr();
        if ("127.0.0.1".equals(ip)) {
            InetAddress inet = null;
            try {
                inet = InetAddress.getLocalHost();
            } catch (UnknownHostException e) {
                e.printStackTrace();
            }
            ip = inet.getHostAddress();
        }
    }
    if (ip != null && ip.length() > 15) {
        if (ip.indexOf(",") > 0) {
            ip = ip.substring(0, ip.indexOf(","));
        }
    }
    return ip;
}
/**
 * 根据 IP 获取地址信息
 */
```

```java
    public static String getAddressInfo(String ip) {
        String api = "http://whois.pconline.com.cn/ipJson.jsp
                ?ip=%s&json=true";
        String info = String.format(api, ip);
        CloseableHttpClient httpClient = HttpClients.createDefault();
        HttpGet httpGet = new HttpGet(info);
        String result = null;
        try {
            CloseableHttpResponse response = httpClient.execute(httpGet);
            HttpEntity entity = response.getEntity();
            if (entity != null) {
                result = EntityUtils.toString(entity);
            }
        } catch (Exception e) {
            e.printStackTrace();
        } finally {
            try {
                //关闭 HttpClient 连接
                httpClient.close();
            } catch (IOException e) {
                e.printStackTrace();
            }
        }
        JSONObject object = JSONUtil.parseObj(result);
        return object.get("addr", String.class);
    }
    /**
     * 获取浏览器信息
     * @param request
     * @return
     */
    public static String getBrowser(HttpServletRequest request) {
        UserAgent.ImmutableUserAgent userAgent = USER_AGENT_ANALYZER.parse(request.
getHeader("User-Agent"));
        return userAgent.get(UserAgent.AGENT_NAME_VERSION).getValue();
    }
}
```

1. 自定义异步方法

在 library-common 子模块的 config 包中创建一个 AsyncConfiguration 配置类,用于自定义实现异步操作。Spring Boot 提供了 AsyncConfigurer 接口,让开发人员可以自定义线程池执行器,在该接口中提供的方法都是空实现,在实现时需要开发人员自定义实现相关代码。

在 AsyncConfiguration 类中实现 AsyncConfigurer 接口中的所有方法,先来查看一下 AsyncConfigurer 接口的源代码,在接口中共有两种方法,即 getAsyncExecutor 和 getAsyncUncaughtExceptionHandler,代码如下:

```java
//第13章/library/library-common/AsyncConfiguration.java
public interface AsyncConfigurer {
    /**
```

```
    * 方法返回一个实际执行线程的线程池
    */
   @Nullable
   default Executor getAsyncExecutor() {
       return null;
   }
   /**
    * 当线程池执行异步任务时会抛出 AsyncUncaughtExceptionHandler 异常
    * 此方法会捕获该异常
    */
   @Nullable
   default AsyncUncaughtExceptionHandler getAsyncUncaughtExceptionHandler(){
       return null;
   }
}
```

先在配置类中定义一个线程池并加上@Bean 注解交给容器管理,代码如下:

```java
//第 13 章/library/library-common/AsyncConfiguration.java
/**
 * 定义线程池,由于 ThreadPoolTaskExecutor 不是完全被 IOC 容器管理的 bean,所以可以在方法上
加上@Bean 注解交给容器管理
 * @return
 */
@Bean(name = "taskExecutor")
public ThreadPoolTaskExecutor taskExecutor() {
    final String threadNamePrefix = "taskExecutor-";
    //定义线程池
    ThreadPoolTaskExecutor executor = new ThreadPoolTaskExecutor();
    //核心线程池大小,默认为 8
    executor.setCorePoolSize(cpus);
    //最大线程数,默认为 Integer.MAX_VALUE 的值
    executor.setMaxPoolSize(cpus * 2);
    //队列容量,默认为 Integer.MAX_VALUE 的值
    executor.setQueueCapacity(Integer.MAX_VALUE);
    //拒绝策略
    executor.setRejectedExecutionHandler(new ThreadPoolExecutor.CallerRunsPolicy());
    //线程名前缀
    executor.setThreadNamePrefix(threadNamePrefix);
    //线程池中线程最大空闲时间,默认为 60,单位为秒
    executor.setKeepAliveSeconds(60);
    //IOC 容器关闭时是否阻塞等待剩余的任务执行完成,默认为 false
    executor.setWaitForTasksToCompleteOnShutdown(true);
    //阻塞 IOC 容器关闭的时间,默认为 10s
    executor.setAwaitTerminationSeconds(10);
    executor.initialize();
    return executor;
}
```

实现 getAsyncExecutor 方法,主要是将配置好的线程池返回,代码如下:

```
@Override
public Executor getAsyncExecutor() {
    return this.taskExecutor();
}
```

实现 getAsyncUncaughtExceptionHandler 方法,返回一个异步执行异常处理器,用于记录异步执行中发生的异常。这里使用了 lambda 表达式实现了一个简单的异常处理器,将异常信息和方法记录到日志中,代码如下:

```
//第13章/library/library-common/AsyncConfiguration.java
@Override
public AsyncUncaughtExceptionHandler getAsyncUncaughtExceptionHandler() {
    return (throwable, method, objects) -> {
        log.error("[异步任务线程池]执行异步任务【{}】时出错 >> 堆栈\t\n", method.
getDeclaringClass(), throwable);
    };
}
```

2. 定义注解

在 library 父模块的 pom.xml 文件中添加 Spring Boot 提供的 spring-boot-starter-aop 自动配置模块,代码如下:

```
//第13章/library/pom.xml
<dependency>
    <groupId>org.springframework.boot</groupId>
    <artifactId>spring-boot-starter-aop</artifactId>
    <Excelusions>
        <Excelusion>
            <groupId>org.springframework.boot</groupId>
            <artifactId>spring-boot-starter</artifactId>
        </Excelusion>
    </Excelusions>
</dependency>
```

接着在日志模块中新建一个 annotation 包,然后定义一个名为@LogSys 的注解,在这里,@LogSys 注解被定义为用于标记方法(ElementType.METHOD),并且它在运行时保留(Retention.RUNTIME)。该注解定义了以下两个属性。

(1) value:是一个字符串类型的属性,用于描述操作的内容,例如查询用户列表,该属性用于提供关于注解标记的方法执行的更多信息。

(2) logType:是一个枚举类型的属性,名为 LogTypeEnum,默认值为 LogTypeEnum.DO_LOG(系统操作)类型,该属性用于指定操作的类型分类。

定义该注解的相关代码如下:

```
//第13章/library/library-logging/LogSys
@Target(ElementType.METHOD)
@Retention(RetentionPolicy.RUNTIME)
@Documented
```

```
public @interface LogSys {
    /**
     * 操作内容(例如查询用户)
     * @return
     */
    String value() default "";
    /**
     * 操作类型分类(操作、登录、登出)
     *
     * @return
     */
    LogTypeEnum logType() default LogTypeEnum.DO_LOG;
}
```

接下来完成 LogSys 注解的切面实现类,在日志模块中创建一个 aspect 包,然后在包中创建一个 LogAspect 切面,用于拦截被@LogSys 注解标记的方法。在获取请求信息后,使用自定义的异步方法执行日志的入库工作,代码如下:

```
//第 13 章/library/library - logging/LogAspect
@Slf4j(topic = "operaErr")
@Aspect
@Component
public class LogAspect {
    @Resource
    private OperationLogService operationLogService;
    /**
     * 配置切入点
     */
    @Pointcut("@annotation(com.library.logging.annotation.LogSys)")
    public void logPointcut() {
        //该方法无方法体,主要为了让同类中的其他方法使用此切入点
    }
    /**
     *   方法用途:在 AnnotationDemo 注解之前执行,标识一个前置增强方法,相当于 BeforeAdvice
的功能
     */
    @Before("logPointcut()")
    public void doBefore(JoinPoint joinPoint) {
        log.info("进入方法前执行...");
    }
    @AfterReturning(value = "logPointcut()", returning = "result")
    public void logAround(JoinPoint joinPoint, Object result) throws Throwable {
        //获取 RequestAttributes
        RequestAttributes requestAttributes = RequestContextHolder.getRequestAttributes();
        if (requestAttributes != null) {
            //从获取 RequestAttributes 中获取 HttpServletRequest 的信息
            HttpServletRequest request = (HttpServletRequest) Objects.requireNonNull
(requestAttributes).resolveReference(RequestAttributes.REFERENCE_REQUEST);
            saveSysLogAsync(request, joinPoint, result);
        } else {
```

```
                    //未登录请求,计入日志文件
                    log.error("未登录请求,请求信息为{}", joinPoint);
            }
    }
    /**
     * 异步保存系统日志
     */
    @Async(value = "taskExecutor")
    public void saveSysLogAsync(HttpServletRequest request, final JoinPoint joinPoint, Object ret) {
            log.info("异步保存日志 start ====> {}, 返回信息: {}", joinPoint, ret);
            operationLogService.insert(request, joinPoint, JSON.toJSONString(ret));
    }
}
```

接下来需要完善日志入库的接口和 operaErr 日志文件。在 LogAspect 类上定义了一个 @Slf4j(topic = "operaErr"),这里自定义了一个日志配置,指定了日志的主题,然后在日志文件的配置中添加一个 opera_err.log 日志文件,只要在 LogAspect 类中的日志都会在该日志文件中打印。打开 library-admin 子模块下的 resource 文件,然后找到 log4j2.xml 文件。在 Appenders 标签中添加一个操作日志记录文件,日志文件名为 library_opera_err. log,代码如下:

```
//第 13 章/library/library - admin/log4j2.xml
< RollingRandomAccessFile name = "OPERA_ERR"
                fileName = " $ {log_path}/ $ {filename}_opera_err.log"
                filePattern = " $ {log_path}/ $ {filename}_opera_err_ % d{yyyy - MM - dd}_ % i.log.gz">
    < PatternLayout pattern = "[ % d{yyyy - MM - dd HH:mm:ss.SSS}][ % - 5p][ % t][ % c{1}] % m % n"/>
    < Policies >
        < SizeBasedTriggeringPolicy size = " $ {library_log_size}"/>
    </Policies >
</RollingRandomAccessFile >
```

然后在 Loggers 标签中配置一个日志记录器,这样便会异步地将日志消息传递给日志附加器,代码如下:

```
< AsyncLogger name = "operaErr" level = "INFO" additivity = "false">
    < AppenderRef ref = "OPERA_ERR"/>
</AsyncLogger >
```

3. 日志入库和查询实现

在 OperationLogService 接口类中,只保留分页查询和添加的接口,其余的基础代码全部删除。接着修改新增操作日志的 insert 接口,将接收的参数更改为 HttpServletRequest、JoinPoint、result,以下是对 3 个参数的具体说明。

(1) HttpServletRequest:一个 HttpServletRequest 对象,它包含了关于当前 HTTP 请求的信息。在操作日志中,通常会记录请求的相关信息,如请求的 URL、请求方法、请求头、请求参数等,以便能够追踪操作的来源。

(2) JoinPoint:Spring AOP 中的一个对象,用于表示正在执行的方法。它包含了方法的相关信息,如方法名、参数等。在操作日志中,JoinPoint 通常用于记录哪种方法执行了操作,以便能够跟踪操作的具体来源。

(3) result:一个字符串,通常用于记录操作的结果。

接口定义的具体的代码如下:

```
void insert(HttpServletRequest request, JoinPoint joinPoint, String result);
```

接下来完成实现类,实现类中根据参数获取日志相关信息,并将信息组装到 OperationLog 对象中,完成日志数据的入库操作,代码如下:

```java
//第 13 章/library/library - logging/OperationLogServiceImpl.java
@Override
@Transactional(rollbackFor = Exception.class)
public void insert(HttpServletRequest request, JoinPoint joinPoint, String result) {
    //从切面织入点处通过反射机制获取织入点处的方法
    MethodSignature signature = (MethodSignature) joinPoint.getSignature();
    LogSys annotation = signature.getMethod().getAnnotation(LogSys.class);
    Principal principal = request.getUserPrincipal();
    OperationLog log = new OperationLog();
    log.setRequestIp(SystemUtils.getIp(request));
    log.setAddress(SystemUtils.getAddressInfo(log.getRequestIp()));
    log.setLogType(annotation.logType().getCode());
    log.setBrowser(SystemUtils.getBrowser(request));
    log.setDescription(annotation.value());
    log.setParams(composeString(joinPoint.getArgs()));
    //方法地址
    String methodName = joinPoint.getTarget().getClass().getName() + "." + signature.
getName() + "()";
    log.setMethods(methodName);
    if (principal != null) {
        log.setUsername(principal.getName());
    }
    log.setReturnValue(result);
    save(log);
}
```

在 OperationLogController 类中,对分页查询的基础代码进行修改,拆分成两个接口,一个是查询操作日志的 queryDoLogByPage 方法;另一个是查询登录/登出列表的 queryLoginLogByPage 方法,代码如下:

```java
//第 13 章/library/library - logging/OperationLogController.java
/**
 * 操作日志分页查询列表
 *
 * @return 数据
 */
@GetMapping("/dolog/list")
public Result < IPage < OperationLogVO >> queryDoLogByPage(OperationLogPage page) {
    return Result.success(operationLogService.queryByPage(page));
```

```
}
/**
 * 登录/登出日志分页查询列表
 *
 * @return 数据
 */
@GetMapping("/loginlog/list")
public Result < IPage < OperationLogVO >> queryLoginLogByPage(OperationLogPage page) {
    return Result.success(operationLogService.queryLoginLogByPage(page));
}
```

将 OperationLogPage 类中的属性只保留 IP 地址和操作人两个查询条件,其余的都删除,然后在 OperationLogServiceImpl 实现类中实现操作日志列表查询,登录/登出的日志可查看项目配套的源代码获取,代码如下:

```
//第 13 章/library/library-logging/OperationLogServiceImpl.java
@Override
public IPage < OperationLogVO > queryByPage(OperationLogPage page) {
    //查询条件
    LambdaQueryWrapper < OperationLog > queryWrapper = new LambdaQueryWrapper <>();
    if (StrUtil.isNotEmpty(page.getRequestIp())) {
        queryWrapper.eq(OperationLog::getRequestIp, page.getRequestIp());
    }
    if (StrUtil.isNotEmpty(page.getUsername())) {
        queryWrapper.eq(OperationLog::getUsername, page.getUsername());
    }
    queryWrapper.eq(OperationLog::getLogType, LogTypeEnum.DO_LOG.getCode());
    queryWrapper.orderByDesc(OperationLog::getCreateTime);
    //查询分页数据
    Page < OperationLog > operationLogPage = new Page < OperationLog >(page.getCurrent(),
page.getSize());
    IPage < OperationLog > pageData = baseMapper.selectPage(operationLogPage, queryWrapper);
    //转换成 VO
    IPage < OperationLogVO > records = PageCovertUtil.pageVoCovert(pageData, OperationLogVO.
class);
    return records;
}
```

13.1.3 接口测试

日志注解相关代码已基本实现完成,接下来测试该注解是否可以拦截接口相关信息。打开 LoginController 类,在登录的方法上添加该日志注解,并将日志类型指定为登录,代码如下:

```
@LogSys(value = "登录", logType = LogTypeEnum.LOGIN_SUCCESS)
@PostMapping("/login")
public Result < Object > login(@Valid @RequestBody UserLoginBO bo) {
}
```

然后到用户列表的请求接口中添加该日志注解,获取用户的请求的操作日志。因为注解默认的日志类型是系统操作日志,所以这里就不需要添加日志分类的属性了,代码如下:

```
//第 13 章/library/library－logging/OperationLogController.java
@LogSys(value = "用户分页查询列表")
@GetMapping("/list")
public Result＜IPage＜UserVO＞＞ queryByPage(@Valid UserPage page) {
    return Result.success(userService.queryByPage(page));
}
```

打开 Apifox 接口文档，在文档的根目录下创建一个系统监控的子目录，然后在该目录下再创建登录日志和操作日志两个子目录，接着分别创建两个查询日志的接口文档，接口参数为 requestIp(IP 地址)和 username(操作用户)。

首先测试登录接口的日志，请求登录接口，然后使用登录日志列表的接口查看是否有数据，如果有，则说明登录日志已经可以获取，如图 13-3 所示。

图 13-3　登录日志分页查询

接下来再请求用户列表的接口，然后使用查询操作日志列表的接口查询数据，如果有，则系统的操作日志可以正常获取了，如图 13-4 所示。

图 13-4　系统操作日志分页查询

13.2 系统审核功能实现

系统审核模块主要包括通知公告和图书归还审核,在项目需求中,系统审核是一项不可或缺的任务,它有助于确保数据信息的合法性和保障未知的公告风险等。以下是对通知公告和图书归还审核的流程说明。

(1) 通知公告审核流程:图书管理员发布通知公告后需要被提交到超级管理员处进行内容审核,只有超级管理员审核通过了才能使所有的用户查看,否则驳回通知公告,再次回到图书管理员处进行修改,然后再次提交审核操作。

(2) 图书归还审核流程:读者在借阅列表中提交还书申请,然后图书管理员会对该书借阅的记录进行审核,查看读者是否欠费、书是否损坏等工作,如果都符合还书的要求,则会提交审核通过,这样读者便完成了还书的流程。

13.2.1 审核表设计并创建

在项目 db 目录下的 init.sql 文件中添加审核表的 SQL 建表语句,并在数据库中执行该语句完成表的添加,SQL 代码如下:

```
//第 13 章/library/db/init.sql
DROP TABLE IF EXISTS `lib_examine`;
CREATE TABLE `lib_examine`
(
    `id`              INT          NOT NULL PRIMARY KEY AUTO_INCREMENT COMMENT '主键',
    `title`           VARCHAR(255) NOT NULL COMMENT '审核标题',
    `content`         text         NOT NULL COMMENT '审核内容',
    `submit_username` VARCHAR(50)  NOT NULL COMMENT '提交审核人',
    `classify`        INT          NOT NULL COMMENT '模块分类',
    `classify_id`     INT          NOT NULL COMMENT '模块内容 id',
    `username`        VARCHAR(50)               DEFAULT NULL COMMENT '审核人',
    `examine_status`  INT          NOT NULL DEFAULT 0 COMMENT '状态,默认为 0, 0:审核中; 1:
审核通过; 2:审核不通过',
    `advice`          VARCHAR(255)              DEFAULT NULL COMMENT '审核意见',
    `create_time`     DATETIME NULL DEFAULT CURRENT_TIMESTAMP COMMENT '创建时间',
    `finish_time`     DATETIME NULL DEFAULT NULL COMMENT '审核完成时间',
    `remark`          VARCHAR(255)              DEFAULT NULL COMMENT '备注'
) ENGINE = InnoDB CHARACTER SET = utf8mb4 COLLATE = utf8mb4_general_ci  ROW_FORMAT
= Dynamic
    COMMENT = '审核表';
```

13.2.2 审核功能代码实现

审核功能模块的代码存放在 library-system 子模块中,使用 EasyCode 生成审核表的基础代码,如图 13-5 所示。

图 13-5 生成审核基础代码

1. 审核分页列表查询

在审核模块中分为通知公告审核和图书归还审核,那么查询审核列表,则需要单独展示,所以需要写两个查询列表的接口,但在实现的方法中只需区分查询的类型。首先在library-common 子模块的 enums 枚举包中创建一个区分审核类型的 ClassifyEnum 枚举类,代码如下:

```java
//第 13 章/library/library - common/ClassifyEnum.java
@Getter
@AllArgsConstructor
public enum ClassifyEnum {
    NOTICE(0, "通知公告"),
    SYSTEM_NOTICE(1, "系统消息"),
    RETURN_BOOK(2, "归还图书");
    private Integer code;
    private String desc;
    public static String getValue(Integer code) {
        ClassifyEnum[] classifyEnums = values();
        for (ClassifyEnum classifyEnum : classifyEnums) {
            if (classifyEnum.getCode().equals(code)) {
                return classifyEnum.getDesc();
            }
        }
        return null;
    }
}
```

在 ExamineController 类中将分页查询列表的方法拆分为两种,一种方法为 noticeQueryByPage 的分页查询,另一种方法为 returnBookByPage 分页查询,代码如下:

```java
//第13章/library/library-system/ExamineController.java
/**
 * 公告审核分页查询列表
 *
 * @return 数据
 */
@GetMapping("/list")
public Result<IPage<ExamineVO>> noticeQueryByPage(@Valid ExaminePage page) {
    return Result.success(examineService.queryByPage(page));
}
/**
 * 图书归还审核分页查询列表
 *
 * @return 数据
 */
@GetMapping("/bookaudit/list")
public Result<IPage<ExamineVO>> returnBookByPage(@Valid ExaminePage page) {
    page.setClassify(ClassifyEnum.RETURN_BOOK.getCode());
    return Result.success(examineService.queryByPage(page));
}
```

ExaminePage 作为列表查询的参数类,查询条件包括审核标题、提交审核人员、模块分类。该类其余的属性可以删除,仅保留这 3 个查询条件。接着为了前端方便展示模块分类名称,还需要在 ExamineVO 返回类中添加一个 classifyName 模块分类的名称,然后实现 queryByPage 方法,对实现不同的查询条件及按照创建时间进行排序等操作,代码如下:

```java
//第13章/library/library-system/ExamineServiceImpl.java
@Override
    public IPage<ExamineVO> queryByPage(ExaminePage page) {
        //查询条件
        LambdaQueryWrapper<Examine> queryWrapper = new LambdaQueryWrapper<>();
        if (StrUtil.isNotEmpty(page.getTitle())) {
            queryWrapper.like(Examine::getTitle, page.getTitle());
        }
        if (StrUtil.isNotEmpty(page.getSubmitUsername())) {
            queryWrapper.like(Examine::getSubmitUsername, page.getSubmitUsername());
        }
        if (page.getClassify() != null) {
            queryWrapper.eq(Examine::getClassify, page.getClassify());
        } else {
            queryWrapper.in(Examine::getClassify, ClassifyEnum.NOTICE.getCode(), ClassifyEnum.
SYSTEM_NOTICE.getCode());
        }
        queryWrapper.orderByDesc(Examine::getCreateTime);
        //查询分页数据
        Page<Examine> examinePage = new Page<Examine>(page.getCurrent(), page.getSize());
        IPage<Examine> pageData = baseMapper.selectPage(examinePage, queryWrapper);
        //转换成 VO
        IPage<ExamineVO> records = PageCovertUtil.pageVoCovert(pageData, ExamineVO.class);
        if (CollUtil.isNotEmpty(records.getRecords())) {
```

```
                records.getRecords().forEach(r -> {
                    r.setClassifyName(ClassifyEnum.getValue(r.getClassify()));
                });
            }
        return records;
    }
```

2．审核通过或失败接口

先来定义一个 AuditStatusEnum 审核枚举类，主要包括审核中、审核通过、审核不通过、定时发布、取消定时、发布成功及发布失败等审核状态，代码如下：

```java
//第 13 章/library/library - common/AuditStatusEnum.java
@Getter
@AllArgsConstructor
public enum AuditStatusEnum {
    REVIEWING(0, "审核中"),
    AUDIT_SUCCESS(1, "审核通过"),
    REJECT(2, "审核不通过"),
    TIME_SEND(3, "定时发布"),
    CANCEL_TIME(4, "取消定时"),
    SEND_SUCCESS(5, "发布成功"),
    SEND_FAIL(6, "发布失败");

    private Integer code;
    private String desc;
    public static String getValue(Integer code) {
        AuditStatusEnum[] statusEnums = values();
        for (AuditStatusEnum statusEnum : statusEnums) {
            if (statusEnum.getCode().equals(code)) {
                return statusEnum.getDesc();
            }
        }
        return null;
    }
}
```

审核通过公告，无外乎两种情况，即通过或者不通过，接下来需要在 ExamineController 类中添加一个审核通过的方法 examineSuccess 和审核失败的方法 examineFail，代码如下：

```java
//第 13 章/library/library - system/ExamineController.java
@PutMapping("/success")
public Result examineSuccess (@ Valid @ RequestBody ExamineUpdate param, @ CurrentUser
CurrentLoginUser currentLoginUser) {
        if (Objects.isNull(param.getId())) {
            return Result.error("ID 不能为空");
        }
        param.setUsername(currentLoginUser.getUsername());
        param.setExamineStatus(AuditStatusEnum.AUDIT_SUCCESS.getCode());
        param.setFinishTime(LocalDateTime.now());
        examineService.examineUpdate(param);
```

```
            return Result.success();
    }
    @PutMapping("/fail")
    public Result examineFail(@Valid @RequestBody ExamineUpdate param, @CurrentUser CurrentLoginUser
    currentLoginUser) {
            if (Objects.isNull(param.getId())) {
                return Result.error("ID 不能为空");
            }
            if (StrUtil.isEmpty(param.getAdvice())) {
                return Result.error("审核失败,失败原因不能为空!");
            }
            param.setUsername(currentLoginUser.getUsername());
            param.setExamineStatus(AuditStatusEnum.REJECT.getCode());
            param.setFinishTime(LocalDateTime.now());
            examineService.examineUpdate(param);
            return Result.success();
    }
```

修改 ExamineUpdate 类中的属性,只保留使用的部分,代码如下:

```
//第 13 章/library/library - system/ExamineUpdate.java
@Data
public class ExamineUpdate implements Serializable {
    @TableField(exist = false)
    private static final long serialVersionUID = 288367184047783521L;
    /**
     * 主键
     */
    private Integer id;
    /**
     * 审核人
     */
    private String username;
    /**
     * 状态,默认为 0, 0:审核中; 1:审核通过; 2:审核不通过
     */
    private Integer examineStatus;
    /**
     * 审核意见
     */
    private String advice;
    /**
     * 审核完成时间
     */
    @JsonFormat(pattern = "yyyy - MM - dd HH:mm:ss")
    private LocalDateTime finishTime;
}
```

接下来实现更新审核状态的接口,当审核员审核通过后会先更新审核表的状态,然后去更新公告或图书归还中的状态,由于目前还没有完成通知公告和图书归还功能,所以在这里先写个更新的框架,等其余代码功能完成后再来补充,代码如下:

```
//第13章/library/library-system/ExamineServiceImpl.java
@Override
@Transactional(rollbackFor = Exception.class)
public boolean examineUpdate(ExamineUpdate examineUpdate) {
    Examine examine = examineStructMapper.updateToExamine(examineUpdate);
    updateById(examine);
    //修改公告审核通过的状态
    ExamineVO examineVO = queryById(examineUpdate.getId());
    switch (examineVO.getClassify()) {
        case 0:
        case 1:
        default:
            return false;
    }
}
```

3. 添加审核

在 ExamineService 类中添加一个 insertExamine 添加审核的接口,供通知公告和图书归还提供添加审核的接口,并获取相关数据,审核的初始状态为审核中。修改 ExamineInsert 接收类中的属性,代码如下:

```
//第13章/library/library-system/ExamineInsert.java
@Data
public class ExamineInsert implements Serializable {
    @TableField(exist = false)
    private static final long serialVersionUID = -30258139209697025L;
    /**
     * 审核标题
     */
    private String title;
    /**
     * 审核内容
     */
    private String content;
    /**
     * 提交审核人
     */
    private String submitUsername;
    /**
     * 模块内容 id
     */
    private Integer classifyId;
}
```

然后实现 insertExamine 接口的相关功能,代码如下:

```
//第13章/library/library-system/ExamineServiceImpl.java
@Override
public boolean insertExamine(ExamineInsert examineInsert, ClassifyEnum classifyEnum) {
    Examine examine = examineStructMapper.insertToExamine(examineInsert);
    examine.setExamineStatus(AuditStatusEnum.REVIEWING.getCode());
```

```
examine.setClassify(classifyEnum.getCode());
save(examine);
return true;
}
```

13.2.3　功能测试

审核功能的相关测试需要结合公告或其他实际数据进行测试,这里先对接口文档进行维护,打开 Apifox 接口文档,在根目录下创建一个审核管理子目录,先来创建一个通知公告分页查询的列表,然后启动项目,单击"运行"按钮,进行接口请求。由于还没有添加审核记录,所以目前先保证接口可以正常访问,如图 13-6 所示。

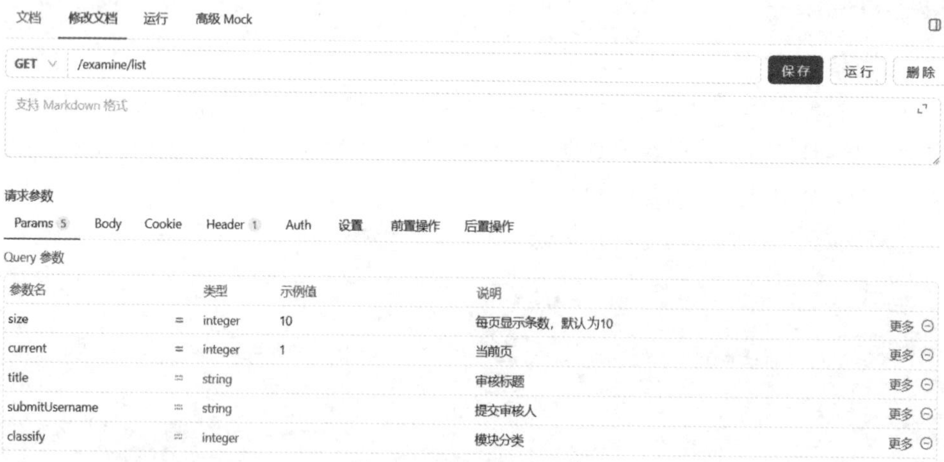

图 13-6　通知公告审核分页列表

图书归还的审核分页列表和通知审核接口基本一致,只是换了接口的地址,请求参数保持不变,如图 13-7 所示。

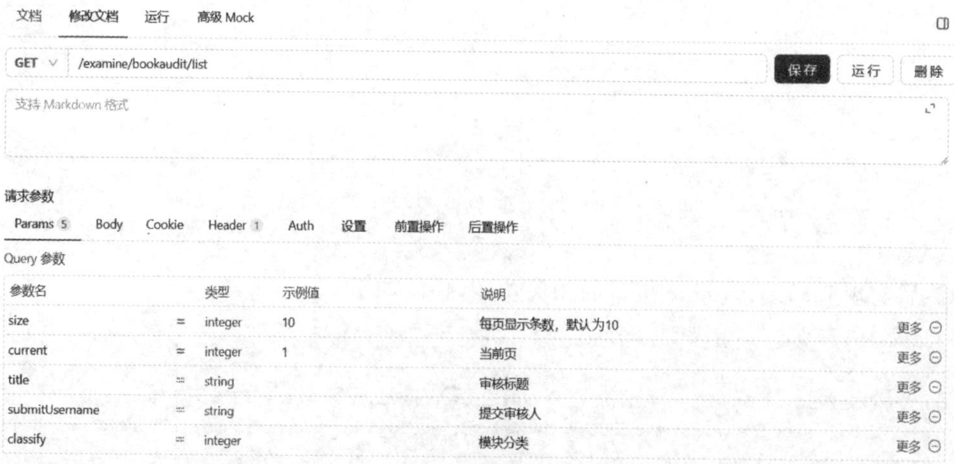

图 13-7　图书归还审核分页列表

　　接下来,添加审核成功和审核失败的接口文档,通知公告和图书归还的审核共用这两个审核接口,同时只需传递审核记录的 ID 和审核建议。这里先不进行该接口的测试,后面会和通知公告联合测试,审核成功与失败的接口文档如图 13-8 和图 13-9 所示。

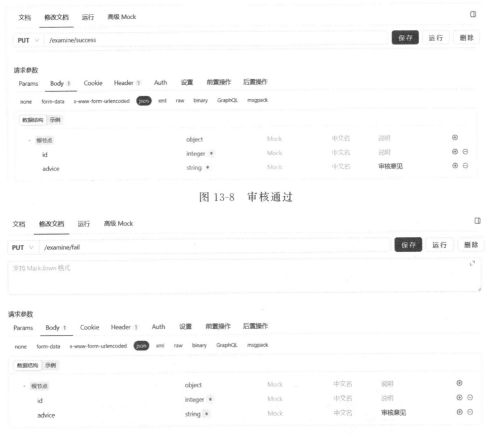

图 13-8　审核通过

图 13-9　审核失败

　　最后还有删除审核记录和根据审核 id 查询该审核记录这两个接口文档,这里不再展示,可以在本书的配套资源中获取。

13.3　通知公告功能实现

　　通知功能用于由管理员向用户推送公告通知和图书归还相关通知等,并需要相关的人员进行审核,确保信息的准确性和可读性。

13.3.1　公告表设计并创建

　　在项目 db 目录下的 init.sql 文件中添加通知公告表的 SQL 建表语句,并在数据库中执行该语句完成表的添加,SQL 代码如下:

```
//第 13 章/library/db/init.sql
DROP TABLE IF EXISTS `lib_notice`;
CREATE TABLE `lib_notice`
(
    `id`              INT          NOT NULL PRIMARY KEY AUTO_INCREMENT COMMENT '主键',
    `notice_title`    VARCHAR(255) NOT NULL COMMENT '公告标题',
    `notice_type`     int          NOT NULL DEFAULT 0 COMMENT '公告类型,默认为 0, 0:通知公
告; 1:系统消息',
    `notice_status`   int          NOT NULL DEFAULT 0 COMMENT '状态,默认为 0, 0:审核中; 1:审
核通过; 2:审核不通过; 3:定时发布; 4:取消定时; 5:发送成功; 6:发送失败',
    `open`            int          NOT NULL DEFAULT 0 COMMENT '是否公开,默认为 0, 0:公开; 1:
不公开',
    `notice_content`  text NULL COMMENT '公告内容',
    `user_name`       VARCHAR(128) NOT NULL COMMENT '创建者',
    `user_id`         INT          NULL COMMENT '用户 id',
    `result`          VARCHAR(255)              DEFAULT NULL COMMENT '审核意见',
    `create_time`     DATETIME NULL DEFAULT CURRENT_TIMESTAMP COMMENT '创建时间',
    `finish_time`     DATETIME NULL DEFAULT NULL COMMENT '审核完成时间',
    `send_time`       DATETIME                  DEFAULT NULL COMMENT '定时发送时间'
) ENGINE = InnoDB CHARACTER SET = utf8mb4 COLLATE = utf8mb4_general_ci  ROW_FORMAT = Dynamic
    COMMENT = '通知公告表';
```

13.3.2 公告功能代码实现

打开 IDEA 工具,使用 EasyCode 代码生成工具生成通知公告基础代码,代码存放在 library-system 子模块中,如图 13-10 所示。

图 13-10 生成通知公告基础代码

将通知功能列表查询的请求参数设为功能标题、公告类型、状态和用户 id,NoticePage 分页查询类只保留这 4 个查询参数,其余的属性都删除,代码如下:

```
//第 13 章/library/library - system/NoticePage.java
@Data
public class NoticePage extends BasePage implements Serializable {
    @TableField(exist = false)
    private static final long serialVersionUID = - 78575331041759482L;
    / * *
     * 公告标题
     * /
    private String noticeTitle;
    / * *
     * 公告类型,默认为 0, 0: 公告; 1: 通知; 2: 提醒
     * /
    private Integer noticeType;
    / * *
     * 状态,默认为 0, 0:审核中; 1:审核通过; 2:审核不通过; 3:定时发布; 4:取消定时
     * /
private Integer noticeStatus;
    / * *
     * 用户 id
     * /
private Integer userId;
}
```

在 NoticeController 类中,修改 queryByPage 方法,在方法的接收参数中添加获取当前用户信息的注解。在通知公告的列表中,由于普通用户可以查看自己的系统消息,所以公告列表需要根据用户的不同权限展示不同的数据,代码如下:

```
//第 13 章/library/library - system/NoticeController.java
    @GetMapping("/list")
public Result < IPage < NoticeVO >> queryByPage(@ CurrentUser CurrentLoginUser currentLoginUser,
@Valid NoticePage page) {
    List < Integer > roleIds = currentLoginUser.getRoleIds();
    if (roleIds. contains ( RoleTypeEnum. SUPER _ ADMIN. getCode ( )) || roleIds. contains
(RoleTypeEnum.LIBRARY_ADMIN.getCode())) {
        page. setUserId(null);
    } else {
        page. setUserId(currentLoginUser. getUserId());
    }
    return Result. success(noticeService. queryByPage(page));
}
```

接下来实现通知公告列表的 queryByPage 实现类,对查询条件进行判断,如果不为空,则为列表所展示的查询条件,代码如下:

```
//第 13 章/library/library - system/NoticeServiceImpl.java
@Override
public IPage < NoticeVO > queryByPage(NoticePage page) {
    //查询条件
    LambdaQueryWrapper < Notice > queryWrapper = new LambdaQueryWrapper<>();
    if (page.getNoticeStatus() != null) {
```

```
        queryWrapper.eq(Notice::getNoticeStatus, page.getNoticeStatus());
    }
    if (StrUtil.isNotEmpty(page.getNoticeTitle())) {
        queryWrapper.like(Notice::getNoticeTitle, page.getNoticeTitle());
    }
    if (page.getNoticeType() != null) {
        queryWrapper.eq(Notice::getNoticeType, page.getNoticeType());
    }
    if (page.getUserId() != null) {
        queryWrapper.eq(Notice::getUserId, page.getUserId());
    }
    //查询分页数据
    Page<Notice> noticePage = new Page<Notice>(page.getCurrent(), page.getSize());
    IPage<Notice> pageData = baseMapper.selectPage(noticePage, queryWrapper);
    //转换成 VO
    IPage<NoticeVO> records = PageCovertUtil.pageVoCovert(pageData, NoticeVO.class);
    return records;
}
```

13.3.3　定时发布公告

在文章或者通告发布时,通常会提供一个定时功能来发布相关内容,定时的主要功能是在未来的某个时间发布相关信息,接下来在项目中整合定时功能。

1. 任务调度配置

在 library-system 子模块的 config 包中创建一个 TaskSchedulerConfig 任务调度配置类,并使用@Configuration 和@EnableScheduling 注解来告诉 Spring 容器,这个类是一个配置类,并且启用了任务调度功能。

在这个类中,首先通过 Runtime.getRuntime().availableProcessors()方法获取当前系统的 CPU 核心数,并将结果赋值给变量 cpus,然后通过@Bean 注解声明一个名为 threadPoolTaskScheduler 的 ThreadPoolTaskScheduler 类型的 bean,用于管理任务调度。通过@Bean 注解声明一个名为 threadPoolTaskScheduler 的 ThreadPoolTaskScheduler 类型的 bean,用于管理任务调度。

在 threadPoolTaskScheduler 方法的内部创建一个 ThreadPoolTaskScheduler 实例,并进行一系列设置,其中,setPoolSize(cpus)方法用于设置线程池的大小,使用之前获取的 CPU 核心数;setThreadNamePrefix("TaskScheduler-")方法用于将线程名称的前缀设置为 TaskScheduler-;setAwaitTerminationSeconds(60)方法用于设置等待终止的时间,即在关闭应用程序时等待任务完成的最长时间;最后,调用 initialize()方法初始化任务调度器,代码如下:

```
//第 13 章/library/library-system/TaskSchedulerConfig.java
@Configuration
@EnableScheduling
public class TaskSchedulerConfig {
```

```
    private final int cpus = Runtime.getRuntime().availableProcessors();
    @Bean
    public ThreadPoolTaskScheduler threadPoolTaskScheduler() {
        ThreadPoolTaskScheduler taskScheduler = new ThreadPoolTaskScheduler();
        //根据需要进行相关设置
        //设置线程池大小
        taskScheduler.setPoolSize(cpus);
        //设置线程名称前缀
        taskScheduler.setThreadNamePrefix("TaskScheduler-");
        taskScheduler.setAwaitTerminationSeconds(60);
        //初始化任务调度器
        taskScheduler.initialize();
        return taskScheduler;
    }
}
```

2. 定时任务调度

首先在通知公告代码模块中创建一个 task 包，然后在包中创建一个 NoticeScheduler 任务调度器类，用于定时发送公告，接下来实现该类的相关代码。

首先，定义一个 NoticeTaskSenderJson 类，这是任务处理类，用于实现 Runnable 接口，这样便可作为线程执行器，其任务主要分为两部分：查询该公告是否为定时发送状态，如果是，则将状态更新为已发送成功；如果不是，则将状态更新为发送失败，并将原因设置为审核超时或审核失败，代码如下：

```
//第13章/library/library-system/NoticeTaskSender.java
public static class NoticeTaskSender implements Runnable {
    private final Notice notice;
    private final NoticeService noticeService;
    public NoticeTaskSender(Notice notice, NoticeService noticeService) {
        this.notice = notice;
        this.noticeService = noticeService;
    }
    @Override
    public void run() {
        //到了发布时间,进行发布处理
        Notice nc = noticeService.getById(notice.getId());
        if (AuditStatusEnum.TIME_SEND.getCode().equals(nc.getNoticeStatus())) {
            nc.setNoticeStatus(AuditStatusEnum.SEND_SUCCESS.getCode());
        } else {
            nc.setNoticeStatus(AuditStatusEnum.SEND_FAIL.getCode());
            nc.setResult("审核超时或审核失败");
        }
        noticeService.updateById(nc);
    }
}
```

其次，定义一个 scheduleArticle 方法，并在该方法上添加@PostConstruct 注解，用于项目启动时要执行该方法。在方法中通过调用 NoticeService 中的 getNoticeSendTime 方法获取状态为定时发送状态的公告列表，并使用线程池任务调度器 ThreadPoolTaskScheduler

将任务加入等待执行的任务队列中，到达指定时间后再执行具体的发送操作，代码如下：

```java
//第 13 章/library/library - system/NoticeScheduler.java
@PostConstruct
public void scheduleArticle() {
    //查询状态为定时发送状态的公告列表
    List < Notice > noticeSendTimes = noticeService.getNoticeSendTime();
    try {
        if (CollUtil.isNotEmpty(noticeSendTimes)) {
            noticeSendTimes.forEach(s -> {
                threadPoolTaskScheduler.schedule(new NoticeTaskSenderJson(s, noticeService),
Date.from(s.getSendTime().atZone(ZoneId.systemDefault()).toInstant()));
            });
        }
        log.info("定时发送状态的公告列表加入任务调度加载完成!");
    } catch (Exception e) {
        log.error("定时发送状态的公告加入任务调度加载失败: ", e);
    }
}
```

首先在 NoticeService 类中定义一个 getNoticeSendTime 接口，然后只查询公告为定时发送的状态，代码如下：

```java
//第 13 章/library/library - system/NoticeServiceImpl.java
@Override
public List < Notice > getNoticeSendTime() {
    return lambdaQuery().eq(Notice::getNoticeStatus, AuditStatusEnum.TIME_SEND.getCode()).
list();
}
```

3. 添加公告

在 NoticeController 类的 insert 添加公告方法中修改相关代码，首先使用@CurrentUser 注解获取当前登录的用户信息，同时将修改公告的功能也整合到 insert 方法中。接着在方法中先来检查一下接收的参数，如果是定时发布功能，则使用 Duration 类判断发送时间与当前时间是否相差10min 以上；如果在 10min 以内，则不能定时发布信息，否则可以正常发送定时信息，代码如下：

```java
//第 13 章/library/library - system/NoticeController.java
@PostMapping("/insert")
public Result insert(@Valid @RequestBody NoticeInsert param, @CurrentUser CurrentLoginUser
currentLoginUser) {
    String s = checkParam(param);
    if (s != null) {
        return Result.error(s);
    }
    param.setUserName(currentLoginUser.getUsername());
    param.setUserId(currentLoginUser.getUserId());
    noticeService.insertOrUpdate(param);
    return Result.success();
```

```
}
private String checkParam(NoticeInsert insert) {
    if (insert.getSendTime() != null) {
        LocalDateTime currentTime = LocalDateTime.now();
        Duration duration = Duration.between(currentTime, insert.getSendTime());
        if (duration.toMinutes() < 10) {
            return "当前选择的发布时间在10min以内,不能定时发布,请重新修改发布时间!";
        }
    }
    return null;
}
```

在insert实现类中对通知公告进行审核,系统消息的公告不需要审核。在提交审核后判断是否为定时公告,如果是定时公告,则需要将公告添加到定时任务调度器中,等待公告的发布,代码如下:

```
//第13章/library/library-system/NoticeServiceImpl.java
@Override
public boolean insertOrUpdate(NoticeInsert noticeInsert) {
    Notice notice = noticeStructMapper.insertToNotice(noticeInsert);
    if (noticeInsert.getId() != null) {
        //只有审核失败的公告才能修改
        updateById(notice);
    } else {
        save(notice);
    }
    //提交审核公告
    if (Objects.equals(notice.getNoticeType(), ClassifyEnum.NOTICE.getCode())) {
        noticeExamine(notice, ClassifyEnum.NOTICE);
    }
    if (notice.getSendTime() != null) {
        taskScheduler.schedule(new NoticeScheduler.NoticeTaskSenderJson(notice, this),
Date.from(notice.getSendTime().atZone(ZoneId.systemDefault()).toInstant()));
    }
    return true;
}
```

从上述代码可知,公告是通过noticeExamine方法提交审核的,接下来定义一个noticeExamine方法,然后在注入ExamineService时需要注意循环依赖问题,只需在注入该类时添加@Lazy注解接口,代码如下:

```
//第13章/library/library-system/NoticeServiceImpl.java
private void noticeExamine(Notice notice, ClassifyEnum classifyEnum) {
    ExamineInsert examineInsert = new ExamineInsert();
    examineInsert.setTitle(notice.getNoticeTitle());
    examineInsert.setContent(notice.getNoticeContent());
    examineInsert.setClassifyId(notice.getId());
    examineInsert.setSubmitUsername(notice.getUserName());
    examineService.insertExamine(examineInsert, classifyEnum);
    log.info("通知公告已提交审核,审核标题: {}", notice.getNoticeTitle());
}
```

4．取消定时公告

有了定时发布公告功能，现在还需要有取消公告定时的功能，但在公告下发前的 10min 内不允许取消定时发布。在 NoticeController 类中添加一个 cancelNoticeTime 取消定时的方法，代码如下：

```
//第13章/library/library-system/NoticeController.java
@PostMapping("/cancel/{id}")
public Result cancelNoticeTime(@PathVariable("id") Integer id) {
    NoticeVO vo = noticeService.queryById(id);
    if (vo != null) {
        LocalDateTime currentTile = LocalDateTime.now();
        if (currentTile.isAfter(vo.getSendTime().minusMinutes(10))) {
            return Result.error("当前公告定时任务已不支持取消!");
        }
    }
    noticeService.cancelNoticeTime(id);
    return Result.success();
}
```

然后完成取消定时 cancelNoticeTime 接口实现类，如果是已经审核过的定时公告，则在取消定时后会直接发布该公告，代码如下：

```
//第13章/library/library-system/NoticeServiceImpl.java
@Override
public void cancelNoticeTime(Integer id) {
    Notice notice = getById(id);
    if (notice.getSendTime() != null) {
        if (AuditStatusEnum.TIME_SEND.getCode().equals(notice.getNoticeStatus())) {
            notice.setNoticeStatus(AuditStatusEnum.SEND_SUCCESS.getCode());
        } else {
            notice.setNoticeStatus(AuditStatusEnum.CANCEL_TIME.getCode());
        }
    }
    baseMapper.updateById(notice);
    log.info("取消定时成功,公告id为{}", id);
}
```

5．审核修改状态

当提交或修改公告后会将审核提交到平台中，当审核通过或不通过后，需要修改更改公告的审核状态。

首先，在通知公告的 NoticeService 中添加一个修改状态的接口，共接收 3 个参数，包括公告 ID、审核状态枚举和审核结果，代码如下：

```
/**
 * 审核修改公告状态
 * @param id 公告 ID
 * @param statusEnum 审核状态
 * @param result 结果
 */
void updateNoticeStatus(Integer id, AuditStatusEnum statusEnum, String result);
```

　　然后实现该接口的相关功能,先根据公告的 id 从数据库中查询出公告的相关信息,查询的公告信息此时的状态是审核中。接下来判断公告的审核结果,如果审核结果是审核通过,则再来判断该公告是否为定时发送,其中如果是定时发布,则需要将状态更改为定时发送,等待到达设定的时间进行发布;否则直接更改为发布成功。如果审核结果是审核不通过,则直接采用页面传来的状态,最后添加审核的结果,代码如下:

```java
//第 13 章/library/library - system/NoticeServiceImpl. java
@Override
public void updateNoticeStatus(Integer id, AuditStatusEnum statusEnum, String result) {
    Notice notice = getById(id);
    if (notice != null) {
        if (AuditStatusEnum. AUDIT_SUCCESS. getCode(). equals(statusEnum. getCode())) {
            if (notice. getSendTime() != null) {
                notice. setNoticeStatus(AuditStatusEnum. TIME_SEND. getCode());
            } else {
                notice. setNoticeStatus(AuditStatusEnum. SEND_SUCCESS. getCode());
            }
        } else {
            notice. setNoticeStatus(statusEnum. getCode());
        }
        notice. setResult(result);
        notice. setFinishTime(LocalDateTime. now());
        updateById(notice);
    }
}
```

　　接下来,在审核的 ExamineServiceImpl 实现类中修改 examineUpdate 方法,在 case 1 中调用公告的 updateNoticeStatus 方法,修改审核过后的结果,代码如下:

```java
//第 13 章/library/library - system/ExamineServiceImpl. java
@Override
@Transactional(rollbackFor = Exception. class)
public boolean examineUpdate(ExamineUpdate examineUpdate) {
    Examine examine = examineStructMapper. updateToExamine(examineUpdate);
    updateById(examine);
    //修改公告审核通过的状态
    ExamineVO examineVO = queryById(examineUpdate. getId());
    switch (examineVO. getClassify()) {
        case 0:
        case 1:
            if (AuditStatusEnum. AUDIT_SUCCESS. getCode(). equals(examineVO. getExamineStatus())) {
    noticeService. updateNoticeStatus ( examineVO. getClassifyId ( ), AuditStatusEnum. AUDIT _
SUCCESS, examineVO. getAdvice());
            } else {
                noticeService. updateNoticeStatus(examineVO. getClassifyId(), AuditStatusEnum.
REJECT, examineVO. getAdvice());
            }
            break;
        default:
            return false;
```

```
    }
    return true;
}
```

13.3.4　功能测试

通知公告的相关功能开发基本完成,接下来需要添加接口文档进行测试。

1. 通知公告列表

打开 Apifox 接口文档,在系统工具中添加一个公告管理的子目录,先来添加一个公告分页查询的接口,并在 Params 中设置公告标题、公告类型和状态作为列表的查询条件。首先启动项目,然后请求该接口,查看接口是否可以正常访问,如图 13-11 所示。

图 13-11　通知公告分页查询接口文档

2. 发布通知公告(无定时)

接下来测试发布公告,在公告管理目录中添加一个添加公告的接口,然后使用 POST 请求,并以 JSON 的格式将参数传递给后端接口,如图 13-12 所示。

图 13-12　添加通知公告接口文档

先登录系统,然后获取 Token,并修改接口文档中的全局变量的 Token 值,接着在添加公告接口中填写相关公告信息,最后单击"发送"按钮,请求添加接口。在公告保存成功后会被提交并进行审核,只有审核通过才能发布成功,然后用户才能看到发布过的公告信息,如图 13-13 所示。

图 13-13　添加公告

添加公告接口请求成功后,这时数据库的通知公告表中会有该公告的相关记录,其中 notice_status 公告的状态为 0(审核中)状态码。同时公告也已经提交审核了,在审核表中也会有该公告的相关信息。

接下来,请求审核通过的接口,其接口参数 id 为表中审核记录的 id,审核意见为审核通过,如图 13-14 所示。

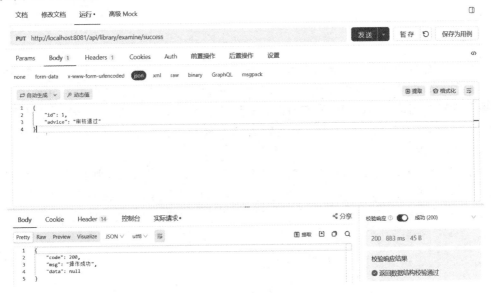

图 13-14　公告审核通过

在审核通过后,该公告表中的状态变成了5(发布成功)状态码,说明公告已经发布成功了。审核失败的接口这里不再测试,可根据本书配套资源自行测试。

3. 发布通知公告(定时)

下面测试定时发布通知公告流程,目前项目中设置的定时时间,最少要在当前时间的10min后发布。在测试时可根据自己的实际情况适当地调整时间,方便测试。例如,笔者将时间限制调整到了3min,以便节省测试时间。

接下来,在添加公告的接口文档中填写公告相关信息,在sendTime字段需要填写正确的时间格式,然后单击"发送"按钮,请求该接口,如图13-15所示。

图 13-15　公告审核通过

添加完成后,如果不对其进行审核,则此时公告的状态应该为发布失败。对当前添加的公告进行审核,审核通过后再查看公告表中的记录会发现公告状态字段为3(定时发布)状态码,说明还没到该公告设置的发布时间。等到设置的发布时间,再次查看公告表中的状态会发现状态码变为5,说明到了发布时间后,状态已经变为发布成功。

4. 取消定时发布

在定时公告创建成功后,如果不想定时发布,例如需要立即发布,则可直接取消定时发布公告。首先在公告管理中添加一个取消定时的接口,然后创建一个定时的公告,并审核通过,接着请求取消定时接口,并查看公告表中的状态是否变为发布成功的状态,如图13-16所示。

图 13-16　取消定时公告

本章小结

本章实现了项目的操作日志相关功能,进一步监控项目的相关操作和安全性。同时还实现了系统的通知公告的发布和审核相关功能的开发,可以更好地提高系统的使用体验。

图书管理系统功能实现

本章主要实现图书管理的相关功能,包括图书分类、图书管理及借阅管理等功能。在本项目中,以提供一种高效、现代化的方式来管理图书资源、改善用户体验和提供更广泛的服务,并结合实际的图书管理需求和相关基础功能,以此来完成一个全功能的图书管理系统。

14.1 图书分类功能实现

图书分类功能是图书管理系统中的重要组成部分,它允许图书根据特定的分类标准进行组织和检索,以便用户更容易找到他们感兴趣的图书。分类功能主要采用层级分类的方式,可以实现多级分类展示,使用户可以逐级展开浏览分类结构,以便更加细致地找到所需的图书分类。

14.1.1 图书分类表设计并创建

在项目 db 目录下的 init.sql 文件中添加图书分类表的 SQL 建表语句,并在数据库中执行该语句以完成表的添加,SQL 代码如下:

```
//第 14 章/library/db/init.sql
DROP TABLE IF EXISTS `lib_book_type`;
CREATE TABLE `lib_book_type`
(
    `id`          INT          NOT NULL AUTO_INCREMENT COMMENT '主键',
    `title`       VARCHAR(255) NOT NULL COMMENT '分类名',
    `username`    VARCHAR(50)  DEFAULT NULL COMMENT '创建者',
    `parent_id`   int(11) NULL DEFAULT 0 COMMENT '父类别 ID',
    `order_no`    int(11) NULL DEFAULT 0 COMMENT '排序,越小越靠前',
    `description` text         DEFAULT NULL COMMENT '分类描述',
    `create_time` DATETIME NULL DEFAULT CURRENT_TIMESTAMP COMMENT '创建时间',
    PRIMARY KEY (`id`) USING BTREE
) ENGINE = InnoDB CHARACTER SET = utf8mb4 COLLATE = utf8mb4_general_ci ROW_FORMAT = Dynamic
    COMMENT = '图书分类表';
```

14.1.2 分类功能代码实现

打开 IDEA 工具,使用 EasyCode 代码生成工具生成图书分类的基础代码,代码存放在

library-admin 子模块中,如图 14-1 所示。

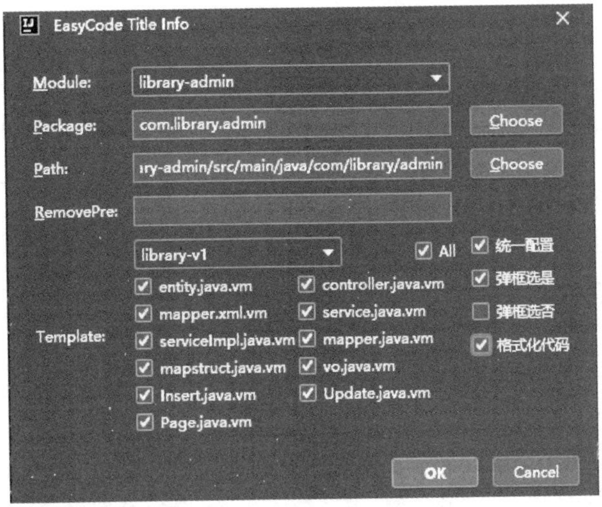

图 14-1　生成图书分类基础代码

首先,修改图书分类的分页查询列表的接口,改为不分页查询,因为图书分类在前端的展示为树形,所以无须分页列表。打开 BookTypeController 类,将 queryByPage 方法改为 getList,并去掉分页的返回格式,代码如下:

```java
//第 14 章/library/library - admin/BookTypeController.java
@GetMapping("/list")
public Result < List < BookType >> getList() {
    return Result.success(bookTypeService.bookTypeList());
}
```

修改 BookTypeService 接口类的分页查询方法,代码如下:

```java
/**
 * 获取全部数据
 */
List < BookType > bookTypeList();
```

完成 bookTypeList 接口的实现后,只需使用 MyBatis-Plus 中的 selectList 查询方法进行批量查询,代码如下:

```java
//第 14 章/library/library - admin/BookTypeServiceImpl.java
@Override
public List < BookType > bookTypeList() {
    List < BookType > list = baseMapper.selectList(new QueryWrapper <>());
    return list;
}
```

接下来完善添加图书分类的接口,在 BookTypeController 类中修改 insert 方法,在方法的接收参数中添加获取用户信息的注解,然后获取用户名并赋值给 BookTypeInsert 对

象,代码如下:

```
//第 14 章/library/library - admin/BookTypeController.java
@PostMapping("/insert")
public Result insert (@ Valid @ RequestBody BookTypeInsert param, @ CurrentUser
CurrentLoginUser currentLoginUser) {
    param.setUsername(currentLoginUser.getUsername());
    bookTypeService.insert(param);
    return Result.success();
}
```

再来完善 insert 的接口实现类,分类的名称要确保系统唯一,在添加分类时需要验证名称是否已存在,如果存在,则抛出分类名称存在的异常信息,代码如下:

```
//第 14 章/library/library - admin/BookTypeServiceImpl.java
@Override
public boolean insert(BookTypeInsert bookTypeInsert) {
    BookType bookType = bookTypeStructMapper.insertToBookType(bookTypeInsert);
    checkBookTypeName(bookType);
    save(bookType);
    return true;
}
private void checkBookTypeName(BookType bookType) {
    BookType type = lambdaQuery().eq(BookType::getTitle, bookType.getTitle())
            .select(BookType::getId)
            .last("limit 1")
            .one();
    if (type != null && !type.getId().equals(bookType.getId())) {
        throw new BaseException("该分类名称已经存在,不能重复添加!");
    }
}
```

在修改分类的实现方法中也要验证分类名称是否存在,这和添加操作一致,代码如下:

```
//第 14 章/library/library - admin/BookTypeServiceImpl.java
@Override
public boolean update(BookTypeUpdate bookTypeUpdate) {
    BookType bookType = bookTypeStructMapper.updateToBookType(bookTypeUpdate);
    checkBookTypeName(bookType);
    updateById(bookType);
    return true;
}
```

现在需要实现生成图书分类树的接口,首先在返回 BookTypeVO 类中添加一个子分类的列表属性 children,代码如下:

```
/**
 * 子分类列表
 */
private List < BookTypeVO > children;
```

然后在 BookTypeController 类中添加一个获取分类树的 getBookTypeTree 方法,返给

前端一个 List 分类集合,在 BookTypeService 定义一个返回分类树的接口,代码如下:

```java
//第 14 章/library/library - admin/BookTypeController.java
/**
 * 获取图书分类树
 *
 * @return
 */
@GetMapping("/tree")
public Result < List < BookTypeVO >> getBookTypeTree() {
    List < BookTypeVO > bookTypeTree = bookTypeService.getBookTypeTree();
    return Result.success(bookTypeTree);
}
```

接下来,在 BookTypeServiceImpl 实现类中实现 getBookTypeTree 方法,生成树的业务代码和开发菜单树的代码基本一致。先获取分类的全部信息,接着遍历查找父节点的分类进行整合,然后查找父节点下的子节点进行整合,最后拼成一个图书分类展示的树,代码如下:

```java
//第 14 章/library/library - admin/BookTypeServiceImpl.java
@Override
public List < BookTypeVO > getBookTypeTree() {
    List < BookType > list = list(new QueryWrapper <>());
    List < BookTypeVO > bookTypeVOS = bookTypeStructMapper.bookTypeToTypeListVO(list);
    List < BookTypeVO > bookTypes = buildBookTypeTree(bookTypeVOS);
    //排序
    //对子菜单排序
    if (CollUtil.isNotEmpty(bookTypes)) {
        bookTypes.forEach(m -> {
            if (CollUtil.isNotEmpty(m.getChildren())) {
                Collections.sort(m.getChildren(), Comparator.comparing(BookTypeVO::getOrderNo));
            }
        });
        //对父菜单排序
        Collections.sort(bookTypes, Comparator.comparing(BookTypeVO::getOrderNo));
    }
    return bookTypes;
}
public List < BookTypeVO > buildBookTypeTree(List < BookTypeVO > list) {
    List < BookTypeVO > topBookType = new ArrayList <>();
    if (CollUtil.isNotEmpty(list)) {
        //首先找到所有顶层分类(parentId 为 null 或 0 的分类)
        for (BookTypeVO vo : list) {
            if (vo.getParentId() == null || vo.getParentId() == 0) {
                topBookType.add(vo);
            }
        }
        //为顶层分类递归构建子分类树
        for (BookTypeVO vo : topBookType) {
            childBookTypeTree(vo, list);
        }
```

```
        }
        return topBookType;
    }
    public void childBookTypeTree(BookTypeVO parentBookType, List<BookTypeVO> topList) {
        List<BookTypeVO> childBookType = new ArrayList<>();
        //找到当前父分类的子分类
        for (BookTypeVO vo : topList) {
            if (vo.getParentId() != null && vo.getParentId().equals(parentBookType.getId())) {
                childBookType.add(vo);
            }
        }
        //递归构建子分类树
        for (BookTypeVO vo : childBookType) {
            childBookTypeTree(vo, topList);
        }
        //将子分类列表设置到父分类中
        if (CollUtil.isNotEmpty(childBookType)) {
            parentBookType.setChildren(childBookType);
        }
    }
```

14.1.3   功能测试

图书分类的相关代码已开发完成,接下来测试相关请求接口,测试接口是否有明显的 Bug 信息。打开 Apifox,在根目录下新建一个名为图书分类的子目录,并在该目录下添加一个添加图书分类的接口,在接口的 Body 中设置参数,包括 title(分类名)、description(分类描述)、orderNo(排序号)和 parentId(父类 ID),如果分类是最顶层的,则向父类 Id 填写 0 即可,如图 14-2 所示。

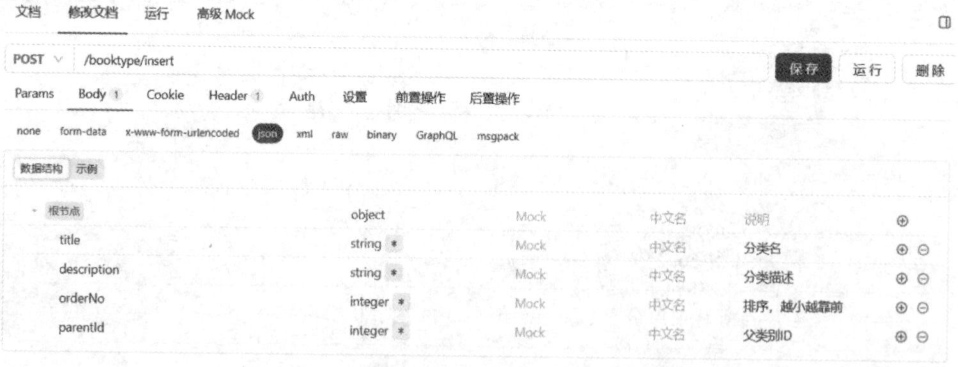

图 14-2   设计添加图书分类接口文档

首先使用账号登录系统,然后填写分类的相关信息,例如,读者创建了一个名为计算机信息类的分类,再将排序设置为 1,因为该分类为最顶层,所以将父类 ID 设置为 0。接着单击"发送"按钮,请求添加图书分类的接口,如图 14-3 所示。

计算机信息类添加完成后,接着创建一个该分类的子类,这时父类 ID 就要变为计算机

图 14-3　添加图书顶级父分类

信息类保存在数据库表中的 id,如图 14-4 所示。

图 14-4　添加图书分类子分类

在图书分类中添加一个查询所有图书分类列表的接口文档,该接口不需要传任何参数,直接访问即可,如图 14-5 所示。

接着在图书分类中添加一个获取图书分类树的接口文档,在测试添加分类时已经添加了两个父子结构的分类,接下来请求分类树的接口,查看是否是以父子节点展示的数据,如图 14-6 所示。

图 14-5 获取图书分类的所有数据

图 14-6 获取图书分类树

图书分类的编辑、删除和根据分类 ID 的接口文档这里不再展示，接口文档可以在本书的配套资源中获取。

14.2 图书管理功能实现

图书管理的存在主要是为了有效地管理和组织图书资源，读者可以便捷地查找到所需的图书，从而借阅和归还图书，提高了图书借阅的效率和便利性。通过图书管理，可以对图书的借阅情况、流通情况等数据进行统计和分析，为图书馆的决策提供数据支持，包括采购决策、借阅规则调整等,提升图书馆的管理效率和服务质量。

14.2.1　图书表设计并创建

在项目 db 目录下的 init.sql 文件中添加图书表的 SQL 建表语句,并在数据库中执行该语句以完成表的添加,SQL 代码如下:

```
//第14章/library/db/init.sql
DROP TABLE IF EXISTS `lib_book`;
CREATE TABLE `lib_book`
(
    `id`                  INT              NOT NULL PRIMARY KEY AUTO_INCREMENT COMMENT '图书 id',
    `name`                VARCHAR(255)     NOT NULL COMMENT '图书名',
    `author`              VARCHAR(50)      NOT NULL COMMENT '作者名',
    `publisher`           VARCHAR(100)     NOT NULL COMMENT '出版社',
    `isbn`                VARCHAR(50)      NOT NULL COMMENT '国际标准 ISBN 书号',
    `book_type`           INT              NOT NULL COMMENT '书籍分类 id',
    `quantity`            INT(11) NOT NULL DEFAULT 0 COMMENT '总数量,默认为 0',
    `position`            VARCHAR(100)              DEFAULT NULL COMMENT '图书位置',
    `description`         text                      DEFAULT NULL COMMENT '图书描述',
    `username`            VARCHAR(50)               DEFAULT NULL COMMENT '创建者',
    `book_status`         INT              NOT NULL DEFAULT 0 COMMENT '图书状态,0:可借; 1:不可借',
    `del_flag`            tinyint UNSIGNED NOT NULL DEFAULT 0 COMMENT '逻辑删除标识; 1:删除',
    `unit_price`          decimal(10, 2) NOT NULL COMMENT '单价',
    `book_img_url`        varchar(255)     NOT NULL COMMENT '图书封面 URL',
    `borrowed_quantity`   INT              UNSIGNED NOT NULL DEFAULT 0 COMMENT '被借阅数量',
    `create_time`         DATETIME NULL DEFAULT CURRENT_TIMESTAMP COMMENT '创建时间',
    `update_time`         DATETIME         NOT NULL DEFAULT CURRENT_TIMESTAMP ON UPDATE CURRENT_
TIMESTAMP COMMENT '修改时间',
    `remark`              VARCHAR(255)              DEFAULT NULL COMMENT '备注',
    INDEX                 `book_name`(`name`) USING BTREE
) ENGINE = InnoDB CHARACTER SET = utf8mb4 COLLATE = utf8mb4_general_ci  ROW_FORMAT = Dynamic
    COMMENT = '图书表';
```

14.2.2　图书功能代码实现

在 IDEA 开发工具中,使用 EasyCode 代码生成工具生成图书管理的基础代码,代码存放在 library-admin 子模块中,如图 14-7 所示。

1. 图书分页查询实现

图书分页查询共设置了图书名、作者名和书籍分类 3 个查询条件,将 BookPage 类中多余的属性去掉,仅保留这 3 个属性即可,然后在 BookServiceImpl 实现类中修改 queryByPage 分页查询的实现方法,添加这 3 个查询条件,并根据创建时间排序,其中需要注意的是图书管理做了假删除操作,以及在页面上单击删除图书后并没有在图书的表中删除,只是修改了该书表中的 del_flag 字段的值,所以在查询列表时,只需查询 del_flag 为 0 的图书,表示没有被删除,代码如下:

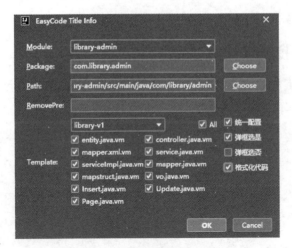

图 14-7　生成图书管理基础代码

```
//第14章/library/library-admin/BookServiceImpl.java
@Override
public IPage<BookVO> queryByPage(BookPage page) {
    //查询条件
    LambdaQueryWrapper<Book> queryWrapper = new LambdaQueryWrapper<>();
    if (StrUtil.isNotEmpty(page.getAuthor())) {
        queryWrapper.eq(Book::getAuthor, page.getAuthor());
    }
    if (StrUtil.isNotEmpty(page.getName())) {
        queryWrapper.like(Book::getName, page.getName());
    }
    if (page.getBookType() != null) {
        queryWrapper.eq(Book::getBookType, page.getBookType());
    }
    queryWrapper.orderByDesc(Book::getCreateTime);
    queryWrapper.eq(Book::getDelFlag, 0);
    //查询分页数据
    Page<Book> bookPage = new Page<Book>(page.getCurrent(), page.getSize());
    IPage<Book> pageData = baseMapper.selectPage(bookPage, queryWrapper);
    //转换成VO
    IPage<BookVO> records = PageCovertUtil.pageVoCovert(pageData, BookVO.class);
    return records;
}
```

2. 添加和修改图书

首先在 BookController 类中的 insert 方法的接收参数中添加获取当前登录用户的注解,然后将所获取的用户名赋值给 BookInsert 对象的 username 属性,主要用来存储哪个用户创建的该图书的信息,代码如下:

```
//第14章/library/library-admin/BookController.java
@PostMapping("/insert")
public Result insert(@Valid @RequestBody BookInsert param, @CurrentUser CurrentLoginUser
currentLoginUser) {
```

```
param.setUsername(currentLoginUser.getUsername());
bookService.insert(param);
return Result.success();
}
```

在实现 insert 方法的业务实现之前,需要向图书信息添加一个本地的缓存,将图书信息存放在本地内存中,以减少对数据库的操作。

(1) 首先在 BookServiceImpl 类中添加一个存放图书的 Map 集合,其中 Map 的 key 为图书 ID,值 value 为图书的对象信息,代码如下:

```
/**
 * 缓存
 * key: bookId
 * value: book
 */
Map < Integer, Book > bookMap = new LinkedHashMap <>();
```

(2) 在 BookService 接口类中定义一个 init 接口,代码如下:

```
void init();
```

然后在 InitDataApplication 类中调用该接口,即实现在项目启动时执行该 init 的业务代码,代码如下:

```
//第 14 章/library/library - admin/InitDataApplication.java
private void init() {
    //用户缓存初始化
    userService.init();
    //图书初始化
    bookService.init();
}
```

在 BookServiceImpl 实现 init 接口,将查询出所有的图书信息,在不为空的情况下遍历图书信息,加入 bookMap 缓存中,以实现本地内存的存储,代码如下:

```
//第 14 章/library/library - admin/BookServiceImpl.java
@Override
public void init() {
    List < Book > bookList = bookMapper.selectList(new QueryWrapper <>());
    try {
        if (CollUtil.isNotEmpty(bookList)) {
            for (Book book : bookList) {
                bookMap.put(book.getId(), book);
            }
        }
        log.info("图书添加缓存成功!");
    } catch (Exception e) {
        log.error("图书添加缓存失败!", e);
    }
}
```

（3）实现图书的 insert 添加接口，首先根据图书的 ISBN 书号查找库中的图书，查看图书是否存在被重复添加的情况，如果存在被重复添加的情况，则抛出错误信息进行提示，代码如下：

```
//第 14 章/library/library-admin/BookServiceImpl.java
private void checkBookName(Book book) {
    Book one = lambdaQuery().eq(Book::getIsbn, book.getIsbn())
            .select(Book::getId)
            .last("limit 1")
            .one();
    if (one != null && !one.getId().equals(book.getId())) {
        throw new BaseException("该书籍已经存在,不能重复添加!");
    }
}
```

如果不存在需要被添加的图书，则进行入库操作，然后添加到 bookMap 缓存中，代码如下：

```
//第 14 章/library/library-admin/BookServiceImpl.java
@Override
public boolean insert(BookInsert bookInsert) {
    Book book = bookStructMapper.insertToBook(bookInsert);
    checkBookName(book);
    save(book);
    bookMap.put(book.getId(), book);
    return true;
}
```

（4）图书的修改和添加一样，先检查修改后的图书是否存在，如果验证通过，则修改 bookMap 缓存，代码如下：

```
//第 14 章/library/library-admin/BookServiceImpl.java
@Override
public boolean update(BookUpdate bookUpdate) {
    Book book = bookStructMapper.updateToBook(bookUpdate);
    checkBookName(book);
    updateById(book);
    bookMap.put(book.getId(), book);
    return true;
}
```

3. 删除图书

这里图书的删除并不是实际意义上删除表中的数据，而是采用逻辑删除的方式，即只需修改该图书记录中的删除标识，然后删除本地缓存中的图书信息，代码如下：

```
//第 14 章/library/library-admin/BookServiceImpl.java
@Override
public void deleteById(Integer id) {
    Book book = bookMap.get(id);
```

```
    book.setDelFlag((byte) 1);
    updateById(book);
    bookMap.remove(id);
}
```

在 resources 资源目录下的 mapper 中打开 BookMapper.xml 文件,然后修改 delFlag 字段的 jdbcType 的类型,在 jdbc 中没有 BYTE 的类型,将其改为 TINYINT 类型,代码如下:

```
< result property = "delFlag" column = "del_flag" jdbcType = "TINYINT"/>
```

4. 获取单条图书信息

根据图书 Id 获取该图书的相关信息,先从本地缓存中获取,如果不存在,则从数据库中查找,然后根据查询到的图书,判断是否为已删除,如果已被删除,则返回值为 null,代码如下:

```
//第 14 章/library/library - admin/BookServiceImpl.java
@Override
public BookVO queryById(Integer id) {
    Book book = bookMap.get(id);
    if (book == null) {
        book = baseMapper.selectById(id);
    }
    if (book != null) {
        if (book.getDelFlag() == 1) {
            return null;
        }
    }
    return bookStructMapper.bookToBookVO(book);
}
```

5. 图书单价类型修改

在图书的实体类 Book 中可以看到 unitPrice 单价的类型为 Double,使用 Double 在后续的运算中可能会出现精度丢失的问题。现在将 Double 换成 BigDecimal 类,它是 Java 中的一个类,用于精确计算浮点数,在 Java 1.1 版本中就已经存在了。使用 BigDecimal 可以有效地解决精度丢失的问题,它提供了任意精度的浮点数运算,并且不会出现四舍五入或者截断的情况。

使用 BigDecimal 可以避免由于浮点数表示误差而引起的计算错误,特别适用于财务计算等对精度要求较高的场景。同时,BigDecimal 还提供了丰富的方法进行加、减、乘、除、取绝对值、比较大小等操作。接下来将关于图书单价的 Double 类型全部转换成 BigDecimal 类,代码如下:

```
/**
 * 单价
 */
private BigDecimal unitPrice;
```

同时也将用户的相关类中的余额 balance 的类型转换成 BigDecimal 类修饰,代码如下:

```
/**
 * 余额
 */
private BigDecimal balance;
```

6. 用户账号充值

目前有了逾期扣费的功能,那么用户的账号余额也应有对应的充值功能,接下来要完成用户账号充值功能,打开 UserController 类,添加一个充值的 setInvestMoney 接口方法,并添加验证充值的金额不能为负数或 0,代码如下:

```
//第 14 章/library/library-admin/UserController.java
@PostMapping("/invest/money")
public Result <?> investMoneyByUserId(@Valid @RequestBody UserUpdate param) {
    if (param.getBalance() != null) {
        if (param.getBalance().compareTo(BigDecimal.ZERO) == -1 ||
                param.getBalance().compareTo(BigDecimal.ZERO) == 0) {
            return Result.error("充值金额不能为 0 或负数");
        }
    }
    userService.setInvestMoney(param);
    return Result.success();
}
```

然后在 UserServiceImpl 的实现类中实现 setInvestMoney 充值的业务接口,使用 BigDecimal 的 add 加法运算,对账号余额进行累加,代码如下:

```
//第 14 章/library/library-admin/UserServiceImpl.java
@Override
public void setInvestMoney(UserUpdate userUpdate) {
    User user = userMap.get(userUpdate.getId());
    BigDecimal decimal = user.getBalance().add(userUpdate.getBalance());
    user.setBalance(decimal);
    updateById(user);
    userMap.put(user.getId(), user);
}
```

14.2.3 功能测试

图书的相关接口已基本完成,接下来测试图书的相关功能,主要包括图书的增、删、改、查等接口的功能。

1. 添加图书测试

打开 Apifox 接口文档,首先在接口的根目录下添加一个图书管理的子目录,然后创建一个添加图书的接口,并在接口文档的 Body 中填写添加图书的相关字段,如图 14-8 所示。

在接口文档的运行栏中填写图书的相关信息,然后单击"发送"按钮,请求图书的添加接口。添加成功后,可以查看数据库的 book 表中是否有该图书数据,如图 14-9 所示。

图 14-8　添加图书接口设计

图 14-9　请求图书添加接口

2. 分页查询图书接口测试

在图书管理目录中新建一个分页查询的接口文档,因为接口是 GET 请求,所以需要在 Params 中添加相关的查询条件,查询条件包括每页显示的条数、当前页数、图书名、作者名和图书分类,如图 14-10 所示。

3. 修改图书接口测试

在图书管理中添加一个修改图书的接口文档,其中接口的参数和添加图书的参数多了

图 14-10　分页查询图书接口

一个图书 id,其余的都相同。接着在运行选项中填写之前添加的图书信息,并稍做改变,id 为 1,然后请求修改的接口,如图 14-11 所示。

图 14-11　修改图书接口

4. 删除图书接口测试

在图书管理中添加一个删除图书的接口文档,传递一个要删除的图书的 id 即可。在请求删除接口后,查看数据库中的 del_flag 字段是否变为 1,如果变成了 1,则表示已经删除了该图书,如图 14-12 所示。

图 14-12　删除图书接口

5. 获取单条图书接口测试

现在来测试根据图书 id 获取图书的单条信息,接下来,笔者将之前删除的图书直接在表中将 del_flag 字段的值修改为 0,然后重新启动项目。这里需要注意,如果功能中有存入缓存的数据,则在修改数据库中的数据后需要重新启动项目才可以生效。

在图书管理中添加一个根据 id 获取图书的接口,请求参数为图书的 id,然后单击"发送"按钮,即可获取该图书的信息,如图 14-13 所示。

图 14-13　根据 id 获取图书接口

14.3　图书借阅管理功能实现

图书借阅管理的设计目标是提高图书馆的工作效率,为读者提供方便快捷的借阅服务,并通过统计分析为图书馆决策提供数据支持。图书借阅管理主要负责图书的借阅流程的管理,包括借书、还书、续借等操作,同时跟踪借阅情况和期限管理。同时监控借阅者是否超过规定的借阅期限,对逾期者进行提醒或者罚款处理,并提供借阅数据的统计和分析功能,如借阅量统计、读者借阅情况分析等,帮助图书管理员了解图书馆的使用情况。

14.3.1　图书借阅表设计并创建

在项目 db 目录下的 init.sql 文件中添加图书借阅表的 SQL 建表语句,并在数据库中执行该语句以完成表的添加,SQL 代码如下:

```
//第 14 章/library/db/init.sql
DROP TABLE IF EXISTS `lib_borrowing`;
CREATE TABLE `lib_borrowing`
(
    `id`               INT             NOT NULL PRIMARY KEY AUTO_INCREMENT COMMENT '主键',
    `book_id`          INT(20)         NOT NULL COMMENT '借阅图书 id',
    `book_name`        VARCHAR(255)    NOT NULL COMMENT '图书名',
    `isbn`             VARCHAR(50)     NOT NULL COMMENT '国际标准 ISBN 书号',
    `user_id`          INT(20)         NOT NULL COMMENT '读者 id',
    `job_number`       VARCHAR(50)     NOT NULL COMMENT '用户编号',
    `real_name`        VARCHAR(255)    NOT NULL COMMENT '读者姓名',
    `borrow_date`      DATETIME                DEFAULT NULL COMMENT '借阅日期',
    `end_date`         DATETIME                DEFAULT NULL COMMENT '借阅到期日期',
    `return_date`      DATETIME                DEFAULT NULL COMMENT '最终归还日期',
    `fee`              DECIMAL(10, 2)  NOT NULL DEFAULT 0.00 COMMENT '余额',
    `quantity_num`     INT(11)         NOT NULL DEFAULT 0 COMMENT '借阅数量,默认为 0',
    `borrow_duration`  INT(11)         NOT NULL DEFAULT 0 COMMENT '借阅天数',
    `borrow_status`    int             NOT NULL DEFAULT 0 COMMENT '借阅状态,0:借阅中; 1:已归
还; 2:已逾期',
    `create_time`      DATETIME NULL DEFAULT CURRENT_TIMESTAMP COMMENT '创建时间',
    `remark`           VARCHAR(255)            DEFAULT NULL COMMENT '备注'
) ENGINE = InnoDB CHARACTER SET = utf8mb4 COLLATE = utf8mb4_general_ci  ROW_FORMAT = Dynamic
    COMMENT = '借阅记录表';
```

14.3.2　图书借阅功能代码实现

打开 IDEA 工具,使用 EasyCode 代码生成工具生成图书借阅的基础代码,代码存放在library-admin 子模块中,如图 14-14 所示。

1. 添加图书借阅功能实现

读者在系统中先查找到需要借阅的图书,然后选择借阅,并填写相关的借阅信息,如借阅图书的数量、借阅到期日期及备注信息。

图 14-14　生成图书借阅基础代码

（1）在 BorrowingController 类中修改 insert 方法，先在接收参数上添加获取当前用户的注解，从中获取借阅人的账号、用户 ID 和用户编号并赋值给 BorrowingInsert 对象中对应的属性，代码如下：

```java
//第 14 章/library/library－admin/BorrowingController.java
@PostMapping("/insert")
public Result insert (@ Valid @ RequestBody BorrowingInsert param, @ CurrentUser
CurrentLoginUser currentLoginUser) {
    param.setRealName(currentLoginUser.getUsername());
    param.setUserId(currentLoginUser.getUserId());
    param.setJobNumber(currentLoginUser.getJobNumber());
    if (param.getQuantityNum() == null) {
        return Result.error("借阅数量不能为空");
    }
    borrowingService.insert(param);
    return Result.success();
}
```

（2）在添加借阅记录时，需要先扣除该图书的可借阅数量，然后执行添加借阅记录的操作，并在该方法上添加事务，如果有异常出现，则数据会回滚，数据库中的数据不会被改变。在 BookService 接口类中定义一个 updateBookNum 接口，用来修改图书数量，代码如下：

```java
//第 14 章/library/library－admin/BookService.java
/**
 * 修改图书数量
 * @param bookId 图书 id
 * @param num 借阅的数量
 * @param borrowingOrReturn true:借阅; false: 归还
 */
boolean updateBookNum(Integer bookId, Integer num, Boolean borrowingOrReturn);
```

（3）在 BookServiceImpl 类中实现该方法，首先判断请求该接口的是否为借阅，如果是借阅的请求，则需要再判断目前的可借阅数量是否大于 0，如果可借阅数量小于 0，则直接将图书的状态修改为停止借阅状态；如果是归还图书的调用，则需要修改该书的可借阅数量，代码如下：

```java
//第 14 章/library/library - admin/BookServiceImpl.java
@Override
public boolean updateBookNum(Integer bookId, Integer num, Boolean borrowingOrReturn) {
    Book book = bookMapper.selectById(bookId);
    if (borrowingOrReturn) {
        Integer bookNum = book.getBorrowedQuantity() + num;
        if (book.getQuantity() > bookNum) {
            book.setBorrowedQuantity(book.getBorrowedQuantity() + num);
            log.info("图书借阅数量扣除成功!图书 id:{}", bookId);
        } else {
            book.setBookStatus(StatusEnum.STOP.getCode());
            return false;
        }
    } else {
        book.setBorrowedQuantity(book.getBorrowedQuantity() - num);
    }
    updateById(book);
    return true;
}
```

（4）每个读者最多可以借阅 2 本相同的图书，可以 15 天免费阅读，过期后将进行收取费用操作，然后扣除图书的可借阅数量，再执行借阅记录入库操作，代码如下：

```java
//第 14 章/library/library - admin/BookServiceImpl.java
@Override
@Transactional(rollbackFor = Exception.class)
public boolean insert(BorrowingInsert borrowingInsert) {
    Borrowing borrowing = borrowingStructMapper.insertToBorrowing(borrowingInsert);
    BookVO bookVO = bookService.queryById(borrowingInsert.getBookId());
    //每次限制借阅 2 本
    if (borrowing.getQuantityNum() > 2) {
        throw new BaseException(ErrorCodeEnum.BORROWING_NUM.getCode(), "每人最多只能借阅 2
本书!");
    }
    if (bookVO == null) {
        log.error("借阅的图书不存在或系统出现问题,请联系图书管理员, 图书 id 为{}",
borrowingInsert.getBookId());
        throw new BaseException("借阅的图书不存在或系统出现问题,请联系图书管理员!");
    }
    borrowing.setIsbn(bookVO.getIsbn());
    //免费借阅 15 天
    borrowing.setBorrowDate(LocalDateTime.now());
    borrowing.setEndDate(LocalDateTime.now().plusDays(15));
    borrowing.setBookName(bookVO.getName());
    //借阅后,图书数量扣除
```

```
if (bookService.updateBookNum(borrowing.getBookId(), borrowing.getQuantityNum())) {
    save(borrowing);
    log.info("图书扣除数量成功!图书 id: {}", borrowing.getBookId());
    return true;
} else {
    throw new BaseException("该图书已被借阅完,目前不可借!");
}
}
```

2. 图书借阅分页查询记录功能实现

在查询借阅记录时,需要根据用户权限展示,读者只能查看自己的图书借阅情况,管理员可以查看全部的借阅记录信息,可以使用用户 ID 实现该需求。当权限为图书管理员和超级管理员时,用户 ID 为空,否则将用户 ID 赋值为当前登录用户的 ID,这样就可以实现根据权限的不同展示不同的数据信息了。

(1) 在 BorrowingController 类中修改 queryByPage 分页查询的方法,代码如下:

```
//第 14 章/library/library-admin/BorrowingController.java
@GetMapping("/list")
public Result < IPage < BorrowingVO >> queryByPage(@Valid BorrowingPage page, @CurrentUser
CurrentLoginUser currentLoginUser) {
    List < Integer > roleIds = currentLoginUser.getRoleIds();
    if (roleIds.contains(RoleTypeEnum.SUPER_ADMIN.getCode()) || roleIds.contains(RoleTypeEnum.
LIBRARY_ADMIN.getCode())) {
        page.setUserId(null);
    } else {
        page.setUserId(currentLoginUser.getUserId());
    }
    return Result.success(borrowingService.queryByPage(page));
}
```

(2) 在 library-common 子模块的 enums 包中定义一个图书借阅状态的 BookBorrowingEnum 枚举类,共分为 5 种状态,包括借阅中、已归还、已逾期、还书审核中和还书不通过状态,代码如下:

```
//第 14 章/library/library-common/BookBorrowingEnum.java
@Getter
@AllArgsConstructor
public enum BookBorrowingEnum {
    BORROWING(0, "借阅中"),
    RETURN(1, "已归还"),
    OVERDUE(2, "已逾期"),
    RETURN_AUDIT(3, "还书审核中"),
    RETURN_FAIL(4, "还书不通过");

    private Integer code;
    private String desc;
    public static String getValue(Integer code) {
        BookBorrowingEnum[] borrowingEnums = values();
```

```
        for (BookBorrowingEnum borrowingEnum : borrowingEnums) {
            if (borrowingEnum.getCode().equals(code)) {
                return borrowingEnum.getDesc();
            }
        }
        return null;
    }
}
```

（3）在 BorrowingServiceImpl 实现类中实现 queryByPage 查询的接口，其中在返回借阅记录时，需要在 BorrowingVO 类中添加一个 borrowStatusName 属性，返给前端，方便前端页面展示图书借阅状态的中文名称。根据不同的查询条件查询借阅记录信息，并根据创建时间进行排序，实现代码如下：

```
//第 14 章/library/library - admin/BorrowingServiceImpl.java
@Override
public IPage< BorrowingVO > queryByPage(BorrowingPage page) {
    //查询条件
    LambdaQueryWrapper< Borrowing > queryWrapper = new LambdaQueryWrapper<>();
    if (StrUtil.isNotEmpty(page.getBookName())) {
        queryWrapper.eq(Borrowing::getBookName, page.getBookName());
    }
    if (StrUtil.isNotEmpty(page.getJobNumber())) {
        queryWrapper.eq(Borrowing::getJobNumber, page.getJobNumber());
    }
    if (StrUtil.isNotEmpty(page.getRealName())) {
        queryWrapper.eq(Borrowing::getRealName, page.getRealName());
    }
    if (page.getBorrowStatus() != null) {
        queryWrapper.eq(Borrowing::getBorrowStatus, page.getBorrowStatus());
    }
    if (page.getUserId() != null) {
        queryWrapper.eq(Borrowing::getUserId, page.getUserId());
    }
    queryWrapper.orderByDesc(Borrowing::getCreateTime);
    //查询分页数据
    Page< Borrowing > borrowingPage = new Page< Borrowing >(page.getCurrent(), page.getSize());
    IPage< Borrowing > pageData = baseMapper.selectPage(borrowingPage, queryWrapper);
    //转换成 VO
    IPage< BorrowingVO > records = PageCovertUtil.pageVoCovert(pageData, BorrowingVO.class);
    if (CollUtil.isNotEmpty(records.getRecords())) {
        records.getRecords().forEach(r -> {
    r.setBorrowStatusName(BookBorrowingEnum.getValue(r.getBorrowStatus()));
        });
    }
    return records;
}
```

3. 还书功能实现

读者还书的操作需要审核员进行审核，审核通过后，还书操作流程才能结束，其中还涉及扣费、逾期等相关操作,相对于其他功能比较复杂一些。

(1)首先在 BorrowingController 类中定义一个还书的 returnBook 方法,接收的参数为该借阅记录的 ID,代码如下:

```
//第14章/library/library-admin/BorrowingController.java
@PostMapping ("/return/{id}")
public Result returnBook(@PathVariable("id") Integer id) {
    borrowingService.returnBook(id);
    return Result.success();
}
```

然后在 BorrowingService 接口类中添加一个还书的 returnBook 接口,代码如下:

```
void returnBook(Integer id);
```

(2)接着实现 returnBook 接口,先从表中查询出要还书的借阅记录,然后判断是否已经逾期归还。如果逾期归还,则根据1本书1天1元的费用计算收费总额。最后提交还书审核,代码如下:

```
//第14章/library/library-admin/BorrowingServiceImpl.java
private static final BigDecimal OVERDUE_FEE_PER_DAY BigDecimal.valueOf(1.00);
@Override
public void returnBook(Integer id) {
    Borrowing borrowing = getById(id);
    borrowing.setReturnDate(LocalDateTime.now());
    //判断有没有逾期
    if(borrowing.getReturnDate().isAfter(borrowing.getEndDate())) {
        //计算费用
        long days = ChronoUnit.DAYS.between(borrowing.getEndDate(), borrowing.getReturnDate());
        BigDecimal overdueFee = BigDecimal.valueOf(borrowing.getQuantityNum())
                .multiply(OVERDUE_FEE_PER_DAY.multiply(BigDecimal.valueOf(days)));
        borrowing.setFee(overdueFee);
        borrowing.setBorrowDuration((int) days);
    }
    //提交审核
    returnBookAudit(borrowing);
    log.info("还书提交审核,用户号: {}, 图书名: {}", borrowing.getJobNumber(), borrowing.
getBookName());
    borrowing.setBorrowStatus(BookBorrowingEnum.RETURN_AUDIT.getCode());
    updateById(borrowing);
}
```

(3)在 BorrowingServiceImpl 中定义一个 returnBookAudit 提交审核的方法,在注入 ExamineService 类时需要注意会发生循环依赖,可以直接在注入时加入@Lazy 注解,然后拼接审核对象的内容,代码如下:

```
//第14章/library/library-admin/BorrowingServiceImpl.java
private void returnBookAudit(Borrowing borrowing) {
    ExamineInsert insert = new ExamineInsert();
    insert.setSubmitUsername(borrowing.getRealName());
```

```
            insert.setTitle(borrowing.getBookName());
            insert.setContent("用户编号:" + borrowing.getJobNumber() + "," + "ISBN 书号:" +
        borrowing.getIsbn());
            insert.setClassifyId(borrowing.getId());
            examineService.insertExamine(insert, ClassifyEnum.RETURN_BOOK);
            log.info("图书归还提交审核成功!用户: {}", borrowing.getRealName());
        }
```

（4）在图书归还审核通过或不通过后会调用借阅的相关方法修改状态,由于审核功能和图书借阅不在一个模块中,所以可以先在 library-system 子模块中定义一个修改图书借阅状态的接口,然后在 library-admin 子模块中实现该接口。在 examine 包的 service 中创建一个 BorrowingAuditService 接口类,并定义一个审核修改借阅状态的接口,代码如下:

```
//第 14 章/library/library-system/BorrowingAuditService.java
/**
 * 审核修改还书状态
 *
 * @param id 借阅记录 id
 * @param statusEnum 审核状态
 * @param result 结果
 */
void updateBorrowingStatus(Integer id, AuditStatusEnum statusEnum, String result);
```

（5）在 library-admin 子模块的 config 包中创建一个 BorrowingAuditConfig 配置类,并将 BorrowingAuditService 声明为一个 Bean,主要用来实现 updateBorrowingStatus 接口。在实现方法中,判断是否审核通过,如果审核通过,则判断有没有逾期归还而产生的费用,如果没有,则直接更新为已归还状态。如果有费用,则需要先扣除用户余额里的费用,再执行其余的操作。如果审核失败,则只修改状态,其余的操作不需要执行,代码如下:

```
//第 14 章/library/library-admin/BorrowingAuditConfig.java
@Log4j2
@Configuration
public class BorrowingAuditConfig {
    @Resource
    private BorrowingService borrowingService;
    @Bean
    public BorrowingAuditService borrowingAuditService() {
        return new BorrowingAuditService() {
            @Override
            public void updateBorrowingStatus(Integer id, AuditStatusEnum statusEnum, String
result) {
                Borrowing borrowing = borrowingService.getById(id);
                if (borrowing != null) {
                    //如果成功,则扣费,如果失败,则不扣费
                    if(AuditStatusEnum.AUDIT_SUCCESS.getCode().equals(statusEnum.getCode())) {
                        if (borrowing.getFee().compareTo(BigDecimal.ZERO) != 0){
                            borrowingService.updateUserBalance(borrowing.getFee(),
                                borrowing.getUserId());
```

```
                            }
                        borrowing.setBorrowStatus(BookBorrowingEnum.RETURN.getCode());
                        bookService.updateBookNum(borrowing.getBookId(),
                            borrowing.getQuantityNum(), false);
                        } else {
                        borrowing.setBorrowStatus(BookBorrowingEnum.RETURN_FAIL.getCode());
                            }
                        borrowing.setRemark(result);
                        borrowingService.updateById(borrowing);
                        log.info("还书流程结束：用户号：{}",
                            borrowing.getJobNumber());
                        }
                    }
                };
            }
        }
```

（6）在 BorrowingService 接口类中定义一个更新用户费用的接口，代码如下：

```
/**
 * 更新用户费用
 *
 * @param fee
 * @param userId
 */
void updateUserBalance(BigDecimal fee, Integer userId);
```

在 BorrowingServiceImpl 类中实现该接口，如果用户余额不足，则抛出异常信息，代码如下：

```
//第14章/library/library-admin/BorrowingServiceImpl.java
@Override
public void updateUserBalance(BigDecimal fee, Integer userId) {
    User user = userService.getById(userId);
    if (user != null) {
        if (user.getBalance() != null) {
            if (user.getBalance().compareTo(fee) >= 0) {
                BigDecimal subtract = user.getBalance().subtract(fee);
                user.setBalance(subtract);
                userService.updateById(user);
                log.info("图书借阅扣费成功!用户：{}", user.getUsername());
                return;
            }
        }
        throw new BaseException("账户余额不足,扣费失败!");
    }
}
```

（7）修改 ExamineServiceImpl 审核实现类中的 examineUpdate 方法。加入借阅图书的审核结果，修改借阅表中的相关状态。在 switch 中添加 case 2，代表借阅图书的审核结果的执行，代码如下：

```
//第 14 章/library/library - system/ExamineServiceImpl.java
switch (examineVO.getClassify()) {
    case 0:
    case 1:
        if(AuditStatusEnum.AUDIT_SUCCESS.getCode().equals(examineVO.getExamineStatus())) {
            noticeService.updateNoticeStatus(examineVO.getClassifyId(),
                AuditStatusEnum.AUDIT_SUCCESS, examineVO.getAdvice());
            log.info("通知公告审核通过,公告 id 为{}", examineVO.getClassifyId());
        } else {
            noticeService.updateNoticeStatus(examineVO.getClassifyId(),
                AuditStatusEnum.REJECT, examineVO.getAdvice());
            log.info("通知公告审核不通过,公告 id 为{}",
                examineVO.getClassifyId());
        }
        break;
    case 2:
        if(AuditStatusEnum.AUDIT_SUCCESS.getCode().equals(examineVO.getExamineStatus())) {
            borrowingAuditService.updateBorrowingStatus(examineVO.getClassifyId(),
AuditStatusEnum.AUDIT_SUCCESS, examineVO.getAdvice());
            log.info("图书归还审核通过,提交审核人为{}",
                examineVO.getSubmitUsername());
        } else{
            borrowingAuditService.updateBorrowingStatus(examineVO.getClassifyId(),
AuditStatusEnum.REJECT, examineVO.getAdvice());
            log.info("通知公告审核不通过,提交审核人为{}",
                examineVO.getSubmitUsername());
        }
        break;
    default:
        return false;
}
```

14.3.3 功能测试

下面测试借阅图书的相关功能,首先打开 Apifox 接口文档,在根目录下创建一个借阅管理的子目录。

1. 图书借阅接口测试

添加一个图书借阅的接口,接口设置需要图书 id、借阅数量和备注等参数,如图 14-15 所示。

在系统登录的情况下,在接口中单击"发送"按钮进行请求,请求成功后查看借阅表中是否有借阅的相关记录存入,如图 14-16 所示。

2. 借阅记录分页查询接口测试

在借阅管理目录下,新建一个分页查询借阅记录的接口文档,查询条件包括图书名、读者姓名、用户编号和借阅状态,如图 14-17 所示。

在登录的情况下,可选择性地填写查询参数,单击"运行"按钮,请求该分页接口。这里可以根据不同的角色进行查询,以便完成测试工作。例如,用读者的账号登录并访问该接口,

图 14-15　设计图书借阅接口文档

图 14-16　图书借阅接口测试

图 14-17　设计查询借阅记录接口文档

或者使用图书管理员、超级管理员进行登录并测试该接口会得到不一样的结果,在这里就不一一进行测试了。笔者这里只使用了管理员登录,测试查询借阅的记录,如图 14-18 所示。

图 14-18　借阅记录查询接口测试

3. 还书功能测试

还书的测试流程相对比较复杂,同时需要关联审核模块进行测试。

（1）在借阅管理中添加一个图书归还的接口,在接口的地址中直接传递借阅记录的 id,如图 14-19 所示。

图 14-19　设计图书归还接口文档

（2）在接口的运行一栏中,填写借阅记录的 id,例如,笔者数据库中有一条借阅记录,id 为 1,然后单击"运行"按钮,请求该接口,如图 14-20 所示。

（3）此时可在借阅表中看到 borrow_status 借阅状态字段的值为 3,并结合后端定义的图书借阅状态的枚举表中的状态,可知道现在的状态为还书审核中,接下来请求审核通过的

图 14-20　图书归还接口测试

接口,接口中参数 id 可以在审核表中查看提交的归还图书的审核记录。例如笔者的审核表中关于该图书归还的审核记录 id 为 7,所以在审核通过的接口中 id 填写 7 即可,如图 14-21所示。

图 14-21　图书归还审核通过

再次查看借阅表中该用户图书的借阅记录,此时 borrow_status 借阅状态字段的值变为 1,表示已归还。

4. 逾期还书功能测试

项目代码中设置的免费借阅日期为 15 天,如果超过 15 天,则开始按一天 1 元的收费标准进行收费,不满一天也算一天的时间,接下来测试逾期还书功能。

(1) 首先确保登录的用户中账户余额充足,其次是图书有可借阅的库存,然后创造测试逾期还书的条件,修改 returnBook 实现类中的还书日期,在获取当前的时间后加 17 天,这时当借阅图书后在还书时就会显示逾期 2 天,代码如下:

```
borrowing.setReturnDate(LocalDateTime.now().plusDays(17));
```

（2）启动项目，并使用用户信息登录，请求借阅图书的接口，再请求还书的操作，并审核通过。然后查看借阅表中的费用 fee 字段是否为 2，再查看用户表中的账户余额是否已经扣费成功。

14.4　任务调度功能实现

在现实生活中，经常会收到会员或充值的短信提醒。在该项目中也将使用相关功能，在图书借阅即将到期时会发送短信或邮件提醒读者需要还书了，否则会产生额外的费用。如果要实现该功能，则需要定时执行相关代码，例如一天执行一次查询即将到期的记录。在 Spring Boot 环境中，实现定时任务有两种方案，一种是使用 Spring 自带的定时任务处理器 @Scheduled 注解；另一种是使用第三方框架实现。为了后期方便维护定时的相关任务，本项目选择企业使用比较多的 XXL-JOB 分布式任务调度平台来管理定时任务。

14.4.1　XXL-JOB 简介

XXL-JOB 是一个轻量级、易扩展的分布式任务调度平台，旨在提供快速开发和学习简单的核心设计目标。现代码已开源，并被融入多家公司的线上产品线中，使用比较广泛。

最主要的好处是在项目中写完的定时任务可以交给它来管理，具体什么时候运行、定时任务的规则、运行次数和日志执行情况等都可以在可视化的界面中进行管理和操作，更加人性化。

1. 系统组成

调度模块（调度中心）：负责管理调度信息，按照调度配置发出调度请求，其自身不承担业务代码。调度系统与任务解耦，提高了系统可用性和稳定性。同时调度系统性能不再受限于任务模块；支持可视化、简单且动态地对调度信息进行管理，包括任务新建、更新、删除、启动/停止和任务报警等。所有上述操作都会实时生效，同时支持监控调度结果及支持以 Rolling 方式实时查看执行器输出的完整的执行日志。

执行模块（执行器）：负责接收调度请求并执行任务逻辑。任务模块专注于任务的执行等操作，开发和维护更加简单和高效；接收调度中心的执行请求、终止请求和日志请求等。

2. 下载

XXL-JOB 是一个开源的项目，使用时需要下载该源码，并根据项目修改它的配置信息才可以整合到所开发的项目中。提供的官方文档网址为 https://www.xuxueli.com/xxl-job，源码的仓库存储在 Gitee 和 GitHub 中。为了方便下载，使用国内的 Gitee 进行下载，在和项目同级的文件中，右击鼠标，然后单击"Git Bash here"打开 Git 命令行窗口，然后下载 XXL-JOB 项目，笔者在开发本项目时最新的版本为 2.4.0，这里直接下载最新的版本，命令如下：

```
git clone -b 2.4.0 https://gitee.com/xuxueli0323/xxl-job.git
```

等待下载完成，如果最后出现 done，则说明下载完成，将项目名重命名为 library-xxl-job，如图 14-22 所示。

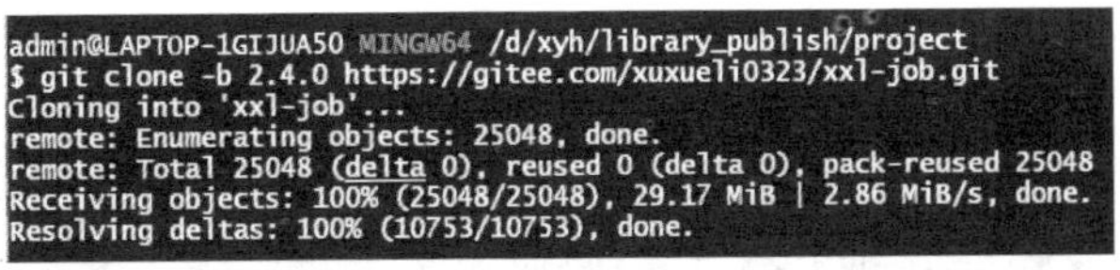

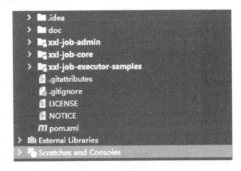

图 14-22　下载 XXL-JOB 项目

14.4.2　快速入门

在 IDEA 中打开 XXL-JOB 项目，并删除 .git 和 .github 文件。在 IDEA 左侧目录中可以看到项目分为 4 个模块，如图 14-23 所示。模块详情如下。

（1）doc：存放项目的相关文档。

（2）xxl-job-admin：调度中心的管理后台。

（3）xxl-job-core：框架的核心包。

（4）xxl-job-executor-samples：集成不同执行器的案例代码，可供学习者学习参考。

1．初始化数据库

XXL-JOB 项目的数据库存放在本书项目的数据库中，调度数据库将 SQL 脚本初始化在 XXL-JOB 的 doc/db/table_xxl-job.sql 中，SQL

图 14-23　XXL-JOB 项目模块

脚本内容比较长，这里不展示，可在本书的配套资源中获取，将 SQL 的脚本在 library_v1 数据库中执行，添加相关表，并初始化数据，各调度数据库表的说明如下。

（1）xxl_job_info：保存 XXL-JOB 调度任务的扩展信息，如任务分组、名称、执行器、机器地址、执行参数和报警邮件等。

（2）xxl_job_group：维护任务执行器信息。

（3）xxl_job_lock：任务调度锁表。

（4）xxl_job_log：保存 XXL-JOB 任务调度的历史信息，包括调度结果、执行结果、调度参数、调度机器和执行器等。

（5）xxl_job_logglue：用于保存 GLUE 更新历史，支持 GLUE 的版本回溯功能。

（6）xxl_job_log_report：存储 XXL-JOB 任务调度日志的报表，为调度中心报表功能页面提供支持。

（7）xxl_job_registry：维护在线的执行器和调度中心机器地址信息。

（8）xxl_job_user：系统用户表。

2．项目版本升级

在 library-xxl-job 项目中，删除示例模块 xxl-job-executor-samples，先右击 xxl-job-executor-samples 模块，选择 Remove Module 删除模块，然后右击该模块，选择 Delete 按钮

就可以删除该模块了。

（1）首先修改 library-xxl-job 项目的 Maven 仓库，修改成之前本地配置好的仓库，例如笔者的 Maven 配置，如图 14-24 所示。

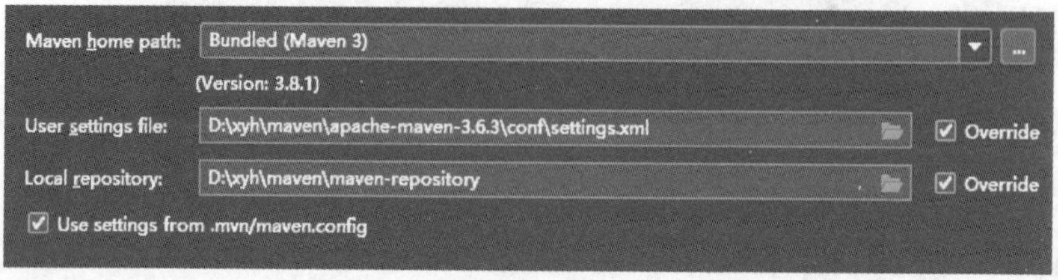

图 14-24　XXL-JOB 项目 Maven 配置

（2）本书项目中使用的是 Spring Boot 3.1.3 版本和 JDK 17，而 XXL-JOB 项目使用的是 JDK 1.8+ 的版本，所以接下来将 library-xxl-job 升级到和项目一样的版本。

打开父模块的 pom.xml，删除 modules 中的 xxl-job-executor-samples 模块，然后修改 properties 中的相关包的版本信息。将 spring.version 的版本升级到 6.0.11 版本，将 spring-boot.version 的版本升级到 3.1.3 版本，代码如下：

```
< spring.version > 6.0.11 </spring.version >
< spring - boot.version > 3.1.3 </spring - boot.version >
```

（3）在版本升级到 3.0 以上后，Java EE 已经变更为 Jakarta EE，包名以 javax 开头的需要相应地变更为 jakarta，将 javax.annotation-api.version 修改为 jakarta.annotation-api.version，代码如下：

```
< jakarta.annotation - api.version > 2.1.1 </jakarta.annotation - api.version >
```

打开 xxl-job-core 子模块的 pom.xml 文件，将 javax.annotation-api 替换成 jakarta.annotation-api，代码如下：

```
//第 14 章/library - xxl - job/xxl - job - core/pom.xml
<!-- jakarta.annotation - api -->
< dependency >
    < groupId > jakarta.annotation </groupId >
    < artifactId > jakarta.annotation - api </artifactId >
    < version > ${jakarta.annotation - api.version}</version >
    < scope > compile </scope >
</dependency >
```

（4）修改 maven-source-plugin、maven-javadoc-plugin、maven-gpg-plugin 依赖的版本，代码如下：

```
< maven - source - plugin.version > 3.1.0 </maven - source - plugin.version >
< maven - javadoc - plugin.version > 3.1.0 </maven - javadoc - plugin.version >
< maven - gpg - plugin.version > 1.6 </maven - gpg - plugin.version >
```

（5）接下来需要将 javax 包全局替换成 jakarta 包，其中在 XxlJobRemotingUtil 类中的

import javax. net. ssl. ＊；不要替换，由于 Jakarta EE 并不提供 jakarta. net. ssl 包及 XxlJobAdminConfig 类中的 import javax. sql. DataSource，所以不要替换。下面在 IDEA 中使用快捷键 Ctrl＋Shift＋R 查找 javax，并替换成 jakarta。如果单击右下角的 Replace All，则可全部替换，如果单击 Replace 则可替换当前选中的代码，如图 14-25 所示。

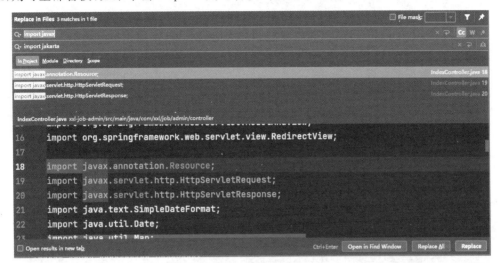

图 14-25　替换 javax 包

（6）打开 xxl-job-admin 子模块 resource 目录下的 application. properties 配置文件，web 的端口号默认为 8080，笔者这里将端口号改为 8088，代码如下：

```
### web
server. port = 8088
```

将 management. server. servlet. context-path＝/actuator 配置在 Spring Boot 3 的版本中已经过期，要修改为 management. server. base-path＝/actuator。同样 spring. resources. static-locations＝classpath：/static/也已经过期，需要修改成 spring. web. resources. static-locations＝classpath：/static/，代码如下：

```
### actuator
management. server. base - path = /actuator
### resources
spring. web. resources. static - locations = classpath:/static/
```

（7）XXL-JOB 项目的日志文件的输出地址需要和图书管理系统的日志文件存放在一起，修改 logback. xml 日志配置文件，修改 property 的 value 值，将地址改为/library/logs，代码如下：

```
< property name = "log. path" value = "/library/logs/xxl - job - admin. log"/>
```

3. 修改数据库连接

将 XXL-JOB 项目的数据库整合到图书管理系统的数据库中，在配置文件中的数据库

连接需要换成 library_v1,然后修改数据库连接密码,代码如下:

```
//第 14 章/library - xxl - job/xxl - job - admin/application.properties
# # #xxl - job, datasource
spring. datasource. url = jdbc: mysql://127. 0. 0. 1: 3306/library _ v1? useUnicode =
true&characterEncoding = UTF - 8&autoReconnect = true&serverTimezone = Asia/Shanghai
spring. datasource. username = root
spring. datasource. password = 123456
spring. datasource. driver - class - name = com. mysql. cj. jdbc. Driver
```

4. 修改前端页面兼容问题

由于在 Spring 6 以上的版本中移除了对 Freemarker 和 JSP 的支持,所以会导致无法使用 ${Request},页面也会报相应的错误信息。现在可以在 PermissionInterceptor 类中添加一个拦截器 postHandle。

打开 xxl-job-admin 子模块的 interceptor 包中的 PermissionInterceptor 类,在类中实现 HandlerInterceptor 接口类中的 postHandle。在实现方法中从请求中获取名为 XXL_JOB_LOGIN_IDENTITY 的属性,并将其值赋给 loginIdentityKey 变量,代码如下:

```
//第 14 章/library - xxl - job/xxl - job - admin/PermissionInterceptor. java
    / **
     * @param request request
     * @param response response
     * @param handler handler
     * @param modelAndView modelAndView
     * @throws Exception
     * /
    @Override
     public void postHandle(HttpServletRequest request, HttpServletResponse response,
Object handler, ModelAndView modelAndView) throws Exception {
        Object loginIdentityKey = request.getAttribute("XXL_JOB_LOGIN_IDENTITY");
        if (null != modelAndView && null != loginIdentityKey) {
            modelAndView.addObject("XXL_JOB_LOGIN_IDENTITY", loginIdentityKey);
        }
    }
```

进入 xxl-job-admin 子模块的 resources/templates/common 目录下,打开 common. macro. ftl 文件,找到 ${Request["XXL_JOB_LOGIN_IDENTITY"]. username} 并修改为 ${XXL_JOB_LOGIN_IDENTITY. username},代码如下:

```
//第 14 章/library - xxl - job/xxl - job - admin/common. macro. ftl
< a href = "javascript:" class = "dropdown - toggle" data - toggle = "dropdown" aria - expanded =
"false">
    ${I18n. system_welcome} ${XXL_JOB_LOGIN_IDENTITY. username}
    < span class = "caret"></span >
</a>
```

在该文件中找到 Request["XXL_JOB_LOGIN_IDENTITY"]. role 并修改为 XXL_JOB_LOGIN_IDENTITY. role,代码如下:

```
<# if XXL_JOB_LOGIN_IDENTITY.role == 1>
```

然后在 joblog. index. ftl 文件中将 Request["XXL_JOB_LOGIN_IDENTITY"]. role 修改为 XXL_JOB_LOGIN_IDENTITY. role。

5. 运行 XXL-JOB 项目

在启动前,先在 xxl-job 中进行编译,编译通过后,启动项目。如果在项目启动的控制台中出现 c. x. job. admin. XxlJobAdminApplication - Started XxlJobAdminApplication in…, 则说明已经启动成功。打开浏览器,在网址栏中请求 http://localhost:8088/xxl-job-admin/便可出现 XXL-JOB 管理的登录界面,如图 14-26 所示。

图 14-26　XXL-JOB 管理的登录界面

默认登录账号为 admin,密码为 123456,登录后运行界面如图 14-27 所示。

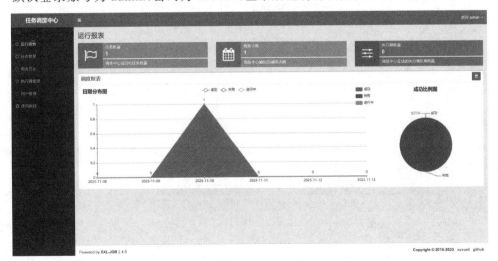

图 14-27　任务调度中心首页

到此 XXL-JOB 项目已经正式搭建完成。

14. 4. 3　管理 XXL-JOB 版本

在 Gitee 仓库中新建一个存放 XXL-JOB 代码的仓库,仓库名为 Library Xxl Job,如图 14-28 所示。

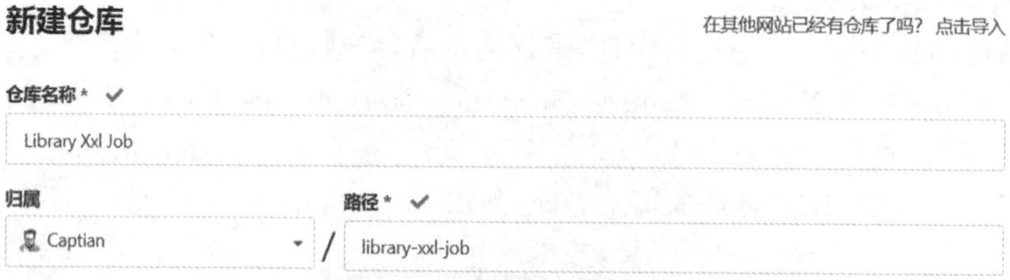

新建仓库　　　　　　　　　　　　　　　　　　　　在其他网站已经有仓库了吗?　点击导入

仓库名称 * ✓

Library Xxl Job

归属　　　　　　　　　　　　　　路径 * ✓

👤 Captian　　　　　　　　　▼　／　library-xxl-job

图 14-28　新建 XXL-JOB 仓库

进入 library-xxl-job 文件目录中,打开 Git Bash here 控制台窗口,初始化本地环境,把该项目变成可被 Git 管理的仓库,命令如下:

```
git init
```

对仓库和本地项目进行关联,获取 Library Xxl Job 仓库的 HTTPS 地址,然后使用命令进行关联,命令如下:

```
git remote add origin 远程仓库地址
```

先来将远程仓库的 master 分支拉取过来,然后和本地的当前分支进行合并,命令如下:

```
git pull origin master
```

执行完命令后参照 4.4.1 节将代码提交到远程仓库中,接着打开 IDEA 查看右下角是否已经有 Git 代码管理功能,如果没有,则关闭 IDEA 重启即可。

14. 4. 4　借阅到期提醒功能实现

打开图书管理系统项目,关联 library-xxl-job 项目,负责接收"调度中心"的调度并执行。

1. 引入 Maven 依赖

在父模块的 pom. xml 文件中引入 xxl-job-core 的 Maven 依赖,先在 properties 中将版本定义为 2. 4. 0,然后引入依赖配置,代码如下:

```
//第 14 章/library/pom.xml
<!-- 版本 -->
<xxl.job.version>2.4.0</xxl.job.version>
<!-- xxl-job -->
<dependency>
    <groupId>com.xuxueli</groupId>
    <artifactId>xxl-job-core</artifactId>
    <version>${xxl.job.version}</version>
</dependency>
```

2．执行器配置

在 library-admin 子模块的 application-dev.yml 配置中添加本地执行器配置，配置中的 appname 为执行器的应用名，稍后在调度中心配置执行器时会使用，代码如下：

```
//第 14 章/library/library-admin/application-dev.yml
xxl:
  job:
    admin:
        ♯调度中心部署跟地址[选填]：如果调度中心集群部署存在多个地址，则用逗号分隔。执行
♯器将会使用该地址进行"执行器心跳注册"和"任务结果回调"；如果为空，则关闭自动注册
        addresses: http://localhost:8088/xxl-job-admin
        ♯执行器通信 TOKEN [选填]：非空时启用系统默认 default_token
      accessToken: default_token
    executor:
        ♯执行器的应用名称
      appname: library-xxl-job
        ♯执行器注册[选填]：优先使用该配置作为注册地址，当为空时使用内嵌服务 "IP:PORT" 作
♯为注册地址
      address: ""
        ♯执行器 IP [选填]：默认为空，表示自动获取 IP，多网卡时可手动设置指定 IP，该 IP 不会绑
♯定 Host，仅作为通信使用
      ip: ""
        ♯执行器端口号[选填]：如果小于或等于 0，则自动获取；默认端口为 9999
      port: 0
        ♯执行器运行日志文件存储磁盘路径[选填]：需要对该路径拥有读写权限；如果为空，则使
♯用默认路径
      logpath: /library/xxlJob/log
        ♯执行器日志文件保存天数[选填]：过期日志自动清理，当限制值大于或等于 3 时生效；否
♯则关闭自动清理功能
      logretentiondays: 30
```

3．执行器组件配置

在 library-admin 子模块的 config 包中新建一个 XxlJobConfig 配置类，在该配置类中通过 @Value 注解将配置文件中的值注入字段中，然后就可以使用这些字段了，初始化 XXL-JOB 的执行器对象，把这个执行器对象交给 Spring 托管就可以了。最终会使用 XxlJobSpringExecutor 生成一个 Bean 并被注册到 Spring 中，这个就是当前服务节点中的执行器对象，执行器对象会充当指挥官的角色，由它来调用不同的定时任务，代码如下：

```
//第 14 章/library/library-admin/XxlJobConfig.java
@Configuration
public class XxlJobConfig {
    private Logger logger = LoggerFactory.getLogger(XxlJobConfig.class);
    @Value("${xxl.job.admin.addresses}")
    private String adminAddresses;
    @Value("${xxl.job.accessToken}")
    private String accessToken;
    @Value("${xxl.job.executor.appname}")
    private String appname;
    @Value("${xxl.job.executor.address}")
    private String address;
```

```
@Value(" $ {xxl.job.executor.ip}")
private String ip;
@Value(" $ {xxl.job.executor.port}")
private int port;
@Value(" $ {xxl.job.executor.logpath}")
private String logPath;
@Value(" $ {xxl.job.executor.logretentiondays}")
private int logRetentionDays;
@Bean
public XxlJobSpringExecutor xxlJobExecutor() {
    logger.info(">>>>>>>>>> xxl - job config init.");
    XxlJobSpringExecutor xxlJobSpringExecutor = new XxlJobSpringExecutor();
    xxlJobSpringExecutor.setAdminAddresses(adminAddresses);
    xxlJobSpringExecutor.setAppname(appname);
    if (StrUtil.isNotEmpty(address)) {
        xxlJobSpringExecutor.setAddress(address);
    }
    if (StrUtil.isNotEmpty(ip)) {
        xxlJobSpringExecutor.setIp(ip);
    }
    xxlJobSpringExecutor.setPort(port);
    xxlJobSpringExecutor.setAccessToken(accessToken);
    xxlJobSpringExecutor.setLogPath(logPath);
    xxlJobSpringExecutor.setLogRetentionDays(logRetentionDays);
    return xxlJobSpringExecutor;
}
}
```

4. 新增执行器

首先启动 XXL-JOB 项目,然后进入调度中心,在执行器管理中单击"新增"按钮,添加执行器。填写执行器信息,AppName 是之前在 application-dev.yml 文件中配置的 xxl 信息时指定的执行器的应用名;名称可填写具体的实现功能,如图书借阅到期提醒任务;注册方式默认为自动注册;机器地址不用填写,会自动获取,然后单击"保存"按钮,这样就会新增一个执行器,如图 14-29 所示。

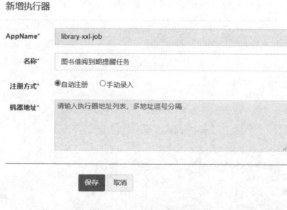

图 14-29 新增执行器

如果没有启动图书管理系统的项目,则此时在执行器管理列表中会发现创建的执行器中 OnLine 机器地址为空,并没有发现当前执行器的注册实例的 IP 地址,启动后,注册完成的执行器实例会每隔 30s 更新一次注册信息,等待大概 30s 再进行查询,就会发现有地址注册进来,如图 14-30 所示。

图 14-30　OnLine 机器地址

5. 定时提醒功能实现

在 BorrowingService 接口类中,声明一个定时通知的抽象方法 scheduledNotice,代码如下:

```java
/**
 * 定时通知还书
 */
void scheduledNotice();
```

在 BorrowingServiceImpl 类中实现该方法,首先获取所有状态为借阅中的借阅记录,然后在不为空的情况下遍历查询到的借阅记录,并调用 isDueSoon 方法进行通知的发送,代码如下:

```java
//第 14 章/library/library-admin/BorrowingServiceImpl.java
@Override
public void scheduledNotice() {
    //获取所有图书借阅信息
    List<Borrowing> borrowingList = lambdaQuery()
            .eq(Borrowing::getBorrowStatus, BookBorrowingEnum.BORROWING.getCode())
            .list();
    if (CollUtil.isNotEmpty(borrowingList)) {
        for (Borrowing borrowing : borrowingList) {
            isDueSoon(borrowing);
        }
    }
}
```

实现 isDueSoon 方法,首先定义一个 Set 集合来存储已发送提醒的借阅记录的 id,防止出现重复发送现象,代码如下:

```java
/**
 * 存储已发送提醒的借阅记录 id
 */
private static final Set<Integer> sentReminders = new HashSet<>();
```

接着实现 isDueSoon 方法,先通过当前时间和图书借阅到期时间的对比来判断是否到期。如果已经到期,则将借阅记录的状态修改为已逾期,然后发送邮件和消息通知提醒。如果没有到期,但还有 2 天的时间到期,则要提前发通知提醒读者,借阅的图书即将到期,以便及时归还,代码如下:

```java
//第 14 章/library/library-admin/BorrowingServiceImpl.java
private void isDueSoon(Borrowing borrowing) {
    LocalDate currentDate = LocalDate.now();
    LocalDate endDate = borrowing.getEndDate().toLocalDate();
    //先判断是否到期,如果到期,则更新状态。对于当天到期的,第 2 天变为到期
    if (!sentReminders.contains(borrowing.getId()) && currentDate.isAfter(endDate)) {
        //过期
        borrowing.setBorrowStatus(BookBorrowingEnum.OVERDUE.getCode());
        updateById(borrowing);
        //发送通知
        String content = "尊敬的编号为:" + borrowing.getJobNumber() + "的读者,您借阅的
图书名为" + "《" + borrowing.getBookName() + "》" + "已经到期,为了不产生必要的费用请及时
归还,感谢您的支持!";
        String title = "图书逾期提醒";
        sendMessages(borrowing, content, title);
        sentReminders.add(borrowing.getId());
    } else {
        Period period = Period.between(currentDate, endDate);
        if (period.getDays() == 2) {
            //发送通知
            String content = "尊敬的编号为:" + borrowing.getJobNumber() + "的读者,您借
阅的图书名为" + "《" + borrowing.getBookName() + "》" + "还有 2 天到期,为了不产生必要的费
用需要注意还书时间,感谢您的支持!";
            String title = "还书提醒";
            sendMessages(borrowing, content, title);
        }
    }
}
```

创建 sendMessages 发送通知的方法,项目中使用了邮件和系统内部消息来通知借阅到期的相关通知。如果用户没有完善邮件信息,则不发送邮件,只发送系统消息,并且系统消息不需要进行审核,直接发送,代码如下:

```java
//第 14 章/library/library-admin/BorrowingServiceImpl.java
private void sendMessages(Borrowing borrowing, String content, String title) {
    //这里选择发送邮件、消息通知
    User user = userService.getById(borrowing.getUserId());
    if (user != null) {
        if (StrUtil.isNotEmpty(user.getEmail())) {
            emailUtil.sendFromEmail(user.getEmail(), content, title);
        }
        NoticeInsert noticeInsert = new NoticeInsert();
        noticeInsert.setUserId(user.getId());
        noticeInsert.setNoticeStatus(AuditStatusEnum.SEND_SUCCESS.getCode()); noticeInsert.
setNoticeType(ClassifyEnum.SYSTEM_NOTICE.getCode());
```

```
                noticeInsert.setNoticeContent(content);
                noticeInsert.setNoticeTitle(title);
                noticeInsert.setUserName("图书管理员");
                noticeService.insertOrUpdate(noticeInsert);
        }
    }
```

此时,在还书 returnBook 实现方法中,需要修改判断逾期的代码,改成根据借阅状态来判断,代码如下:

```
//判断有没有逾期
if(borrowing.getBorrowStatus().equals(BookBorrowingEnum.OVERDUE.getCode()))
```

6. 创建任务类

在 library-admin 子模块中创建一个 task 包,并在包中新建一个 BookTask 类,然后创建一个 bookJobHandler 方法,为该方法添加注解"@XxlJob(value="自定义 jobhandler 名称", init="JobHandler 初始化方法", destroy="JobHandler 销毁方法")",注解 value 的值将对应调度中心新建任务的 JobHandler 属性的值。

首先通过 XxlJobHelper.log 打印执行日志,然后采用异步方式执行逾期提醒的方法,代码如下:

```
//第 14 章/library/library-admin/BookTask.java
@Component
public class BookTask {
    @Resource
    private BorrowingService borrowingService;
    @XxlJob("bookJobHandler")
    public void bookJobHandler() {
        XxlJobHelper.log("borrowing book start... ");
        try {
            //异步执行,超时最大 30s
            ThreadUtil.execAsync(() -> borrowingService.scheduledNotice())
                    .get(30L, TimeUnit.SECONDS);
            XxlJobHelper.handleSuccess("图书借阅提醒用户信息执行完成!");
        } catch (Exception e) {
            XxlJobHelper.log("图书借阅提醒用户信息执行失败,错误信息:", e);
            XxlJobHelper.handleFail();
        }
    }
}
```

7. 任务管理

登录调度中心,首先进入任务管理,单击"新增"按钮,然后填写基本的任务信息,配置属性的说明如下。

(1)执行器:任务绑定的执行器,任务触发调度时将会自动地发现注册成功的执行器,实现任务自动发现功能,例如,笔者这里选择在执行器管理中创建的执行器,即图书借阅到期提醒任务。

（2）任务描述：任务的描述信息，便于任务管理。

（3）负责人：任务的负责人。

（4）报警邮件：任务调度失败时邮件通知的邮箱地址，支持配置多邮箱地址，当配置多个邮箱地址时用逗号分隔，邮件配置在实际开发中占有很重要的地位。

（5）调度类型。

无：该类型不会主动触发调度。

CRON：该类型将会通过CRON触发任务调度。

固定速度：该类型将会以固定速度触发任务调度；按照固定的间隔时间周期性地触发。

固定延迟：该类型将会以固定延迟触发任务调度；按照固定的延迟时间，从上次调度结束后开始计算延迟时间，到达延迟时间后触发下次调度。

（6）CRON：触发任务执行的Cron表达式，可以在填写Cron的输入框的后边选择执行的时间，本项目中选择每天上午10点触发任务调度。

（7）运行模式：这里只介绍一种BEAN模式。

BEAN模式：任务以JobHandler方式维护在执行器端；需要结合JobHandler属性匹配执行器中的任务。

（8）JobHandler：当运行模式为"BEAN模式"时生效，对应执行器中新开发的JobHandler类"@JobHandler"注解自定义的value值。

其余的任务配置保持默认即可，如图14-31所示。

图14-31　新增任务

在该任务列表的操作列中单击"启动"选项,启动任务,如图 14-32 所示。

启动成功后,该任务就可以在以后的每天上午 10 点执行逾期的借阅通知了。接下来,为了测试定时任务的代码是否正确,这里可手动触发一次任务执行,通常情况下,通过配置 Cron 表达式进行任务调度触发。

在操作列中,单击"执行一次"选项后会弹出填写执行任务参数和机器地址,这里直接默认为空即可,然后单击"保存"按钮,这样就可以执行该任务了,如图 14-33 所示。

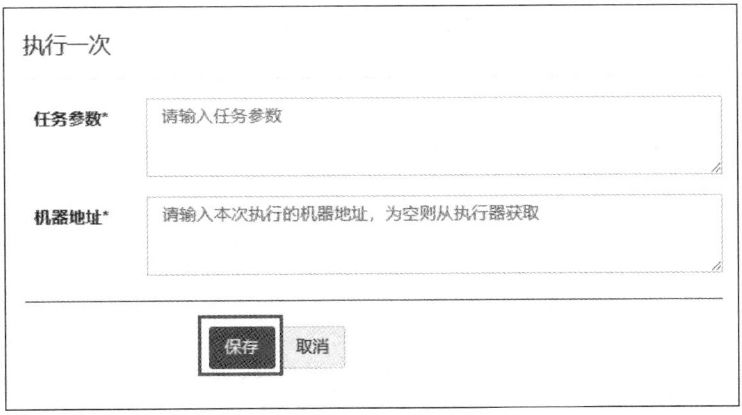

图 14-32　新增任务

图 14-33　执行一次任务

在调度日志中查看任务执行是否有报错信息,在日志列表中找到刚执行的任务的日志,在操作列中单击"执行日志"选项,这样就会显示日志的信息,也就是在图书管理系统项目的任务类中输出的日志,可以看到日志显示成功了,如图 14-34 所示。

```
[com.xxl.job.core.thread.JobThread#run]-[133]-[xxl-job, JobThread-2-1700010451775]
job execute start -----------

[com.library.admin.task.BookTask#bookJobHandler]-[24]-[xxl-job, JobThread-2-1700010451775] borrowing book start...
[com.xxl.job.core.thread.JobThread#run]-[179]-[xxl-job, JobThread-2-1700010451775]
job execute end(finish) -----------
handleCode=200, handleMsg = 图书借阅提醒用户信息执行完成!
[com.xxl.job.core.thread.TriggerCallbackThread#callbackLog]-[197]-[xxl-job, executor TriggerCallbackThread]
job callback finish.
```

图 14-34　任务日志

8. 测试逾期提醒功能

首先保证数据库的用户表中的用户邮箱是可以正常使用的,并且在邮件配置中有可以发送的邮件配置,然后在接口文档中请求借阅图书的接口,并修改实现逾期通知的 isDueSoon 方法,在方法获取的当前时间后再增加 17 天,这样就可以模拟逾期 2 天的测试

了。修改完成后需要重新启动项目,代码如下:

```
LocalDate currentDate = LocalDateTime.now().toLocalDate().plusDays(17);
```

准备工作完成后,首先在调度中心的任务列表中执行一次该任务,然后查看邮箱是否有收到标题为图书逾期提醒的邮件通知,如果收到邮件,则说明该功能流程已经通过。如果没有收到邮件,则需要查看项目控制台和日志文件,以此定位到相关的问题进行修改,如图14-35所示。

图 14-35　图书借阅逾期邮件提醒

逾期通知的业务流程已经测试通过,可以修改调度中心的任务时间,改成一分钟执行一次进行测试,查看定时是否生效,并进行相关测试。

14.4.5　部署 XXL-JOB 服务

在服务器中部署 XXL-JOB 项目可以使用 Jenkins 部署或者直接在服务器中执行项目的 JAR,由于该项目基本上不会改动,所以这里使用执行 JAR 的方式运行项目。

1. nohup 简介

nohup 命令是一个 UNIX/Linux 下的常用命令,用于在后台运行命令或程序,使命令在退出终端或关闭 SSH 后依旧可以运行。也就是说,nohup 命令可以让命令或程序"静默"地在后台运行,而不受终端或 SSH 影响。在启动 Java 程序时,使用 nohup 命令可以让程序在后台运行,随时可以关闭 SSH 而不导致程序停止运行。

2. 修改配置并打包服务

修改 xxl-job-admin 子模块中的 application.properties 配置文件,将数据库的连接信息修改成测试环境的信息,并在测试环境的数据库中添加关键 XXL-JOB 项目的数据表。例如,笔者修改的线上数据库的测试环境配置,代码如下:

```
//第 14 章/library-xxl-job/xxl-job-admin/application.properties
spring.datasource.url = jdbc:mysql://49.234.46.199:3306/library_v1?useUnicode =
true&characterEncoding = UTF-8&autoReconnect = true&serverTimezone = Asia/Shanghai
spring.datasource.username = root
spring.datasource.password = ASDasd@123
spring.datasource.driver-class-name = com.mysql.cj.jdbc.Driver
```

在 IDEA 工具的右侧栏中打开 Maven 菜单,在 xxl-job 下先清除项目,然后执行 compile 编译,最后执行 package 打包项目的 JAR 包,这样在 xxl-job-admin 子模块的 target 文件夹中就可以找到生成的项目 JAR 包,JAR 包名为 xxl-job-admin-2.4.0.jar,如图 14-36 所示。

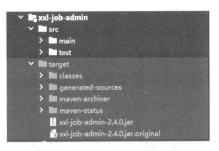

图 14-36　打包 XXL-JOB 项目

打开服务器,在根目录下使用命令新建一个 library 文件夹,并在 library 文件夹中再创建一个 xxl_job 文件夹,用来保存 XXL-JOB 项目的 JAR 包,按顺序执行的命令如下:

```
[root@xyh /]#mkdir library
[root@xyh /]#cd library/
[root@xyh library]#mkdir xxl_job
```

首先进入 xxl_job 文件夹中,然后将项目的 JAR 包上传到该文件下,并执行启动项目的命令。在使用命令启动 Java 程序中,-jar 用于指定运行的 JAR 包文件,然后将程序的标准输出和标准错误输出全部重定向到/dev/null(不输出任何日志信息,项目已经有日志生成,启动这里不再需要日志)。最后一个 & 符号表示将程序在后台运行,即使关闭 SSH 连接,程序也会在后台持续运行,命令如下:

```
nohup java – jar xxl – job – admin – 2.4.0.jar /dev/null 2 > &1 &
```

执行完命令后,项目就启动成功了,在 library 文件夹下多了一个 logs 文件,然后在 logs 文件夹中有 xxl-job-admin.log 日志文件,里面将会记录项目的启动和操作相关日志。

3. 修改图书管理系统测试环境

在 library-admin 子模块中打开 application-test.yml 配置文件,添加 XXL-JOB 项目测试环境的配置,并将调度中心部署的地址修改为测试环境的地址,然后提交代码并更新测试环境的图书管理系统项目,代码如下:

```
//第 14 章/library/library – admin/application – test.yml
xxl:
  job:
    admin:
      #调度中心部署根地址 [选填]:如果调度中心集群部署存在多个地址,则用逗号分隔
      addresses: http://49.234.46.199:8088/xxl – job – admin
    #执行器通信 TOKEN [选填]:非空时启用系统默认 default_token
    accessToken: default_token
    executor:
      #执行器的应用名称
      appname: library – xxl – job
      #执行器注册 [选填]:优先使用该配置作为注册地址,当为空时使用内嵌服务 "IP:PORT" 作
#为注册地址
      address: ""
```

```
    ♯执行器 IP [选填]: 默认为空,表示自动获取 IP,多网卡时可手动设置指定 IP,该 IP 不会绑
♯定 Host,仅作为通信使用
    ip: ""
    ♯执行器端口号 [选填]: 如果小于或等于 0,则自动获取; 默认端口为 9999
    port: 0
    ♯执行器运行日志文件存储磁盘路径 [选填]: 需要对该路径拥有读写权限; 如果为空,则使
♯用默认路径
    logpath:/library/xxlJob/log
    ♯执行器日志文件保存天数 [选填]: 过期日志自动清理,当限制值大于或等于 3 时生效; 否
♯则关闭自动清理功能
    logretentiondays: 30
```

4. 配置测试环境的调度中心

打开浏览器,输入测试环境的任务调度中心的访问地址,例如,笔者测试环境的调度中心的网址为 http://49.234.46.199:8088/xxl-job-admin,由于测试环境使用的是原始的表数据库,所以这里的登录账号和密码都是默认的。进入任务调用中心控制台,先创建一个任务执行器,其中 AppName 的名称和本地的名称一致。创建完成后,查看列表中的 OnLine 机器地址是否有 IP 地址连接上,如果有,则说明执行器已经和图书管理系统关联上了,如图 14-37 所示。

图 14-37　注册节点

然后创建一个调度任务,并执行一次任务进行测试,查看是否会报错,如果日志信息不报错,则说明 XXL-JOB 测试环境部署成功了。

本章小结

本章实现了图书管理系统的相关功能,如图书管理、图书借阅、图书分类及图书逾期提醒等相关功能。尤其是借阅功能比较复杂,同时结合了第三方的开源项目 XXL-JOB 实现定时任务开发功能。

Vue.js 篇

第 15 章　探索 Vue.js 的世界，开启前端之旅

项目整体架构采用前后端分离的方式，截至目前，后端功能已基本完成。前端部分则采用开源的框架进行二次开发，可以节省前端开发的时间，节约成本。前端的开发主要是数据的展示，以及实现友好的交互页面。前端采用目前最新的版本 Vue.js 3.0(简称 Vue)进行开发，充分迎合了企业对未来技术的要求，但需要一定的 JavaScript、Vue 的基础知识，这样才能更好地完成本项目的开发工作。

15.1　Vue.js 快速入门

在开发前端项目之前，先来学习 Vue 的基础知识，对于没有学习过 Vue 或前端的学习者来讲，还是有点难度的，所以这里需要了解一些 Vue 相关的知识，以便能处理一些常见的问题，这会对项目理解非常有帮助，才能更好地为接下来的开发做准备。

15.1.1　Vue.js 简介

Vue 是一款用于构建用户界面的 JavaScript 框架，它基于标准 HTML、CSS 和 JavaScript 构建，并提供了一套声明式的组件化的编程模型，帮助我们高效地开发用户界面。无论是简单的还是复杂的界面，Vue 都可以胜任。

Vue 可以说是 MVVM 架构的最佳实践，是一个 JavaScript MVVM 库，是一套构建用户界面的渐进式框架。Vue 的特性主要包括以下几点。

(1) 响应式数据绑定：数据变化会被自动更新到对应元素中，无须手动操作 DOM，这种行为称为单向数据绑定。对输入框等可输入元素，可设置双向数据绑定。让开发者有更多的时间去思考业务逻辑。

(2) 组件化：Vue 采用组件化开发方式，将应用程序划分为一系列可复用的组件，每个组件可以独立开发、测试和维护，并且可以重复使用。降低了整个系统的耦合性，大大提高了开发的效率和可维护性。

(3) MVVM 架构：Vue 采用了 MVVM 架构，将视图层和数据层分离，通过 ViewModel 连接 Model 和 View。Model 层负责处理业务逻辑，以及与服务器端进行交互；View 层负责

将数据模型转换为 UI 进行展示,ViewModel 层负责连接 Model 和 View,它是 Model 和 View 之间的通信桥梁。

(4)路由管理:Vue 拥有路由管理功能,可以实现 SPA(Single Page Application)应用。通过路由管理,可以在单页面应用中实现页面之间的切换和跳转。

15.1.2 为什么选择 Vue.js

随着前端技术的飞速发展,很多开发者在选择适合项目的框架时面临着诸多的选择,在众多的前端框架中,Vue 以其简洁、灵活和高效的特征成为许多开发者钟爱的选择。尤其是在项目数据交互比较多,并且采用前后端分离的结构,选择 Vue 是开发项目的不二选择。下面将讨论为何选择 Vue 成为前端项目开发的选择。

1. 轻量级但功能强大

Vue 是一个轻量级的框架,这意味着它不会引入过多的复杂性和冗余。尽管它体积小巧,但功能却十分强大。Vue 包含了易于使用的 API,使开发人员能够快速地构建可扩展的用户界面。

2. 响应式数据绑定

Vue 引入了响应式数据绑定的概念,使视图与数据之间的关系更加紧密。当数据发生变化时,视图会自动更新,无须手动操作 DOM。这种响应式的特性减少了开发者的工作量,提高了代码的可维护性。同时,Vue 还提供了丰富的指令和生命周期钩子,使开发者能够更灵活地控制应用的行为。

3. 组件化开发

Vue 采用了组件化的开发方式,这意味着可以将用户界面分解为一系列可重用的组件。这种架构可以使代码更加模块化和可维护,从而降低项目复杂度和开发成本。

4. 社区支持

Vue 拥有一个庞大而活跃的社区,开发者可以在社区中获得丰富的资源和支持。社区贡献了大量插件、组件和工具,丰富了 Vue 生态系统。此外,Vue 的文档清晰易懂,对于开发者来讲是一个强大的学习和查询工具。

5. 虚拟 DOM 的高效性

Vue 采用了虚拟 DOM 的概念,这是现代前端框架中的一项关键技术。虚拟 DOM 允许框架在内存中维护一份虚拟的 DOM 树,通过与实际 DOM 进行比对,找出最小的更新集合,然后只更新需要变化的部分。这样的优化能够显著地提高应用的性能,尤其在大型和复杂的应用中。

6. 性能的优越性

由于虚拟 DOM 的存在,Vue 可以更精确地追踪数据的变化,并最小化 DOM 操作,从而提高性能。Vue 的渲染过程经过优化,使页面的更新更加迅速,用户体验更加流畅。这对于要求高性能和快速响应的现代应用来讲是至关重要的。

15.1.3 Ant Design Vue 简介

Ant Design Vue 是蚂蚁金服 Ant Design 官方唯一推荐的 Vue 版 UI 组件库，是遵循 Ant Design 的 Vue 组件库。它被认为是 Ant Design 的 Vue 实现，组件的风格与 Ant Design 保持同步，组件的 html 结构和 css 样式也保持一致。在前端项目中，使用的 Ant Design Vue 组件为 4.0 以上版本。

Ant Design Vue 是使用 Vue 实现的遵循 Ant Design 设计规范的高质量 UI 组件库，用于开发和服务于企业级后台产品，其特性包括提炼自企业级后台产品的交互语言和视觉风格，以及开箱即用的高质量 Vue 组件。此外，它也支持现代浏览器和 IE9 及以上（需要 polyfills），并且支持服务器端渲染。

1. 特性

（1）高质量的 UI 组件：Ant Design Vue 提供了一系列高质量的 UI 组件，可以满足各种不同的需求。

（2）响应式设计：Ant Design Vue 的组件都是响应式的，可以适应不同的设备和屏幕尺寸。

（3）包含丰富的组件和模板：可以帮助开发者快速地构建出自己的页面。

（4）支持动态路由和菜单：可以根据后端返回的数据自动渲染出菜单和路由，使开发工作更加高效便捷。

（5）拥有良好的文档和社区支持：可以快速掌握框架的使用方法，并解决遇到的问题。

2. 引入 Ant Design Vue

接下来，介绍 Ant Design Vue 的安装，共有 3 种安装方式。

1）使用 npm 或 yarn 安装

在项目开发中，推荐使用 npm 或 yarn 的方式进行开发，其中的好处是不仅可以在开发环境中轻松调试，还可以在生产环境中打包部署，享受整个生态圈和工具链带来的诸多好处，安装命令如下：

```
＃使用 npm 安装
npm install ant－design－vue－save
＃使用 yarn 安装
yarn add ant－design－vue
```

2）浏览器引用

在浏览器中使用 script 和 link 标签直接引入文件，并使用全局变量 antd。在 npm 发布包内的 ant-design-vue/dist 目录下提供了 antd.js、antd.css、antd.min.js 及 antd.min.css，示例代码如下：

```
import 'ant－design－vue/dist/antd.css';
//或者
import 'ant－design－vue/dist/antd.less'
```

3）按需加载

按需加载有两种方式，它们都可以只加载用到的组件，一种是使用 babel-plugin-import 进行按需加载，加入该插件后，可以省去 style 的引入，但这种方式仍然需要手动引入组件，而且还要使用 babel，代码如下：

```
import { Button } from 'ant-design-vue';
```

另一种如果使用的是 Vite，则官方推荐使用 unplugin-vue-components 实现按需加载，可以不需要手动引入组件，能够让开发者就像全局组件那样进行开发，但实际上又是按需引入，并且不限制打包工具，不需要使用 babel，安装命令如下：

```
npm install unplugin-vue-components -D
```

示例代码如下：

```
import { defineConfig } from 'vite';
import Components from 'unplugin-vue-components/vite';
import { AntDesignVueResolver } from 'unplugin-vue-components/resolvers';
export default defineConfig({
  plugins: [
    //...
    Components({
      resolvers: [
        AntDesignVueResolver({
          importStyle: false, //css in js
        }),
      ],
    }),
  ],
});
```

例如，使用按钮的组件可以在代码中直接引入 ant-design-vue 的 Button 组件，插件会自动将代码转换为 import { Button } from 'ant-design-vue' 的形式，代码如下：

```
<template>
  <a-button>按钮</a-button>
</template>
```

15.2 Vue.js 项目环境准备

Node.js 是一个能够在服务器端运行 JavaScript 的开放源代码，是一个跨平台 JavaScript 运行环境。在运行 Vue 项目时，需要安装 Node.js 环境。在开发前端项目时，还需要开发工具，目前企业用得比较多的是 Visual Studio Code 和 WebStorm，其中 WebStorm 和 IDEA 是由一家公司研发的，风格几乎一致，所以这里选用 WebStorm 作为前端开发工具。

15.2.1 安装 Node.js

笔者这里推荐安装 20.x 及以上版本,如果本地计算机已经安装过 Node.js,则需要检查版本是否符合项目的要求,最低要求在 16.x 以上。

打开浏览器,输入 Node.js 官方下载的地址 https://nodejs.org/en/download/,然后根据本地计算机的配置,选择相对应的安装包进行下载,笔者在创作本书时,官方提供的最新的稳定版本是 20.9.0,所以这里选择 Windows 系统 64 位的安装包进行下载,如图 15-1 所示。

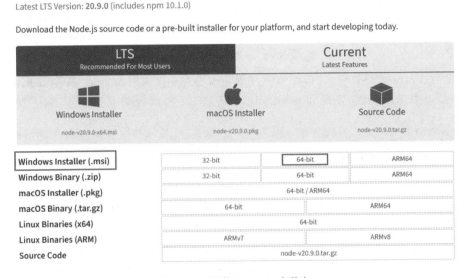

图 15-1 下载 Node.js 安装包

下载完成之后,双击下载的安装包 node-v20.9.0-x64.msi 进行安装,然后根据安装向导,单击 Next 按钮,一步一步地进行安装。安装完成后打开命令提示符窗口,查看 Node.js 的版本信息,如果可以查到,则说明已安装成功,如图 15-2 所示。

```
C:\Users\Administrator>node -v
v20.9.0
```

图 15-2 查看 Node.js 版本信息

15.2.2 安装 WebStorm

WebStorm 是 JetBrains 公司旗下的一款 JavaScript 开发工具。目前已经被广大中国前端开发者誉为"Web 前端开发神器"。它与 IntelliJ IDEA 开发工具同源,继承了 IntelliJ IDEA 强大的 JavaScript 部分功能。

笔者以 Windows 系统为例进行安装,在浏览器中输入 WebStorm 的下载网址 https://

www.jetbrains.com.cn/webstorm/，并单击"下载"按钮，下载 WebStorm 安装包，这里直接下载当前最新的版本即可，官方提供了 30 天免费试用，如图 15-3 所示。

图 15-3　下载 WebStorm 安装包

双击 WebStorm 安装包，并按照安装导航进行安装，直到安装完成，安装完成后，打开 WebStorm 开发工具，就会发现和使用的 IntelliJ IDEA 界面风格几乎差不多，方便开发中快速入手。

15.3　前端项目搭建

在 15.2 节中，前端项目运行的环境和开发工具都已经安装完成，接下来搭建前端项目，前端项目使用开源的框架进行二次开发，这会节约大量的开发时间。本书中使用的前端框架是 Vue-Vben-Admin，在前端开发者中此框架是比较受欢迎的开源框架。

15.3.1　Vue-Vben-Admin 项目简介

Vue-Vben-Admin 是一个基于 Vue 3.0、Vite、Ant Design Vue 和 TypeScript 的后台解决方案，目标是为开发中大型项目提供开箱即用的解决方案，其中项目还可以二次封装组件、utils、hooks、动态菜单及权限校验等功能，并使用了前端比较流行的技术栈，帮助开发者快速搭建企业级中后台产品原型。

1. 版本介绍

在官方文档中，提供了两个版本，版本区别如下。

1) vue-vben-admin 版本

在该版本中，提供了比较全面的 Demo 前端页面示例及插件的使用集成方式，可以供开发者参考。使用该版本进行开发需要对项目目录比较熟悉，否则二次开发会相对比较困难，同时也是作者还在维护的版本，所以本项目选择在此基础上进行开发。

2) vue-vben-admin-thin 版本

该版本是 vue-vben-admin 的精简版本。在代码中删除了相关示例、多余的文件和功能。这里可以根据自身的需求安装对应的依赖。在源码仓库中看到，作者已经很久没有维护该版本的代码了，所以这里不选择精简版的版本进行开发。

2. 下载

获取 vue-vben-admin 项目需要从 GitHub 中下载，在存放前端项目文件夹中(存放代码的目录及所有父级目录不能存在中文、韩文、日文及空格，否则安装依赖后启动会出错)。首先右击鼠标，打开 Git Bash here 命令行窗口，然后使用 Git 命令将代码文件从 GitHub 仓库中下载下来，其下载的版本为当前最新版本，命令如下：

```
git clone https://github.com/vbenjs/vue-vben-admin.git
```

等待代码文件下载完成，如果 Git 命令行窗口中出现以下内容，则说明已经下载完成。如果下载失败，则可在本书的配套资源中获取，如图 15-4 所示。

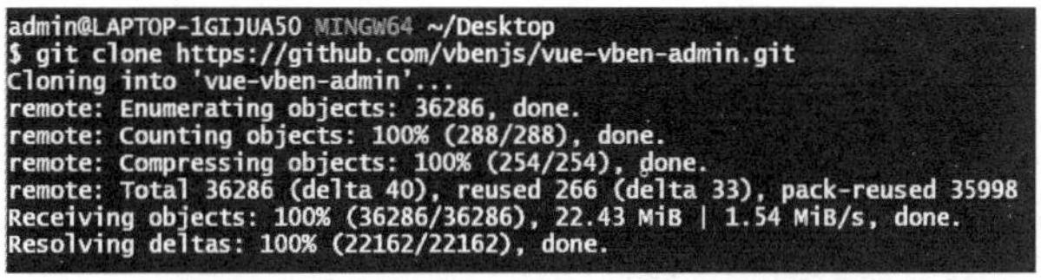

admin@LAPTOP-1GIJUA50 MINGW64 ~/Desktop
$ git clone https://github.com/vbenjs/vue-vben-admin.git
Cloning into 'vue-vben-admin'...
remote: Enumerating objects: 36286, done.
remote: Counting objects: 100% (288/288), done.
remote: Compressing objects: 100% (254/254), done.
remote: Total 36286 (delta 40), reused 266 (delta 33), pack-reused 35998
Receiving objects: 100% (36286/36286), 22.43 MiB | 1.54 MiB/s, done.
Resolving deltas: 100% (22162/22162), done.

图 15-4　下载 vue-vben-admin 项目代码

将下载的代码文件名称改为 library-admin-web，并将代码文件中的 .git、.github、.husky 和 .vscode 文件删除。

3. 代码管理

打开 Gitee 代码托管平台，新建一个管理前端代码的仓库 Library Admin Web，在选择分支模型时，可以选择生产/开发模型(支持 master/develop 类型分支)，这样在创建代码仓库时会创建 master 和 develop 两个代码分支。在项目开发的过程中使用 develop 分支作为开发，这样可以更加有效地管理代码的版本信息，如图 15-5 所示。

仓库介绍
10/200
图书管理系统前端代码
开源（所有人可见）
私有（仅仓库成员可见）
初始化仓库（设置语言、.gitignore、开源许可证）
选择语言
添加 .gitignore
添加开源许可证
许可证向导
JavaScript
请选择 .gitignore 模板
请选择开源许可证
设置模板（添加 Readme、Issue、Pull Request 模板文件）
选择分支模型（仓库创建后将根据所选模型创建分支）
生产/开发模型 (支持 master/develop 类型分支)

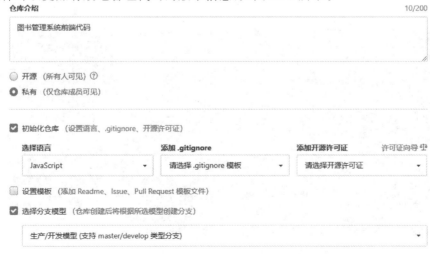

图 15-5　创建前端代码仓库

接下来，可参照第 4.4 节的内容，将本地前端代码提交到 Gitee 仓库中，笔者这里不再演示连接的过程。提交完成后修改分支的配置，将 develop 作为默认分支，同时代码要从 master 分支同步到 develop 分支中。

15.3.2 启动项目

前端项目代码已经准备完成，在 WebStorm 中打开项目运行之前还需要安装前端相关依赖，否则会出现各种相关问题，从而导致启动失败。

1. 安装依赖

使用 pnpm 安装依赖，如果计算机没有安装过 pnpm，则需要打开命令提示符窗口，并使用下面命令进行全局安装。安装完成后，再使用 pnpm -v 查询对应的版本来验证是否安装成功，命令如下：

```
#全局安装 pnpm
npm install -g pnpm
#验证
pnpm -v
```

如果已经安装过了，则再执行安装命令时会执行更新版本操作，如图 15-6 所示。

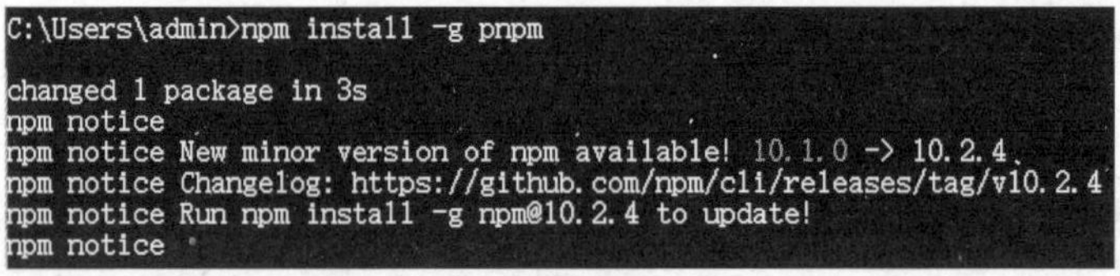

C:\Users\admin>npm install -g pnpm
changed 1 package in 3s
npm notice
npm notice New minor version of npm available! 10.1.0 -> 10.2.4
npm notice Changelog: https://github.com/npm/cli/releases/tag/v10.2.4
npm notice Run npm install -g npm@10.2.4 to update!
npm notice

图 15-6 全局安装 pnpm

2. WebStorm 导入项目

打开 WebStorm 开发工具，在工具的首页中单击 Open 选择，然后选择该项目文件，单击 OK 按钮，这样就可以将项目导入进来了，如图 15-7 所示。

Welcome to WebStorm
Create a new project to start from scratch.
Open existing project from disk or version control.
New Project
Open
Get from VCS
library
library-admin-web
.idea
apps
internal
mock
packages
public
src
types
.browserslistrc
.commitlintrc.js
.dockerignore
OK
Cancel

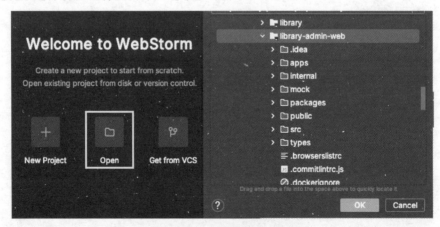

图 15-7 WebStorm 导入前端项目

在项目的根目录下，以管理员身份运行命令行窗口，并执行安装依赖的操作，命令如下：

```
♯安装依赖
pnpm i
```

执行完命令后，耐心地等待安装完成，如图 15-8 所示。

```
PS D:\xyh\library_publish\project\library-admin-web> pnpm i
Scope: all 8 workspace projects
Lockfile is up to date, resolution step is skipped
Progress: resolved 1, reused 0, downloaded 0, added 0
Packages: +1551
++++++++++++++++++++++++++++++++++++++++++++++++++++++++++++++++++++++++
Packages are hard linked from the content-addressable store to the virtual store.
  Content-addressable store is at: D:\.pnpm-store\v3
  Virtual store is at:             node_modules/.pnpm
Downloading registry.npm.taobao.org/typescript/5.1.6: 7.15 MB/7.15 MB, done
Downloading registry.npm.taobao.org/typescript/5.2.2: 7.23 MB/7.23 MB, done
Downloading registry.npmmirror.com/typescript/5.0.4: 7.05 MB/7.05 MB, done
Downloading registry.npm.taobao.org/echarts/5.4.2: 8.15 MB/8.15 MB, done
Downloading registry.npmmirror.com/typescript/5.2.2: 7.23 MB/7.23 MB, done
Downloading registry.npm.taobao.org/exceljs/4.3.0: 5.48 MB/5.48 MB, done
```

图 15-8　安装项目依赖

3. 运行项目

在 WebStorm 开发工具中，打开 Terminal 控制台，在项目的根目录下，执行启动命令，命令如下：

```
pnpm serve
//或者
npm run dev
```

等待启动，如果出现 ready in …ms，则说明已经启动成功了，其中 Local 的值是访问前端页面的网址，如图 15-9 所示。

图 15-9　启动前端项目

打开浏览器，在网址栏中输入 https://localhost：5173/，访问前端页面，等待前端加载完成，然后便可以进入登录界面，如图 15-10 所示。

图 15-10　登录界面

账号和密码是默认的，无须改动，然后单击"登录"按钮，进入后端管理的首页，如图 15-11 所示。

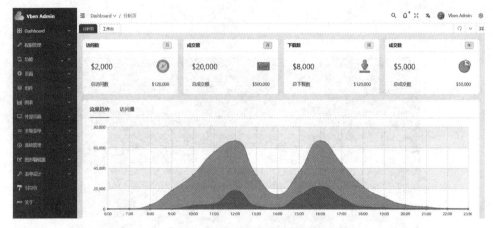

图 15-11　后端管理首页界面

本章小结

本章主要介绍了 Vue 相关的基础知识，并了解了为什么选择 Vue 作为后台管理项目的开发语言，同时还介绍了项目使用的组件 Ant Design Vue。搭建了前端项目运行的环境和开发工具的安装。最后将项目源码下载到本地并成功运行。从第 16 章开始，就开始前端的功能开发，相对于后端开发会稍微比较简单。

前端基础功能实现

本章将对前端项目的代码进行修改,并根据图书管理系统相关功能进行完善。例如,环境变量配置、项目页面的配置、Logo 图片和页面布局等操作,然后根据接口文档对接后端项目的接口完成登录、登出等功能。

16.1 修改前端项目相关配置项

项目的配置项用于修改项目的配色、布局、缓存、多语言、组件默认配置。项目的环境变量配置位于项目根目录下的 .env、.env.development 和.env.production 配置文件,其中还有.env.analyze 和.env.docker 环境配置在本项目中不需要,可以删除。

在项目中使用了 ESLint 语法规则和代码风格检查,它的目标是保证代码的一致性和避免错误,这里笔者推荐使用该工具约束代码的编写。如果不想进行代码检查,则可以在项目根目录的.eslintignore 文件中添加一个/src 的配置,此时 ESLint 就不会对 src 文件下的所有代码进行检查了。

16.1.1 环境变量配置

使用 WebStorm 开发工具打开前端项目,修改项目运行相关配置项。

1. 修改.env 全局配置

该文件适用于项目所有的环境,可以设置网站标题,结合本项目的实际需求,修改如下:

```
♯网站标题
VITE_GLOB_APP_TITLE = 图书管理
```

2. 修改.env.development 本地环境配置

在本地环境(开发环境)配置中,提供了是否启用模拟数据的开关、资源公共路径、对接后端接口地址的配置。现在需要对接后端接口的数据,不需要使用模拟的数据支撑,将 VITE_USE_MOCK 改为 false,关闭 mock 数据。

接着,对接后端的接口地址,使用 VITE_GLOB_API_URL 配置后端接口地址。全局的文件上传也可以在 VITE_GLOB_UPLOAD_URL 中配置上传文件接口地址,代码如下:

```
//第 16 章/library - admin - web/.env.development
# 是否开启 mock 数据,关闭时需要自行对接后端接口
VITE_USE_MOCK = false
# 资源公共路径,需要以 /开头和结尾
VITE_PUBLIC_PATH = /
# Basic interface address SPA
# 后台接口父地址(必填)
VITE_GLOB_API_URL = /api/library
# File upload address, optional
# 全局通用文件上传接口
VITE_GLOB_UPLOAD_URL = /api/library/file/upload
# Interface prefix
# 接口地址前缀,有些系统所有接口地址都有前缀,可以在这里统一添加,方便切换
VITE_GLOB_API_URL_PREFIX =
```

3. 修改 .env.test 测试环境配置

在测试环境中,只需关闭 mock 数据的开关和修改测试环境接口地址。例如,笔者将 VITE_GLOB_API_URL 和 VITE_GLOB_UPLOAD_URL 修改为服务器的接口地址,代码如下:

```
VITE_GLOB_API_URL = http://49.234.46.199:8085/api/library
VITE_GLOB_UPLOAD_URL = http://49.234.46.199:8085/api/library/file/upload
```

4. 配置前端跨域

在项目的根目录下的 vite.config.ts 文件中配置前端请求后端接口地址和跨域的相关操作,打开该配置文件,然后在 server 中修改相关请求地址,代码如下:

```
//第 16 章/library - admin - web/vite.config.ts
server: {
  proxy: {
    '/api/library': {
      target: 'http://localhost:8081/api/library',
      changeOrigin: true,
      ws: true,
      rewrite: (path) => path.replace(new RegExp(`^/api/library`), ''),
      //only https
      //secure: false
    },
    '/api/library/file/upload': {
      target: 'http://localhost:8081/api/library/file/upload',
      changeOrigin: true,
      ws: true,
      rewrite: (path) => path.replace(new RegExp(`^/api/library/file/upload`), ''),
    },
  },
},
```

16.1.2　修改前端接收数据结构

由于前端项目中提供接收后端数据的结构和图书管理系统中接口返回的数据不一致,

所以需要修改配置以符合后端接口返回数据的格式。

1. Axios 简介

Axios 是一个基于 Promise 用于浏览器和 Node.js 的 HTTP 客户端,它本身具有以下特征。

(1)从浏览器中创建 XMLHttpRequest。

(2)从 Node.js 文件中创建 http 请求。

(3)支持 Promise API。

(4)拦截请求和响应。

(5)转换请求和响应数据。

(6)取消请求。

(7)自动转换 JSON 数据。

(8)客户端支持防止 XSRF 攻击。

2. 接口返回统一处理

先修改接口以返回统一 Result 中的数据,打开项目 types 文件夹下的 axios.d.ts 文件,将 Result 中的参数改为后端接口返回的参数,代码如下:

```
export interface Result < T = any > {
  code: number;
  msg: string;
  data: T;
}
```

在前端项目中,Axios 请求封装存放于 src/utils/http/axios 文件夹的内部,只需修改文件夹中的 index.ts 文件,其余的文件无须修改。打开 index.ts 文件,找到用来处理请求数据的 transformResponseHook 钩子函数,然后将 Axios 响应对象中的 data 属性赋值给一个名为 responseBody 的常量。

接着,对接口返回的状态码进行处理,如果接口的 code 返回的值为 200,则表示接口请求成功,直接返回 data 里的数据;如果返回的 code 值为 401,则清除 token 值并退出系统;如果有其他的错误,则提示报错信息。在代码中将 hasSuccess 整合到 switch 中,代码如下:

```
//第 16 章/library - admin - web/src/utils/http/axios/index.ts
  //data 与后端返回字段名冲突,映射为 responseBody
  const { data: responseBody } = res;
  if (!responseBody) {
    //return '[HTTP] Request has no return value';
    throw new Error(t('sys.api.apiRequestFailed'));
  }
  //对接后端返回格式,将 result 改为 data,将 message 改为 msg,需要在 types.ts 内修改为项目
//自己的接口返回格式
  const { code, data, msg } = responseBody;
  //如果不希望中断当前请求,则返回数据,否则直接抛出异常
  let timeoutMsg = '';
  switch(code) {
    case ResultEnum.SUCCESS:
```

```
            //200 OK,直接返回结果
            return data;
        case ResultEnum.TIMEOUT:
            timeoutMsg = t('sys.api.timeoutMessage');
            const userStore = useUserStoreWithOut();
            userStore.setToken(undefined);
            userStore.logout(true);
            break;
        default:
            //其他所有错误,必须有 msg
            if (msg) {
                timeoutMsg = msg;
            }
            break;
    }
    //errorMessageMode = 'modal'时会显示 modal 错误弹窗,而不是消息提示,用于一些比较重要的错误
    //errorMessageMode = 'none' 一般在调用时明确表示不希望自动弹出错误提示
    if (options.errorMessageMode === 'modal') {
        createErrorModal({ title: t('sys.api.errorTip'), content: timeoutMsg });
    } else if (options.errorMessageMode === 'message') {
        createMessage.error(timeoutMsg);
    }
    throw new Error(timeoutMsg || t('sys.api.apiRequestFailed'));
},
```

在 switch 中的判断条件用到了 ResultEnum 枚举,但枚举中属性对应的值要改成后端提供的值。例如后端接口的成功状态码为 200,这里需要将 SUCCESS 的值改为 200,将 ERROR 改为 500,代码如下:

```
export enum ResultEnum {
    SUCCESS = 200,
    ERROR = 500,
    TIMEOUT = 401,
}
```

16.2　登录/退出功能实现

在前端项目中实现登录和退出功能,只需对接后端的接口和修改相关的配置。可以参

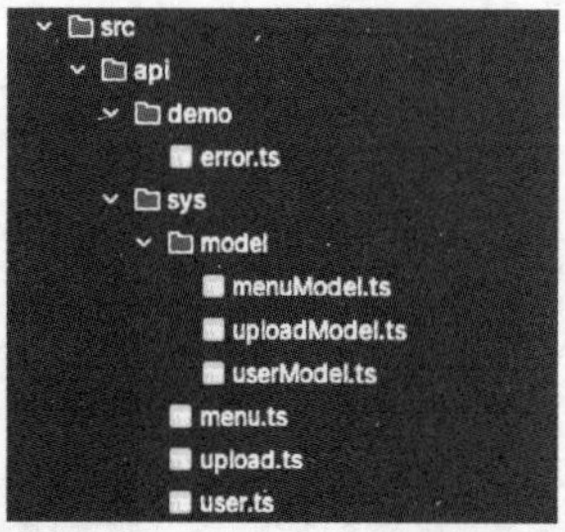

图 16-1　接口管理目录

考接口文档进行接口对接或者参照后端项目的接口进行对接,这里笔者推荐使用接口文档对接接口。

在前端项目中,已经提供了接口对接的相关规范,接口将统一存放于 src/api/文件夹下面进行管理,统一管理 api 请求函数。项目中提供了一些接口管理的示例,这里可以将其删除,只保留 api/demo 文件夹中的 error.ts 文件和 sys 文件夹,如图 16-1 所示。

16.2.1 用户登录

在登录业务流程中,由于用户登录需要先获取图形验证码的值,然后填写账号、密码和验证码的值并将它们一起提交到后端登录接口中,所以这里需要先获取图形验证码。打开src/api/sys 文件夹下的 user.ts 接口文件,在该文件中主要存放对接后端接口的请求地址。

1. 添加图形验证码

在 Api 枚举中添加一个获取图形验证码的接口地址,代码如下:

```
enum Api {
    //获取图形验证码
    GetLoginCode = '/web/captcha',
}
```

在该文件中添加一个图形验证码导出的 getLoginCode 函数,用于获取登录验证码,该函数调用了 defHttp.get 方法,并传入一个配置对象作为参数,其中包含请求的 URL,将一个 GET 请求发送到指定的 Api.GetLoginCode 接口,并返回一个 Promise 对象,用于异步处理响应数据,代码如下:

```
export function getLoginCode() {
    return defHttp.get < string[ ]>({ url: Api.GetLoginCode });
}
```

在登录界面中,添加一个填写验证码的输入框,并将图形验证码放在输入框的尾部,供用户查看。在 src/views/sys/login 的文件夹中新建一个 LoginCode.vue 实现图形验证码的文件。在该文件中实现验证码的获取,使用 onMounted 钩子,在组件加载时立即执行fetchLoginCode 函数,从而在刷新页面时会请求该接口获取验证码。同时,单击图片时也会执行相同的请求。这样就能确保无论是刷新页面还是单击图片都能及时地获取最新的验证码信息。以下是部分实现的代码,详细代码可在本书提供的配套资源中获取,代码如下:

```
//第 16 章/library - admin - web/src/views/sys/login/LoginCode.vue
< template >
  < a - input v - bind = " $ attrs" :class = "prefixCls" :size = "size" :value = "state">
    < template # suffix >
      < span ></ span >
      < img id = "canvas" @click = "onClickImage" :src = "imgurl" />
    </ template >
  </ a - input >
</ template >
< script lang = "ts">
  import { defineComponent, onMounted, ref } from 'vue';
  import { useDesign } from '@/hooks/web/useDesign';
  import { useRuleFormItem } from '@/hooks/component/useFormItem';
  import { getLoginCode } from '@/api/sys/user';

  const props = {
    value: { type: String },
```

```
    size: { type: String, validator: (v) => ['default', 'large', 'small'].includes(v) },
  };
  export default defineComponent({
    name: 'CaptchaInput',
    props,
    setup: function (props) {
      const { prefixCls } = useDesign('countdown-input');
      const [state] = useRuleFormItem(props);
      const imgurl = ref();
      const fetchLoginCode = () => {
        getLoginCode().then((data: any) => {
          imgurl.value = data;
        });
      };
      onMounted(fetchLoginCode);
      const onClickImage = () => {
        fetchLoginCode();
      };
      return { prefixCls, state, onClickImage, imgurl };
    },
  });
```

打开 src/locales/lang/en 文件夹下的 sys.json 文件,在文件的最后添加一个验证码字段,然后在 en 文件夹同级的 zh-CN 文件夹下的 sys.json 文件中添加该字段的中文名称,代码如下:

```
//src/locales/lang/en 文件下的 login 对象中
"captcha": "Captcha",
//src/locales/lang/zh-CN 文件下的 login 对象中
"captcha": "验证码",
```

打开 LoginForm.vue 登录文件,在 template 标签中的密码输入框下面添加验证码的组件,代码如下:

```
//第16章/library-admin-web/src/views/sys/login/LoginForm.vue
  <!-- 图形验证码 -->
  <FormItem name="code" class="enter-x">
    <Captcha
      size="large"
      class="fix-auto-fill"
      v-model:value="formData.code"
      :placeholder="t('sys.login.captcha')"
    />
  </FormItem>
```

接着,在 script 标签中引入图形验证码的组件,并在 formData 对象中删除默认的 account(账号)和 password(密码)属性默认的值,并再添加一个 code 属性,用于存储验证码信息,代码如下:

```
import Captcha from "./LoginCode.vue"
const formData = reactive({
  account: '',
  password: '',
  code: '',
});
```

在请求登录的接口参数中,将从页面获取的验证码的值赋值给 verifyCode,该参数是对应后端登录接口的验证码,代码如下:

```
//第 16 章/library-admin-web/src/views/sys/login/LoginForm.vue
    const userInfo = await userStore.login({
        password: data.password,
        username: data.account,
        verifyCode: data.code,
        mode: 'none', //不要默认的错误提示
    })
```

然后在 userModel.ts 文件中请求传参的 LoginParams 中添加 verifyCode 字段,代码如下:

```
export interface LoginParams {
    username: string;
    password: string;
    verifyCode: string;
}
```

然后修改在登录成功后弹出的用户登录成功的信息,将 realName 换成 username,代码如下:

```
notification.success({
  message: t('sys.login.loginSuccessTitle'),
  description: `${t('sys.login.loginSuccessDesc')}: ${userInfo.username}`,
  duration: 3,
});
```

启动后端项目,如果不启动 XXL-JOB 项目,则在图书管理系统启动时控制台会报错,但是不影响项目的运行。重新启动前端项目,然后在浏览器中访问管理平台会发现图形验证码已经生成,刷新页面或单击验证码也会重新生成新的图形验证码。到此,验证码的功能已经完成,如图 16-2 所示。

2. 登录接口对接

有了验证码之后,就可以实现登录功能了,首先需要对接后端登录的接口。

(1) 打开用户 Api 管理的 user.ts 接口文件,在 Api 枚举中修改登录接口和获取当前用户信息的地址,代码如下:

```
//登录
Login = '/web/login',
//获取当前用户
GetUserInfo = '/user/info',
```

登录

图 16-2　登录图形验证码获取

修改 loginApi 方法中接收登录后返回数据的 LoginResultModel 接口,只保留 token 属性。params 作为参数传递给后端,代码如下:

```
//第 16 章/library-admin-web/src/api/sys/user.ts
export function loginApi(params: LoginParams, mode: ErrorMessageMode = 'modal') {
  return defHttp.post<LoginResultModel>({
      url: Api.Login,
      params: params,
    },
    {
      errorMessageMode: mode,
    },
  )
}
```

(2) 修改 getUserInfo 方法,当接口请求失败时,使用 try-catch 方法捕获异常并执行相应的回调函数。在该回调函数中,首先判断异常是否因为接口超时或者未授权而导致的。如果是由这些原因导致的,则表示用户登录状态已过期或无效,需要跳转到登录界面进行重新登录。

为了实现登录状态的跳转,调用 useUserStoreWithOut 方法获取一个 userStore 对象,然后通过该对象的 setToken 方法来清空用户的登录令牌。同时,还调用 setAuthCache 方法来清空本地缓存中的登录令牌。最后,使用 router.push 方法实现页面的跳转,将路由地址设置为登录页面的网址,代码如下:

```
//第 16 章/library-admin-web/src/api/sys/user.ts
export function getUserInfo() {
```

```
return defHttp.get({ url: Api.GetUserInfo }, {}).catch((e) => {
    //捕获接口超时异常,跳转到登录界面
    if (e && (e.message.includes('timeout') || e.message.includes('401'))) {
        //当接口不通时跳转到登录界面
        const userStore = useUserStoreWithOut();
        userStore.setToken('');
        setAuthCache(TOKEN_KEY, null);
        router.push(PageEnum.BASE_LOGIN);
    }
});
}
```

（3）打开 src/store/modules 文件夹下的 user.ts 接口文件,修改 getUserInfoAction 异步函数,删除关于角色的相关代码,代码如下：

```
//第16章/library-admin-web/src/store/modules/user.ts
async getUserInfoAction(): Promise<UserInfo | null> {
    if (!this.getToken) return null
    const userInfo = await getUserInfo()
    this.setUserInfo(userInfo)
    return userInfo
},
```

3. 登录页面设置

在登录页面可以看到原项目中提供了很多登录方式,但在本项目中并没有实现那么多功能,现在先将这些功能隐藏或者删除。打开 LoginForm.vue 文件,在 template 标签中删除记住我、手机登录、二维码登录及其他登录方式等功能,然后将各功能对应的文件也都删除。

修改注册按钮,使注册的按钮和登录的按钮大小保持一致,并将注册的按钮放在和登录同一级的 FormItem 标签中,代码如下：

```
//第16章/library-admin-web/src/views/sys/login/LoginForm.vue
<Button
    class="mt-4 enter-x"
    size="large"
    block
    @click="setLoginState(LoginStateEnum.REGISTER)"
>
{{ t('sys.login.registerButton') }}
</Button>
```

在进入系统的主界面中,左侧的菜单栏提供了很多示例功能,现在需要去掉示例菜单。在/src/views 目录中只保留 dashboard 主控台和 sys 文件夹,将其余的文件都删除,并将/src/router/routes/modules 目录下模拟数据的 demo 和 form-design 文件夹删除。文件夹目录如图 16-3 所示。

4. 测试登录

首先启动前端项目,然后打开后台管理的登录界面,输入正确的账号、密码和验证码,然

图 16-3　删除左侧菜单目录

后单击"登录"按钮,这样就可以正常地进入后台的首页中了。先将密码故意输错,然后进行登录操作,这时页面会弹出密码错误提示框,如图 16-4 所示。

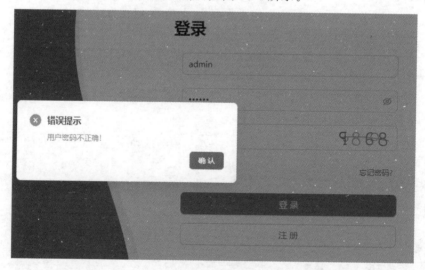

图 16-4　登录密码错误测试

　　输入正确的账号和密码,然后输入错误的验证码,执行登录操作,此时登录界面中会弹出"验证码不正确或已过期"的提示,这说明后端的验证是正确的,如图 16-5 所示。

16.2.2　用户退出

　　退出功能相对于登录比较简单,只需修改 API 管理中的退出接口的地址,打开 user.ts

图 16-5　登录验证码错误测试

接口文件,修改退出的接口地址,代码如下:

```
//退出
Logout = '/web/logout',
```

　　先执行登录操作,进入后台管理中,当将鼠标浮上系统右上角的头像或账号时会出现退出系统的选项,然后单击“退出系统”选项。随后在页面中央会弹出提示框,提示是否确认退出系统,如果单击“确定”按钮,则会返回登录界面,退出系统成功,如图 16-6 所示。

图 16-6　退出系统

16.3　用户注册与忘记密码功能实现

　　在实际系统开发的需求中,用户注册和忘记密码的功能是必不可少的,是系统获取用户信息的最直接的方式,只有通过注册后,才能实现用户的相关登录和操作,保障了用户和系统的信息安全。

16.3.1　用户注册前端实现

在用户注册的过程中,需要进行手机短信验证码的验证,每个手机号只能注册一个用户。在该功能中首先要接入发送短信的接口,当单击"获取验证码"按钮时会请求发送验证码的接口,然后页面上就会出现过期时间一分钟计时的显示。

1. 获取注册验证码

打开 src/api/sys 文件夹下的 user.ts 接口文件,在 Api 枚举中添加一个获取短信验证码和注册用户的接口地址,代码如下:

```
//获取短信验证码
GetSmsLoginCode = '/web/sms/captcha',
//注册用户
RegisterApi = '/user/register',
```

首先,在该文件中定义一个名为 getSmsLoginCode 的函数,用户请求获取手机验证码的接口,如果请求接口返回的状态码为 200,则说明发送验证码成功,调用 resolve(true) 将 Promise 对象的状态设置为已解决,并将 true 作为结果传递给后续的处理函数,代码如下:

```
//第16章/library－admin－web/src/api/sys/user.ts
export function getSmsLoginCode(params) {
  return new Promise((resolve, reject) => {
    defHttp.post({ url: Api.GetSmsLoginCode, params }, { isTransformResponse: false }).then
((res) => {
      console.log(res);
      if (res.code == 200) {
        resolve(true);
      } else {
        createErrorModal({ title: '错误提示', content: res.msg || '未知问题' });
        reject();
      }
    });
  });
}
```

然后添加一个名为 register 的注册用户的函数,并使用 params 接收注册信息的参数,代码如下:

```
export function register(params) {
  return defHttp.post({ url: Api.RegisterApi, params },
  { isReturnNativeResponse: true });
}
```

在 src/views/sys/login 文件夹下的 RegisterForm.vue 注册文件中,创建一个发送验证码的函数,调用发送的接口,并传入手机号码和验证码的类型,代码如下:

```
//第16章/library－admin－web/src/views/sys/login/RegisterForm.vue
  //发送验证码的函数
  function sendCodeApi() {
```

```
const extraParam = 0;
return getSmsLoginCode({ phone: formData.mobile, captchaType: extraParam });
}
```

在 CountdownInput 封装的组件中添加一个：sendCodeApi 属性，然后调用 sendCodeApi 函数，代码如下：

```
//第 16 章/library - admin - web/src/views/sys/login/RegisterForm.vue
< FormItem name = "sms" class = "enter - x">
  < CountdownInput
    size = "large"
    class = "fix - auto - fill"
    v - model:value = "formData.sms"
    :placeholder = "t('sys.login.smsCode')"
    :sendCodeApi = "sendCodeApi"
  />
</FormItem >
```

2. 用户注册

接下来，完善 handleRegister 注册的函数，首先调用一个名为 validForm 的异步函数，并等待其返回结果，如果 validForm 返回 false，则直接返回。否则会异步调用 register 注册函数进行下一步操作，并使用 toRaw 函数将账号、密码、手机号和验证码发送到后端接口中，进行注册操作，其作用是将一个响应式对象转换为其对应的普通对象。这样做的目的是在需要使用原始数据而不是响应式数据的情况下，获取正确的对象。

在 register 注册函数执行完成后会根据返回结果进行不同操作。如果返回的结果对象中的状态 code 属性值为 200，则调用名为 notification.success 的函数显示一个成功的提示信息，并调用 handleBackLogin 函数跳转到登录页面。否则调用名为 notification.warning 的函数显示一个警告信息，并提示错误信息，代码如下：

```
//第 16 章/library - admin - web/src/views/sys/login/RegisterForm.vue
//导入的包
import {getSmsLoginCode, register} from '/@/api/sys/user';
import {useMessage} from "/@/hooks/web/useMessage";
const { notification } = useMessage();
/**
 * 注册功能
 */
async function handleRegister() {
    const data = await validForm()
    if (!data) return
    try {
        //更新响应式引用的值
        loading.value = true;
        const resultInfo = await register(
            //可以帮助你在需要使用原始数据而不是响应式数据的情况下获取正确的对象
            toRaw({
                username: data.account,
```

```
        password: data.password,
        phone: data.mobile,
        smsCode: data.sms,
      })
    );
    if (resultInfo && resultInfo.data.code == 200) {
      notification.success({
        message: t('sys.login.registerMsg'),
        duration: 3,
      });
      handleBackLogin();
    } else {
      notification.warning({
        message: t('sys.api.errorTip'),
        description: resultInfo.data.msg || t('sys.api.networkExceptionMsg'),
        duration: 3,
      });
    }
  } catch (e) {
    notification.error({
      message: t('sys.api.errorTip'),
      description: (e as unknown as Error).message || t('sys.api.networkExceptionMsg'),
      duration: 3,
    });
  } finally {
    loading.value = false;
  }
}
```

在/src/locales/lang/zh-CN 文件夹下的 sys.json 文件的 login 对象中添加一个注册成功的提示信息 registerMsg,代码如下:

```
"registerMsg": "注册成功"
```

3. 测试注册

首先,启动前后端项目,在浏览器中访问系统的后台登录页面,然后在登录界面中单击"注册"按钮。此时会切换到用户注册的界面,在手机号码输入框中输入注册的手机号,再单击"获取验证码"按钮。查看手机上的验证码,并填写到验证码输入框中。接着,填写账号、密码和确认密码,并勾选隐私政策。最后单击"注册"按钮,实现用户的注册功能。例如,笔者注册了一个 admin 账号,并填写了手机号、验证码和密码等信息,如图 16-7 所示。

在注册界面中隐私政策提示可以修改,打开/src/locales/lang/zh-CN 文件夹下的 sys.json 文件,将 policy

图 16-7　用户注册

的值修改为"我同意图书管理平台隐私政策"的字样,代码如下:

```
policy: '我同意图书管理平台隐私政策',
```

到此,用户注册功能已经实现。

16.3.2　忘记密码前端实现

1. 添加忘记密码接口

打开 src/api/sys 文件夹下的 user.ts 接口文件,在 Api 枚举中添加一个忘记密码的接口地址,代码如下:

```
//忘记密码
ForgetPasswordApi = '/user/forget/password',
```

然后添加一个名为 forgetPassword 忘记密码的函数,实现忘记密码的操作,代码如下:

```
export function forgetPassword(params) {
  return defHttp.post({ url: Api.forgetPasswordApi, params },
    { isReturnNativeResponse: true });
}
```

2. 实现忘记密码功能

打开 src/views/sys/login 文件夹下的 ForgetPasswordForm.vue 文件,该文件是封装的实现忘记密码功能的组件。在忘记密码的功能中,也用到了短信验证码功能,只有验证通过后才可以重置密码。

首先在 ForgetPasswordForm 文件中添加一个获取短信验证码的函数,将传递的验证码类型的值设置为 1,代码如下:

```
function sendCodeApi() {
  const extraParam = 1;
  return getSmsLoginCode({ phone: formData.mobile, captchaType: extraParam });
}
```

然后在获取验证的输入框中调用该函数,实现验证码获取操作,代码如下:

```
//第16章/library-admin-web/src/views/sys/login/ForgetPasswordForm.vue
  <FormItem name = "sms" class = "enter-x">
      <CountdownInput
        size = "large"
        v-model:value = "formData.sms"
        :placeholder = "t('sys.login.smsCode')"
        :sendCodeApi = "sendCodeApi"
      />
  </FormItem>
```

最后实现 handleReset 重置密码的函数,定义一个 getFormRules 变量从 useFormRules 中获取的函数,用于获取表单的验证规则。然后定义一个 validForm 从 useFormValid 中获取的函数,用于进行表单验证。

接着,在 handleReset 异步函数中,通过调用 validForm 函数来验证表单数据,并将结果保存在 data 中。如果验证不通过,则直接返回,并将 loading.value 设置为 true,表示正在加载中,然后调用 forgetPassword 函数来发送重置密码的请求。在这里,使用 toRaw 函数将 formData 转换为普通的 JavaScript 对象,以便正确地传递原始数据而不是响应式数据。再根据返回的结果判断,如果状态 code 的值等于 200,则表示重置密码成功,将显示成功的提示信息,并调用 handleBackLogin 函数返回登录界面。最后,无论是成功还是失败,将 loading.value 设置为 false,表示加载结束。实现代码如下:

```
//第 16 章/library-admin-web/src/views/sys/login/ForgetPasswordForm.vue
const { getFormRules } = useFormRules(formData)
const getShow = computed(() => unref(getLoginState) === LoginStateEnum.RESET_PASSWORD)
const { validForm } = useFormValid(formRef);
async function handleReset() {
  const data = await validForm();
  if (!data) return;
  try {
    //更新响应式引用的值
    loading.value = true;
    const resultInfo = await forgetPassword(
      //可以帮助你在需要使用原始数据而不是响应式数据的情况下获取正确的对象
      toRaw({
        username: data.account,
        phone: data.mobile,
        verifyCode: data.sms,
      })
    );
    if (resultInfo && resultInfo.data.code == 200) {
      notification.success({
        message: resultInfo.data.msg,
        duration: 3,
      });
      handleBackLogin();
    } else {
      notification.warning({
        message: t('sys.api.errorTip'),
        description: resultInfo.data.msg || t('sys.api.networkExceptionMsg'),
        duration: 3,
      });
    }
  } catch (e) {
    notification.error({
      message: t('sys.api.errorTip'),
      description: (e as unknown as Error).message || t('sys.api.networkExceptionMsg'),
      duration: 3,
    });
  } finally {
    loading.value = false;
  }
}
```

修改 src/utils/http/axios 文件夹下的 checkStatus.ts 文件,在 500 错误码中将 errMessage 的值设置为 msg,如果 msg 不存在,则使用 t('sys.api.errMsg500') 来作为默认的错误信息,代码如下:

```
case 500:
    errMessage = msg || t('sys.api.errMsg500');
    break
```

3. 测试忘记密码

在浏览器中打开后台管理系统的登录界面,单击"忘记密码"字样,接着需要填写重置密码的账号、手机号码及使用手机号码获取的短信验证码,最后单击"重置"即可完成账号和密码的重置操作。重置的密码会以短信的形式发送到手机中。

如果没有接收到重置后的密码短信,则需检查模板变量 JSON 格式是否错误或 JSON 变量属性与模板占位符是否一致,由于笔者申请的短信模板中的变量为纯数字,所以没有发送成功,只需重新修改模板变量格式或申请一个新的模板,如图 16-8 所示。

图 16-8　重置密码

16.4　前端项目部署

前端项目的部署通常需要先将项目打包,然后将打包文件上传到服务器中进行部署,然而在团队多人开发时部署问题比较麻烦,每次提交代码都要手动到服务器上发布,降低了工作效率,而且很容易出错,所以在本项目中依旧使用 Jenkins 自动化部署前端项目,更加符合企业项目开发的需求。

16.4.1　前端项目部署环境配置

在 Jenkins 中部署前端项目需要做一些准备工作,例如插件的安装、Node.js 环境的配置及一些全局变量的配置等操作,在配置完准备工作后,就可以在 Jenkins 中新建前端项目的任务了。

1. 安装 Node.js 插件

进入 Jenkins 的主页,首先在左边菜单栏中单击"系统管理",然后在系统管理中找到插件管理,进入插件管理页后,选择 Available plugins(可用插件),并在搜索栏中输入 Node.js 就可查找到该插件,并进行安装即可,如图 16-9 所示。

2. 全局配置 Node.js

紧接着要在 Jenkins 中配置 Node.js,在 Jenkins 主页单击"系统管理",然后找到全局工具配置,单击后进入配置页中。在界面的最下方找到 Node.js 的配置,单击"新增 Node.js"按

图 16-9　安装 Node.js 插件

钮,先给 Node.js 起一个别名。例如笔者起了一个 nodejs v20.9.0,表示 Node.js 为 20.9.0 版本。接着选择安装的版本,根据自己本地的 Node.js 的版本进行选择,其余的选项保持默认即可,如图 16-10 所示。

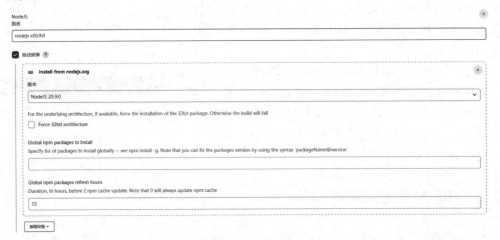

图 16-10　全局配置 Node.js

3. 配置远程服务器

首先,检查有没有安装 Publish Over SSH 插件,如果没有安装,则应先安装该插件。安装好之后需要配置 SSH,打开系统管理中的系统配置,找到 Publish Over SSH 配置项,并在 SSH Servers 中依次填写服务器别名、服务器 IP、用户名及指定进入的目录信息,如图 16-11 所示。

SSH Servers

SSH Server
Name ⓘ
图书系统服务-server

Hostname ⓘ
49.234.46.199

Username ⓘ
root

Remote Directory ⓘ
/data

图 16-11　配置远程服务器

接着还需要配置连接服务器的密码（登录服务器使用的密码）操作，在 SSH Servers 信息下方单击"高级"按钮，勾选 Use password authentication，or use a different key，选择 Passphrase / Password 使用密码验证的方式。还有一种是使用密钥的方式，这里不选择。填写完成后，在右下角单击 Test Configuration 按钮，测试连接是否正常，如果显示 Success，则说明配置正确，如图 16-12 所示。

图 16-12　测试远程服务连接

4．自定义 npm 配置

在构建环境时需要选择 npm 相关的配置文件，可以选择自定义的或者默认的配置，笔者这里选择自定义的配置，使用阿里云的 npm 镜像，下载前端相关依赖包时速度比较快。在系统管理中找到 Managed files，进入文件配置界面中，单击左侧菜单的 Add a new Config 选项，然后在右侧选项中选择 Npm config file，单击 Next 按钮，如图 16-13 所示。

图 16-13　添加 npm 配置

接着将 Content 输入框中的配置全都删除，然后添加相关配置信息，填写完成后，单击 Submit 按钮，保存配置即可，配置信息如下：

```
registry = https://registry.npm.taobao.org
```

16.4.2　新建任务

Jenkins 部署前端项目的基础环境已经配置完成，接下来可以新建一个 Jenkins 任务了。

1．新建 Jenkins 任务

在主界面的左侧单击"新建任务"，定义一个名为 library-admin-web 的任务，然后选择构建一个自由风格的软件项目，并单击"确定"按钮，如图 16-14 所示。

2．任务源码管理

在任务配置中找到源码管理，并选择 Git 方式获取项目代码，在 Repository URL 中填

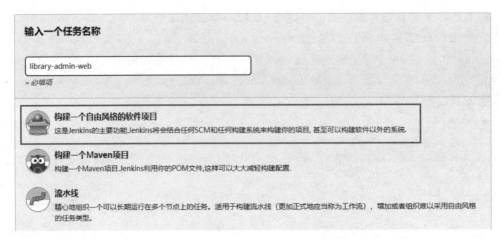

图 16-14　创建前端自动化部署任务

写前端代码仓库的地址,对于 Credentials 授权可选择之前部署后端时添加过的账号。仓库的分支选择 develop 开发分支,如图 16-15 所示。

Repositories ?

Repository URL ?

https://gitee.com/whxyh/library-admin-web.git

Credentials ?

.... /****** (1)

添加

高级 ∨

Add Repository

Branches to build ?

指定分支 (为空时代表any) ?

*/develop

图 16-15　源码管理

3. 构建触发器

前端项目的自动化执行流程和后端一致,在前端代码被提交到仓库的 develop 分支后会通过 WebHook 触发构建,实现自动化发布。在构建触发器配置中勾选 Gitee WebHook 触发构建,触发构建策略选择推送代码,其余的项保持默认,如图 16-16 所示。

打开 Gitee 代码仓库,在前端仓库中找到管理中的 WebHooks 管理,并添加一个 WebHook,其中 URL 网址在勾选 Gitee WebHook 触发构建时获取,WebHook 密码是在 Jenkins 构建触发器中生成的,接着选择 Push 事件,最后单击“添加”按钮即可添加成功。例如,笔者在仓库中配置的 WebHook 信息,如图 16-17 所示。

构建触发器

- ☐ 触发远程构建 (例如,使用脚本) ?
- ☐ 其他工程构建后触发 ?
- ☐ 定时构建 ?
- ☑ Gitee WebHook 触发构建,需要在 Gitee WebHook中填写 URL: http://49.234.46.199:8080/gitee-project/library-admin-web
  - Gitee 触发构建策略 ?
    - ☑ 推送代码
    - ☐ 评论提交记录
    - ☐ 新建 Pull Requests

图 16-16　选择触发构建

添加 WebHook

URL: WebHook 被触发后, 发送 HTTP / HTTPS 的目标通知地址。

WebHook 密码/签名密钥: 用于 WebHook 鉴权的方式, 可通过 WebHook 密码 进行鉴权, 或通过 签名密钥 生成请求签名进行鉴权, 防止 URL 被恶意请求。签名文档可查阅《WebHook 推送数据格式说明》。

更多文档可查阅《Gitee WebHook 文档》。

URL:

http://49.234.46.199:8080/gitee-project/library-admin-web

WebHook 密码/签名密钥:

| WebHook 密码 ▼ | 2188620444395a8bb18f79d877b0c38a |

选择事件:

- ☑ Push　仓库推送代码、推送、删除分支
- ☐ Tag Push　新建、删除 tag
- ☐ Issue　新建任务、删除任务、变更任务状态、更改任务指派人
- ☐ Pull Request　新建、更新、合并、关闭 Pull Request, 新建、更新、删除 Pull Request 下标签, 关联、取消关联 Issue
- ☐ 检查项　检查项创建、完成、重试、请求操作
- ☐ 评论　评论仓库、任务、Pull Request、Commit
- ☑ 激活 (激活后事件触发时将发送请求)

添加

图 16-17　添加 WebHook

4. 构建触发器

在构建环境中勾选 Provide Node & npm bin/ folder to PATH 选项,并提供 Node.js 和 npm 的相关配置。在 Node.js Installation 中选择安装好的 Node.js,然后选择自定义的 npm 配置文件,如图 16-18 所示。

5. Build Steps

添加构建步骤,单击"增加构建步骤"按钮,先选择执行 Shell 选项,然后填写获取代码

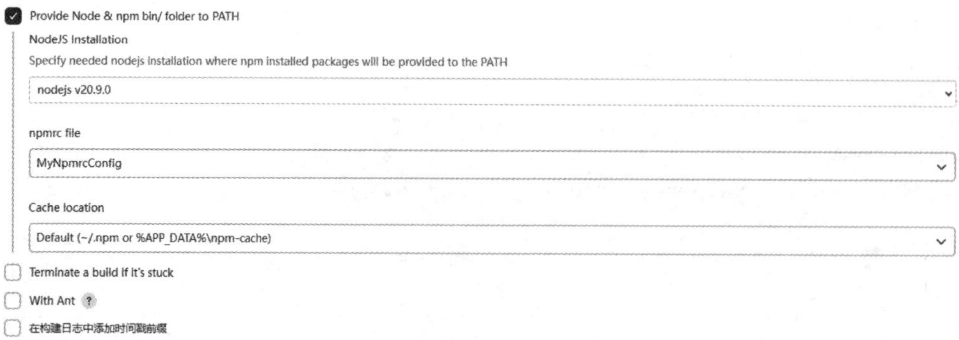

☑ Provide Node & npm bin/ folder to PATH

NodeJS Installation

Specify needed nodejs installation where npm installed packages will be provided to the PATH

nodejs v20.9.0 ⌄

npmrc file

MyNpmrcConfig ⌄

Cache location

Default (~/.npm or %APP_DATA%\npm-cache) ⌄

☐ Terminate a build if it's stuck

☐ With Ant ⑦

☐ 在构建日志中添加时间戳前缀

图 16-18 构建环境

后执行的相关命令。首先检查 npm 和 Node.js 的版本信息,然后全局安装 pnpm,接着安装前端项目的相关依赖包,再使用 pnpm 进行打包并将打包的环境指定为 test,最后将打包文件 dist 压缩为 library-admin-web.tar.gz 压缩包,命令如下:

```bash
#!/bin/bash
echo "前端上传远程服务器成功"
echo $(date "+%Y-%m-%d %H:%M:%S")
cd /var/jenkins_home/workspace/library-admin-web
npm -v
node -v
# 全局安装 pnpm
npm install -g pnpm
# 验证
pnpm -v
# 安装依赖
pnpm install
echo "************* 项目依赖下载完成 ****************"
echo "************* 开始打包前端项目 ****************"
rm -rf ./dist
pnpm build:test
tar -zcvf ./library-admin-web.tar.gz ./dist
echo "************* 前端项目打包完成 ****************"
```

6. 构建后操作

创建任务的最后一步操作,添加构建后的操作步骤,将使用 SSH 的方式将打包的文件上传至服务器中。单击"增加构建后操作步骤",选择 Send build artifacts over SSH,然后填写相关信息。

(1) SSH Server Name 中选择全局配置中自定义的远程服务器。

(2) Transfer Set Source files 为目标文件所在的位置,这里直接添加前端打包后的压缩包名称即可,例如,library-admin-web.tar.gz。

(3) Remove prefix 为删除指定的前缀,这里默认为空。

(4) Remote directory 为远程服务器的目录,即目标文件会被推送到指定的目录下。由于在之前配置远程服务器中指定进入的目录为/data,所以这里将目录配置为/library-

admin-web，最后上传的项目压缩包会被放在服务器的/data/library-admin-web 目录下。

（5）Exec command 为项目文件推送到远程服务器后需要执行的操作，例如解压缩包、运行项目等操作，执行的命令如下：

```
cd /data/library-admin-web
echo '将过时的版本重命名'
if [ -d "dist" ]; then
    #如果dist文件夹存在,则将旧的项目重命名为old_dist_时间戳
    timestamp=$(date + %s)
    mv dist old_dist_${timestamp}
fi
#解压新的项目文件
tar -xvf library-admin-web.tar.gz -C /data/library-admin-web
#删除项目压缩包
rm -rf library-admin-web.tar.gz
#删除多余的旧项目,只保留前5个版本
old_projects=$(ls -d old_dist_* | sort -r | tail -n +6)
for project in $old_projects; do
    rm -rf "$project"
done
echo '前端library项目部署完毕'
```

整体的构建后的操作如图 16-19 所示，然后单击"应用"按钮，再单击"保存"按钮即可完成配置。

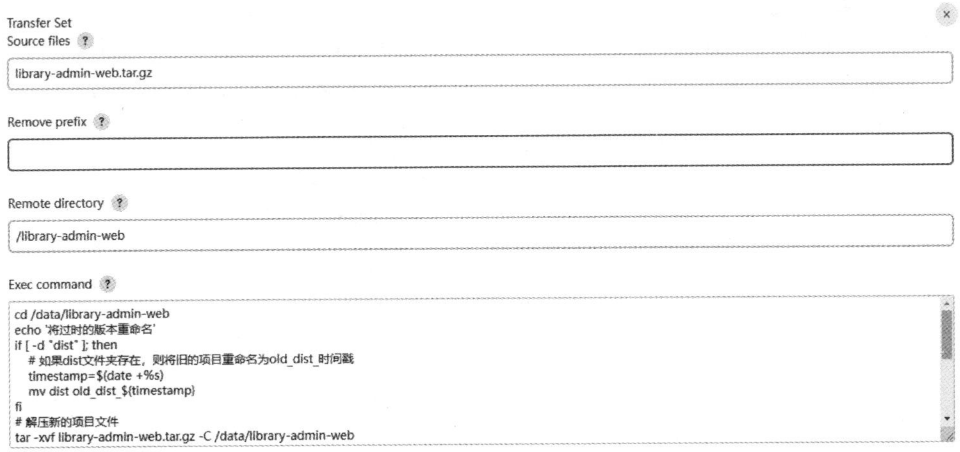

图 16-19　构建环境

16.4.3　测试前端项目构建

在 Jenkins 的主界面中先找到 library-admin-web 任务，然后单击该任务列表后的启动构建按钮，执行任务构建操作。等待任务执行完成，然后进入该构建任务的控制台中查看构建日志，当日志最后出现 Finished：SUCCESS 信息时，说明使用 Jenkins 构建前端项目已经部署成功，如图 16-20 所示。

```
ls: cannot access old_dist_*: No such file or directory
前端library项目部署完毕
SSH: EXEC: completed after 415 ms
SSH: Disconnecting configuration [图书系统服务-server] ...
SSH: Transferred 1 file(s)
Finished: SUCCESS
```

图 16-20　前端项目构建日志

打开 XShell 工具,连接到服务器中,在/data/library-admin-web 目录下,可以看到前端打包后的 dist 文件,如图 16-21 所示。

```
[root@xyh library-admin-web]# ll
total 4
drwxr-xr-x 4 lighthouse lighthouse 4096 Nov 27 15:32 dist
```

图 16-21　查看服务器前端打包文件

16.4.4　部署 Nginx

Nginx 是一个高性能的 HTTP 和反向代理服务器,也可以用作邮件代理服务器。它的特点是占有内存少,并发能力强,事实上 Nginx 的并发能力在同类型的网页服务器中表现较好,能支持高达 50 000 个并发连接数的响应。Nginx 专为性能优化而开发,是一个轻量级、高性能、免费的及可商业化的 Web 服务器/反向代理服务器。

1. 下载 Nginx

在浏览器中打开 Nginx 官方下载网站 http://nginx.org/en/download.html,选择 Stable version(稳定版本)中的安装包下载,笔者这里选择创作本书时最新的版本 nginx-1.24.0,直接单击"nginx-1.24.0"即可下载到本地,如图 16-22 所示。

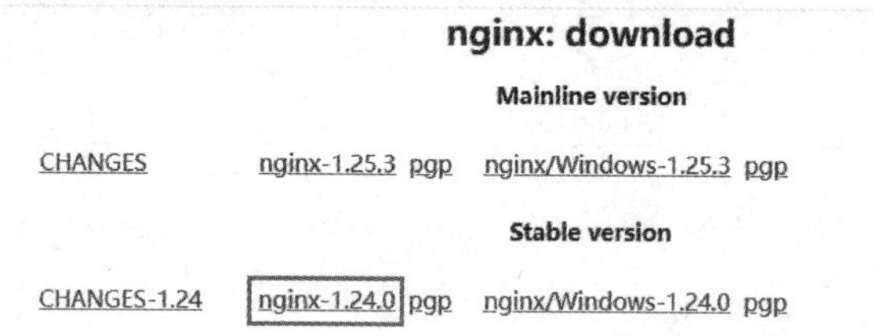

nginx: download

Mainline version

| CHANGES | nginx-1.25.3 pgp | nginx/Windows-1.25.3 pgp |

Stable version

| CHANGES-1.24 | nginx-1.24.0 pgp | nginx/Windows-1.24.0 pgp |

图 16-22　选择 Nginx 下载的版本

2. 安装 Nginx

(1) 打开服务器,在 usr/local 目录下新建名为 nginx 的文件夹,执行的命令如下:

```
[root@xyh local]#mkdir nginx
#查看 local 文件夹下的 nginx 文件夹
[root@xyh local]#ls
bin  etc  games  include  java  lib  lib64  libexec  maven  mysql  nginx  qcloud  redis
sbin  share  src
```

(2) 将本地下载的 Nginx 安装包通过 sftp 工具上传到服务器的/usr/local/nginx 目录

下，先进入 nginx 目录下，然后进行解压操作，命令如下：

```
#查看 nginx 文件夹下的安装包
[root@xyh nginx]#ls
nginx-1.24.0.tar.gz
#解压
[root@xyh nginx]#tar -zxvf nginx-1.24.0.tar.gz
#查看解压后的文件
[root@xyh nginx]#ls
nginx-1.24.0  nginx-1.24.0.tar.gz
```

（3）进入 nginx-1.24.0 目录中，检查相关安装环境，命令如下：

```
#进入 nginx 中
[root@xyh /]#cd /usr/local/nginx/nginx-1.24.0/
#检查环境
[root@xyh nginx-1.24.0]#./configure
```

如果检查安装环境报错，则需要安装相关配置，依次执行以下命令，安装完成之后，再检查相关环境，就不会有报错信息了，命令如下：

```
#安装 gcc 库
yum install -y gcc
#安装 pcre 库
yum install -y pcre pcre-devel
#安装 zlib 库
yum install -y zlib zlib-devel
#安装 openssl 库
yum install -y openssl openssl-devel
```

（4）接下来编译 nginx 文件和安装，在 nginx-1.24.0 目录下进行编译操作，命令如下：

```
[root@xyh nginx-1.24.0]#make
[root@xyh nginx-1.24.0]#make install
```

（5）编译执行完成后，检查是否安装成功，如果出现以下信息，则说明已经安装完成，命令如下：

```
[root@xyh nginx-1.24.0]#whereis nginx
nginx:/usr/local/nginx
```

3. 配置 Nginx

在 nginx 的文件夹中找到 conf 目录下的 nginx.conf 配置文件，然后使用 vim 编辑 nginx.conf 文件。首先修改的是访问的端口，Nginx 默认的端口为 80，由于本项目中设置的前端访问的端口为 8083，所以现将 80 端口修改成 8083，然后将 location 中的 root 的值配置为指向前端打包文件 dist 的地址，配置如下：

```
server {
        listen        8083;
        server_name  localhost;
        #charset koi8-r;
```

```
#access_log    logs/host.access.log   main;
location / {
    root    /data/library - admin - web/dist;
    index   index.html index.htm;
}
#error_page   404                  /404.html;
# redirect server error pages to the static page /50x.html
#
error_page    500 502 503 504     /50x.html;
location = /50x.html {
    root    html;
}
}
```

4. 启动 Nginx

首先进入/usr/local/nginx/sbin 目录下,然后在该目录中启动 Nginx,命令如下:

```
[root@xyh sbin]#./nginx
```

除此之外,还有 Nginx 关闭、重新加载配置等操作,命令如下:

```
#停止
[root@xyh sbin]#./nginx - s stop
#在退出前完成已经接受的连接请求
[root@xyh sbin]#./nginx - s quit
#重新加载配置
[root@xyh sbin]#./nginx - s reload
```

5. 开启系统服务

在系统的 nginx.service 中创建启动服务的脚本,使用 vim 命令打开文件,命令如下:

```
vim /usr/lib/systemd/system/nginx.service
```

然后在该文件中添加脚本文件的内容,添加完成之后,按:wq 保存并退出即可,命令
如下:

```
[Unit]
#添加守护,不然会报错
Description = nginx - web server
#指定启动 Nginx 之前需要的其他服务,如 network.target 等
After = network.target remote - fs.target nss - lookup.target

[Service]
#Type 为服务的类型,仅启动一个主进程的服务为 simple,需要启动若干子进程的服务为 forking
Type = forking
PIDFile = /usr/local/nginx/logs/nginx.pid
ExecStartPre = /usr/local/nginx/sbin/nginx - t - c /usr/local/nginx/conf/nginx.conf
#设置执行 systemctl start nginx 后需要启动的具体命令
ExecStart = /usr/local/nginx/sbin/nginx - c /usr/local/nginx/conf/nginx.conf
#设置执行 systemctl reload nginx 后需要执行的具体命令
ExecReload = /usr/local/nginx/sbin/nginx - s reload
#设置执行 systemctl stop nginx 后需要执行的具体命令
```

```
ExecStop = /usr/local/nginx/sbin/nginx - s stop
ExecQuit = /usr/local/nginx/sbin/nginx - s quit
PrivateTmp = true


[Install]
#设置在什么模式下被安装,设置开机启动时需要有这个
WantedBy = multi - user.target
```

接下来重新加载系统服务,在服务器中执行的命令如下:

```
[root@xyh /]# systemctl daemon - reload
```

然后查看 Nginx 目前是否在运行,如果正在运行,则应先停止运行,命令如下:

```
#查看 Nginx 进程
[root@xyh nginx]# ps - ef | grep nginx
#停止
[root@xyh sbin]# ./nginx - s stop
```

停止运行完成后,再使用系统服务启动 Nginx,然后查看 Nginx 的启动状态,命令如下:

```
#启动 Nginx
[root@xyh /]# systemctl start nginx.service
#查看 Nginx 状态
[root@xyh /]# systemctl status nginx.service
```

当出现 Active:active (running) since……输出时,说明已经启动成功,如图 16-23 所示。

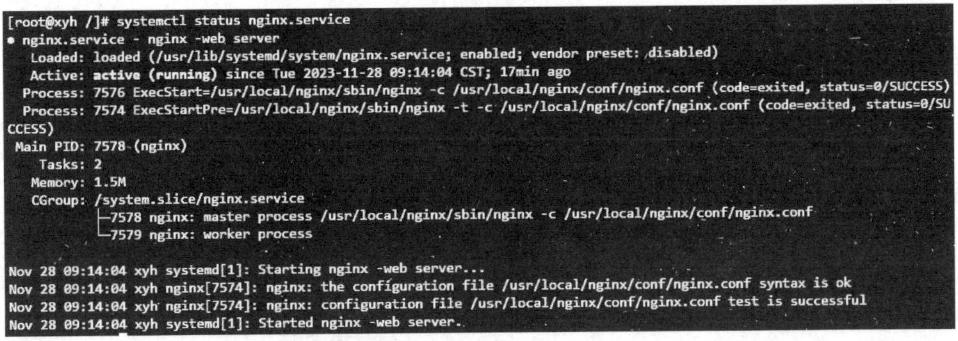

```
[root@xyh /]# systemctl status nginx.service
● nginx.service - nginx -web server
   Loaded: loaded (/usr/lib/systemd/system/nginx.service; enabled; vendor preset: disabled)
   Active: active (running) since Tue 2023-11-28 09:14:04 CST; 17min ago
  Process: 7576 ExecStart=/usr/local/nginx/sbin/nginx -c /usr/local/nginx/conf/nginx.conf (code=exited, status=0/SUCCESS)
  Process: 7574 ExecStartPre=/usr/local/nginx/sbin/nginx -t -c /usr/local/nginx/conf/nginx.conf (code=exited, status=0/SU
CCESS)
 Main PID: 7578 (nginx)
    Tasks: 2
   Memory: 1.5M
   CGroup: /system.slice/nginx.service
           ├─7578 nginx: master process /usr/local/nginx/sbin/nginx -c /usr/local/nginx/conf/nginx.conf
           └─7579 nginx: worker process

Nov 28 09:14:04 xyh systemd[1]: Starting nginx -web server...
Nov 28 09:14:04 xyh nginx[7574]: nginx: the configuration file /usr/local/nginx/conf/nginx.conf syntax is ok
Nov 28 09:14:04 xyh nginx[7574]: nginx: configuration file /usr/local/nginx/conf/nginx.conf test is successful
Nov 28 09:14:04 xyh systemd[1]: Started nginx -web server.
```

图 16-23　查看 Nginx 的运行状态

最后配置 Nginx 开机自启的配置,命令如下:

```
#开机自启
[root@xyh /]# systemctl enable nginx
#检查开机自启
[root@Captian ~]# systemctl is - enabled nginx
enabled
```

6. 测试

先检查服务器的/data/library-admin-web 目录下有没有 dist 文件,如果没有,则应先到

Jenkins 中执行以下前端构建任务,等构建完成后再次检查 dist 文件是否存在。如果存在,则打开浏览器,在网址栏输入服务器的 IP 和在 Nginx 中配置的端口号,例如,笔者的访问网址为 http://49.234.46.199:8083,此时进行访问,就会出现后台管理的登录页面。这样前端自动化部署也就完成了,如图 16-24 所示。

图 16-24　测试环境的登录界面

在之后的开发中,只需将代码提交到 develop 仓库分支中,就会触发自动发布,从而会及时地发布前端服务。可以在前端项目中创建一个 v1 分支,用来提交开发中的代码,等待合并到 develop 分支后才发布,从而有效地管理前端服务的版本,这里不再过多阐述。

本章小结

本章开启了前端功能开发的序幕,首先在本地配置了前端项目启动的环境,并实现了前端和后端接口的连接和调试。同时实现了登录和登出、用户注册和忘记密码等功能的实现。还有对项目至关重要的前端自动化部署工作,目前已成功地将前端项目部署到服务器中。接下来,将会继续开发后台管理界面和数据的相关对接等功能。

系统管理功能实现

本章将会实现前用户端、菜单和角色相关的功能对接,以及系统权限相关的分配等操作,其中系统的权限是前后端对接的难点,业务逻辑相对比较复杂一些,对于前端基础比较薄弱的初学者,要多尝试动手操作,这样才能更快地深入学习。

17.1 动态菜单生成

前端展示前端左侧菜单导航采用的是动态路由的方式,后端会根据用户的不同权限分配不同的菜单信息供前端页面展示。这里需要注意的是后端权限的设计只涉及菜单目录层次,并没有设置按钮操作等相关的权限。

17.1.1 系统左侧导航栏实现

首先检查后端项目白名单的接口 URL,在 ApplicationConfig 配置类中,查看 WHITE_LIST_URL 白名单数组中的 URL,去掉"/**"全局过滤接口路径。对除了白名单中的接口地址以外的地址进行权限管理,代码如下:

```
private static final String[] WHITE_LIST_URL = {
        "/css/**",
        "/js/**",
        "/index.html",
        "/img/**",
        "/fonts/**",
        "/favicon.ico",
        "/web/captcha",
        "/user/register",
        "/user/forget/password",
        "/web/logout",
        "/web/login",
        "/web/sms/captcha"
};
```

打开前端项目,在 src/api/sys 文件夹下的 menu.ts 接口文件中修改查询侧边导航栏的接口地址,该接口是根据当前登录用户查询所拥有的菜单信息,即为动态菜单的实现,代码如下：

```
GetMenuList = '/menu/getMenuList',
```

然后修改根据当前用户获取侧边菜单栏的 getMenuList 函数，代码如下：

```
export const getMenuList = () => {
  return defHttp.get({ url: Api.GetMenuList });
};
```

17.1.2　权限处理

后台动态获取菜单，在前端实现的原理是通过接口动态生成路由表，并且遵循一定的数据结构返回。前端根据需要将该数据处理为可识别的结构，再通过 router.addRoutes 添加到路由实例，实现权限的动态生成。

1. 项目配置

首先在项目配置中将系统内权限模式修改为 BACK 模式。打开/src/settings 目录下的 projectSetting.ts 文件，然后将 setting 中的 permissionMode 修改为 BACK，代码如下：

```
const setting: ProjectConfig = {
  ……
  //权限模式
  permissionMode: PermissionModeEnum.BACK,
};
```

2. 修改路由拦截

首先去掉按钮级别的路由控制，打开 src/api/sys 文件夹下的 user.ts 接口文件，删除获取按钮级别的接口，并删除相对应的请求接口的 getPermCode 和 testRetry 函数，接口枚举代码如下：

```
GetPermCode = '/getPermCode',
TestRetry = '/testRetry',
```

打开/src/store/modules 目录下的 permission.ts 文件，删除 changePermissionCode 异步函数，代码如下：

```
async changePermissionCode() {
  const codeList = await getPermCode()
  this.setPermCodeList(codeList)
},
```

在该文件的后台动态权限选项中删除获取权限码的方法，代码如下：

```
await this.changePermissionCode();
```

3. 测试菜单权限

在测试权限之前，先准备数据库中的模拟数据，首先需要在角色表中创建一个角色，例如,超级管理员;其次在用户表中有用户数据,例如 admin 用户,并在角色和用户关联表中进行关联,然后在菜单表中添加 3 条数据,分别为系统管理父节点、用户、菜单子节点,并将角色和菜单相关联。该模拟数据的 SQL 语句放在本章节配套的文件资源中,可以获取SQL 文件并执行相应的数据插入。

在前端的/src/views/sys 目录下新建一个 user 文件夹,先添加一个 index. vue 文件,然后在该文件中添加页面输出的语句,代码如下:

```
< template >
  < div >
     这是用户页面
  </div >
</template >
```

接着以同样的方式,和 user 文件同级创建一个 menu 文件夹,并创建一个 index. vue 文件,并在页面输出"这是菜单页面"。

重启后端项目,先清除浏览器的缓存,然后重新访问图书后台管理,使用已被赋予权限的用户进行登录,进入后台主界面中,此时在左侧就会看到系统管理的菜单栏,以及系统用户和系统菜单两个子菜单,如图 17-1(a)系统用户界面和 17-1(b)系统菜单界面所示。

(a) 系统用户界面　　　　　　　　　　　　　　(b) 系统菜单界面

图 17-1　测试用户菜单权限

4. 缓存配置修改

在前端项目中配置了本地缓存,主要存放 Token 及一些数据信息,这里的缓存时间需要和后端的 Token 过期时间基本保持一致。否则后端的 Token 过期,前端的缓存没有过期,在请求接口时还会继续使用过期的 Token 进行请求,在这种情况下接口就会报错,所以需要修改前端缓存时间。打开 src/settings 目录下的 encryptionSetting. ts 文件,修改缓存默认的过期时间,时间是以秒为单位的,改为过期时间为 1h 即可,代码如下:

```
export const DEFAULT_CACHE_TIME = 60 * 60
```

17.2　用户管理功能实现

在用户管理中,主要实现的是用户的增、删、改、查操作,以及用户角色授权等操作。在接下来的前端业务开发中,主要遵循以下开发顺序。

（1）在前端 API 管理中对接后端接口,并创建接口请求与返回相关参数。

（2）创建功能页面,以及设计页面数据结构,其中数据结构的相关代码不再展示,可以在本书配套资源中获取相关代码。

（3）维护菜单数据库信息,添加对应的菜单权限。

（4）测试业务功能。

17.2.1　添加接口

在用户管理界面中,主要有用户列表展示、编辑用户、删除用户、用户账号充值和绑定角色等功能实现。

1. 用户接口实现

首先在 API 管理的 user.ts 文件中添加以上相关接口,代码如下:

```
//第 17 章/library - admin - web/src/api/sys/user.ts
 //分页获取用户列表
 GetUserList = '/user/list',
 //删除用户
 DeleteUserById = '/user/delete',
 //根据用户 id 获取用户信息
 GetUserInfoById = '/user/queryById',
 //更新用户
 UpdateUser = '/user/update',
 //用户充值
 SetInvestMoney = '/user/invest/money',
```

然后在 sys/model 文件夹中创建一个 sysUserModel.ts 文件,用来存放接口请求参数和接口响应等代码,并在创建接口调用的函数中使用,接下来创建接口调用的函数,代码如下:

```
//第 17 章/library - admin - web/src/api/sys/user.ts
export const listSysUserApi = (queryForm: any) => {
  return defHttp.get < SysUserApiResult[ ]>({
    url: Api.GetUserList,
    params: queryForm,
  });
};
export const deleteSysUserApi = (id: number) => {
  return defHttp.delete < void >({
    url: `${Api.DeleteUserById}/${id}`,
  });
};
export const getSysUserInfoApi = (id: number) => {
  return defHttp.post < SysUserApiResult >({
    url: `${Api.GetUserInfoById}/${id}`,
  });
};
export const updateSysUserApi = (updateForm: SysUserUpdateForm) => {
```

```
   return defHttp.put < void >({
     url: Api.UpdateUser,
     params: updateForm,
   });
};
export const setInvestMoneyApi = (updateForm: UserInvestMoneyForm) => {
  return defHttp.post < void >({
     url: Api.SetInvestMoney,
     params: updateForm,
   });
};
```

2. 用户与角色接口实现

在用户管理中,由于用户绑定角色功能需要修改用户和角色的关联表实现,因此还要添加用户和角色的相关接口,功能实现分为以下步骤。

(1) 在绑定角色时,需要获取全部的角色信息。

(2) 根据选择的用户获取该用户绑定的角色。

(3) 查询到绑定的角色,在列表中默认勾选,如果需要新增或删除绑定的角色,则再调用修改用户绑定角色的接口进行修改。

在/src/api/sys 目录下,首先新建一个 role.ts 文件,用来管理与角色功能相关的接口,然后将上述步骤中描述的接口添加到该文件中,代码如下:

```
//第 17 章/library – admin – web/src/api/sys/role.ts
enum Api {
  //获取角色列表
  GetRoleList = '/role/list',
  //绑定用户角色信息
  InsertRolesByUserID = '/userrole/insert',
  //获取用户角色信息
  GetRoleIdsByUserId = '/userrole/getRoleIdsByUserId',
}
```

在/src/api/sys/model 目录下新建一个 sysUserModel.ts 请求或响应的参数文件,并在 role.ts 文件中实现角色相关接口的调用函数,代码如下:

```
//第 17 章/library – admin – web/src/api/sys/role.ts
export const listSysRoleApi = (queryForm: any) => {
  return defHttp.get < SysRoleApiResult[ ]>({
     url: Api.GetRoleList,
     params: queryForm,
   });
};
export const bindUserRolesApi = (userId: number, roleIds: number[]) => {
  return defHttp.post < void >({
     url: `$ {Api.InsertRolesByUserID}/$ {userId}`,
     params: {
       roleIds: roleIds,
     },
```

```
  });
};
export const listRelatedRoleIdsApi = (userId: number) => {
  return defHttp.get<number[]>({
    url: '${Api.GetRoleIdsByUserId}/${userId}',
  });
};
```

17.2.2 功能实现

在用户管理界面中,每个用户的数据都采用一行展示的方式,并在用户最后一列中添加该用户相关功能的操作。这样针对每个用户都可以简单操作,接下来将逐一实现相关功能,如图 17-2 所示。

图 17-2 用户列表操作功能

1. 用户详情

在/src/views/sys/user 目录下新建一个展示用户详情界面的 detail-drawer.vue 文件,当在用户列表的操作列中单击"详情"时会从浏览器右侧出现一个抽屉组件,在抽屉组件中展示用户的详情信息。抽屉组件的实现使用了 antv 中的 drawer 组件,使用项目框架对该组件进行了封装,并扩展了一些功能。现在将用户详情单独写成一个独立的组件进行开发,调用 GetSysUserInfoApi 函数获取用户的信息,接口接收的参数为用户 id,可使用 data.record.id 获取当前用户列表的用户 id,部分代码如下:

```
//第 17 章/library-admin-web/src/views/sys/user/detail-drawer.vue
export default defineComponent({
  name: 'SysUserDetailDrawer',
  components: { BasicDrawer, Description },
  emits: ['success', 'register'],
  setup(_) {
    const [registerDrawer] = useDrawerInner(async (data) => {
      record.value = await getSysUserInfoApi(data.record.id);
    });
    return {
      registerDrawer,
      record,
      retrieveDetailFormSchema,
    };
  },
});
```

在详情抽屉中展示的数据,可以先在 user 目录下创建一个 data.ts 数据文件,然后定义一个详情列表以展示数据的 retrieveDetailFormSchema 数组,在该数组中定义的字段都会在详情抽屉中展示,部分代码如下:

```
//第 17 章/library-admin-web/src/views/sys/user/data.ts
export const retrieveDetailFormSchema: DescItem[] = [
```

```
        {
            field: 'username',
            label: '用户账号',
        },
        {
            field: 'realName',
            label: '用户姓名',
        },
        {
            field: 'statusName',
            label: '状态',
        },
    ];
```

2. 编辑用户

与用户详情功能实现一致,在 user 目录下新建一个编辑用户界面的 update-drawer. vue 文件,同样也以在浏览器右侧弹出抽屉的形式展现。先在 data.ts 文件中定义哪些数据需要修改,然后在用户编辑组件中实现用户编辑的业务流程,并调用 updateSysUserAPI 函数实现用户的修改操作,部分实现代码如下:

```
//第17章/library - admin - web/src/views/sys/user/update - drawer.vue
    async function handleSubmit() {
        try {
            //values 的字段定义,见 ./data.ts 的 updateFormSchema
            const values = await validate();
            setDrawerProps({ confirmLoading: true });
            if (recordId) {
                await updateSysUserApi(values);
            }
            closeDrawer();
            emit('success');
        } finally {
            setDrawerProps({ confirmLoading: false });
        }
    }
```

3. 用户充值

用户充值使用弹窗的形式,在单击"充值"按钮后会在界面中弹出一个窗口,可以对账户进行充值。在 user 目录下新建一个用户充值界面的 invest-money-modal. vue 文件,该弹窗的实现是对 antv 的 modal 组件进行封装,同样采用单独的组件形式实现该功能,这里需要注意的是 v-bind = " $ attrs"应在 BasicModal 中写,用于将弹窗组件的 attribute 传入 BasicModal 组件。先获取弹窗中表单的数据,然后请求用户充值的接口函数,并关闭弹窗刷新用户列表数据,代码如下:

```
//第17章/library - admin - web/src/views/sys/user/invest - money - modal.vue
    async function handleSubmit() {
        try {
            const values = await validate();
```

```
        setModalProps({ confirmLoading: true });
        //提交表单
        await setInvestMoneyApi(values);
        //关闭弹窗
        closeModal();
        //刷新列表
        emit('success');
    } finally {
        setModalProps({ confirmLoading: false });
    }
}
```

4. 绑定角色

在系统权限中,由于角色是和用户绑定在一起的,所以在用户管理中需要给用户分配相应的角色。在本项目中用户注册时需要统一分配普通用户的角色,在 user 目录下新建一个用户充值界面的 bind-role-drawer.vue 文件,并以抽屉的方式进行展现。

在绑定权限的功能中,首先获取系统的全部角色,然后调用 listRelatedRoleIdsApi 函数查询用户对应的角色信息进行勾选,代码如下:

```
//第 17 章/library-admin-web/src/views/sys/user/bind-role-drawer.vue
const [registerDrawer, { setDrawerProps, closeDrawer }] = useDrawerInner(async (data) => {
    await resetFields();
    setDrawerProps({ confirmLoading: false });
    isUpdateView.value = !!data?.isUpdateView;
    if (unref(isUpdateView)) {
        await setFieldsValue({
            ...data.record,
        });
    }
    //用户 ID
    userId = data.record?.id || null;
    //从列表页带来的角色下拉数据
    roleData.value = data.roleData.map((item) => ({ key: item.id, ...item }));
    //获取当前用户关联角色
    listRelatedRoleIdsApi(userId).then((apiResult: number[]) => {
        selectedRoleIds.value = apiResult;
    });
});
```

最后根据赋予用户相关角色的信息修改用户和角色的关联表,完成角色绑定,代码如下:

```
//第 17 章/library-admin-web/src/views/sys/user/bind-role-drawer.vue
async function handleSubmit() {
    try {
        await validate();
        setDrawerProps({ confirmLoading: true });
        if (userId) {
            await bindUserRolesApi(userId, selectedRoleIds.value);
        }
```

```
        closeDrawer();
        emit('success');
      } finally {
        setDrawerProps({ confirmLoading: false });
      }
    }
```

5. 用户列表

（1）用户列表承载了用户信息不同的操作，其中用户列表采用的是分页查询列表，这里先修改框架自带的分页字段名，改成项目自定义的分页字段名。打开/src/settings 目录下的 componentSetting.ts 文件，在 fetchSetting 中修改当前页码、当前页的条数及列表数据字段名，代码如下：

```
//第17章/library-admin-web/src/settings/componentSetting.ts
    fetchSetting: {
      //将当前页码修改为后端字段 current
      pageField: 'current',
      //将当前页条数修改为后端字段 size
      sizeField: 'size',
      //将列表数据修改为后端字段 records
      listField: 'records',
      totalField: 'total',
    },
```

（2）打开 user 下的 index.vue 文件，首先使用 TableAction 操作列组件在表格的右侧操作列中渲染相关功能，操作列中的各个功能再使用自定义的组件实现相关功能。操作列的实现，代码如下：

```
//第17章/library-admin-web/src/views/sys/user/index.vue
    <template #bodyCell = "{ column, record }">
      <template v-if = "column.key === 'action'">
        <!--    每行最右侧一列的工具栏    -->
        <TableAction
          :actions = "[
            {
              label: '详情',
              onClick: handleRetrieveDetail.bind(null, record),
            },
            {
              label: '编辑',
              onClick: handleUpdate.bind(null, record),
            },
            {
            label: '绑定角色',
            onClick: handleBindRole.bind(null, record),
            },
            {
```

```
              label: '充值',
              onClick: handInvestMoney.bind(null, record),
            },
            {
              label: '删除',
              color: 'error',
              popConfirm: {
                title: '是否确认删除',
                confirm: handleDelete.bind(null, record),
              },
            },
          ]"
        />
      </template>
    </template>
```

（3）在页面中引用自定义的弹出和抽屉组件，代码如下：

```
//第 17 章/library - admin - web/src/views/sys/user/index.vue
    <!--    详情侧边抽屉    -->
    < SysUserDetailDrawer @register = "registerDetailDrawer" />
    <!--    编辑侧边抽屉    -->
    < SysUserUpdateDrawer @register = "registerUpdateDrawer" @success = "handleSuccess" />
    <!--    绑定角色侧边抽屉    -->
    < BindRoleDrawer @register = "registerBindRoleDrawer" @success = "handleSuccess" />
    <!--    充值弹窗    -->
    < InvestMoneyModal @register = "registerInvestMoneyModal" @success = "handleSuccess" />
```

（4）使用 useDrawer 来操作组件，例如操作用户详情的组件，registerDetailDrawer 用于注册 useDrawer，如果需要使用 useDrawer 提供的 api，则必须将 registerDetailDrawer 传入组件的 onRegister。原理其实很简单，就是 vue 的组件子传父通信，内部通过 emit("register"，instance)实现。同时，独立出去的组件需要将 attrs 绑定到 Drawer 的上面，代码如下：

```
//第 17 章/library - admin - web/src/views/sys/user/index.vue
    //查看详情
    const [registerDetailDrawer, { openDrawer: openDetailDrawer }] = useDrawer();
    //新增/编辑
    const [registerUpdateDrawer, { openDrawer: openUpdateDrawer }] = useDrawer();
    //绑定角色
    const [registerBindRoleDrawer, { openDrawer: openBindRoleDrawer }] = useDrawer();
    //充值
    const [registerInvestMoneyModal, { openModal: openInvestMoneyModal }] = useModal();
```

（5）接下来使用组件自带的 useTable 来使用表单并配置相关属性，在组件中使用 api 获取用户分页查询列表的数据。还可以设置表格展示的一些配置，例如，使用 showTableSetting 来控制表格设置工具的展示；使用 bordered 来控制是否显示表格边框；使用 useSearchForm

来控制是否启用搜索表单,默认为不启用;使用 actionColumn 来设置表格右侧操作列的配置等相关配置,代码如下:

```
//第17章/library-admin-web/src/views/sys/user/index.vue
const [registerTable, { reload }] = useTable({
    title: '后台用户',
    api: listSysUserApi,
    columns,
    formConfig: {
        labelWidth: 120,
        schemas: queryFormSchema,
    },
    useSearchForm: true,
    showTableSetting: true,
    bordered: true,
    showIndexColumn: false,
    actionColumn: {
        width: 160,
        title: '操作',
        dataIndex: 'action',
        slots: { customRender: 'action' },
        fixed: undefined,
    },
});
```

到此,用户管理前端相关功能已基本完成,完整的代码可以在本书提供的配套资源中获取。

17.2.3　测试

启动前后端项目,在浏览器中访问项目后台管理并登录到系统中,在系统管理中单击系统用户菜单,这样就会将数据库中的用户展示出来,如图17-3所示。

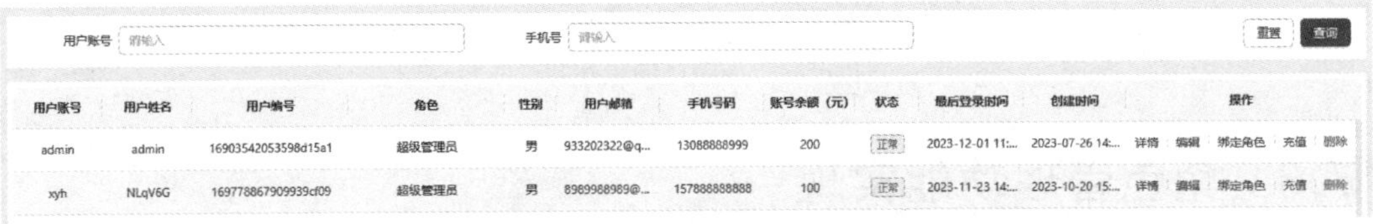

用户账号	用户姓名	用户编号	角色	性别	用户邮箱	手机号码	账号余额 (元)	状态	最后登录时间	创建时间	操作
admin	admin	1690354205359 8d15a1	超级管理员	男	933202322@q...	13088888999	200	正常	2023-12-01 11:...	2023-07-26 14:...	详情 编辑 绑定角色 充值 删除
xyh	NLqV6G	1697788679099 939cf09	超级管理员	男	89699689890...	157888888888	100	正常	2023-11-23 14:...	2023-10-20 15:...	详情 编辑 绑定角色 充值 删除

图 17-3　用户列表展示

在操作类中单击详情,可以查看该用户的详情信息,如图17-4所示。

测试一下绑定角色功能,先保证在角色表中至少添加两个角色数据,例如,在笔者的数据库中有超级管理员和普通用户两个角色,登录的用户并没有绑定普通用户的权限。接下来,首先单击"绑定角色",然后勾选普通用户,并在右下方单击"确认"按钮,完成绑定,如图17-5所示。

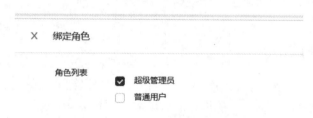

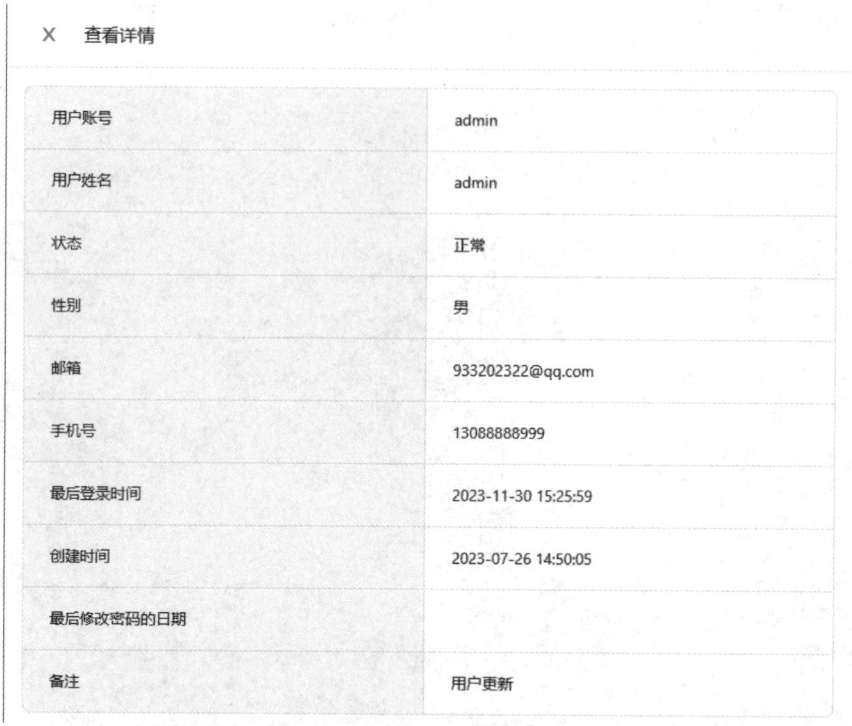
X 查看详情
用户账号
admin
用户姓名
admin
状态
正常
性别
男
邮箱
933202322@qq.com
手机号
13088888999
最后登录时间
2023-11-30 15:25:59
创建时间
2023-07-26 14:50:05
最后修改密码的日期
备注
用户更新

图 17-4　用户详情展示

X 绑定角色
角色列表
超级管理员
普通用户

图 17-5　用户绑定角色

17.3　角色管理功能实现

在前端项目中实现角色管理，主要实现的功能为查看角色详情、编辑角色信息、删除角色及最重要的绑定菜单功能。基本的业务代码实现和系统用户差不多。如果菜单数据库中没有角色菜单信息，则需要先添加一个角色的菜单，然后赋值给登录系统用户相关的角色，能够在系统左侧进行展示系统角色的菜单。

(1) 在 src/api/sys 目录下的 role. ts 接口文件中，添加角色相关接口，主要包括以下功能，删除角色、查询单个角色信息、更新角色信息、添加角色及绑定角色与菜单，代码如下：

```
//第 17 章/library-admin-web/src/api/sys/role.ts
  //删除角色
  DeleteRoleById = '/role/delete',
  //查询单个角色信息
  GetRoleInfoById = '/role/queryById',
  //更新角色信息
  UpdateRole = '/role/update',
  //添加角色
  CreateRole = '/role/insert',
  //绑定角色与菜单
  SetRoleMenuInfo = '/rolemenu/insert',
```

（2）实现对接口的封装，在开发函数功能时，可以对照接口文档中的接口，并注意接口的请求方法和接收的参数，代码如下：

```
//第 17 章/library-admin-web/src/api/sys/role.ts
export const deleteRoleApi = (id: number) => {
  return defHttp.delete<void>({
    url: `${Api.DeleteRoleById}/${id}`,
  });
};
export const getRoleInfoApi = (id: number) => {
  return defHttp.post<SysRoleInsertOrUpdateForm>({
    url: `${Api.GetRoleInfoById}/${id}`,
  });
};
export const updateSysRoleApi = (updateForm: SysRoleInsertOrUpdateForm) => {
  return defHttp.put<void>({
    url: Api.UpdateRole,
    params: updateForm,
  });
};
export const createSysRoleApi = (insertForm: SysRoleInsertOrUpdateForm) => {
  return defHttp.post<void>({
    url: Api.CreateRole,
    params: insertForm,
  });
};
export const bindRoleMenusApi = (roleId: number, menuIds: number[]) => {
  return defHttp.post<void>({
    url: '${Api.SetRoleMenuInfo}/${roleId}',
    params: {
      menuIds: menuIds,
    },
  });
};
```

（3）在 src/views/sys 目录下，首先新建一个 role 文件夹，然后新建角色详情、角色编辑及绑定菜单的功能组件文件，并在角色的 index.vue 文件中使用这些组件进行整合。生成角色列表的表格配置，代码如下：

```
//第 17 章/library - admin - web/src/views/sys/role/index.vue
    //查看详情
    const [registerDetailDrawer, { openDrawer: openDetailDrawer }] = useDrawer();
    //新增/编辑
    const [registerUpdateDrawer, { openDrawer: openUpdateDrawer }] = useDrawer();
    //绑定角色
    const [registerBindMenuDrawer, { openDrawer: openBindMenuDrawer }] = useDrawer();
    const [registerTable, { reload }] = useTable({
      api: listSysRoleApi,
      columns,
      formConfig: {
        labelWidth: 120,
        autoSubmitOnEnter: true,
        schemas: queryFormSchema,
      },
      useSearchForm: true,
      showTableSetting: false,
      bordered: false,
      showIndexColumn: false,
      actionColumn: {
        width: 80,
        title: '操作',
        dataIndex: 'action',
        fixed: 'right',
      },
    });
```

17.4 菜单管理功能实现

系统菜单功能的实现是对系统菜单页面进行统一管理,菜单是分层级结构的,一个菜单可以作为另一个菜单的上级。菜单中配置了请求后端接口的相关地址,通过角色绑定相应的菜单,实现动态管理菜单的展示。

(1) 打开前端项目,在 api 下的 menu.ts 文件中添加菜单的增、删、改、查接口,代码如下:

```
//第 17 章/library - admin - web/src/api/sys/menu.ts
  //菜单删除
  DeleteMenuById = '/menu/delete',
  //获取单条菜单详情
  GetMenuInfoById = '/menu/queryById',
  //更新菜单
  UpdateMenu = '/menu/update',
  //添加菜单
  CreateMenu = '/menu/insert',
```

(2) 在该 menu.ts 文件中添加相关接口的调用函数并创建存放接口请求和返回数据的 sysMenuModel.ts 文件,代码如下:

```
//第 17 章/library - admin - web/src/api/sys/menu.ts
export const deleteSysMenuApi = (id: number) => {
```

```
      return defHttp.delete < void >({
        url: '$ {Api.DeleteMenuById}/$ {id}',
      });
    };
    export const retrieveSysMenuApi = (id: number) => {
      return defHttp.post({
        url: '$ {Api.GetMenuInfoById}/$ {id}',
      });
    };
    export const updateSysMenuApi = (updateForm: SysMenuInsertOrUpdateForm) => {
      return defHttp.put < void >({
        url: Api.UpdateMenu,
        params: updateForm,
      });
    };
    export const createSysMenuApi = (insertForm: SysMenuInsertOrUpdateForm) => {
      return defHttp.post < void >({
        url: Api.CreateMenu,
        params: insertForm,
      });
    };
```

（3）接下来实现增加菜单的功能，在 src/views/sys/menu 目录下，新建一个 update-drawer.vue 文件，用于更新和添加菜单操作。在新增菜单中，其中菜单标识对应的是后端接口的地址；导航路径为浏览器网址导航，一般父节点设置导航路径时会以/开头，而子节点不以/开头；组件为前端该功能文件的地址，例如，将菜单功能设置为/sys/menu/index，如图 17-6 所示。

图 17-6　添加菜单

菜单添加或修改的实现代码如下：

```
//第17章/library-admin-web/src/views/sys/menu/update-drawer.vue
  async function handleSubmit() {
      try {
          //values 的字段定义,见 ./data.ts 的 insertOrUpdateFormSchema
          const values = await validate();
          setDrawerProps({ confirmLoading: true });
          if (recordId) {
            await updateSysMenuApi(values);
          } else {
            await createSysMenuApi(values);
          }
          closeDrawer();
          emit('success');
      } finally {
          setDrawerProps({ confirmLoading: false });
      }
    }
```

在菜单 data.ts 文件的 insertOrUpdateFormSchema 中,如果在前端页面中将该字段标识为必填项,则需要将 required 的值设置为 true,否则为 false,代码如下：

```
//第17章/library-admin-web/src/views/sys/menu/data.ts
{
    field: 'id',
    label: 'id',
    component: 'Input',
    show: false,
},
{
    field: 'name',
    label: '菜单名称',
    required: true,
    component: 'Input',
    componentProps: {
      placeholder: '例如 User',
    },
},
```

本章小结

本章实现了对系统导航菜单、用户、角色及菜单功能的实现,这些是开发前端项目中的难点,其中重点是菜单树的生成,以及菜单相关信息的展示和添加。

第 18 章

系统工具和监控功能实现

　　系统工具和监控前端相关功能的实现,主要是对数据的展示操作,其中系统工具包括文件管理、邮件配置、公告管理及审核管理,在系统左侧导航中。审核管理和公告管理为单独的导航菜单,这样方便进行角色菜单的权限管理;监控功能目前只针对登录和操作日志的实现,可以扩展添加服务器及各项服务的监控。

18.1　通知公告功能实现

　　如果在前端项目中实现通知公告功能,则关联着审核和定时等相关功能,先实现功能的增、删、改、查,等审核功能对接完成后,再进行公告和审核的联动测试。

1. 添加公告菜单权限

　　在对接公告前端的功能之前,先添加左侧导航菜单栏,将对公告的接口和菜单的展示进行权限管理。

　　首先在/src/views 目录下新建一个 tool 文件夹,用来管理系统工具相关的代码,然后在该文件中创建一个 notice 文件夹,用来实现通知公告功能,并在 notice 中添加一个 index.vue 文件。

　　公告目录创建后,进入后台管理系统中,打开系统菜单,并增加一个通知管理的父菜单。在添加父菜单时,上级菜单默认为空,后端的默认初始为 0,如图 18-1 所示。

　　然后添加公告的子菜单,用来展示公告的相关功能页面,其中权限标识为/notice/ ∗∗,在 notice 目录下的接口都可以访问,然后配置公告主页面的网址/tool/notice/index,如图 18-2 所示。

　　接下来打开系统角色菜单,例如笔者在开发时会将超级管理员作为开发测试的账号,所以这里给超级管理员角色绑定全部菜单。在超级管理员列表的操作中,单击"绑定菜单"选项,然后勾选"通知管理",单击"确认"按钮进行绑定,如图 18-3 所示。

　　如果在绑定菜单时,接口报"用户得到授权,但是访问是被禁止的!"错误信息,并且接口的状态码为 403,则说明接口没有请求的权限,需要添加相关权限,绑定菜单的接口请求的是角色和菜单的关联表的接口,所以还需要在系统菜单中添加相关菜单和权限标识,然后设

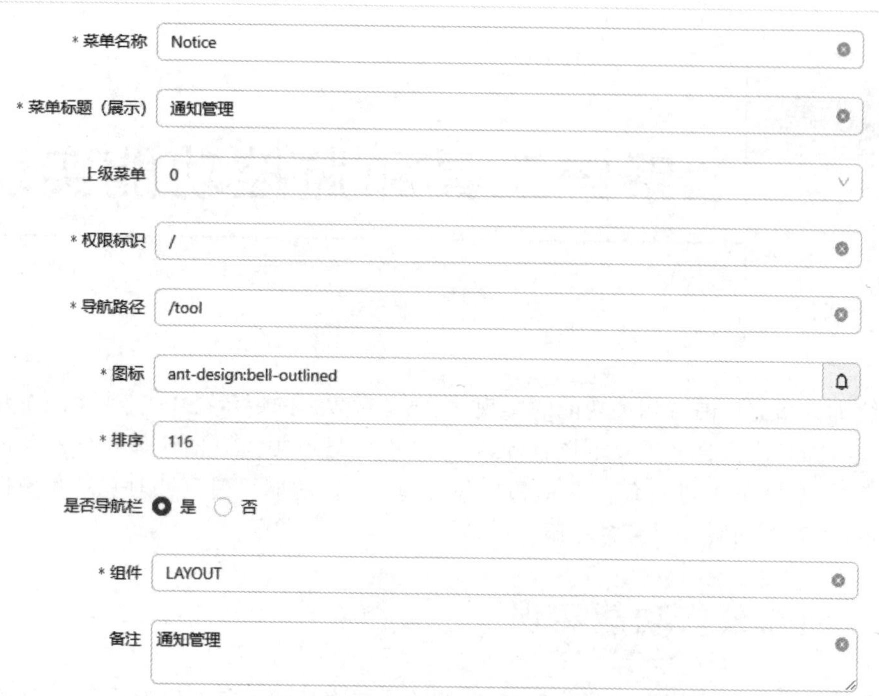

* 菜单名称	Notice	⊗
* 菜单标题（展示）	通知管理	⊗
上级菜单	0	∨
* 权限标识	/	⊗
* 导航路径	/tool	⊗
* 图标	ant-design:bell-outlined	🔔
* 排序	116	
是否导航栏	● 是 ○ 否	
* 组件	LAYOUT	⊗
备注	通知管理	⊗

图 18-1　添加通知公告父菜单

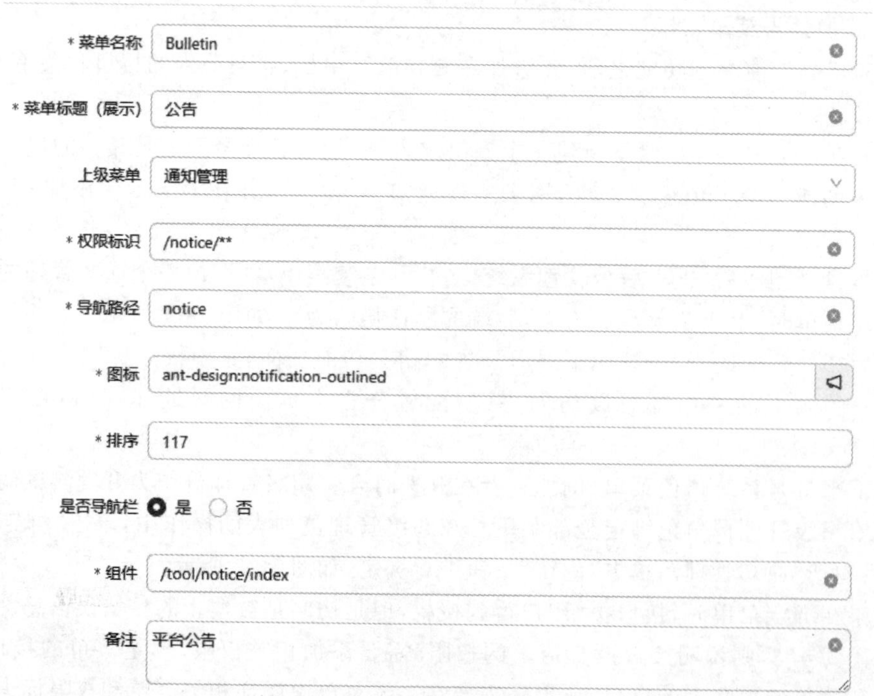

* 菜单名称	Bulletin	⊗
* 菜单标题（展示）	公告	⊗
上级菜单	通知管理	∨
* 权限标识	/notice/**	⊗
* 导航路径	notice	⊗
* 图标	ant-design:notification-outlined	◁
* 排序	117	
是否导航栏	● 是 ○ 否	
* 组件	/tool/notice/index	⊗
备注	平台公告	⊗

图 18-2　添加通知公告子菜单

图18-3 绑定角色菜单

置为不为导航栏,添加完成后,需要手动修改数据库的表,对角色和菜单进行绑定,并在前端的 sys 目录下,新建一个 role-menu 文件和在该目录下创建 index. vue 文件。截至目前,完整的菜单目录如图18-4所示。

菜单标题	菜单名	图标	后端权限地址	组件	导航路径	排序	是否导航栏	备注	创建时间	操作
— 系统管理	System	⚙	/	LAYOUT	/sys	1	是	父节点-系统管理	2023-10-23 13:26:43	详情 编辑 删除
+ 系统用户	User	👤	/user/**	/sys/user/index	user	2	是	子节点-系统管理-用户...	2023-10-23 13:42:13	详情 编辑 删除
+ 系统角色	Role	👥	/role/**	/sys/role/index	role	3	是		2023-11-30 15:24:00	详情 编辑 删除
+ 系统菜单	Menu	🗂	/menu/**	/sys/menu/index	menu	4	是		2023-08-02 21:41:26	详情 编辑 删除
· 用户-角色	UserRole	🔗	/userrole/**	/sys/user-role/index	userRole	5	否	用户和角色关联信息	2023-11-30 15:30:51	详情 编辑 删除
· 角色-菜单	RoleMenu	🔗	/rolemenu/*	/sys/role-menu/index	roleMenu	6	否	角色和菜单关联信息	2023-12-04 11:14:30	详情 编辑 删除
+ 通知管理	Notice			LAYOUT	/tool	116	是	通知管理	2023-12-04 11:08:14	详情 编辑 删除

图18-4 系统菜单目录

添加完成后,经再次绑定后便可以正常请求了,刷新浏览器,左侧的导航栏中就会出现通知管理的导航菜单了,如图18-5所示。

图18-5 通知管理导航菜单

2. 公告功能

(1) 在/src/api 的目录下新建一个 tool 文件夹,用于存放系统工具相关的接口,在文件夹中添加一个 notice. ts 文件,实现公告的接口请求,代码如下:

```
//第18章/library-admin-web/src/api/tool/notice.ts
export const getNoticeList = () => {
  return defHttp.get({ url: Api.GetNoticeList });
};
export const deleteNoticeApi = (id: number) => {
```

```
    return defHttp.delete < void >({
      url: '${Api.DeleteNoticeById}/${id}',
    });
  };
export const createNoticeApi = (params) => {
  return defHttp.post < void >({
    url: Api.CreateNotice,
    params,
  });
};
export const getNoticeInfoApi = (id: number) => {
  return defHttp.post({
    url: '${Api.GetNoticeInfoById}/${id}',
  });
};
export const removeTimeNoticeApi = (id: number) => {
  return defHttp.post < void >({
    url: '${Api.RemoveTimeById}/${id}',
  });
};
```

（2）公告的增加和编辑使用的是一个接口地址，在添加公告的功能页面中，公告内容的输入为富文本插入，类似于 Word 的格式。引入富文本的组件，需要在 data.ts 文件的 insertFormSchema 中添加富文本组件，代码如下：

```
//第18章/library-admin-web/src/views/tool/notice/data.ts
  {
    field: 'noticeContent',
    component: 'Input',
    label: '内容',
    defaultValue: 'defaultValue',
    rules: [{ required: true }],
    render: ({ model, field }) => {
      return h(Tinymce, {
        showImageUpload: false,
        value: model[field],
        onChange: (value: string) => {
          model[field] = value;
        },
      });
    },
  },
```

（3）在公告列表的操作列中，取消定时和编辑的展示需要根据公告的状态进行展示。使用 isShow 属性进行判断。例如，如果公告为定时状态，则在操作列中就会有取消定时操作展示；如果公告为审核不通过或者发布失败状态，则在操作列中会有编辑的操作展示，如图 18-6 所示。

判断状态展示功能的实现，代码如下：

```
//第18章/library-admin-web/src/views/tool/notice/data.ts
    {
            label: '取消定时',
            popConfirm: {
              title: '是否确认取消定时',
              confirm: handleRemoveTime.bind(null, record),
            },
            ifShow: (_action) => {
              return record.noticeStatus == 3;
            },
    },
    {
            label: '编辑',
            onClick: handleUpdate.bind(null, record),
            ifShow: (_action) => {
              //根据业务控制是否显示
              return record.noticeStatus == 2 || record.noticeStatus == 6;
            },
    },
```

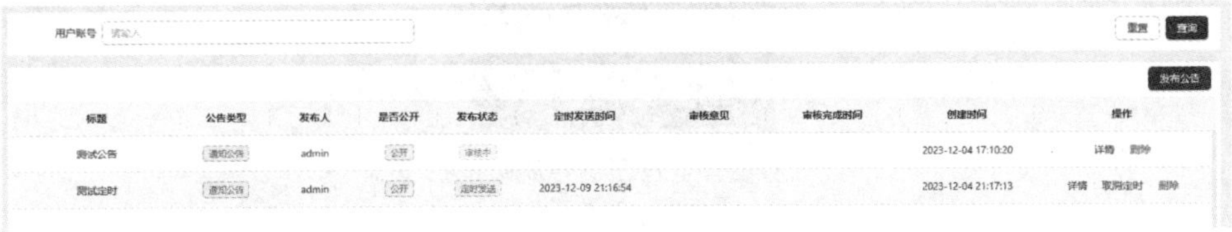

图 18-6　公告管理列表

18.2　审核管理功能实现

在审核管理中包括通知公告审核和图书归还审核,分两个列表分别展示各自的审核数据。

1. 添加公告与借阅审核菜单权限

首先实现审核功能,需要在/src/views目录下新建一个 examine 审核功能的文件夹,并在该文件夹中创建一个名为 notice-audit 和 book-audit 的文件夹,用来区分公告和图书归还审核功能,然后在各自文件夹中添加一个 index. vue 文件,并添加初始化该文件的代码。

进入管理系统,在系统菜单中添加审核管理的父菜单、通知审核与图书归还审核的子菜单,并设置菜单相关的参数,以及各功能的增、删、改、查相关接口菜单等,如图 18-7 所示。

最后在系统角色中,给超级管理员赋予该菜单的权限,然后刷新浏览器,在左侧的菜单栏中可以正常显示审核管理的菜单,其中接口操作的菜单不会在左侧菜单栏中显示,如图 18-8 所示。

2. 审核功能实现

(1) 在审核列表中,共分为审核通过、审核不通过及查看详情功能。在/src/api/tool 目

审核管理	Examine	⊘	/	LAYOUT	/examine	3	是	2023-12-05 09:08:45	详情 编辑 删除
通知审核	NoticeAudit	◁⅛	/	/examine/notice-audit/index	noticeAudit	1	是	2023-12-05 09:10:40	详情 编辑 删除
审核列表	examine-list	⋮≣	/examine/list	/	examineList	1	否	2023-12-09 12:01:18	详情 编辑 删除
审核通过	examine-success	⊘	/examine/success	/	examineSuccess	2	否	2023-12-09 12:07:06	详情 编辑 删除
删除审核	examine-delete	⊗	/examine/delet...	/	examineDelete	3	否	2023-12-09 12:08:05	详情 编辑 删除
审核详情	examine-query...	⋮≣	/examine/query...	/	examineQueryById	4	否	2023-12-09 12:08:57	详情 编辑 删除
审核失败	examine-fail	⊘	/examine/fail	/	examineFail	5	否	2023-12-09 12:09:53	详情 编辑 删除
图书借阅审核	BookAudit	▦	/	/examine/book-audit/index	bookAudit	2	是	2023-12-05 09:53:58	详情 编辑 删除
借阅审...	examine-booka...	▦	/examine/book...	/	examineBookaudit	1	否	2023-12-09 12:15:12	详情 编辑 删除

图 18-7 公告审核菜单管理

图 18-8 审核左侧导航菜单栏

录下,新建一个 examine.ts 文件,添加审核的相关调用接口,代码如下:

```
//第 18 章/library - admin - web/src/api/tool/examine.ts
enum Api {
    //审核列表
    GetNoticeExamineList = '/examine/list',
    //获取审核的详情信息
    GetExamineInfoById = '/examine/queryById',
    //审核成功
    SetExaminePass = '/examine/success',
    //审核失败
    SetExamineFail = '/examine/fail',
    //图书借阅审核列表
    GetReturnBookExamineList = '/examine/bookaudit/list',
}
```

（2）在 notice-audit 和 book-audit 文件夹中,分别创建 audit-fail-modal.vue 和 detail-modal.vue 两个组件文件,用来实现审核失败和审核详情功能,其中使用 convertToPlainText 函数来转换公告的内容信息,代码如下:

```
//第 18 章/library - admin - web/src/views/examine/notice - audit/detail - modal.vue
const [registerModal, { closeModal }] = useModalInner(async (data) => {
    record.value = await getExamineInfoApi(data.record.id);
    record.value.content = convertToPlainText(record.value.content);
});
```

```
function convertToPlainText(htmlContent) {
    const parser = new DOMParser();
    const parsedDocument = parser.parseFromString(htmlContent, 'text/html');
    return parsedDocument.body.textContent;
}
```

（3）在 index.vue 列表展示中，对审核的状态码进行判断，以通过或不通过操作的方式进行展示，这里与公告中的操作列表实现一致，代码如下：

```
//第 18 章/library-admin-web/src/views/examine/notice-audit/index.vue
        {
            label: '通过',
            popConfirm: {
                title: '是否确认通过',
                confirm: handleExaminePass.bind(null, record),
            },
            ifShow: () => {
                return record.examineStatus !== 1 && record.noticeStatus !== 2;
            },
        },
        {
            label: '不通过',
            onClick: handleExamineFail.bind(null, record),
            ifShow: () => {
                return record.examineStatus !== 1 && record.noticeStatus !== 2;
            },
        },
```

3. 测试

通知公告和图书归还的审核功能已经实现，由于图书的功能还未对接完成，先测试公告的相关功能。首先进入系统中，在通知公告中添加一条公告信息，如图 18-9 所示。

图 18-9　添加公告

此时，如果打开通知审核页面，就会有一条待审核的公告，在操作列中选择通过或不通过进行相关审核，如图 18-10 所示。

图 18-10　公告审核

在选择审核通过后，再次查看公告列表，就会看到公告的状态已经变为了发布成功，此时公告和审核的相关功能已实现。

18.3　文件管理功能实现

文件管理功能相对比较简单,只需完成删除、查询和下载功能。首先在/src/api/tool目录下新建一个 fileInfo.ts 文件,用来实现对接后端的相关接口,代码如下:

```
//第18章/library-admin-web/src/api/tool/fileInfo.ts
export const getFileListInfoApi = (queryForm: any) => {
  return defHttp.get({
    url: Api.GetFileList,
    params: queryForm,
  });
};
export const deleteFileApi = (id: number) => {
  return defHttp.delete < void >({
    url: `${Api.DeleteFileById}/${id}`,
  });
};
```

在/src/views/tool目录下新建一个 file 文件夹,并在文件夹中创建 index.vue 主页面,在页面中实现删除、下载图片等功能,其中下载功能使用的是框架已经封装好的组件,只须获取图片的地址便可以完成下载,需要注意的是这里并没有用到后端下载文件的接口,代码如下:

```
//第18章/library-admin-web/src/views/tool/index.vue
  function handleDownload(record: Recordable) {
    let str = record.url.slice(record.url.lastIndexOf('.'));
    let urlEnd = ['.jpg', '.png', '.JPG', '.PNG'];
    //下载图片
    if (urlEnd.includes(str)) {
      downloadByOnlineUrl(record.url, record.originalFilename);
    } else {
      //下载文件
      downloadByUrl({
        url: record.url,
        target: '_self',
        fileName: record.originalFilename,
      });
    }
  }
```

页面实现完成后进入系统,在系统菜单中添加系统工具父菜单及文件管理子菜单,并赋予相应的角色权限,如图 18-11 所示。

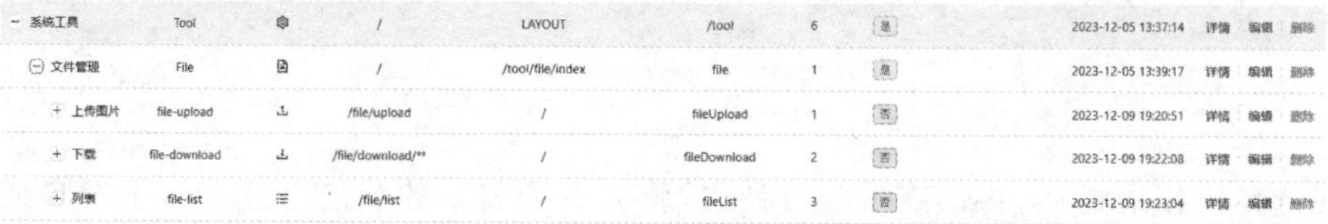

	系统工具	Tool	⚙	/	LAYOUT	/tool	6	显	2023-12-05 13:37:14	详情 编辑 删除
⊟	文件管理	File	▤	/	/tool/file/index	file	1	显	2023-12-05 13:39:17	详情 编辑 删除
+	上传图片	file-upload	↥	/file/upload	/	fileUpload	1	显	2023-12-09 19:20:51	详情 编辑 删除
+	下载	file-download	↧	/file/download/**	/	fileDownload	2	显	2023-12-09 19:22:08	详情 编辑 删除
+	列表	file-list	☰	/file/list	/	fileList	3	显	2023-12-09 19:23:04	详情 编辑 删除

图 18-11　添加文件管理子菜单

18.4　邮件与监控管理功能实现

（1）邮件与监控功能都实现了基础功能，其中监控功能包括操作日志和登录日志，只用于查询。在 src/api/tool 目录下新建一个 emailConfig.ts 文件，用来对接后端接口的地址，代码如下：

```
//第18章/library-admin-web/src/views/tool/emailConfig.ts
export const getEmailConfigList = () => {
  return defHttp.get({ url: Api.GetEmailConfigList });
};
export const deleteEmailConfigApi = (id: number) => {
  return defHttp.delete<void>({
    url: '${Api.DeleteEmailConfigById}/${id}',
  });
};
export const updateEmailConfigApi = (updateForm: EmailConfigInsertOrUpdateForm) => {
  return defHttp.put<void>({
    url: Api.UpdateEmailConfig,
    params: updateForm,
  });
};
export const createEmailConfigApi = (insertForm: EmailConfigInsertOrUpdateForm) => {
  return defHttp.post<void>({
    url: Api.CreateEmailConfig,
    params: insertForm,
  });
};
```

（2）在 src/api/sys 目录下新建一个 log.ts 文件，实现日志接口的地址，代码如下：

```
//第18章/library-admin-web/src/api/sys/log.ts
export const listSysLogApi = (queryForm: any) => {
  return defHttp.get<SysLogApiResult[]>({
    url: Api.DO_LOG,
    params: queryForm,
  });
};
export const listSysLoginLogApi = (queryForm: any) => {
  return defHttp.get<SysLogApiResult[]>({
    url: Api.LOGIN_LOG,
    params: queryForm,
  });
};
```

（3）在 views 目录中创建监控 monitor 文件夹和邮件 email 文件夹，并实现相关的业务代码，具体的目录如图 18-12 所示。

（4）进入后台管理中，首先将邮件功能与监控相关接口菜单添加到系统管理中，然后赋予相应的角色权限，如图 18-13 所示。

图 18-12　邮件与监控实现目录

邮件配置	Email	✉	/	/tool/email/index	email	2	否	2023-12-05 17:06:58	详情 编辑 删除
+ 列表	emailconfig-list	☰	/emailconfig/list		emailconfigList	1	否	2023-12-05 19:23:46	详情 编辑 删除
+ 添加	emailconfig-ins...	✉	/emailconfig/in...		emailconfigInsert	2	否	2023-12-05 19:25:11	详情 编辑 删除
+ 编辑	emailconfig-up...	✎	/emailconfig/up...		emailconfigUpdate	3	否	2023-12-05 19:26:14	详情 编辑 删除
+ 删除	emailconfig-del...	🗑	/emailconfig/de...		emailconfigDelete	4	否	2023-12-05 19:27:13	详情 编辑 删除
- 系统监控	Monitor	☑	/	LAYOUT	/monitor	7	否	2023-12-05 17:25:41	详情 编辑 删除
+ 操作日志	OperLog	✎	/	/monitor/oper-log/index	operLog	1	否	2023-12-05 17:28:32	详情 编辑 删除
+ 登录日志	LoginLog	①	/	/monitor/login-log/index	loginLog	2	否	2023-12-05 20:41:04	详情 编辑 删除

图 18-13　系统监控与系统工具菜单

（5）在后端的代码实现中，操作日志在很多接口中都没有添加，在这里对后端所有的接口都使用注解@LogSys 添加日志，例如，登出接口日志的添加，其余的日志添加代码，可在本书配套的资源中获取相关代码，代码如下：

```
//第 18 章/library/library-admin/LoginController.java
@LogSys(value = "退出", logType = LogTypeEnum.LOGIN_OUT)
@GetMapping("/logout")
public Result< Object> logout() {
    return Result.success("退出成功");
}
```

对应的前端页面的展示，在真实的项目中，普通用户是看不到操作日志与登录日志的，这里项目为了演示，笔者对 IP 地址与 IP 来源进行了隐藏。在自己的测试中可以不隐藏 IP 等信息，如图 18-14 所示。

用户名	IP地址	IP来源	浏览器	描述	请求方法	请求参数	创建时间
admin	演示环境，不对外展示	演示环境，不对外展示	Chrome 119	用户分页查询列表	com.library.admin.controller.UserCo...	{"current":1,"size":10}	2023-12-05 10:50:53
admin	演示环境，不对外展示	演示环境，不对外展示	Chrome 119	用户分页查询列表	com.library.admin.controller.UserCo...	{"current":1,"size":10,"username":"11"}	2023-12-05 10:44:59
admin	演示环境，不对外展示	演示环境，不对外展示	Chrome 119	用户分页查询列表	com.library.admin.controller.UserCo...	{"current":1,"size":10}	2023-12-05 10:44:58
admin	演示环境，不对外展示	演示环境，不对外展示	Chrome 119	用户分页查询列表	com.library.admin.controller.UserCo...	{"current":1,"size":10}	2023-12-04 00:04:12
admin	演示环境，不对外展示	演示环境，不对外展示	Chrome 119	用户分页查询列表	com.library.admin.controller.UserCo...	{"current":1,"size":10}	2023-12-05 09:59:28
admin	演示环境，不对外展示	演示环境，不对外展示	Chrome 119	用户分页查询列表	com.library.admin.controller.UserCo...	{"current":1,"size":10}	2023-12-04 11:19:53
admin	演示环境，不对外展示	演示环境，不对外展示	Chrome 119	用户分页查询列表	com.library.admin.controller.UserCo...	{"current":1,"size":10}	2023-12-04 11:18:23
admin	演示环境，不对外展示	演示环境，不对外展示	Chrome 119	用户分页查询列表	com.library.admin.controller.UserCo...	{"current":1,"size":10}	2023-12-04 11:16:41
admin	演示环境，不对外展示	演示环境，不对外展示	Chrome 119	用户分页查询列表	com.library.admin.controller.UserCo...	{"current":1,"size":10}	2023-12-04 11:16:35
admin	演示环境，不对外展示	演示环境，不对外展示	Chrome 119	用户分页查询列表	com.library.admin.controller.UserCo...	{"current":1,"size":10}	2023-12-04 11:11:20

图 18-14　操作日志列表

本章小结

本章实现了通知、审核、文件配置、邮件配置及日志监控等相关功能,这些都是项目的基础功能部分。通过这些功能的实现,基本上了解到该前端框架开发的思路与流程,为以后项目的扩展奠定了基础技术的知识与运用。

第19章

图书管理功能实现

图书管理是本项目开发中的核心业务,在前端项目中有图书分类、图书管理、图书借阅等功能。通过前端代码的实现,为用户提供一个直观、便捷和个性化的图书管理与借阅平台。无论是界面设计还是搜索功能,这些前端功能的实现将为用户带来更加愉悦和丰富的阅读体验。

19.1 图书分类功能实现

(1) 图书分类功能和系统菜单的展示一致,均采用树形结构进行展示。在/src/api目录新建一个 library/bookType 文件夹,并在该文件中创建一个 bookType.ts 文件,用来实现对接后端接口地址,代码如下:

```
//第19章/library-admin-web/src/api/library/bookType/bookType.ts
export const listAllBookTypeApi = () => {
  return defHttp.get<BookTypeApiResult[]>({ url: Api.GetBookTypeListTree });
};
export const deleteBookTypeApi = (id: number) => {
  return defHttp.delete<void>({
    url: '${Api.DeleteBookTypeById}/${id}',
  });
};
export const updateBookTypeApi = (updateForm: BookTypeInsertOrUpdateForm) => {
  return defHttp.put<void>({
    url: Api.UpdateBookType,
    params: updateForm,
  });
};
export const createBookTypeApi = (insertForm: BookTypeInsertOrUpdateForm) => {
  return defHttp.post<void>({
    url: Api.CreateBookType,
    params: insertForm,
  });
};
```

(2) 在/src/views目录下创建 library/book-type 文件夹,用来实现图书分类前端页面,

在 update-drawer.vue 文件中实现增加与修改分类,并更新图书分类树的数据,代码如下:

```
//第19章/library-admin-web/src/views/library/book-type/update-drawer.vue
const [registerDrawer, { setDrawerProps, closeDrawer }] = useDrawerInner(async (data) => {
    await resetFields();
    setDrawerProps({ confirmLoading: false });
    isUpdateView.value = !!data?.isUpdateView;
    if (unref(isUpdateView)) {
      await setFieldsValue({
        ...data.record,
      });
    }
    //主键 ID
    recordId = data.record?.id || null;
    //更新上级菜单树状数据
    const parentIdTreeData = await listAllBookTypeApi();
    await updateSchema({
      field: 'parentId',
      componentProps: {
        treeData: parentIdTreeData,
        replaceFields: DEFAULT_TREE_SELECT_FIELD_NAMES,
      },
    });
  });
```

（3）基础代码实现完成后,进入后台管理系统中,在系统菜单中添加图书分类菜单,图书分类被划分在图书管理菜单中,创建一个图书管理的父菜单和图书分类的相关请求接口。添加完成后在系统角色中绑定相关角色,如图 19-1 所示。

	图书管理	Library	田	/	LAYOUT	/library	1	是		2023-12-06 09:31:16	详情 编辑 删除
	⊖ 图书分类	BookType	图	/	/library/book-type/index	bookType	1	是		2023-12-06 09:33:33	详情 编辑 删除
	+ 分类列表	BookType-list	图	/booktype/list	/	bookTypeList	1	否		2023-12-09 10:36:15	详情 编辑 删除
	+ 添加分类	BookType-insert		/booktype/insert	/	bookTypeInsert	2	否		2023-12-09 11:19:34	详情 编辑 删除
	+ 分类详情	BookType-quer...		/booktype/quer...	/	BookTypeQueryById	3	否		2023-12-09 11:44:31	详情 编辑 删除
	+ 删除分类	BookType-delete	⊗	/booktype/dele...	/	BookTypeDelete	4	否		2023-12-09 11:45:25	详情 编辑 删除
	+ 分类树	BookType-tree	⋎	/booktype/tree	/	BookTypeTree	5	否		2023-12-09 11:46:17	详情 编辑 删除
	+ 编辑分类	BookType-upda...	∠	/booktype/upd...	/	BookTypeUpdate	6	否		2023-12-09 11:47:16	详情 编辑 删除

图 19-1　图书分类菜单

绑定完成后,刷新浏览器,在左侧菜单导航中打开图书分类菜单,查看页面是否有数据展示,如果没有,则新添加一条图书分类进行测试,如图 19-2 所示。

图 19-2　图书分类列表

19.2　图书功能实现

图书管理涉及图书封面的上传与图书分类等功能,需要将这些功能在添加、编辑图书时进行整合,这也是本章的难点之一。

1. 图书接口

首先,按照前端的开发流程,先来添加图书管理的相关接口,在/src/api/library 目录下,新建 book 文件夹,并创建 book.ts 文件与 model 文件夹,并在 model 目录中添加 sysBookModel.ts 文件,用来存放请求后端接口和返回的相关参数。在 book.ts 文件中,添加后端接口的调用函数,代码如下:

```
//第 19 章/library - admin - web/src/api/library/book/book.ts
export const listBookApi = (queryForm: any) => {
  return defHttp.get<BookApiResult[]>({
    url: Api.GetBookList,
    params: queryForm,
  });
};
export const deleteBookApi = (id: number) => {
  return defHttp.delete<void>({
    url: '${Api.DeleteBookById}/${id}',
  });
};
export const updateBookApi = (updateForm: BookInsertOrUpdateForm) => {
  return defHttp.put<void>({
    url: Api.UpdateBook,
    params: updateForm,
  });
};
export const createBookApi = (insertForm: BookInsertOrUpdateForm) => {
  return defHttp.post<void>({
    url: Api.CreateBook,
    params: insertForm,
  });
};
export const getBookInfoApi = (id: number) => {
  return defHttp.post({
    url: '${Api.GetBookInfoById}/${id}',
  });
};
```

2. 添加与编辑图书

(1) 在 book 文件夹中,创建一个 data.ts 文件,并添加一个 insertOrUpdateFormSchema 新增或编辑的表单数据。在页面选择图书分类时,使用的是 ApiTreeSelect 组件下拉列表格式,在 componentProps 组件设置中调用获取图书分类的树结构数据,然后将图书分类指定为必填项,用户需要在提交表单时选择一个图书类别。最后使用 onChange 事件处理函数,

当图书类别选择发生改变时会触发,在这里它会打印出触发事件时的 e 和 v 参数,代码
如下:

```
//第19章/library-admin-web/src/views/library/book/data.ts
  {
    field: 'bookType',
    component: 'ApiTreeSelect',
    required: true,
    label: '图书类别',
    componentProps: {
      api: listAllBookTypeApi,
      resultField: 'parentId',
      labelField: 'title',
      valueField: 'id',
      onChange: (e, v) => {
        console.log('ApiTreeSelect ====>:', e, v);
      },
    },
  },
```

(2) 在添加或编辑图书时会有图书封面图片的添加或修改,在添加完成后,还可以预览
该图片。首先使用 Upload 组件进行上传操作,并调用框架自带的 uploadApi 函数对图片进
行上传,上传的接口地址已经在 vite.config.ts 配置文件中配置过了,代码如下:

```
//第19章/library-admin-web/src/views/library/book/data.ts
  {
    field: 'coverImgUpload',
    label: '封面图片',
    component: 'Upload',
    rules: [{ required: true, message: '请选择上传文件' }],
    componentProps: {
      api: async (params, onUploadProgress) => {
        //将文件类别指定为书籍封面
        params.data.objectType = 1;
        return uploadApi(params, onUploadProgress);
      },
      //最多上传1张封面
      maxNumber: 1,
      //文件后缀
      accept: ['JPG', 'PNG'],
      //仅单选
      multiple: false,
    },
    ifShow: (val: RenderCallbackParams) => {
      //新增时使用本组件,强制要求上传封面图片
      return !val.values.id;
    },
  },
```

(3) 预览功能的实现,将调用上传封面图片接口成功后返回的图片地址进行展示,代码
如下:

```
//第 19 章/library-admin-web/src/views/library/book/data.ts
  {
    field: 'bookImgUrl',
    label: '当前封面图片预览',
    component: 'Input',
    render: (val) => {
      return h(Image, { src: val.values.bookImgUrl, width: 150 });
    },
    ifShow: (val: RenderCallbackParams) => {
      //仅当封面图片有值时,才渲染图片组件
      return !!val.values.bookImgUrl;
    },
  },
```

（4）在/src/components/Upload/src/components 目录下的 UploadModal.vue 文件中,修改 handleOk 函数中获取上传图片接口返回的图片地址,从 data 对象中获取 url 的值,代码如下：

```
//第 19 章/library-admin-web/src/components/Upload/src/components UploadModal.vue
  for (const item of fileListRef.value) {
    const { status, response } = item;
    if (status === UploadResultStatus.SUCCESS && response) {
      fileList.push(response.data.url);
    }
  }
```

（5）在 book 目录中创建 update-drawer.vue 文件,然后实现添加或编辑图书的页面,在提交表单数据时,对图书封面的地址进行赋值操作,代码如下：

```
//第 19 章/library-admin-web/src/views/library/book/update-drawer.vue
  async function handleSubmit() {
    try {
      //values 的字段定义,见 ./data.ts 的 insertOrUpdateFormSchema
      const values = await validate();
      //如果上传了封面图片,则赋值封面图片字段
      if (values.coverImgUpload) {
        values.bookImgUrl = values.coverImgUpload[0];
        delete values.coverImgUpload;
      }
      setDrawerProps({ confirmLoading: true });
      if (recordId) {
        await updateBookApi(values);
      } else {
        await createBookApi(values);
      }
      closeDrawer();
      emit('success');
    } finally {
      setDrawerProps({ confirmLoading: false });
    }
  }
```

图书的详情、删除和列表展示相对比较简单,可以参照本书配套的项目文件进行编写。

3. 测试

进入后台管理系统中,在系统菜单的图书管理父菜单中添加图书菜单,然后在系统角色中绑定相关角色,如图 19-3 所示。

图 19-3　添加图书管理菜单

打开图书管理页面新增一条图书记录,并上传图书封面进行测试,如图 19-4 所示。

图 19-4　添加图书

19.3 图书借阅管理功能实现

图书借阅管理分为两部分,一部分是借阅记录,可供借阅者自行查询借阅情况;另一部分是图书借阅,可以查看图书的相关信息及借阅的状态等。

19.3.1 图书借阅

图书借阅列表请求的是图书列表的接口,只是在页面上展示了部分信息。在列表中添加了借阅功能,当读者查找到需要借阅的图书时,只需单击"借阅"按钮,然后输入借阅的数量,便可以完成借阅操作。这里只是完成了简单的流程,可以后续扩展续约、预约等功能。

(1) 首先在/src/api/library 目录下新建一个 borrowing 文件夹,然后添加一个调用图书借阅记录接口的文件 bookborrowing.ts,并在文件中添加借阅的接口及相对应的请求参数,代码如下:

```
//第 19 章/library - admin - web/src/api/library/borrowing/bookborrowing.ts
export const createBookBorrowingApi = (insertForm: BookBorrowingInsertOrUpdateForm) = > {
  return defHttp.post < void >({
    url: Api.CreateBookBorrowing,
    params: insertForm,
  });
};
```

(2) 添加图书借阅的页面文件,在 views 目录下新建一个 borrowing 文件夹,在该文件夹中再划分图书借阅 book-borrowing 和借阅记录 borrowing-record 两个文件夹。首先在 book-borrowing 文件夹中创建图书借阅的功能组件 book-borrow-model.vue。在页面中,借阅者只需添加借阅的数量,其中图书名称和图书的书号只用于展示而不能修改,实现的方法是,使用 dynamicDisabled 动态禁用属性的函数,通过判断表单的 values 对象中是否存在 id 属性,以此来决定是否禁用该输入框。如果 values 对象中存在 id 属性,则返回值为 true;否则返回值为 false。可以根据实际情况动态地控制输入框的禁用状态,代码如下:

```
//第 19 章/library - admin - web/src/views/borrowing/book - borrowing/data.ts
  {
    field: 'name',
    label: '图书名',
    required: true,
    component: 'Input',
    dynamicDisabled: ({ values }) = > {
      return !!values.id;
    },
  },
  {
    field: 'isbn',
    label: 'ISBN 书号',
```

```
      required: true,
      component: 'InputNumber',
      componentProps: {},
      dynamicDisabled: ({ values }) => {
        return !!values.id;
      },
    },
```

(3) 在图书借阅接口中,由于前端传递的 ID 是图书的 ID,而后端接收的是 bookId,所以需要在前端请求接口之前进行转换,并检查后端的借阅接口中的 BorrowingInsert 对象是否有 id 属性,如果有,则删除。在 book-borrow-model. vue 文件中,前端借阅提交表单数据的实现,代码如下:

```
//第 19 章/library-admin-web/src/views/borrowing/book-borrow-model.vue
    async function handleSubmit() {
      try {
        const values = await validate();
        setModalProps({ confirmLoading: true });
        //提交表单
        values.bookId = values.id;
        await createBookBorrowingApi(values);
        //关闭弹窗
        closeModal();
        //刷新列表
        emit('success');
      } finally {
        setModalProps({ confirmLoading: false });
      }
    }
```

(4) 借阅的组件已经完成,图书列表和详情功能实现不再展示,可以查看源代码进行参照学习。进入后台管理系统中,在系统菜单中添加借阅记录和图书借阅两个菜单,并绑定相应的角色,如图 19-5 所示。

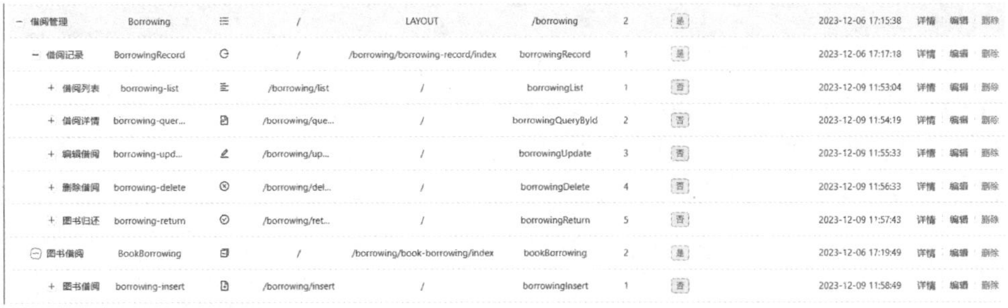

− 借阅管理	Borrowing	/	LAYOUT	/borrowing	2	是	2023-12-06 17:15:38	详情 编辑 删除
− 借阅记录	BorrowingRecord	/	/borrowing/borrowing-record/index	borrowingRecord	1	是	2023-12-06 17:17:18	详情 编辑 删除
+ 借阅列表	borrowing-list	/borrowing/list	/	borrowingList	1	否	2023-12-09 11:53:04	详情 编辑 删除
+ 借阅详情	borrowing-quer...	/borrowing/que...	/	borrowingQueryById	2	否	2023-12-09 11:54:19	详情 编辑 删除
+ 编辑借阅	borrowing-upd...	/borrowing/up...	/	borrowingUpdate	3	否	2023-12-09 11:55:33	详情 编辑 删除
+ 删除借阅	borrowing-delete	/borrowing/del...	/	borrowingDelete	4	否	2023-12-09 11:56:33	详情 编辑 删除
+ 图书归还	borrowing-return	/borrowing/ret...	/	borrowingReturn	5	否	2023-12-09 11:57:43	详情 编辑 删除
⊖ 图书借阅	BookBorrowing	/	/borrowing/book-borrowing/index	bookBorrowing	2	是	2023-12-06 17:19:49	详情 编辑 删除
+ 图书借阅	borrowing-insert	/borrowing/insert	/	borrowingInsert	1	否	2023-12-09 11:58:49	详情 编辑 删除

图 19-5　添加借阅管理菜单

刷新浏览器,在左侧的导航菜单中选择图书借阅,此时会出现所有图书的相关信息,如图 19-6 所示。

图 19-6　图书借阅列表

19.3.2　借阅记录

图书借阅记录记录着每个读者的借书情况,其中有借阅详情和还书操作,不同的读者展示的数据不一致,只能展示自己借阅的数据,不可以查看其他读者的借阅信息。在该记录中会展示图书借阅是否逾期,逾期费用及借阅数量等信息。

(1) 在接口文件 bookborrowing.ts 中,添加借阅记录的相关调用函数,代码如下:

```
//第 19 章/library-admin-web/src/api/library/bookborrowing.ts
export const listBookBorrowingApi = (queryForm: any) => {
  return defHttp.get({
    url: Api.GetBookBorrowingList,
    params: queryForm,
  });
};
export const getBookBorrowingInfoApi = (id: number) => {
  return defHttp.post({
    url: '${Api.GetBookBorrowingInfoById}/${id}',
  });
};
export const returnBookApi = (id: number) => {
  return defHttp.post({
    url: '${Api.ReturnBookById}/${id}',
  });
};
```

(2) 添加实现借阅记录页面的文件,其中在借阅记录列表的操作列中,还书功能是按照借阅的状态进行展示的,如果借阅记录是已归还或还书审核中的状态,则不显示还书功能,而其余的状态都会显示,代码如下:

```
//第 19 章/library-admin-web/src/bookborrowing-record/index.vue
{
    label: '还书',
    popConfirm: {
        title: '是否确认还书',
        confirm: handleReturnBook.bind(null, record),
    },
    ifShow: () => {
```

```
        //根据业务控制是否显示
        return record.borrowStatus !== 1 && record.borrowStatus !== 3;
      },
    },
```

（3）打开浏览器，进入后台管理系统中，在借阅管理菜单下打开借阅记录就可以查看相关的借阅信息，如果没有数据，则可在图书借阅中借阅一本书，然后查看就会出现借阅的记录信息，单击操作中的"还书"按钮，就会进入审核流程，在审核管理的图书借阅审核中查看该提交的信息，并审核通过。此时返回借阅记录中就可以看到该图书已经归还完成，图书借阅的流程也已经完成，如图 19-7 所示。

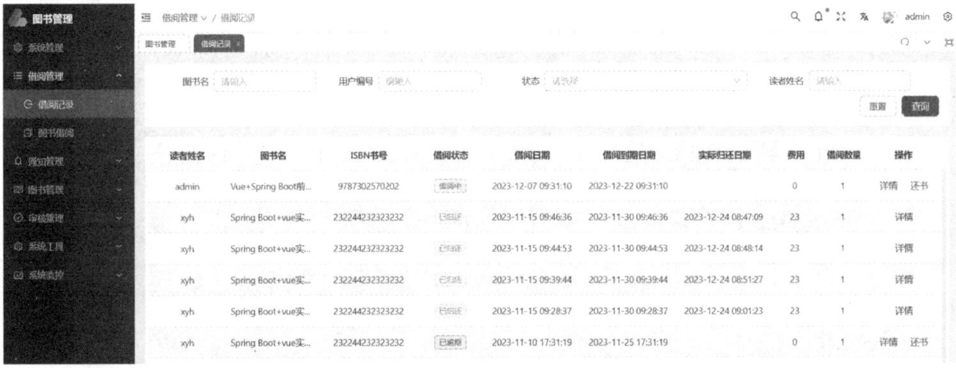

图 19-7　借阅记录列表

19.4　图书项目功能完善

本项目的前端开发基本业务已经开发完成，接下来需要对前端项目功能进行完善，现在还需要添加个人中心菜单，在个人中心中可以实现修改当前用户的密码和个人的相关资料，例如头像、地址等信息。

19.4.1　修改密码

在/src/api/sys 目录下的 user.ts 文件中添加一个修改当前用户密码接口的调用函数，并在 sysUserModel.ts 文件中添加 SysUserUpdatePasswordForm 接口，设置修改密码接口请求的相关参数，代码如下：

```
//第 19 章/library-admin-web/src/api/sys/user.ts
export const updateCurrentSysUserPasswordApi = (form: SysUserUpdatePasswordForm) => {
  return defHttp.post < void >({
    url: Api.ChangePassword,
    params: form,
  });
};
```

在 views 目录下新建一个名为 personal 的文件夹,并添加 change-password 文件夹用来存放修改密码的前端页面。在修改密码的页面中,需要填写当前密码、新密码和确认密码,其中确认密码需要和所填写的新密码进行比较,在两个新密码填写一致的情况下才可以通过,在 data.ts 文件中进行表单验证,代码如下:

```
//第 19 章/library-admin-web/src/views/personal/change-password/data.ts
{
    field: 'confirmNewPassword',
    label: '确认密码',
    component: 'InputPassword',
    dynamicRules: ({ values }) => {
      return [
        {
          required: true,
          validator: (_, value) => {
            if (!value) {
              return Promise.reject('确认密码不能为空');
            }
            if (value !== values.newPassword) {
              return Promise.reject('两次输入的密码不一致!');
            }
            return Promise.resolve();
          },
        },
      ];
    },
  },
```

在 index.vue 文件中提交修改密码后,将前端的缓存中的 Token 设置为 null,并退出重新登录,代码如下:

```
//第 19 章/library-admin-web/src/views/personal/change-password/index.vue
    async function handleSubmit() {
        const values = await validate();
        const { oldPassword, newPassword, confirmNewPassword } = values;
        await updateCurrentSysUserPasswordApi({
          oldPassword,
          newPassword,
          confirmNewPassword,
        });
        createMessage.success('修改成功, 请重新登录');
        const userStore = useUserStoreWithOut();
        userStore.setToken(undefined);
        await userStore.logout(true);
    }
```

最后,进入后台管理系统中,添加修改密码的菜单信息,并绑定相关角色,即可访问该功能页面,如图 19-8 所示。

修改当前用户密码

修改成功后会自动退出当前登录!

* 当前密码	请输入	⊘
* 新密码	新密码	⊘
* 确认密码	请输入	⊘

重置 确认

图 19-8 修改当前用户密码界面

19.4.2 个人资料

在后端项目中,当前用户个人资料的修改的接口还没有实现,先要添加后端接口的实现,在 UserController.java 文件中,添加一个名为 updateBaseSetting 的方法,然后调用更新用户的方法,代码如下:

```java
//第 19 章/library/library-admin/UserController.java
    @PutMapping("/update/baseSetting")
    public Result<?> updateBaseSetting (@ Valid @ RequestBody UserUpdate param, @
CurrentUser CurrentLoginUser currentLoginUser) {
        param.setId(currentLoginUser.getUserId());
        param.setUsername(currentLoginUser.getUsername());
        userService.update(param);
        return Result.success();
    }
```

在/src/api/sys 目录下的 user.ts 文件中添加修改当前用户信息接口的调用函数,并在 sysUserModel.ts 文件中添加 UpdateBaseSettingForm 接口,配置修改当前用户基础信息请求体,代码如下:

```javascript
//第 19 章/library-admin-web/src/api/sys/user.ts
export const updateBaseSettingApi = (form: UpdateBaseSettingForm) => {
  return defHttp.put({
    url: Api.UpdateBaseSetting,
    params: form,
  });
};
```

接下来添加修改个人信息的前端页面,在 personal 目录中新建一个 personal-data 文件夹,先来完成用户头像的上传功能。新建一个 baseSetting.vue 文件,用来实现头像的上传功能的组件。

在/src/components/Cropper/src 目录下,修改 CropperModal.vue 文件中上传图片接口成功后获取的返回信息,将 result.url 修改为 result.data,代码如下:

```javascript
//第 19 章/library-admin-web/src/components/Cropper/src/CropperModal.vue
async function handleOk() {
```

```
      const uploadApi = props.uploadApi;
      if (uploadApi && isFunction(uploadApi)) {
        const blob = dataURLtoBlob(previewSource.value);
        try {
          setModalProps({ confirmLoading: true });
          const result = await uploadApi({ name: 'file', file: blob, filename });
          emit('uploadSuccess', { source: previewSource.value, data: result.data });
          closeModal();
        } finally {
          setModalProps({ confirmLoading: false });
        }
      }
    }
```

在头像图片修改后,先存入前用户端缓存中,当单击"更新基本信息"按钮时,才会更新后端数据库中的用户信息,完成用户头像和其他信息的更新,代码如下:

```
//第 19 章/library - admin - web/src/views/personal/personal - data/baseSetting.vue
    function updateAvatar({ data }) {
      const userinfo = userStore.getUserInfo;
      userinfo.avatar = data.data.url;
      userStore.setUserInfo(userinfo);
      console.log('data', data);
    }
    async function handleSubmit() {
      try {
        let values = await validate();
        const userinfo = userStore.getUserInfo;
        values.avatar = userinfo.avatar;
        await updateBaseSettingApi(values);
        createMessage.success('更新成功!');
      } catch (error) {
        console.error(error);
        createMessage.error('更新失败,请重试!');
      }
    }
```

添加完相应的代码后,进入后台管理系统中,添加个人资料菜单,并绑定角色信息,这样就可以查看个人资料的页面了,如图 19-9 所示。

图 19-9　个人资料界面

19.4.3 首页配置

个人中心功能完成后,在系统菜单中再添加控制台的欢迎页和数据分析,由于后端没有实现相关接口,所以先添加原项目框架自带的页面,完善项目的完整度。将控制台放在左侧导航栏的最顶部,将排序设置为 0,如图 19-10 所示。

菜单标题	菜单名	图标	后端权限地址	组件	导航路径	排序	是否导航栏	备注	创建时间	操作
⊖ 控制台	Dashboard	囲	/	LAYOUT	/dashboard	0	是		2023-10-05 11:03:36	详情 编辑 删除
+ 欢迎页	Workbench	⌂	/	/dashboard/workbench/index	workbench	1	是		2023-10-05 11:05:18	详情 编辑 删除
+ 数据分析	Analysis	⊞	/	/dashboard/analysis/index	analysis	2	是		2023-10-05 11:06:49	详情 编辑 删除

图 19-10 添加控制台菜单

修改 src/enums 目录下的 pageEnum.ts 文件,将项目访问的根目录 BASE_HOME 设置成/dashboard/workbench,当用户登录系统后会直接打开该页面,代码如下:

```
//第 19 章/library - admin - web/src/enums/pageEnum.ts
export enum PageEnum {
  //basic login path
  BASE_LOGIN = '/login',
  //basic home path
  BASE_HOME = '/dashboard/workbench',
  //error page path
  ERROR_PAGE = '/exception',
  //error log page path
  ERROR_LOG_PAGE = '/error - log/list',
}
```

本章小结

本章完成了图书分类、图书管理及图书借阅等前端相关业务功能,尤其是图书借阅关联的功能比较多,需要重点学习和掌握。项目完整的权限和菜单的数据存放在 dml.sql 文件中,可直接执行 SQL 语句进行添加。

uni-app 篇

uni-app 快速入门

从本章开始就进入小程序的功能开发,采用目前企业中流行的 uni-app 开发框架,它是一个使用 Vue.js 开发前端应用的框架。uni-app 是免费并且属于 Apache 2.0 开源协议的产品。

DCloud 官方承诺无论是 HBuilderX 还是 uni-app,面向全球程序员永久免费。大家可以放心使用。使用 uni-app 开发,只需编写一套代码便可以发布到 iOS、Android、Web(响应式)及各种小程序(微信/支付宝/百度/头条/飞书/QQ/快手/钉钉/淘宝/抖音)、快应用等多个平台。

20.1 uni-app 简介

uni-app 提供了一套完整的开发工具链,包括 IDE、调试器、组件库等,可以帮助开发者快速地进行应用程序的开发,同时也支持原生插件的开发和集成,可以轻松地扩展应用程序功能。uni-app 采用了真正的跨平台技术,通过编译器将 Vue.js 语法转换为原生代码,在不同的平台上生成相应的运行代码,从而实现了一套代码多端运行的目标。对于开发技术人员而言,不需要学习那么多的平台开发技术和研究多个前端框架,只需学会基于 Vue.js 的 uni-app 就够了。这不仅可以提高开发效率,还可以节省开发成本和维护成本。

20.1.1 为什么选择 uni-app

1. 平台不受限

在跨端的同时,通过条件编译＋平台特有 API 调用,可以优雅地为某平台写个性化代码,调用专有能力而不影响其他平台。uni-app 能够将一套代码同时运行在多个平台上,包括 iOS、Android、H5、微信小程序、支付宝小程序等,而且开发者只需编写一次代码,便可以发布到多个平台上。这大大节省了开发和维护成本。

2. 开发者数量多

uni-app 拥有数百万的应用,据官方统计 uni 手机端统计月活用户 12 亿、数千款 uni-app 插件、70＋微信/QQ 群等。

3. 社区资源丰富

uni-app 的社区资源非常丰富,插件市场拥有数千款插件。开发者可以在社区中获取大量组件、插件等资源,微信生态的各种 SDK 可直接用于跨平台 App。可以大大地提高开发效率。

4. 体验效果好

uni-app 继承自 Vue.js,提供了完整的 Vue.js 开发体验。采用了真正的跨平台技术,加载新页面速度更快、自动 diff 更新数据。App 端支持原生渲染,可支撑更流畅的用户体验。在不同平台上生成相应的运行代码,从而保证了应用程序在各个平台上的体验效果。

20.1.2　功能架构

uni-app 在跨平台的过程中,保持平台的自身特色,优雅地调用平台的专有能力,融合多端平台。同时 uni-app 将常用的组件和 API 进行了跨平台封装,可覆盖大部分业务需求。uni-app 的功能架构如图 20-1 所示。

图 20-1　uni-app 的功能架构

20.1.3　开发规范

uni-app 为了实现多端兼容,综合考虑编译速度和运行性能等因素,制定了一些开发规范。这些规范主要包括以下内容。

（1）页面文件统一采用 Vue 单文件组件（SFC）规范,以方便开发者对组件进行封装和复用。

（2）组件标签靠近小程序规范,但需要遵循 uni-app 的组件规范,以确保在不同平台上的显示效果一致。

（3）为了实现互连能力，uni-app 将 JS API 靠近微信小程序规范，并将 wx 替换为 uni，以确保在不同平台上的接口调用正确。

（4）uni-app 建议开发者遵循 Vue.js 规范进行数据绑定和事件处理，同时补充了 App 和页面的生命周期，以支持多端运行。

（5）为了实现跨平台兼容，uni-app 建议使用 flex 布局进行开发，以确保在不同平台上的显示效果一致。

uni-app 的开发规范可以帮助开发者更好地适应不同平台的开发环境，提高开发效率和应用程序的性能表现。

20.2　安装 HBuilderX 开发工具

HBuilderX 是一款专业的 HTML5 开发工具，其启动和响应速度非常快，同时支持 Windows 和 macOS。标准版的 HBuilderX 大小在 10MB 左右，如果要开发 uni-app 应用，则可使用官方提供的 HBuilderX 开发工具进行开发。可以让开发者使用 Web 技术开发出性能接近原生应用的移动应用程序。

1. 工具特点

使用 HBuilderX 有以下特点和功能。

（1）极速：不管是启动速度、大文档打开速度、编码提示都极速响应，C++ 的架构性能远超 Java 或 Electron 架构。

（2）强大的语法提示：HBuilderX 是中国唯一一家拥有自主 IDE 语法分析引擎的公司，对前端语言提供准确的代码提示和转到定义。

（3）小程序支持：国外开发工具没有对中国的小程序开发进行优化，HBuilderX 可新建 uni-app 小程序等项目，为国人提供更高效的工具。

（4）清爽护眼：HBuilderX 的界面比其他工具更清爽简洁，绿柔主题经过科学的脑疲劳测试，是适合人眼长期观看的主题界面。

2. 工具下载

打开浏览器，输入官方提供的下载网址 https://www.dcloud.io/hbuilderx.html，跳转到下载界面，然后将鼠标的光标放在下载按钮的下拉菜单 more 上，选择 Windows 的正式版进行下载，下载的文件为 .zip 压缩包的格式。也可选择历史版本下载，本书对当前最新的版本进行下载，如图 20-2 所示。

下载完成后，对压缩包进行解压，然后在 HBuilderX 文件夹中找到 HBuilderX.exe 启动工具的应用程序文件，双击即可启动。进入软件

图 20-2　uni-app 的下载界面

工具中,界面如图 20-3 所示。

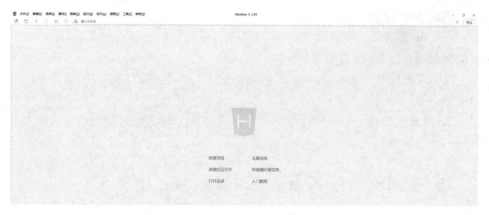

图 20-3　HBuilderX 界面

20.3　安装微信开发工具

微信开发者工具是一款由微信官方推出的开发工具,主要用于微信小程序的开发、调试和发布,并帮助开发者简单和高效地开发与调试微信小程序,它支持 Windows 和 macOS 两种操作系统,并提供了很多实用功能,使小程序开发者能够快速地开发和调试小程序。

在微信开发者工具中,可以使用类似于浏览器控制台的调试工具进行代码调试和页面元素查看。同时,该工具还提供了实时预览功能,可以在修改代码后立即看到效果,并支持模拟不同设备的屏幕大小和分辨率。

1. 下载

打开浏览器,在浏览器中输入官方提供的微信开发者工具下载网址 https://developers. weixin. qq. com/miniprogram/dev/devtools/download. html。目前微信开发者工具的 Windows 系统仅支持 Windows 7 及以上的版本,在下载之前先确认计算机系统版本是否满足要求。

下载当前最新的稳定版 Stable Build(笔者在创作本书时的版本号为 1.06.2310080),然后选择相应的计算机系统版本进行安装,笔者这里选择的是 Windows 64 版本,如图 20-4 所示。

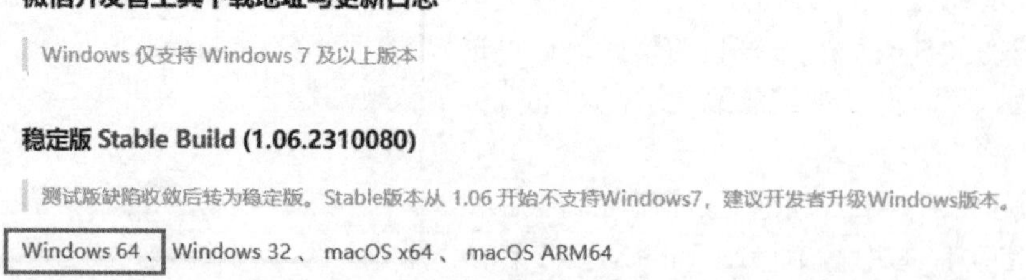

微信开发者工具下载地址与更新日志

Windows 仅支持 Windows 7 及以上版本

稳定版 Stable Build (1.06.2310080)

测试版缺陷收敛后转为稳定版。Stable版本从 1.06 开始不支持Windows7,建议开发者升级Windows版本。

Windows 64 、 Windows 32 、 macOS x64 、 macOS ARM64

图 20-4　选择微信开发者工具安装版本

　　下载完成后，双击下载的.exe的安装文件，然后单击"下一步"按钮，并根据微信开发者工具的安装向导进行安装，如图20-5所示。

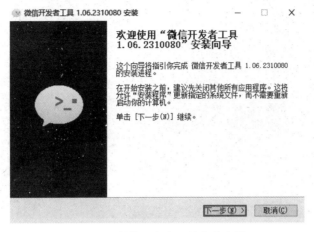

图20-5　微信开发者工具安装向导

　　选择安装的目标文件夹，可以为中文的目录，然后单击"安装"按钮，等待安装完成即可，如图20-6所示。

2．运行

　　双击已安装的微信开发者工具会进入登录页，可以使用微信扫码登录开发者工具，开发者工具会根据该微信账号的信息进行小程序的开发和调试，如图20-7所示。

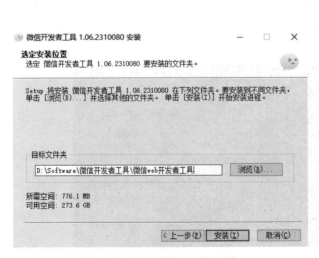

图20-6　选择安装的目标文件

图20-7　登录页

　　登录成功后，可以查看已存在的项目目录列表和代码片段列表等，在项目列表中可以选择或创建一个小程序项目，如图20-8所示。

图 20-8　小程序列表

20.4　uni-app 项目管理

HBuilderX 和微信开发者工具都已经安装完成,接下来可通过 HBuilderX 来创建 uni-app 项目。

20.4.1　创建 uni-app 项目

打开 HBuilderX 工具,在工具顶部的菜单 File 中找到新建选项,然后选择项目,如图 20-9 所示。

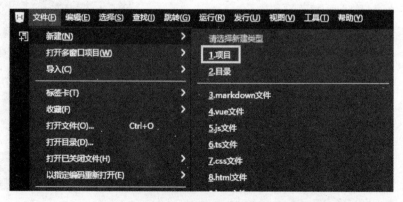

图 20-9　选择新建项目

选择新建 uni-app 项目,将项目名称设置为 library-app,并设置项目文件存储。在选择模板中,提供的很多小程序模板都可以在 DCloud 插件市场中找到,其中有一部分是收费的模板。本项目选择默认的模板即可,在创建项目界面的右下角中选择 Vue 2 版本,单击"创建"按钮,等待项目创建完成,如图 20-10 所示。

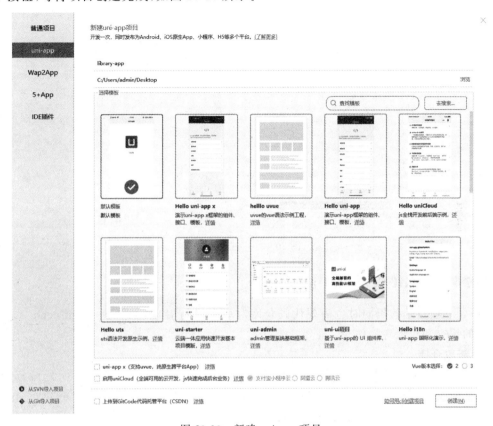

图 20-10　新建 uni-app 项目

创建完成后,首先找到顶部菜单中的运行菜单,然后选择运行到浏览器,并选择使用的浏览器,笔者这里使用的是谷歌浏览器,单击 Chrome 选项,然后可以在 HBuilderX 的控制台中查看启动情况,如图 20-11 所示。

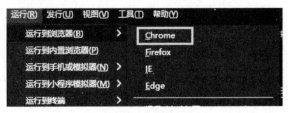

图 20-11　运行项目

第 1 次启动会比较慢,等待工具下载项目的相关插件,下载完成后,再重新启动项目,启动完成后会自动打开浏览器,展示小程序页面。可以在浏览器的控制台中将浏览器的展示页面切换成手机模式进行浏览,还可以选择不同的手机型号进行展示,如图 20-12 所示。

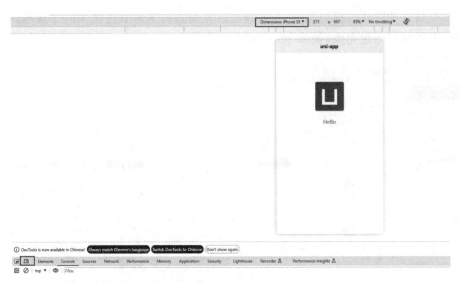

图 20-12　项目运行

20.4.2　Git 管理 uni-app 项目

uni-app 项目的代码同时也需要代码仓库对版本进行管理,并通过 HBuilderX 工具进行代码的提交和拉取等操作。

1. 新建仓库

首先在 Gitee 中新建一个管理项目代码的仓库,仓库名称为 Library App,然后再选择分支模型时选择生产/开发模型(支持 master/develop 类型分支),最后单击"创建"按钮,完成代码仓库的创建,并将 develop 设置为默认分支,如图 20-13 所示。

2. 安装插件

HBuilderX 需要引用插件对代码进行管理,并使用 Git 管理工具连接 Gitee 远程仓库。需要在 HBuilderX 中安装 easy-git 插件,easy-git 支持连接 GitHub 和 Gitee 账号、搜索 GitHub、命令面板、克隆、提交/更新/拉取、分支/tag 管理、日志、文件对比和储藏等操作。在官方插件市场中的下载网址为 https://ext.dcloud.net.cn/plugin?name=easy-git,或者可以在本书的配套资源中获取插件文件。

下载的插件为 zip 压缩包的格式,对文件进行解压,然后打开 HBuilderX 安装目录下的 plugins 文件夹,将解压的插件文件移动到该文件夹下,重新启动 HBuilderX 工具即可完成插件的安装。

3. 代码仓库管理

(1) 打开 HBuilderX 开发工具,在左侧导航栏中选中 library-app 项目,然后右击项目,在弹出的选项中选择 git init 初始化仓库,如果菜单中没有该选项,则可先查看项目文件中是否有.git 文件,如果有,则删除该文件,之后再尝试操作,查看是否有初始化仓库的选项,如图 20-14 所示。

仓库介绍　　　　　　　　　　　　　　　　　　　　　　　　　　　　　5/200

图书小程序

○ 开源（所有人可见）⑦
◉ 私有（仅仓库成员可见）

☑ 初始化仓库（设置语言、.gitignore、开源许可证）

选择语言　　　　　　　　添加 .gitignore　　　　　　添加开源许可证　　　许可证向导⑪

| JavaScript ▾ | 请选择 .gitignore 模板 ▾ | 请选择开源许可证 ▾ |

☑ 设置模板（添加 Readme、Issue、Pull Request 模板文件）
　☑ Readme 文件　　　　　　　☐ Issue 模板文件⑦　　　　☐ Pull Request 模板文件⑦

☑ 选择分支模型（仓库创建后将根据所选模型创建分支）

| 生产/开发模型（支持 master/develop 类型分支） ▾ |

创建

图 20-13　创建项目代码仓库

托管项目到Git平台（CSDN GitCode）

git init 初始化仓库（支持托管到Github）

外部命令(O)　　　　　　　　　　　　　　>

属性(R)

图 20-14　初始化仓库

（2）单击之后会有一个弹窗展示出来，需要配置 Git 仓库信息，选择手动输入仓库地址，然后填写仓库地址，以及提交代码的名称和邮箱等信息，最后单击"确定"按钮，仓库初始化完成，如图 20-15 所示。

（3）初始化完成后，在控制台中会有信息提示：本地项目【library-app】，添加远程仓库地址成功。说明本地代码已经和远程仓库建立了连接。接着在本地创建分支，使本地创建的分支和仓库中的分支保持一致。右击项目，找到 easy-git 中的分支/标签管理，如图 20-16 所示。

（4）在左侧菜单中选择"从…创建分支"创建新分支，在 ref 中填写远程分支的名称和本地分支的名称，这里本地的名称最好和对应的远程分支保持一致，如图 20-17 所示。

以同样的方法，创建与远程仓库一样的 master 分支，最终效果如图 20-18 所示。

（5）先将本地分支切换到 develop 上，然后右击项目，找到 easy-git 源代码管理选项并执行。接着在工具的左侧就会出现待提交的代码，填写提交代码的说明。如果此时在项目中单击"对"的符号，则会有弹窗提示是否提交，单击"是"按钮即可，此时会将暂存区里的改动提交到本地的版本库，如图 20-19。

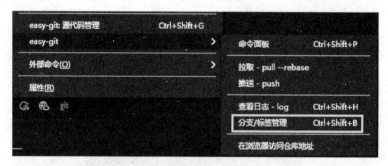

图 20-15 Git 仓库设置

图 20-16 分支/标签管理

图 20-17 创建本地 develop 分支

图 20-18 本地分支列表

（6）在项目的更多中找到推送的选项，单击该选项即可将代码推送到远程仓库中，如图 20-20 所示。

图 20-19　代码提交

图 20-20　代码推送

本章小结

　　本章对 uni-app 技术有了初步的认识,并安装了开发 uni-app 项目的相关工具及微信开发者工具。使用 HBuilderX 工具进行 uni-app 项目的创建和运行,并配置 HBuilderX 工具对项目代码的管理,连接到代码远程仓库进行版本的管理。

## 第 21 章

小程序初印象

微信小程序是一种无须下载即可使用的应用创新,经过近几年的迅速发展,已经构建了全新的微信小程序开发环境和开发者生态系统。成为中国 IT 行业近年来最显著的创新之一,微信小程序吸引了超过 200 万开发者加入其开发队伍,并与腾讯公司紧密合作,共同推动微信小程序的不断进步。微信小程序可以算是近年来互联网行业的一大热点,据官方数据显示,2023 年微信小程序日活跃用户数已突破 10 亿大关,显示出强大的用户黏性和市场潜力。这一数字的背后,既得益于微信小程序的便捷性和功能性,也反映出用户对于数字化服务的需求不断增长。

21.1　小程序简介

微信小程序实际上是一款基于 Web 技术的应用程序,与平时所接触到的前端网页是大同小异的,使用的开发语言、代码结构及代码运行的机制基本相同。网站运行在浏览器中,而微信小程序顾名思义运行在微信中,与微信紧密相连,使在一些功能的开发上更方便,例如,获取用户信息、手机号、位置等信息。

1. 特点

微信小程序具有多个特点,使其在移动应用领域独具优势。

(1) 无须下载并安装:用户可以直接通过微信扫一扫或搜索进入小程序,无须通过应用商店下载和安装,节省了用户的存储空间和下载时间。

(2) 轻量化快速启动:小程序相对于传统应用更轻量,启动速度更快,能够迅速响应应用户需求,提供更流畅的使用体验。

(3) 与微信生态融合:小程序与微信生态系统无缝整合,用户可以通过微信分享、登录、支付等功能,方便快捷地使用小程序。

(4) 跨平台兼容:微信小程序可以在不同平台上运行,包括 iOS、Android 等主流操作系统,确保了更广泛的用户覆盖面。

(5) 开发成本低:小程序采用前端开发技术,开发成本相对较低,开发周期也相对较短,开发者可以使用 HTML、CSS、JavaScript 等常见的网页开发技术进行开发,减少了学习

成本。对于企业转型发展来讲很有帮助,更符合企业低预算开发。

　　(6)多样的应用场景:微信小程序涵盖了多行业和领域,包括零售、餐饮、教育、医疗等,为用户提供了丰富多样的应用选择。

　　(7)便捷的更新机制:开发者可以实时更新小程序,用户无须手动更新,可以始终使用最新版本,确保了应用的安全性和功能更新。

2. 微信小程序与订阅号、服务号的区别

　　这3个同属于微信生态体系,但还是在很多方面存在区别,如功能定位、用户体验、使用场景、费用等问题。

　　(1)功能定位:微信小程序主要作为一种工具来提供特定的功能,如查询、预定、购买等。订阅号主要用于发布信息,如新闻、广告、通知等,同时也可以提供一些基本的互动功能,而服务号则更注重于提供服务,如客服、售后、会员管理等,通常需要用户进行更深入的互动和操作。

　　(2)用户体验:微信小程序提供了独立的使用体验,不需要打开其他应用就能直接使用。订阅号则需要在微信中打开订阅号列表,浏览并选择想要查看的订阅号。服务号则通常会与微信聊天界面结合,用户可以在聊天界面中直接与服务号进行交互。

　　(3)使用场景:微信小程序通常用于特定的任务或场景,例如查询公交信息、预订酒店等。订阅号则更适合定期获取信息或信息,如新闻网站、杂志等。服务号则更适合提供客户服务,如电商网站的客服、银行的客服等。

　　(4)费用问题:微信小程序通常需要支付一定的开发费用,但也有一些免费的小程序可供选择。订阅号通常不需要支付任何费用,可以免费创建和发布内容。服务号则需要支付一定的认证费用,但提供了更多的功能和服务。

21.2　申请微信小程序账号

　　开发小程序的第1步,需要拥有一个小程序账号,通过这个账号就可以管理小程序了,也可以当作为小程序的后台管理。注册小程序账号有两种方式,第1种是通过已有的公众号快速关联注册;第2种是通过线上常规流程完成注册。因为公众号关联注册需要是企业认证后的公众号,所以作为个人开发,不太适合。笔者这里选择线上的常规流程注册,可以实现个人账号的注册。

1. 小程序注册

　　打开浏览器,输入微信公众平台官网网址 https://mp.weixin.qq.com/,进入官网首页后单击右上角的"立即注册"按钮,如图 21-1 所示。

　　在注册的账号类型中选择"小程序",可以在界面的最下方单击"查看类型区别",可查看不同类型账号的区别和优势,如图 21-2 所示。

　　首先跳转到微信公众平台的小程序中,然后在界面中单击"前往注册"按钮。接着填写未注册过公众平台、开放平台、企业号、未绑定个人号的邮箱,填写完信息后勾选服务协议,

图 21-1 微信公众平台官网首页

请选择注册的账号类型

图 21-2 账号类型

最后单击"注册"按钮,进行下一步操作,如图 21-3 所示。

进入邮箱激活的步骤,单击"登录邮箱"按钮,在邮箱中查收激活邮件,单击邮件中的链接激活账号。账号激活成功后,继续下一步的注册流程,选择主体类型,因为是个人开发测试使用,所以选择个人类型,选择个人类型的条件是需要满足 18 岁以上有国内身份信息的微信实名用户,如图 21-4 所示。

选择完成后,需要完善主体信息和管理员信息等,并使用微信扫描完成管理员身份验证,如图 21-5 所示。

信息填写完成后,小程序的账号已经申请完成,此时会自动跳转到小程序管理的首页界面中,可以填写小程序发布的流程,设置小程序的基本信息、图标、描述等信息,这个先不填写,如图 21-6 所示。

每个邮箱仅能申请一个小程序

邮箱

作为登录账号，请填写未被微信公众平台注册，未被微信开放平台注册，未被个人微信号
绑定的邮箱

密码

字母、数字或者英文符号，最短8位，区分大小写

确认密码

请再次输入密码

验证码   FRP⊙ 换一张

☐ 你已阅读并同意《微信公众平台服务协议》《微信小程序平台服务条款》《微信公众平台
  个人信息保护指引》

注册

图 21-3　填写账号信息

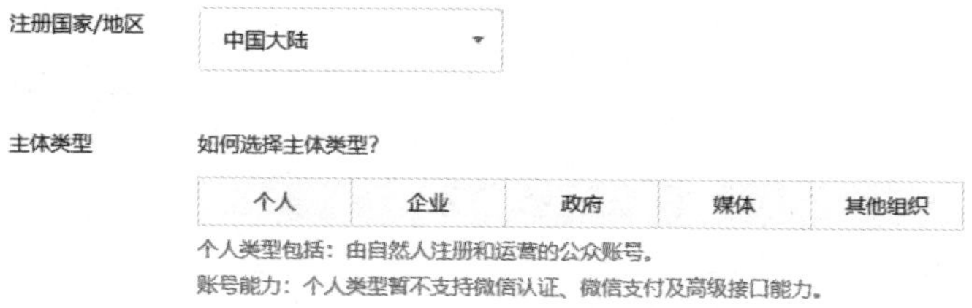

注册国家/地区   中国大陆   ▾

主体类型   如何选择主体类型？

个人	企业	政府	媒体	其他组织

个人类型包括：由自然人注册和运营的公众账号。
账号能力：个人类型暂不支持微信认证、微信支付及高级接口能力。

图 21-4　选择主体类型

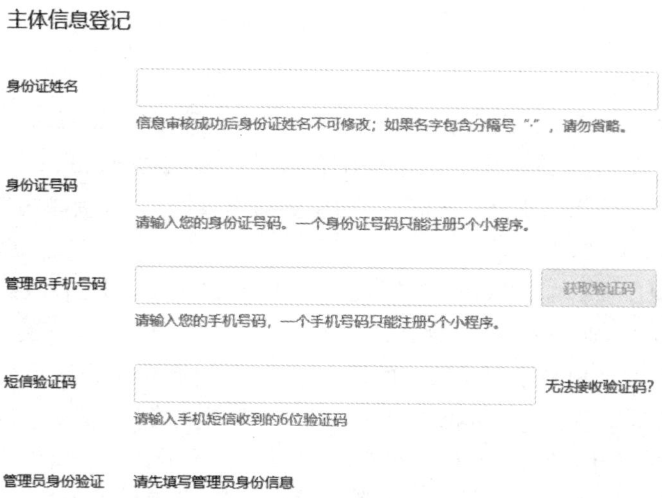

主体信息登记

身份证姓名

信息审核成功后身份证姓名不可修改；如果名字包含分隔号"·"，请勿省略。

身份证号码

请输入您的身份证号码。一个身份证号码只能注册5个小程序。

管理员手机号码   获取验证码

请输入您的手机号码，一个手机号码只能注册5个小程序。

短信验证码   无法接收验证码？

请输入手机短信收到的6位验证码

管理员身份验证   请先填写管理员身份信息

图 21-5　主体信息登记

图 21-6　小程序首页界面

2. 获取 AppID

在小程序管理平台左侧的开发菜单中，打开开发管理，并找到开发设置，获取 AppID（小程序 ID）和 AppSecret（小程序密钥），其中密钥需要单击右侧的"生成"，管理员微信扫码验证身份后才可以获取，需要妥善保存好，如图 21-7 所示。

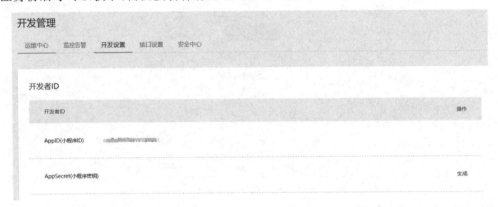

图 21-7　获取开发者 ID

3. 创建小程序

打开微信开发者工具，在小程序菜单中，创建一个小程序项目，设置一个项目名称和项目存储路径，然后在 AppID 中填写从小程序管理平台获取的 AppID；开发模式选择小程序；后端服务选择不使用云服务；模板选择 JS-基础模板即可，最后单击"确定"按钮，等待项目初始化完成，如图 21-8 所示。

（1）进入小程序项目中，可以看到左侧会有一个小程序模拟器的展示，这个会根据代码的编写实时展示页面，非常人性化，如图 21-9 所示。

（2）界面的中间区域是小程序项目的资源目录，可以新建小程序页面和相关文件。右侧为编写代码区域，提供了一个可视化的编辑器，可以用来编写小程序的业务代码，支持语法高亮、代码提示及代码格式化等相关功能，如图 21-10 所示。

（3）微信开发者工具不仅提供了模拟器的展示功能，还提供了小程序预览器，可以在手

图 21-8　创建小程序

图 21-9　小程序模拟器

图 21-10　小程序资源管理器

机上查看小程序的运行效果，支持移动端和桌面模式，而且支持实时预览。单击预览上方的小眼睛图标即可出现预览的二维码，使用微信扫描即可，如图 21-11 所示。

图 21-11　小程序预览

21.3　运行小程序

在 21.2 节中,使用微信开发者工具创建了一个供测试的小程序项目,接下来将 HBuilderX 创建的 uni-app 项目在微信开发者工具中运行。在这里不可以使用微信开发者工具直接打开 uni-app 项目运行,这样会显示缺失文件的错误信息。

1. 打开服务器端口

在 HBuilderX 中可以直接调用微信开发者工具打开项目并运行此项目,需要设置服务器端口。打开微信开发者工具,首先在顶部菜单的设置中找到安全设置,然后打开服务器端口,这样 HBuilderX 就可以直接调用以打开该工具,如图 21-12 所示。

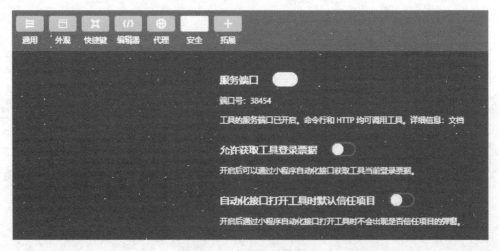

图 21-12　打开服务器端口

2. 运行小程序

使用 HBuilderX 工具打开 library-app 项目,在顶部的菜单栏中找到运行,然后在运行到小程序模拟器选项中选择"微信开发者工具(W)",接着设置微信开发者工具的安装路径,单击"确定"按钮,完成配置,如图 21-13 所示。

此时会自动编译程序,并启动微信开发者工具以加载小程序,这样就可以在小程序的模拟器中查看 uni-app 的相关页面展示了。如果出现微信开发者工具启动后白屏的问题,则应检查是否启动了多个微信开发者工具,如果是,则关闭所有打开的微信开发者工具,然后

图 21-13　设置微信开发者工具路径

重新运行，如图 21-14 所示。

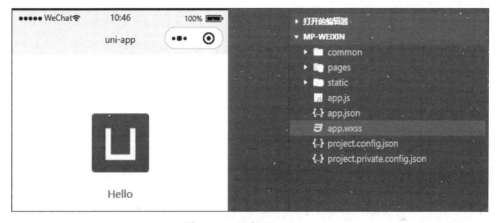

图 21-14　运行 library-app

本章小结

本章主要首先对微信小程序的相关特点进行了介绍，然后在微信公众平台上申请了个人开发使用的小程序账号，并在手机上体验了微信开发者工具创建的小程序。最后将 uni-app 创建的图书小程序在微信开发者工具中运行，并将 HBuilderX 工具与之关联，实时查看项目开发运行的情况。

图书小程序功能实现

本章将实现图书小程序的相关功能,由于小程序与用户直接进行交互,所以小程序最重要的是页面设计要美观、合理,需要符合大部分用户的日常使用习惯。从技术上来讲,小程序的开发相对于后端开发比较简单,但小程序主要侧重的是页面的美观等。在接下来的开发中,将使用 HBuilderX 工具进行代码的编写,然后采用微信开发者工具对页面进行调试和预览。

22.1 基础配置

在日常使用小程序或手机 App 时会体验到在软件的最底部会有 3 或 4 个导航菜单,通常被固定在软件的下方,当然有的 App 可以自定义下方导航菜单,这主要是为了方便用户进行操作,快速回到某个功能的页面中。

接下来,在图书的小程序中自定义导航菜单,打开 HBuilderX 开发工具,在项目的根目录中找到并打开 pages.json 文件。在该文件中可以对 uni-app 进行全局配置,并决定页面文件的路径、窗口样式、原生的导航栏、底部的原生 tabbar 等。

在 uni-app 项目中的 pages.json 文件,类似于使用微信开发者工具创建的微信小程序原生项目的 app.json 文件。

22.1.1 底部导航栏

在本项目中,底部导航栏的划分包括首页、图书、消息及我的共 4 部分,后期可根据自己的需求进行修改。接下来,新建导航栏页面,当单击某个导航栏时,需要跳转到对应的页面中。在 HBuilderX 中右击项目的 page 文件夹,选择"新建页面",在新建 uni-app 页面弹窗中填写文件名称,创建的文件格式为 Vue 的文件,然后勾选"创建同名目录",接着选择默认的模板,最后单击"创建"按钮即可添加成功,如图 22-1 所示。

按照相同的方法,依次创建 notice(消息)和 about(我的)两个导航栏目录,首页使用 index 的目录即可。

打开 pages.json 文件,在 pages 节点中配置应用由哪些页面组成,pages 节点接收一个

图 22-1　新建 uni-app 页面

数组,数组的每个项都是一个对象。在 pages 数组的第 1 项为应用入口页(首页),在应用中新增/减少页面都需要对 pages 数组进行修改,添加的文件名不需要写后缀,框架会自动寻找路径下的页面资源。现将 4 个导航栏的页面地址添加到 pages 中,style 用于设置每个页面的状态栏、导航条、标题、窗口背景色,代码如下:

```
//第 22 章/library-app/pages.json
"pages": [
    {
        "path": "pages/index/index",
        "style": {
            "navigationBarTitleText": "首页"
        }
    },
    {
```

```
        "path" : "pages/book/book",
        "style": {
            "navigationBarTitleText" : "图书",
            "enablePullDownRefresh": true
        }
    },
    {
        "path" : "pages/notice/notice",
        "style": {
            "navigationBarTitleText" : "消息",
            "enablePullDownRefresh": true
        }
    },
    {
        "path": "pages/about/about",
        "style": {
            "navigationBarTitleText": "我的"
        }
    }
],
```

在图书和消息的 style 中都设置了 enablePullDownRefresh 配置项,用来配置是否开启下拉刷新功能,默认值为 false。使用的效果是在手机访问该页面信息时,往下拉页面会实现数据刷新的效果。

接着配置导航栏,在 uni-app 项目的 pages.json 文件中提供了 tabBar 配置,这不仅是为了方便快速开发导航,更重要的是在 App 和小程序端提升性能。在这两个平台,底层原生引擎在启动时无须等待 JS 引擎初始化,即可直接读取 pages.json 文件中配置的 tabBar 信息,渲染原生 tab。tabBar 中的 list 是一个数组,只能配置最少 2 个、最多 5 个 tab,tab 按数组的顺序排序,代码如下:

```
//第 22 章/library - app/pages.json
        "tabBar": {
            "color": "#333",                    //tab 上的文字的默认颜色
            "selectedColor": "#a4579d",         //tab 上的文字选中时的颜色
            "backgroundColor": "#fff",          //tab 的背景色
            "borderStyle": "white",             //tabBar 上边框的颜色
            "list": [
                {
                    "text": "首页",
                    "pagePath": "pages/index/index",
                    "iconPath": "static/tabs/home.png",
                    "selectedIconPath": "static/tabs/home_s.png"
                },
                {
                    "text": "图书",
                    "pagePath": "pages/book/book",
                    "iconPath": "static/tabs/book.png",
                    "selectedIconPath": "static/tabs/book_s.png"
```

```
                    },
                    {
                        "text": "消息",
                        "pagePath": "pages/notice/notice",
                        "iconPath": "static/tabs/notice.png",
                        "selectedIconPath": "static/tabs/notice_s.png"
                    },
                    {
                        "text": "我的",
                        "pagePath": "pages/about/about",
                        "iconPath": "static/tabs/me.png",
                        "selectedIconPath": "static/tabs/me_s.png"
                    }
                ]
            },
```

在导航栏 list 的数组中,每个项都是一个对象,在对象中添加了 4 个属性,其各个属性的含义如下。

(1) text 是 tab 上按钮的文字,在 App 和 H5 平台为非必填。例如中间可放一个没有文字的＋号图标,在小程序中需要填写文字信息。

(2) pagePath 指的是页面路径,必须在 pages 中先定义。

(3) iconPath 是图片路径,icon 图片的大小被限制为 40KB,官方文档中建议图片的尺寸为 81px＊81px,当 position 为 top 时,此参数无效,同时不支持网络图片,也不支持字体图标。

(4) selectedIconPath 是选中时的图片路径,icon 图片的大小被限制为 40KB,建议尺寸为 81px＊81px,当 position 为 top 时,此参数无效。

在 HBuilderX 工具中,首先将启动项目运行到微信开发者工具中,然后就可以在模拟器底部看到这 4 个导航菜单了,默认的是选择首页导航栏,如图 22-2 所示。

图 22-2　导航栏

22.1.2　引入 uView UI 框架

uView UI(简称为 uView)是 uni-app 生态专用的 UI 框架,但在 uni-app 官方文档中也提供了很多页面组件供开发者使用,由于相比 uView 的页面风格少了一些美观,所以在本项目中借助 uView 框架来美化页面功能效果。

1. 安装 uView

安装 uView 框架有两种方式,一种是 HBuilderX 插件安装方式,可以在 DCloud 插件市场中下载,然后下载插件并导入 HBuilderX 中;另一种是 npm 的方式安装。

在本项目中选择使用 npm 进行安装,在 HBuilderX 工具的左下角中打开终端控制台,如果提示没有安装终端,则先安装终端插件,然后查看项目根目录中有没有 package.json

文件,在没有的情况下,应先执行的命令如下:

```
npm init － y
```

使用 npm 安装 uView 框架,安装的版本为 2.0.36(笔者创作本书时的最新版本),命令如下:

```
npm install uview－ui@2.0.36
//更新版本
npm update uview－ui
```

2. 安装 scss 插件

安装完成后,因为 uView 使用的是 scss,所以必须安装此插件才可以使用,否则无法正常运行。如果是使用 HBuilderX 创建的项目,则应该是已经安装过 scss 插件了,如果没有,则可在 HBuilderX 菜单的工具中打开插件安装,然后找到“scss/sass 编译”插件进行安装,如果没有生效,则重启 HBuilderX 即可,如图 22-3 所示。

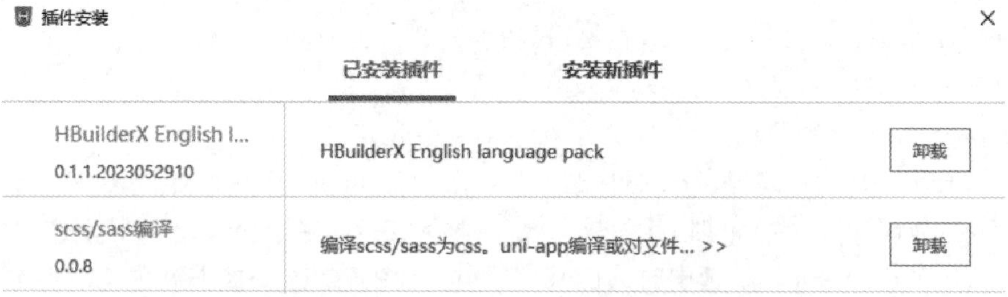

图 22-3　安装 scss/sass 插件

3. 配置 uView

(1) 在项目根目录的 main.js 文件中,引入并使用 uView 的 JS 库,这里需要注意将引入的 uView 文件放在引入的 Vue 后,代码如下:

```
import uView from 'uview－ui'
Vue.use(uView)
```

(2) 在项目根目录的 uni.scss 文件中引入 uView 的全局 SCSS 主题文件,代码如下:

```
/* uview－ui */
@import 'uview－ui/theme.scss';
```

(3) 接着在项目根目录 App.vue 文件的 style 标签中,引入 uView 基础样式,并向 style 标签加入 lang＝"scss"属性,代码如下:

```
< style lang＝"scss">
    /* 每个页面公共 css */
    @import "uview－ui/index.scss";
</style>
```

(4) 打开项目根目录的 pages.json 文件,配置 easycom 组件模式,在添加完成后,不会

实时生效,需要重启 HBuilderX 或者重新编译项目才能正常使用 uView 的功能,代码如下:

```
"easycom": {
    //npm 安装方式
    "^u-(.*)": "uview-ui/components/u-$1/u-$1.vue"
}
```

22.1.3 封装后端接口请求

使用小程序如何对接获取后端接口的数据,这是小程序开发中需要重点关注的问题,本项目引用了开源的项目 RuoYi App 移动端对接后端接口的实现,将对接后端接口进行了封装,与后端管理平台中写 API 请求接口的方式类似。

(1) 首先在项目的根目录中添加一个 config.js 配置文件,添加一些项目的全局配置,例如,后端接口地址、应用名称、版本及 logo 等信息,代码如下:

```
//第22章/library-app/config.js
module.exports = {
  baseUrl: 'http://localhost:8081/api/library',
  //应用信息
  appInfo: {
    //应用名称
    name: "码上悦",
    //应用版本
    version: "1.1.0",
    //应用 logo
    logo: "/static/logo.png"
  }
}
```

(2) 在项目中创建一个与 pages 目录同级的 utils 文件夹,在该目录中添加一些公共方法的封装和处理,其中最重要的是 request.js 文件,它是基于 uniapp 的封装,统一处理了 POST、GET 和 DELETE 等请求参数、请求头及错误提示信息等。还封装了全局的 request 拦截器、response 拦截器、统一的错误处理、统一做了超时处理和 baseURL 设置等。如果有自定义错误码,则可以在 errorCode.js 文件中设置对应的 key 和 value 值,代码如下:

```
//第22章/library-app/utils/request.js
    return new Promise((resolve, reject) => {
      uni.request({
          method: config.method || 'get',
          timeout: config.timeout || timeout,
          url: config.baseUrl || baseUrl + config.url,
          data: config.data,
          header: config.header,
          dataType: 'json'
      }).then(response => {
          let res = response
                let error = res.msg
          if (error) {
```

```
        toast('后端接口连接异常')
        reject('后端接口连接异常')
        return
      }

      const code = res.data.code || 200
      const msg = errorCode[code] || res.data.msg || errorCode['default']
      if (code === 401) {
        showConfirm('登录状态已过期,您可以继续留在该页面,或者重新登录?').then(res => {
          if (res.confirm) {
            store.dispatch('LogOut').then(res => {
              uni.reLaunch({ url: '/pages/login' })
            })
          }
        })
        reject('无效的会话,或者会话已过期,请重新登录.')
      } else if (code === 500) {
        toast(msg)
        reject('500')
      } else if (code !== 200) {
        toast(msg)
        reject(code)
      }
      resolve(res.data)
    })
    .catch(error => {
      let { message } = error
      if (message === 'Network Error') {
        message = '后端接口连接异常'
      } else if (message.includes('timeout')) {
        message = '系统接口请求超时'
      } else if (message.includes('Request failed with status code')) {
        message = '系统接口' + message.substr(message.length - 3) + '异常'
      }
      toast(message)
      reject(error)
    })
})
```

（3）在 utils 目录的同级目录中创建一个 store 目录,用来对全局的 store 进行管理,在该目录中引入了 Vuex,用来实现应用程序开发的状态管理模式,例如登录后用户的信息,需要持久化的数据。具体的 Vuex 的用法可以查看官方文档。

用户的登录和信息的获取主要在 /store/modules 目录下的 user.js 文件中实现,会对登录的请求成功所返回的 Token 进行存储,并请求当前用户信息的接口,获取的用户信息也存储到缓存中,代码如下：

```
//第22章/library - app/store/modules/user.js
Login({ commit }, userInfo) {
    const username = userInfo.username.trim()
```

```
        const password = userInfo.password
        const verifyCode = userInfo.verifyCode
        return new Promise((resolve, reject) => {
            login(username, password, verifyCode).then(res => {
                console.log(res.data.token)
                setToken(res.data.token)
                commit('SET_TOKEN', res.data.token)
                resolve()
            }).catch(error => {
                reject(error)
            })
        })
    },
    //获取用户信息
    GetInfo({ commit, state }) {
        return new Promise((resolve, reject) => {
            getInfo().then(res => {
                const user = res.data
                const avatar = (user == null || user.avatar == "" || user.avatar == null) ?
require("@/static/logo.png") : user.avatar
                const username = (user == null || user.username == "" || user.username == null)
? "" : user.username
                commit('SET_NAME', username)
                commit('SET_AVATAR', avatar)
                resolve(res)
            }).catch(error => {
                reject(error)
            })
        })
    },
```

添加 store 文件后需要在 main.js 文件中配置初始化，代码如下：

```
import store from './store'
Vue.prototype.$store = store
```

在 App.vue 文件中也需要引入 store，代码如下：

```
import store from '@/store'
```

（4）在项目中创建一个 api 文件夹，用来存放封装请求后端接口地址的方法，创建一个 login.js 文件，并引入 utils 中的 request 文件，然后添加登录、验证码、注册、获取用户详情信息及退出的相关接口，代码如下：

```
//第22章/library-app/api/login.js
import request from '@/utils/request'
//登录方法
export function login(username, password, verifyCode) {
  const data = {
    username,
    password,
```

```
      verifyCode,
    }
    return request({
      'url': '/web/login',
      headers: {
        isToken: false
      },
      'method': 'post',
      'data': data
    })
  }

  //注册
  export function register(data) {
    return request({
      url: '/user/register',
      headers: {
        isToken: false
      },
      method: 'post',
      data: data
    })
  }

  //获取用户详细信息
  export function getInfo() {
    return request({
      'url': '/user/info',
      'method': 'get',
    })
  }
  //获取验证码
  export function getCodeImg() {
    return request({
      'url': '/web/captcha',
      headers: {
        isToken: false
      },
      method: 'get',
      timeout: 20000
    })
  }
```

22.1.4　登录功能实现

用户登录、获取用户及数据缓存都已配置完成，下面对登录页面进行开发。由于在后端登录时需要用户名、密码和验证码，所以需要在前端页面中添加 3 个信息的输入框，用来接收登录信息。在 pages 文件夹中创建一个 login. vue 登录页面文件，然后在 pages. json 文件中添加登录页面，放在 pages 数组第 1 项的位置上，代码如下：

```
//第 22 章/library-app/pages.json
{
    "path": "pages/login",
    "style": {
        "navigationBarTitleText": "登录"
    }
},
```

在 template 标签中添加登录功能页面,并对输入框的数据进行前端验证,如果请求的密码或用户名为空,则提示错误信息,代码如下:

```
//第 22 章/library-app/pages/login.vue
async handleLogin() {
        if (this.loginForm.username === "") {
                    this.$u.toast('请输入您的账号');
        } else if (this.loginForm.password === "") {
                    this.$u.toast('请输入您的密码');
        } else if (this.loginForm.verifyCode === "") {
                    this.$u.toast('请输入验证码');
        } else {
                    this.$u.toast('登录中,请耐心等待...');
            this.pwdLogin()
        }
    },
```

在登录信息都填写完整后,请求登录接口,后端流程验证通过后进行登录,获取当前用户信息的处理并跳转到小程序的主页面,完成登录,代码如下:

```
//第 22 章/library-app/pages/login.vue
    async pwdLogin() {
        this.$store.dispatch('Login', this.loginForm).then(() => {
          this.loginSuccess()
        }).catch(() => {
          if (this.captchaEnabled) {
            this.getCode()
          }
        })
    },
    //登录成功后,处理函数
    loginSuccess(result) {
      //设置用户信息
      this.$store.dispatch('GetInfo').then(res => {
                    uni.reLaunch({
                        url: '/pages/index/index'
                    });
      })
    }
```

在登录页面用户名和密码输入框中一般默认值为空,为了方便测试,可以先将用户名和密码的输入框设置为默认的账号和密码,这样在每次登录时无须填写账号和密码操作,可在 return 返回对象的 loginForm 中设置默认值,代码如下:

```
//第22章/library-app/pages/login.vue
    return {
      codeUrl: "",
      globalConfig: getApp().globalData.config,
      loginForm: {
        username: "admin",
        password: "admin123!",
        verifyCode: ""
      }
    }
```

　　具体的详情代码可参考本书提供的项目源码,登录页面功能实现完成后,在后端项目启动的情况下,将小程序运行到微信开发者工具中,然后会直接打开登录页面,这样就可以看到验证码已经从后端接口中获取成功并展示到页面中了,并且用户名和密码也使用了默认的初始值展示,填写验证码,单击"登录"按钮,通过验证后即可跳转到首页,说明登录功能已实现,如图22-4所示。

图22-4　登录界面

22.2　首页功能实现

　　在本项目中首页功能只实现了页面的设计,并没有对接后端接口,因为小程序首页需要放置轮播图、导航菜单、热门图书和猜你喜欢等功能,需要在后端代码中规划相应的功能和模块,所以这里暂时只写页面,可以在项目的后续版本中完善项目的开发。

1. 轮播图

　　打开小程序项目的pages目录中的index文件夹,然后开始设计首页功能页面,在页面的最顶部实现轮播图效果,可以放置一些广告和图书活动宣传等图片,增加页面的互动效果。如果要实现该功能,则可使用 uView 中的 Swiper 组件进行开发,该组件一般用于导航轮播、广告展示等场景,可开箱即用,主要有以下特点。

(1)可以自定义轮播图指示器模式,还可以配置指示器的样式。

(2)可实现 3D 轮播图效果,满足不同的开发需求。

(3)可配置显示标题,涵盖不同的应用场景。

(4)加载视频的展示功能。

根据官方文档的代码示例,结合项目的页面规划,在首页的顶部实现轮播图功能,并在 script 的 return 中定义一个 list 数组,添加 3 张图片的地址,这里最好选择在线的地址,因为小程序发布对小程序项目的大小有限制,所以在小程序中图片的展示推荐使用在线地址访问。

在 template 标签中添加 u-swiper 标签即可实现轮播功能,然后根据不同的属性设置轮播图的效果,其中通过 indicator 属性来添加指示器,使用 circular 属性实现是否衔接滑动,即到最后一张时是否可以直接转到第 1 张,代码如下:

```
//第 22 章/library-app/pages/index/index.vue
        <u-swiper
            :list="list"
            indicator
            indicatorMode="line"
            circular
                height="330rpx"
        ></u-swiper>
```

这里需要注意一个开发的小技巧,在开发小程序的某个页面时,可以在 page.json 文件中将该页面调整到 pages 数组的第 1 个,这样在使用微信开发者工具打开时就会默认打开该页面,方便开发测试。先来查看轮播图页面在小程序中的效果,如图 22-5 所示。

图 22-5 首页轮播图

还可以在微信开发者工具的上方菜单中,单击"真机调试",此时会在下方出现二维码真机调试,使用微信扫描二维码进行查看,可实时查看控制台的数据信息。

2. 滚动通知

在很多小程序或者手机 App 中会遇到在页面上会有一行滚动的通知功能,其实这个功能很简单,使用 uView 中的 NoticeBar 组件即可实现,只需一行代码,然后在 script 中定义名为 noticeText 模拟的数据就可以在页面上展示出滚动的效果,代码如下:

```
<u-notice-bar :text="noticeText"></u-notice-bar>
```

实现的效果,如图 22-6 所示。

3. 功能菜单导航

由于在一个小程序中有很多功能,仅依靠底部的菜单是不够的,所以可以在首页放置一

uView UI众多组件覆盖开发过程的各个需

图 22-6　滚动通知

些用户常用的菜单功能,方便用户快速地进入某个功能,一般的页面设计实现的是图标加文字的效果。这里使用 uView 中的 Grid 宫格组件进行页面布局,该组件外层由 u-grid 组件包裹,通过 col 设置内部宫格的列数,然后在宫格的内部通过 u-grid-item 组件的 slot 设置宫格的内容,如果不需要宫格的边框,则可以将 border 设置为 false,本项目中宫格的配置为每行放置 4 列,宫格的 name 属性为图标或图片的地址,其中图片可以在阿里巴巴向量图标库中下载,页面布局的代码如下:

```
//第22章/library-app/pages/index/index.vue
<view class = "show-list">
    <u-grid :border = "false" col = "4">
        <u-grid-item v-for = "(listItem,listIndex) in list1" :key = "listIndex">
            <u-icon :customStyle = "{paddingTop:30 + 'rpx'}"
             :name = "listItem.name" :size = "40"></u-icon>
            <text class = "grid-text">{{listItem.title}}</text>
        </u-grid-item>
    </u-grid>
    <u-toast ref = "uToast" />
</view>
```

打开微信开发者工具查看实现的页面显示效果,如图 22-7 所示。

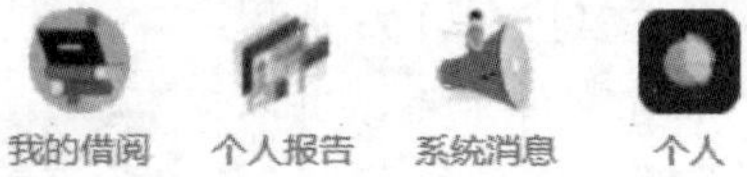

我的借阅　个人报告　系统消息　个人

图 22-7　菜单导航

4. 热门图书

热门图书和猜你喜欢的页面实现基本上一致,只是展示的数据不一致,需要使用算法实现图书的推荐和分享用户画像实现猜你喜欢的功能,这里只完成页面设计的部分,同样采用的是宫格布局的组件,设置每行有 3 列,展示图书的封面和书名,并设置如果图书的名称过长,则多余的字数采用省略号的方式展示,这样不会影响页面的布局效果,代码如下:

```
//第22章/library-app/pages/index/index.vue
<view class = "hot_book_index">
    <view style = "display: flex; justify-content: space-between;">
        <view class = "title_index">热门图书</view>
        <view class = "title_index_any">查看更多</view>
    </view>
    <view class = "hot_book_cont">
      <view class = "show-list">
        <u-grid :border = "false" col = "3">
            <u-grid-item v-for = "(listItem,listIndex) in list2" :key = "listIndex">
              <u-icon :customStyle = "{paddingTop:20 + 'rpx'}"
```

```
            :name = "listItem.name" :size = "130"></u - icon >
            < text class = "hot_book_cont - text">{{listItem.title}}</text >
        </u - grid - item >
      </u - grid >
      < u - toast ref = "uToast" />
    </view >
  </view >
</view >
```

上面实现了热门图书功能的主页面操作,并没有实现具体的详情页等功能,猜你喜欢实现的功能页面也基本一致,这里不再展示。现在打开微信开发者工具查看页面实现的效果,如图 22-8 所示。

图 22-8　热门图书

22.3　图书列表功能实现

图书列表功能在小程序底部菜单导航页面中实现,在图书列表中有两个重要的功能实现,一个是下拉刷新功能;另一个是上拉加载数据功能。下拉加载数据功能在小程序中类似于后台管理的分页请求,只是不需要用户自己单击下一页或上一页的操作,直接下拉页面,请求下一页图书数据即可。

1. 接口对接

在项目的 api 目录中新建一个 book 文件夹,然后创建一个 book.js 文件,用来管理请求后端图书接口的方法。先来添加一个分页查询图书的接口,代码如下:

```
//第 22 章/library - app/api/book/book.js
export function getBookList(data) {
  return request({
    url: '/book/list',
    method: 'get',
      params: data
  })
}
```

打开/pages/book 目录下的 book.vue 文件,然后在 return 中定义一个接收图书列表的数组 dataList,并添加一个 book 对象,设置当前页码和每页显示的数量两个请求属性,代码如下:

```
//第 22 章/library - app/pages/book/book.vue
return {
    dataList: [],    //数据列表
    book: {
        current: 1,    //当前页码
        size: 10,    //每页显示的数量
    },
    total: 0,    //数据总条数
};
```

在 methods 中定义一个获取图书列表的 getBookData 方法,请求 API 中调用后端接口的方法,如果调用接口成功,则接着根据后端返回的请求页数进行判断。如果不是第 1 页的数据,则对现在请求的数据和之前的 dataList 数据进行拼接展示;否则直接将数据赋值给 dataList 数组,最后获取数据的总条数,代码如下:

```
//第 22 章/library - app/pages/book/book.vue
getBookData() {
    uni.showLoading({title:'加载中...'});
    //加载效果
    this.loading = true
    getBookList(this.book).then(res => {
        console.log(res)
        if (res.code === 200) {
            let data = res.data.records || []
            if (res.data.current !== 1) {
                this.dataList = this.dataList.concat(data)
            } else {
                this.dataList = data
            }
            //将获取的总条数赋值
            this.total = res.data.total
        }
        this.loading = false
        uni.hideLoading();
    })
}
```

在 template 中设计图书列表展示页面,使用的 view + css 基础的布局方式,展示了图书的封面、书名、作者及出版社信息,代码如下:

```
//第 22 章/library - app/pages/book/book.vue
< view class = "book - list">
    < div v - if = "loading" style = 'display: flex;justify - content:
    center;margin - top: 50rpx;'>
        < u - loading - icon></u - loading - icon >
    </div >
    < view class = "book - item" v - for = "(book, index) in dataList" :key = "index">
        < image class = "book - image" :src = "book.bookImgUrl"
            mode = "aspectFill"></image >
        < view class = "book - info">
```

```
                < view class = "book - row">
                    < text class = "book - title">{{ book.name }}</text >
                </view >
                < view class = "book - row">
                    < text class = "book - author">{{ book.author }}</text >
                </view >
                < view class = "book - row">
                    < text class = "book - publisher">{{ book.publisher }}</text >
                </view >
            </view >
        </view >
</view >
```

添加完成后,打开微信开发者功能在图书底部导航栏中查看是否有图书展示信息,如图 22-9 所示。

图 22-9　图书列表

2．下拉刷新

下拉刷新会实现查询图书列表第 1 页的数据,其目的是获取最新的图书列表数据,定义一个 onPullDownRefresh 方法实现,代码如下:

```
//第 22 章/library - app/pages/book/book.vue
onPullDownRefresh() {
    console.log('刷新')
    //初始查询页数,从第 1 页开始
    this.book.current = 1
    //清空数据
    this.dataList = []
    this.total = 0
    //重新加载图书列表数据
    this.getBookData()
    setTimeout(function() {
        //结束页面加载
        uni.stopPullDownRefresh();
    }, 1000);
},
```

添加完成后,还需要在 pages.json 文件中对该页面配置 enablePullDownRefresh,用来配置是否开启下拉刷新功能。打开微信开发者工具,首先进入图书列表中,然后在后台管理的图书管理中再添加一条图书信息,接着在小程序中下拉页面,查看是否有最新的图书信息展示出来,如果有,则说明下拉刷新功能已经完成。

3．上拉加载

在执行上拉加载数据时,需要判断当前是否还有数据需要加载,可根据 dataList 数组的长度和 total 总条数进行对比,如果数组的长度大于总条数,则在页面中提示"已加载全部数据";否则请求的页数加 1,继续获取下一页数据,代码如下:

```
//第 22 章/library - app/pages/book/book.vue
onReachBottom() {
    //判断是否还有数据需要加载
    if (this.dataList.length >= this.total) {
        uni.showToast({
            title: '已加载全部数据',
            icon: "none"
        });
        return;
    }
    //页数加 1,继续获取下一页的数据
    this.book.current++;
    this.getBookData()
},
```

22.4　通知功能实现

通知功能的页面实现和图书列表的实现基本一致,只是请求的接口需要换成通知功能的查询接口,在 api 目录中新建一个 notice 文件夹,然后创建一个 notice.js 文件,并添加查询公告列表和获取功能详情的接口,代码如下:

```
//第 22 章/library - app/api/notice/notice.js
export function getNoticeList(data) {
    return request({
        url: '/notice/list',
        method: 'get',
        params: data
    })
}
export function getNoticeQueryById(params) {
    return request({
        url: '/notice/queryById/' + params,
        method: 'post',
    })
}
```

相比图书功能中,通知公告中添加了一个公告详情功能,当在公告列表页面中单击某个公告后,会跳转到该公告的详情页面中,下面实现公告详情操作。

(1)首先在/pages/notice 目录中创建一个 detail 文件夹,并添加一个 detail.vue 文件,然后在 pages.json 文件中添加该页面的路径,代码如下:

```
//第 22 章/library - app/pages.json
{
    "path": "pages/notice/detail/detail",
    "style": {
        "navigationBarTitleText": "消息详情"
    }
},
```

（2）在 notice. vue 文件中，遍历公告数据时添加一个单击事件，并将公告的 id 作为参数传递给单击事件的 goToDetail 方法，然后在 methods 中实现该单击事件的方法，当单击该公告后，将跳转到详情页面并将 id 传递过去，代码如下：

```
//第 22 章/library - app/pages/notice/notice.vue
goToDetail: function(item) {
    console.log(item)
    const noticeId = item.id;
    uni.navigateTo({
        url: '/pages/notice/detail/detail?id = ' + noticeId
    });
}
```

（3）在公告的详情页中，使用 onLoad 方法来接收传递的参数，然后调用获取通知功能详情的接口获取单个公告信息，代码如下：

```
//第 22 章/library - app/pages/notice/detail/detail.vue
onLoad: function (option) {
    console.log(option.id)
    getNoticeQueryById(option.id).then(res => {
        this.noticeDetailList = res.data
        console.log(this.noticeDetailList)
    })
},
```

（4）打开微信开发者工具，进入公告的底部菜单栏中，如果没有数据，则可在后台管理平台中添加模拟的公告信息，如图 22-10 所示。

接着单击第 2 条功能数据，查看图书逾期提醒公告的详情信息，这样就可以跳转到详情页面，查看功能的具体内容，如图 22-11 所示。

图 22-10　通知公告列表

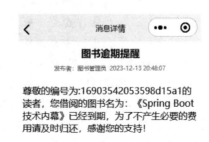

图 22-11　通知公告详情

22.5　个人中心功能实现

个人中心功能主要是对用户个人信息进行管理,例如,用户资料的修改和完善、退出功能、关于系统的介绍及应用系统的设置等功能,在本项目中,笔者只实现了个人中心简单的页面设计,并没有实现个人中心的全部功能。具体实现代码可查看本书的配套资源,个人中心界面的显示效果如图 22-12 所示。

图 22-12　个人中心界面

22.6　小程序发布

经过本章的开发,小程序已经有了基础的页面,后面只需继续开发和维护小程序的其他功能。现在的小程序只能在本地运行浏览和在开发者手机上进行预览,别人无法看到小程序,这时需要对小程序进行发布,就像图书的后台管理平台一样,只有发布到服务器中,别人才可以远程访问系统,小程序也是一样的,但小程序的发布平台不一样,不是发布到服务器中,而是通过小程序平台进行发布操作。

(1) 在小程序发布之前,需要修改后端接口的地址,后端接口的地址必须换成域名的格式,并且是 HTTPS 协议才可以。在配置完后端接口地址后,进入小程序后台,在开发→开发设置→服务器域名中进行配置,如图 22-13 所示。

(2) 首先在 HBuilderX 开发工具中编写代码,然后运行到微信开发者工具中,再通过微信开发者工具将代码上传到小程序服务中。现在打开微信开发者工具,在工具的菜单中单击"上传"按钮,将代码提交为体验版本,并填写提交代码的版本号和项目备注,如图 22-14 所示。

图 22-13 小程序服务器域名配置

图 22-14 上传代码

（3）进入微信小程序的后台管理中，在版本管理中可以看到提交的开发版本信息，在开发版本中可以扫码二维码体验小程序，然后对该版本进行提交审核，审核由小程序官方进行审核，如图 22-15 所示。

图 22-15 开发版本

（4）在审核版本中会查看提交的审核信息，在审核通过后，可以执行提交发布操作，但在发布之前需要先填写小程序的相关信息和工信部的备案操作，在小程序后台的首页中可以看到小程序发布流程，需要完成小程序信息、小程序类目及小程序备案操作，微信认证可以不填写。小程序的备案流程如图 22-16 所示。

```
┌──────────┐    ┌──────────┐    ┌──────────┐    ┌──────────┐    ┌──────────┐
│ 备案信息 │ →  │ 平台初审 │ →  │ 工信部   │ →  │ 通管局   │ →  │ 备案成功 │
│ 填写     │    │          │    │ 短信核验 │    │ 审核     │    │          │
└──────────┘    └──────────┘    └──────────┘    └──────────┘    └──────────┘
 登录小程序填写   1~2个工作日内完成   提交通管局后,24小时   通管局在1~20个工作日   审核通过,下发
 备案信息,并上传材料  初审并告知结果    内完成短信核验     内完成审核并返回结果   小程序备案号
```

图 22-16 小程序的备案流程

当备案提交完成后，只需等待通管局审核完成，如图 22-17 所示。

配置完成后，等待小程序备案完成，然后在小程序版本管理的审核版本中提交发布即可

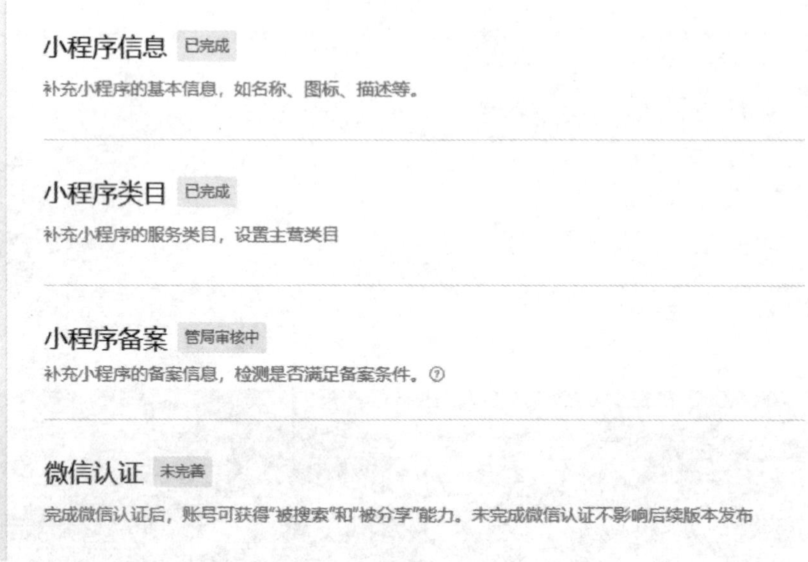

小程序信息 已完成

补充小程序的基本信息，如名称、图标、描述等。

小程序类目 已完成

补充小程序的服务类目，设置主营类目

小程序备案 管局审核中

补充小程序的备案信息，检测是否满足备案条件。⑦

微信认证 未完善

完成微信认证后，账号可获得"被搜索"和"被分享"能力。未完成微信认证不影响后续版本发布

图 22-17　开发版本

正式发布小程序，这样其他用户就可以正常地使用小程序了，到此小程序上线的流程已经结束。

本章小结

本章实现了图书小程序整体功能的开发，包括小程序的导航栏、对接后端接口、登录、页面设计及上线发布等功能。

图 书 推 荐

书 名	作 者
HarmonyOS 移动应用开发（ArkTS 版）	刘安战、余雨萍、陈争艳 等
深度探索 Vue.js——原理剖析与实战应用	张云鹏
前端三剑客——HTML5＋CSS3＋JavaScript 从入门到实战	贾志杰
剑指大前端全栈工程师	贾志杰、史广、赵东彦
Flink 原理深入与编程实战——Scala＋Java（微课视频版）	辛立伟
Spark 原理深入与编程实战（微课视频版）	辛立伟、张帆、张会娟
PySpark 原理深入与编程实战（微课视频版）	辛立伟、辛雨桐
HarmonyOS 应用开发实战（JavaScript 版）	徐礼文
HarmonyOS 原子化服务卡片原理与实战	李洋
鸿蒙操作系统开发入门经典	徐礼文
鸿蒙应用程序开发	董昱
鸿蒙操作系统应用开发实践	陈美汝、郑森文、武延军、吴敬征
HarmonyOS 移动应用开发	刘安战、余雨萍、李勇军 等
HarmonyOS App 开发从 0 到 1	张诏添、李凯杰
JavaScript 修炼之路	张云鹏、戚爱斌
JavaScript 基础语法详解	张旭乾
华为方舟编译器之美——基于开源代码的架构分析与实现	史宁宁
Android Runtime 源码解析	史宁宁
恶意代码逆向分析基础详解	刘晓阳
网络攻防中的匿名链路设计与实现	杨昌家
深度探索 Go 语言——对象模型与 runtime 的原理、特性及应用	封幼林
深入理解 Go 语言	刘丹冰
Vue＋Spring Boot 前后端分离开发实战	贾志杰
Spring Boot 3.0 开发实战	李西明、陈立为
Vue.js 光速入门到企业开发实战	庄庆乐、任小龙、陈世云
Flutter 组件精讲与实战	赵龙
Flutter 组件详解与实战	［加］王浩然（Bradley Wang）
Dart 语言实战——基于 Flutter 框架的程序开发（第 2 版）	亢少军
Dart 语言实战——基于 Angular 框架的 Web 开发	刘仕文
IntelliJ IDEA 软件开发与应用	乔国辉
Python 量化交易实战——使用 vn.py 构建交易系统	欧阳鹏程
Python 从入门到全栈开发	钱超
Python 全栈开发——基础入门	夏正东
Python 全栈开发——高阶编程	夏正东
Python 全栈开发——数据分析	夏正东
Python 编程与科学计算（微课视频版）	李志远、黄化人、姚明菊 等
Python 游戏编程项目开发实战	李志远
编程改变生活——用 Python 提升你的能力（基础篇·微课视频版）	邢世通
编程改变生活——用 Python 提升你的能力（进阶篇·微课视频版）	邢世通
编程改变生活——用 PySide6/PyQt6 创建 GUI 程序（基础篇·微课视频版）	邢世通
编程改变生活——用 PySide6/PyQt6 创建 GUI 程序（进阶篇·微课视频版）	邢世通
Diffusion AI 绘图模型构造与训练实战	李福林
图像识别——深度学习模型理论与实战	于浩文
数字 IC 设计入门（微课视频版）	白栎旸

书　　名	作　　者
动手学推荐系统——基于 PyTorch 的算法实现(微课视频版)	於方仁
人工智能算法——原理、技巧及应用	韩龙、张娜、汝洪芳
Python 数据分析实战——从 Excel 轻松入门 Pandas	曾贤志
Python 概率统计	李爽
Python 数据分析从 0 到 1	邓立文、俞心宇、牛瑶
从数据科学看懂数字化转型——数据如何改变世界	刘通
鲲鹏架构入门与实战	张磊
鲲鹏开发套件应用快速入门	张磊
华为 HCIA 路由与交换技术实战	江礼教
华为 HCIP 路由与交换技术实战	江礼教
openEuler 操作系统管理入门	陈争艳、刘安战、贾玉祥 等
5G 核心网原理与实践	易飞、何宇、刘子琦
FFmpeg 入门详解——音视频原理及应用	梅会东
FFmpeg 入门详解——SDK 二次开发与直播美颜原理及应用	梅会东
FFmpeg 入门详解——流媒体直播原理及应用	梅会东
FFmpeg 入门详解——命令行与音视频特效原理及应用	梅会东
FFmpeg 入门详解——音视频流媒体播放器原理及应用	梅会东
精讲 MySQL 复杂查询	张方兴
Python Web 数据分析可视化——基于 Django 框架的开发实战	韩伟、赵盼
Python 玩转数学问题——轻松学习 NumPy、SciPy 和 Matplotlib	张骞
Pandas 通关实战	黄福星
深入浅出 Power Query M 语言	黄福星
深入浅出 DAX——Excel Power Pivot 和 Power BI 高效数据分析	黄福星
从 Excel 到 Python 数据分析:Pandas、xlwings、openpyxl、Matplotlib 的交互与应用	黄福星
云原生开发实践	高尚衡
云计算管理配置与实战	杨昌家
虚拟化 KVM 极速入门	陈涛
虚拟化 KVM 进阶实践	陈涛
HarmonyOS 从入门到精通 40 例	戈帅
OpenHarmony 轻量系统从入门到精通 50 例	戈帅
AR Foundation 增强现实开发实战(ARKit 版)	汪祥春
AR Foundation 增强现实开发实战(ARCore 版)	汪祥春
ARKit 原生开发入门精粹——RealityKit＋Swift＋SwiftUI	汪祥春
HoloLens 2 开发入门精要——基于 Unity 和 MRTK	汪祥春
Octave 程序设计	于红博
Octave GUI 开发实战	于红博
Octave AR 应用实战	于红博
全栈 UI 自动化测试实战	胡胜强、单镜石、李睿